VERBOTENE ERFINDUNGEN
Band 2

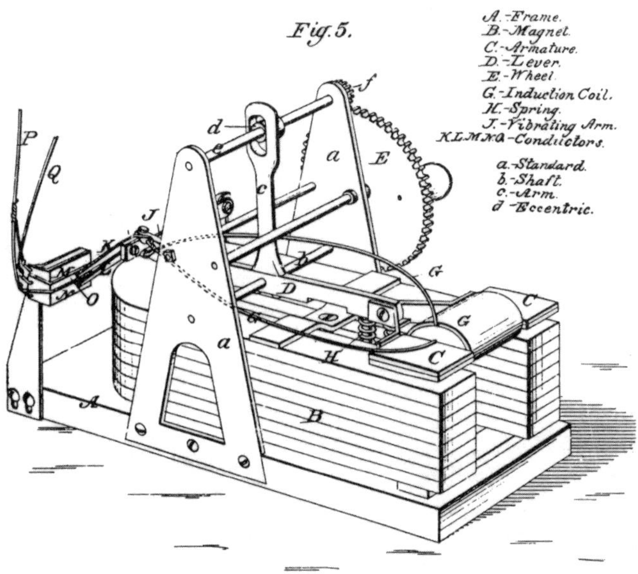

Europa kam …

... China ging

1. Auflage März 2024

Titel der ungarischen Originalausgabe: *Borotvaélen*

Übersetzung aus dem Ungarischen: Sebastian Domoszlai
Lektorat: Karen Görlitz
Sprachliches Lektorat: Yvette Milich
Grafiken: Tamás Gáspár
Computergrafiken: Gábor Mészáros
Satz und Layout: Mohn Media Mohndruck GmbH, Gütersloh
Umschlaggestaltung: Lilly Stühle

ISBN: 978-3-86445-989-4

MIX
Papier | Fördert
gute Waldnutzung
FSC® C014496
FSC www.fsc.org

Gerne senden wir Ihnen unser Verlagsverzeichnis
Kopp Verlag
Bertha-Benz-Straße 10
72108 Rottenburg
E-Mail: info@kopp-verlag.de
Tel.: (0 74 72) 98 06-10
Fax: (0 74 72) 98 06-11
Unser Buchprogramm finden Sie auch im Internet unter:
www.kopp-verlag.de

György Egely

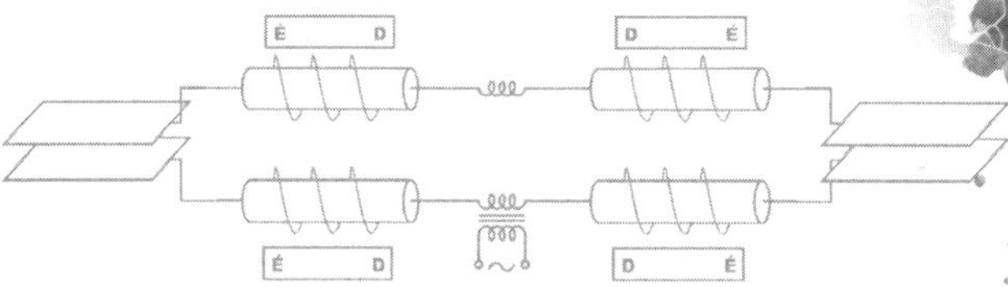

Verbotene Erfindungen

Band 2

Es ist alles noch viel schlimmer!

KOPP VERLAG

INHALT

TEIL I: Teslas Wellen

TEIL II: China
Das Reich des Wissens und Unwissens 127

TEIL III: Von Magneten angezogen 265

TEIL IV: Das schwarze Gold 357

TEIL V: Hinter dem Horizont
Was gibt es noch zu entdecken? 377

Anhang 427

$L = \pi \left[4A \left(\log_e \frac{8A}{a} - 2 \right) + 2a \left(\log_e \frac{8A}{a} - \frac{5}{4} \right) - \frac{a^2}{16A} \left(\log_e \frac{8A}{a} + 19 \right) \right] = \pi \left(488 \times 4{,}875735 + 2 \times 5{,}625735 - \frac{1}{1952} \times 32{,}75 \right) = \pi (2379{,}3600 + 11{,}2515 - \text{small fraction})$

TEIL I

Teslas Wellen

• • •

Das Geheimnis von Teslas Auto

Am 29. September 1912 wurde eine Leiche vom Deck der nach England fahrenden Fähre ins eisige Wasser des Ärmelkanals geworfen. Rudolf Christian Karl Diesel, der Erfinder des nach ihm benannten Dieselmotors, verschwand an diesem Tag spurlos von der Fähre. Niemand sollte daran zweifeln; viele sahen ihn an Bord gehen, doch niemand beobachtete, wie er das Schiff wieder verließ. Die deutschsprachigen biografischen Quellen vermuten, dass die langen Arbeitsstunden sein Nervensystem strapazierten und Diesel Suizid beging, indem er sich ins kalte Wasser des Ärmelkanals stürzte. Die englische Literatur ist zurückhaltender und gibt nur die bekannten Tatsachen wieder. Es stellt sich jedoch die Frage, ob jemand wirklich Deutschland verlassen würde, nur um sich dann in den Kanal zu stürzen? Im Hintergrund verbirgt sich vermutlich etwas ganz anderes.

Als erfolgreicher Ingenieur hatte Diesel zu diesem Zeitpunkt bereits den Nutzen seiner Erfindung bewiesen. Er hatte einen besseren, billigeren und effizienteren Verbrennungsmotor erfunden. Dieser Motor konnte beispielsweise die Reichweite eines U-Boots im Vergleich zu dem damals gebräuchlichen Benzinmotor verdoppeln, wodurch sich der von einem U-Boot kontrollierbare Raum vervierfachte. Der Vorteil des Dieselmotors gegenüber dem herkömmlichen Ottomotor war auch für die britische Admiralität offensichtlich. Sie lud Diesel ein, um über den Kauf seines Motors zu verhandeln. Dies konnte der deutsche Geheimdienst natürlich nicht zulassen und ergriff Gegenmaßnahmen: Die britischen Pläne mussten um jeden Preis vereitelt werden, auch wenn Diesel dafür sterben musste. Seine Ermordung ist der erste bekannte Fall, in dem eine Regierung einen Erfinder aus dem eigenen Land beseitigen ließ, um die Verbreitung seiner Erfindung zu verhindern.

Für kurze Zeit erfüllte der Mord seinen Zweck; die deutschen U-Boote waren den britischen weit überlegen und bereiteten der britischen Admiralität große Probleme. Später jedoch konnte die Nutzung des Dieselmotors nicht mehr auf deutsches Gebiet beschränkt bleiben. Er trieb zu viele Lokomotiven und Schiffe an. Es war nicht mehr möglich, »die Zahnpasta zurück in die Tube zu drücken«.

Bis heute schweigt man beim deutschen Geheimdienst zur Ermordung Diesels. Auch bei den Briten wird dieses Thema nie angesprochen. War es doch ihre

Einladung, die den Tod des Erfinders verursacht hatte. Die Öffentlichkeit weiß so gut wie nichts von dem tragischen Tod. Wenn wir in einem Bus sitzen oder in einem Zug, der von einer Diesellokomotive gezogen wird, denken wir kaum an den Dieselmotor oder an dessen Erfinder. Ebenso wenig machen wir uns bewusst, dass die Diesel-Ära, die Ära des relativ billigen Öls, zu Ende geht.

Diesels Ermordung geschah am Vorabend des Ersten Weltkrieges. Auf dem europäischen Kontinent herrschte ein nie da gewesener Frieden. Jeder konnte gehen, wohin er wollte, sich dort niederlassen, ein Bankkonto eröffnen und Geld verdienen. Es gab ein gewisses Maß an friedlicher Koexistenz und Globalisierung, das in der Geschichte auch heute noch beispiellos ist. Doch die deutsch-britische Rivalität war das erste Anzeichen eines kommenden Krieges. Zunächst ging es allerdings nur darum, gegnerische Sportler bei einer Veranstaltung auszubuhen oder um vage Anspielungen von Politikern auf den Mangel an Rohstoffen und die Notwendigkeit zu entscheiden, welche der Großmächte die führende Macht in Europa sei. Und es war davon auszugehen, dass dies nicht durch Referenden oder die Wissenschaft entschieden werden würde, sondern durch Kriegsflotten.

Der Ausbruch des Ersten Weltkrieges markiert das Ende einer äußerst optimistischen Ära eines nie da gewesenen Fortschritts. Der Fortschritt, wie er seit den 1890er-Jahren bis Mitte der 1910er-Jahre stattfand, ist beispiellos. Er schien fast grenzenlos zu sein. Es war auch die Blütezeit zweier Giganten der Elektrotechnik: die des in Smiljan (heutiges Kroatien) geborenen Nikola Tesla und des amerikanischen Genies Thomas Alva Edison.

Seit den 1890er-Jahren wurden alljährlich mehrere Erfindungen gemacht, die noch heute unser Leben beeinflussen. Um nur einige Beispiele zu nennen: 1890 erhielten der amerikanische Chemiker James Dewar und der britische Chemiker Sir Thomas Boverton Redwood ein Patent für das Cracken von Erdöl. Dieses Patent ebnete der modernen Schwerölindustrie den Weg, indem es die Gewinnung und Verarbeitung von Schwerölderivaten wirtschaftlich machte. Zur gleichen Zeit perfektionierte George Eastman die Kamera. Die Massenproduktion der billigen Rollfilmkamera begann, der erste Film wurde gedreht, und Tabelliermaschinen ermöglichten die erste Massendatenanalyse. 1892 ließ der deutsche Ingenieur Rudolf Diesel einen Motor patentieren, der keine Zündung benötigt, da er Luft auf eine so hohe Temperatur komprimiert, dass sich das aufgesprühte Öl von selbst entzündet. Es dauerte 10 Jahre, bis aus der Idee eine praktische, selbstzündende und hocheffiziente Maschine wurde.

Das Jahr 1890 war auch ein Wendepunkt im Leben von Tesla. Bis jetzt hatte er mit Transversalwellen experimentiert; 1890 entdeckte er, dass elektrische *Longitudinalwellen ähnlich wie Schallwellen erzeugt werden können*. Diese sind viel nützlicher als die von dem Deutschen Heinrich Rudolf Hertz entdeckten und noch heute verwendeten Transversalwellen. Hertz starb früh, aber seine Arbeit und seine Idee wurden von dem jungen italienischen Erfinder Guglielmo Marconi übernommen und weitergeführt. Marconi hatte sein System schon einige Monate vor Tesla veröffentlicht, und auch der Russe Alexander Stepanowitsch Popow hatte schon ein funktionierendes System vorgestellt. Da der Russe aber keine Unterstützung bekam, konnte er seine Erfindung nicht weiterentwickeln. Das Russische Kaiserreich förderte keine neuen Ideen.

Zu derselben Zeit, als Whitcomb L. Judson den Reißverschluss erfand und Marconi Funksignale übertrug, erschien eine neue Version der Kraftmaschine: 1894 baute der Engländer Sir Charles Algernon Parsons das erste mit einer *Dampfturbine* angetriebene Schiff, die *Turbinia*. Dieses 42 Tonnen schwere und 30 Meter lange Schiff war doppelt so schnell wie die Kolbendampfer, die man durch jahrzehntelange Experimentierarbeit perfektioniert hatte. Kolbendampfer konnten nur kurze Zeit mit hoher Geschwindigkeit fahren. Außerdem hatten die Kugellager aufgrund der veränderlichen Kräfte nur eine kurze Lebensdauer. Eine Turbine hingegen kann sehr lange laufen, verbraucht nicht mehr Kraftstoff als eine Dampfmaschine und ist dazu noch sehr viel schneller.

Trotzdem konnte Parsons nur durch seine Dreistigkeit die Aufmerksamkeit auf sich ziehen: Bei einer britischen Marinevorführung fuhr er nämlich ohne Genehmigung mit seinem neuen Schiff an den Admirälen vorbei und hängte die dampfbetriebenen Torpedozerstörer, die zu seiner Verfolgung ausgeschickt worden waren, zu ihrer großen Schande problemlos ab. Die Admiralität sah keinen anderen Ausweg, die öffentliche Blamage zu überwinden, als so ein neuartiges Schiff zu erwerben. Damit endete eine Ära – die Ära der kolbengetriebenen Dampfmaschinen. Diese 20 Jahre kennzeichneten das Ende vieler Zeitalter, aber auch den Anfang zahlreicher neuer Epochen. Die Radioaktivität, Elektronen, Gasentladungen, aber auch die Mikrophysik und die atomaren Strukturen wurden zu dieser Zeit entdeckt.

Woher aber stammten all diese Erfindungen? Wie war es möglich, dass so viele neue Ideen in Wissenschaft und Technik aufkamen? Hatten die damaligen Wissenschaftler und Erfinder eine Art »Landkarte«, auf der stand, auf welchem Gebiet und wonach sie suchen sollten? Nein, natürlich nicht. Es war einfach so, dass eine Erkenntnis zur nächsten führte. Erfindungen kamen fast wie in einer Kettenreaktion auf. Sie eröffneten neue Möglichkeiten in der Physik, und das wiederum half, weitere wichtige Erfindungen hervorzubringen. Dieser lawinenartige Prozess setzte sich bis zu Beginn des Ersten Weltkrieges, der dem Traum vom unbegrenzten und ungebremsten Fortschritt fast über Nacht ein Ende setzte, fort. Seitdem hat sich der Fortschritt nicht nur verlangsamt, sondern er beschränkt sich auch auf immer kleinere Gebiete. Im Folgenden werde ich versuchen aufzuzeigen, was den Fortschritt behindert und somit die technischen und wissenschaftlichen Möglichkeiten der Zukunft eingeschränkt hat.

Einigen Vorhersagen zufolge erreicht die Ölförderung um 2005 oder spätestens 2009 einen historischen Höchststand (Geophysiker sagten dies schon vor Jahrzehnten voraus). Danach wird die Förderungsmenge stetig sinken. Tatsächlich ist die Ölförderung in den 2000er-Jahren kontinuierlich gestiegen und erreichte den aktuellen Höchststand im Jahr 2018. (Anm. des Übers.). Ab diesem Zeitpunkt werden die Energiepreise, die schon in dieser Zeit nicht gerade niedrig waren, drastisch steigen. Zwar wird ein Teil unserer Energieversorgung noch lange Zeit in Form von Kohle-, Atom- oder Windenergie geliefert werden, aber die Folgen der Umweltverschmutzung durch Erdölprodukte werden weiterhin ein wichtiger Faktor für die gesamte Menschheit bleiben.

Möglichkeiten zu einer kostenlosen und umweltfreundlichen Energieproduktion gab es jahrzehntelang immer wieder, doch diese Chancen wurden vertan und zerstört. Jetzt haben wir keine Zeit mehr. Wir können nicht auf die Hilfe von »oben« warten, wir müssen unser Schicksal selbst in die Hand nehmen. Dies ist für die Entwicklung, den Umweltschutz und nicht zuletzt für die nationale Sicherheit unerlässlich. Um uns ein klares Bild von unseren Möglichkeiten zu machen, brauchen wir eine »Landkarte«; eine Karte, die uns zeigt, was Natur und Technik uns zu bieten haben, und was es noch zu entdecken gibt. Wir haben eine genaue, vortreffliche Karte, die uns die Natur selbst zur Verfügung stellt. Das einzige, was wir verstehen müssen, um sie deuten zu können, ist das überaus umfangreiche und vielseitige Konzept der Symmetrie.

Die Symmetriekarte

Jahrhundertelang wurden zuverlässige Seekarten wie ein wertvoller Schatz behandelt – wiesen sie doch den Weg zu reichen Gewürzinseln, Gold- und Silberminen oder Rohstoffen. Aus diesem Grund wurden Karten, die außerdem noch die Wind- und Strömungsverhältnisse aufzeichneten, streng geheim gehalten. Heute dagegen ist es selbstverständlich, dass man in fast jedem Geschäft detaillierte Karten kaufen kann. Ebenso wertvoll ist es zu wissen, wo wir die physikalischen Effekte, die in der Natur vorkommen, finden, denn wenn wir sie alle kennen würden, könnten wir nach ihrem Vorbild unzählige nützliche Maschinen bauen (Tabelle 1).

Diese Karte hat die Natur selbst durch ihre Symmetrien gezeichnet. Die erste Tabelle zeigt die Analogien zwischen Mechanik und Elektromagnetismus und ihre Symmetrien.

Man sieht, dass die erste Zeile die statischen (zeitlich unveränderlichen) Prozesse enthält. Darunter befinden sich die stationären (zeitlich konstanten) Prozesse, und erst dann folgen die dynamischen (zeitlich veränderlichen) Prozesse. Mit dem Zulassen der zeitlichen Änderung treten immer mehr Phänomene auf. Bei den statischen Fällen gibt es außer der Gravitationskraft zwischen zwei Massen und der elektrostatischen Kraft zwischen zwei Ladungen nicht viele Effekte zu untersuchen.

Wenn man sich die Mechanik ansieht, wird sofort klar, dass unser Wissen über die Schwerkraft sehr begrenzt ist. Wenn wir einen Massepunkt, ein Stück Masse, analog zu einer elektrischen Ladung betrachten, würden wir erwarten, dass eine bewegte Masse ein dem Magnetfeld ähnliches Feld erzeugt, genau wie eine bewegte

Tabelle 1: Symmetriekarte

		MECHANIK			ELEKTROMAGNETISMUS			
		Massepunkt rotierender und starrer Körper	deformierbares Medium	Gravitation	ruhende Ladung	bewegte Ladung, elektrischer Strom	rotierende Ladung	Felder
$\frac{\partial}{\partial t} = 0$ Statik		Statik Druckverteilung	Hydrostatik	Anziehung	Elektro- und Magnetostatik Statik $divE = p$		?	
$\frac{\partial}{\partial t} = konst.$ stationäre Prozesse (Prozesse mit konstanter Geschwindigkeit)	Potenzialfelder	geradlinige Bewegung mit Reibung	hydraulische Netzwerke, Strömung mit Reibung	?	elektrisches Feld	ohmsches Gesetz, kirchhoffsches Gesetz	?	elektrisches Feld
	Wirbelfelder	Rotation mit Reibung	Kräfte zwischen Wirbelströmungen Wirbelrohre	?		konstantes Magnetfeld, amperesches Gesetz	?	magnetisches Wirbelfeld
$\frac{\partial}{\partial t} \neq konst.$ dynamische Prozesse (Prozesse mit veränderlicher Geschwindigkeit)	quasistationär	$F = \dot{p}$ $M = \Theta\omega$ Schwingung mit diskreten Parametern, Corioliskraft	veränderliche Wirbel, Schwingung mit verteilten Parametern	?		$-\Phi = \mathcal{E}$ Induktion, Schwingung mit diskreten Parametern	?	$rotB = \frac{\partial E}{\partial t} + j$ veränderliche Felder ohne Ladungen
	Wellen	Transversal, Longitudinal- und Torsionswellen	$\frac{\partial^2\Psi}{\partial^2 t} = \Delta\Psi$ Longitudinalwellen	?	Longitudinal- und Torsionswellen (fehlen)	Magnetohydrodynamik, Schwingung mit verteilten Parametern	?	$\frac{\partial^2\Psi}{\partial^2 t} = \Delta\Psi$ nur Transversalwellen
	Resonanz, Dispersion, Gruppengeschwindigkeit, Interferenz, Beugung, Absorption							

Erhaltungen: Energie, Impuls, Drehimpuls
(kontinuierlich und diskret), lenzsche Regel, Gegenwirkungsprinzip
je weiter wir nach oben gehen, desto weniger Effekte finden wir – diese sind »verschlossen«

Konventionelle Technik und Physik
Gebiet der kontinuierlichen Symmetrien
euklidische Raumzeitstruktur

Startlinie Startlinie Startlinie Startlinie Startlinie Startlinie Startlinie Startlinie Startlinie

RAUMZEITTECHNOLOGIE

Keine kontinuierlichen Symmetrien. Nichteuklidische Raumzeitstruktur

Nichterhaltung von Energie, Impuls und Drehimpuls

Verallgemeinerte, erweiterte Bewegungsgleichungen

Elektrodynamik, Gravitation und Mechanik wechselwirken miteinander

Unerforschte Gebiete

Ladung ein Magnetfeld erzeugt. Um beschleunigte elektrische Ladungen wird außerdem ein elektrisches Feld induziert (elektromagnetische Induktion). Analog müsste es bei der Schwerkraft einen ähnlichen Effekt geben: Es müsste eine »gravomagnetische Induktion« auftreten. Dieses Phänomen ähnelt der elektromagnetischen Induktion, sodass wir auch im elektromagnetischen Fall eine Analogie zur lenzschen Regel entdecken müssten. Dies würde bedeuten, dass es auch eine abstoßende Schwerkraft geben müsste: Es müsste eine Antigravitation existieren.

In unseren heutigen Lehrbüchern finden wir nichts dergleichen, doch dieser Effekt existiert und kann durch Messungen nachgewiesen werden. Seit Langem sind Forscher auf der Suche nach dynamischen Erscheinungsformen der Schwerkraft, denn bisher konnten sie nur die Kraft zwischen ruhenden Massen messen und auch dies nur mit einer großen Messunsicherheit. Ein ungarischer Bauingenieur, László Bodonyi, hatte die Idee, anstelle der bis dahin üblichen statischen Messungen ein schwingendes physikalisches Pendel zu verwenden. Nach fast 10 Jahren experimenteller Arbeit gelang es ihm endlich zu zeigen, dass eine bewegte Masse – wenn wir bei der Analogie zur Elektrizität und zum Magnetismus bleiben – tatsächlich ein gravomagnetisches Feld erzeugt.

Der ungarische Physiker Dezső Sarkadi führte die Forschungen zur Schwerkraft mit dem physikalischen Pendel weiter und erzielte bedeutende Fortschritte: Es gelang ihm nicht nur, das Phänomen der Gravitationsinduktion nachzuweisen, sondern er entdeckte auch die lenzsche Regel für die Gravitation, also eine abstoßende Schwerkraft. Diese Experimente könnten ein Meilenstein in unserem Verständnis der Schwerkraft und der Mechanik im Allgemeinen sein und bestätigen, dass der beste Weg, Naturphänomene zu verstehen, Symmetrien sind. Warum?

Symmetrie ist die »Sprache« der Natur – die Sprache, die es uns ermöglicht, die einfachsten und sinnvollsten Fragen zu stellen und am schnellsten eine Antwort zu erhalten. Natürlich haben wir schon viele physikalische Effekte entdeckt. Diese Entdeckungen verdanken wir aber größtenteils dem *Zufall* – ähnlich, wie wenn man in See sticht und zufällig auf eine Insel oder einen neuen Kontinent stößt. Wenn man aber eine Karte in der Hand hat, weiß man nur, in welche Richtung man reisen muss. Die Karten sagen uns nicht, wie wir am besten zu einer

Insel kommen. Das hängt von unseren Möglichkeiten ab. Wir können schwimmend, mit dem Boot, mit dem Schiff oder mit dem Flugzeug reisen. Die Methode bleibt uns überlassen.

Das Entdecken der richtigen Methode war auch bei der Erforschung der Schwerkraft der entscheidende Schritt: Bodonyis Idee, ein physikalisches Pendel zu verwenden, erwies sich als enorm wichtiger Schritt. Zwar war hin und wieder berichtet worden, dass schwache gravitomagnetische Felder um Quecksilber, das in einer solenoidförmigen (gerade Spirale) Rohrleitung zirkulierte, gefunden worden waren, doch hatte noch niemand einen soliden experimentellen Beweis dafür geliefert. Erst die Experimente von Bodonyi und Sarkadi haben uns diese geliefert. Sie haben gezeigt, dass die Schwerkraft nicht nur statisch und konstant, sondern auch zeitlich veränderlich sein kann, genau wie elektromagnetische Felder (Aufgrund seiner außerordentlichen Bedeutung wird dieser Punkt in Teil V noch ausführlicher behandelt.).

Analogie ist ein sicherer Wegweiser bei Symmetrien. Es ist ebenfalls bekannt, dass Rotation eine wichtige Rolle in der Mechanik spielt. Auch hier lassen sich Analogien zwischen einem rotierenden und einem sich geradlinig bewegenden Körper entdecken, beispielsweise bei Masse und Trägheitsmoment oder bei der Berechnung von Energie, Impuls und Drehimpuls. Wir wissen, dass Rotation ein sehr wichtiger Effekt in der Mechanik ist, und dass mit rotierenden Teilen viele Maschinen gebaut werden können. In Afrika und Amerika gab es einige Zivilisationen, die keine rotierenden Teile in ihren Maschinen verwendeten. Dies beschränkte aber ihren Lebensstandard, ihren Fortschritt, ihre Möglichkeiten und damit ihre nationale Sicherheit stark: Solche Reiche zerfielen bei den ersten ernsthaften Schwierigkeiten.

Wie schon in meinem Buch *Verbotene Erfindungen* (Kopp Verlag 2017) beschrieben, gilt dasselbe für die Elektrodynamik: Die Untersuchung rotierender Ladungen fehlt in den heutigen Lehrbüchern für Physik ganz. Die Gleichungen der Elektrodynamik können jedoch so erweitert werden, dass sie die Rotation miteinbeziehen; das Auftreten rotierender Ladungen offenbart uns neue Effekte aus der reichen Fundgrube der Natur. Ich bin zutiefst davon überzeugt, dass in der lebendigen Welt, der Biologie, wo sich Ladungen auf der Oberfläche spiralförmiger Moleküle (wie zum Beispiel der DNA) bewegen, solche Felder auftreten und diese vielleicht sogar den »Treibstoff« des Lebens darstellen.

Auf der phänomenologischen Ebene sind diese Prozesse der Energieübertragung natürlich seit Langem bekannt und werden von vielen Völkern genutzt. Ihre wissenschaftliche Erforschung steht aber noch aus, was vor allem an dem fehlenden physikalischen Grundwissen liegt. Aber auch die technische Erzeugung rotierender Ladungen ist nicht einfach. Eine Möglichkeit wären starke Magnetfelder im Hochvakuum. Mit gewöhnlichen Drähten und Spulen ist es äußerst schwierig, eine Drehung mit signifikanten Winkelgeschwindigkeiten zu erzeugen, da die Geschwindigkeit, mit der sich die Ladungen im Draht bewegen (Driftgeschwindigkeit), sehr gering ist (einige cm/h).

In der Mechanik lässt sich beispielsweise der Reibungsfluss in hydraulischen Netzwerken (Rohrsystemen) völlig analog zu Gleichstromnetzen mithilfe des ohmschen Gesetzes und der kirchhoffschen Gesetze beschreiben. Es gibt auch eine Analogie zwischen den Kräften zwischen Wirbeln und dem permanenten Dauermagnetfeld, genauer gesagt dem ampèreschen Durchflutungssatz. Wenn wir noch einen Schritt voranschreiten und eine weitere Symmetrie brechen, zum Beispiel eine zeitliche Änderung zulassen, finden wir wieder eine Reihe von Analogien.

Das newtonsche Bewegungsgesetz, bekannt als $F = ma$ die Kraft, die auf einen Körper wirkt (F), ist proportional zu seiner Masse (m) und seiner Beschleunigung (a) – ist analog zum faradayschen Induktionsgesetz. Das faradaysche Induktionsgesetz besagt, dass die elektromotorische Kraft (elektrische Spannung) proportional zur zeitlichen Änderung des magnetischen Flusses ist, was der zeitlichen Änderung des Impulses nach dem newtonschen Gesetz entspricht ($F = ma = i$). Diese Ähnlichkeiten sind kein Zufall. Wir können sicher sein, dass die Natur oder der Schöpfer uns an die Hand nimmt und führt.

Ein weiterer Beweis für Analogien findet sich in den vielen Formen der Wellenbewegung. In der Mechanik werden drei Arten von Wellenbewegungen unterschieden: Transversalbewegungen, Longitudinal- oder Längswellen und Torsions- oder Rotationswellen. Die transversale Wellenbewegung auf der Oberfläche von Seen und Meeren ist allgemein bekannt. Auch longitudinale Schallwellen sind uns im Alltag recht vertraut. Torsionswellen hingegen sind selten anzutreffen. In der Mechanik haben sie wenig praktische Bedeutung.

Es stellt sich also zu Recht die Frage: Wenn es in der Mechanik drei Arten von Wellen gibt (und ihre Gleichungen ähnlich sind), warum gibt es dann nicht auch in der Elektrodynamik drei Arten von Wellen? Alle unsere Lehrbücher sagen, dass es in der Elektrodynamik nur Transversalwellen gibt und lassen die Frage, ob es auch andere Arten von Wellen geben könnte, unbeantwortet. Die Entdeckung einer neuen Art von elektromagnetischen Wellen wäre von äußerst großer Bedeutung. Sie würde uns völlig neue wirtschaftliche Möglichkeiten eröffnen und neue Industriezweige schaffen.

Was man heute aber weiß, ist, dass es zwei weitere Arten von elektromagnetischen Wellen gibt: longitudinale elektromagnetische Wellen, die in den 1890er-Jahren von Tesla entdeckt wurden, und torsionale elektromagnetische Wellen, die in den 1970er-Jahren von sowjetischen Militärforschern entdeckt wurden (wegen ihrer Bedeutung für die Praxis werden wir diese später noch ausführlicher diskutieren).

Die Natur zeigt uns, dass es eine elektrische Ladung gibt und sich die Gravitationsmasse im Wesentlichen wie eine Ladung verhält. Wir würden daher erwarten, dass es auch eine magnetische Ladung gibt. Der österreichische Physiker Felix Ehrenhaft entdeckte in den frühen 1920er-Jahren, dass diese tatsächlich existiert.

Es war einfach, eine magnetische Ladung zu erzeugen. Man musste nur winzige Eisentröpfchen mit möglichst intensivem Licht bestrahlen. In den schwebenden Tröpfchen wurden sowohl Nord- als auch Südladungen erzeugt. Da der experimentell ermittelte Wert der Ladung jedoch nicht mit dem theoretisch vorhergesagten Wert übereinstimmte, ignorierten die Physiker diese Ergebnisse. Einmal mehr hatten wir damit eine große Chance vertan.

Bisher haben wir nur Fälle erwähnt, in denen zumindest eine Art von kontinuierlicher Symmetrie im System vorhanden ist. Aus der Symmetriekarte ist ersichtlich, dass umso mehr Phänomene auftreten, je mehr die zeitlichen Symmetrien der Prozesse reduziert werden, also je weniger Faktoren konstant bleiben. Bei einer Wellenbewegung beispielsweise treten Resonanz, Dispersion,

Interferenz, Beugung, Absorption und eine Gruppengeschwindigkeit auf – alle diese Eigenschaften haben viele praktische Anwendungen.

Solange wir nur statische Phänomene betrachten (bei denen alles zeitlich konstant ist), gibt es kaum beachtenswerte Phänomene. Was aber passiert, wenn alle räumlichen und zeitlichen Symmetrien verschwinden, wenn also nichts konstant bleibt? Dann gelangen wir zu unzähligen Naturphänomenen, denn in diesem Fall gilt die Energie-, Impuls- und Drehimpulserhaltung nicht mehr. Wir können erstaunliche Phänomene beobachten: Die Homogenität von Raum und Zeit, also der Raumzeit, verschwindet, der Raum ist gekrümmt, und in diesem gekrümmten Raum können wir Hyperraum-Phänomene beobachten, das heißt die Geschwindigkeit der Zeit kann sich ändern, und wir können von einem Punkt im Raum zu einem anderen springen.

Viele Erfinder haben diese Effekte bereits entdeckt. Einige davon habe ich auch in *Verbotene Erfindungen* beschrieben. Im Folgenden (Teil 3) werden wir uns systematisch mit Magnetmotoren beschäftigen, da sie am einfachsten in die Praxis umzusetzen sind. Das erste Perpetuum mobile, das Magnetfelder nutzte, wurde in den 1870er-Jahren von dem Sohn eines kanadischen Pastors vorgestellt. Seitdem haben Dutzende von Forschern den Effekt entdeckt, der hier im Detail beschrieben wird.

Wenn wir die Samen der Symmetrietheorie säen, können wir viele interessante, noch unbekannte Früchte vom bisher spärlich tragenden Baum der Physik pflücken. Wie wir bereits gesehen haben, ist das Konzept der Symmetrie aber nicht nur in der makroskopischen Physik nützlich, sondern auch in der Welt der mikroskopischen Dimensionen. Die Bedeutung von Symmetrien wurde bei der Untersuchung von Kristallen entdeckt. Hier hat die gesamte Forschung ihren Ursprung.

In den 1920er- und 1930er-Jahren erkannten Forscher, dass auch die Struktur der Elektronenhülle voller Symmetrien ist. Der Ungar Eugene Paul Wigner spielte eine wichtige Rolle dabei. Ab den 1950er-Jahren war man sicher, dass auch Elementarteilchen viele Symmetrien beinhalten. Die Verwendung von Symmetrien ist auch grundlegend für das Verständnis der elementaren Bausteine der Materie.

Was aber finden wir auf der Ebene der Atomkerne? Heute wissen wir nicht viel mehr über die Struktur von Atomkernen als noch in den 1950er-Jahren; obwohl dieses Wissen nicht nur von praktischer, sondern auch von militärischer Bedeutung ist, gibt es immer noch viele offene Fragen auf diesem Gebiet. Die ungarischen Forscher László Sindely und sein Sohn Dániel Sindely hatten ein tiefgreifendes Verständnis von Symmetrie und konnten so ein ähnliches Bild für Atomkerne wie Dimitri Iwanowitsch Mendelejew für Atome (das Periodensystem) entwickeln. Mendelejew waren Regelmäßigkeiten, Wiederholungen und eine Art Symmetrie unter den chemischen Elementen aufgefallen. Solche Regelmäßigkeiten konnten die beiden Sindelys auch bei Atomkernen beobachteten. Sie entdeckten, dass man alle Eigenschaften des Kerns versteht, wenn man annimmt, dass er aus regelmäßigen geometrischen Formen aufgebaut ist (eine kurze Beschreibung ihrer Arbeit findet sich in Band 3 der Buchreihe *Einführung in die Raumzeittechnologie*).

Wenn wir akzeptieren, dass der Atomkern aus regelmäßigen geometrischen Formen aufgebaut ist, werden alle Eigentümlichkeiten und Anomalien plötzlich verständlich. Vielleicht ist es kein Zufall, dass Symmetrien in der Natur so weitverbreitet sind, wie es wohl auch kein Zufall ist, dass wir diese Sprache kaum verstehen. Heutzutage absolviert man Universitätslehrgänge, ohne das Konzept von Symmetrie zu begreifen. Ohne dieses Wissen können wir aber die Funktionsweise der Natur nicht verstehen.

Es handelt sich hier nicht nur um eine rein ästhetische oder philosophische Überlegung, sondern wir stehen vor einem viel größeren Problem: Wir können nämlich keine bahnbrechenden Maschinen bauen, weil unser Verständnis von Symmetrien unzureichend ist; unsere technische Zivilisation ist ineffizient, primitiv und gefährlich. Nur ein kleiner Teil der Erdbevölkerung verfügt über einen akzeptablen Lebensstandard, und auch diese Menschen werden von der Umweltverschmutzung und der Endlichkeit unserer Energieressourcen bedroht. All diese Probleme wären lösbar, wenn wir die Symmetrien in unsere Gedankengänge miteinbeziehen würden. Wir leben heute in einem ständigen Konflikt um endliche Energieressourcen. Dabei brauchen wir nur die Hände auszustrecken und etwas nachzudenken, um eine Lösung zu finden.

Die Geschichte liefert uns zahlreiche Beispiele dafür, welche Katastrophen entstehen können, wenn man das freie Denken verbietet und bestehende Errungenschaften zerstört. Ich möchte dies mit zwei Beispielen illustrieren. Zunächst werde ich anhand des Lebens des von mir hochgeschätzten Nikola Tesla die Geschichte der Entdeckung der longitudinalen elektromagnetischen Wellen und deren Verbot durch John Pierpont Morgan schildern. Im nächsten Kapitel werde ich dann das zweite, bedeutendere historische Beispiel aufzeigen, nämlich wie das Chinesische Reich, die einst größte und reichste Zivilisation der Erde, aufgrund einer Reihe von Verboten und der Gleichgültigkeit der Mandarine, die das Land regierten, zerfiel.

Der Kult des Vergessens

In *Verbotene Erfindungen* habe ich schon über Teslas Leben berichtet, und der Leser wird sich vielleicht daran erinnern, dass dieser in seiner zweiten Schaffensperiode einen seltsamen Radiosender erfand. Tesla hielt für den Rest seines Lebens daran fest, dass sein Sender nicht nach demselben Prinzip wie der von Marconi funktionierte und er einen Radiosender mit viel größerer Reichweite erfunden hatte, der für diesen Zweck viel besser geeignet war. Von diesem Teil seiner Arbeit sind zahlreiche Patente erhalten. Außerdem hielt Tesla ausführliche Vorträge über dieses Thema. So können wir heute, mehr als ein Jahrhundert später, beweisen, dass Tesla tatsächlich ein ganz anderes und viel besseres Gerät gebaut hatte als seine Zeitgenossen, deren Geräte wir auch heute noch weltweit nutzen.

Tesla ist ein typisches Beispiel für jemanden, der seiner Zeit weit voraus war (oder sollten wir lieber sagen, seine Zeit war hinter ihm zurückgeblieben?). Die im Folgenden beschriebenen Ereignisse sind ein gutes Beispiel dafür, wie eine überaus nützliche Erfindung auch trotz guten Willens leicht in Vergessenheit geraten kann. Wir werden sehen, dass die institutionelle Wissenschaft und besonders die Industrie nicht immer offen für die bestmöglichen Lösungen sind, sondern sich lieber jahrhundertelang mit mittelmäßigen oder schlechten zufriedengeben; *außerdem ist die »Wiederaufnahme eines Verfahrens« in der Wissenschaft äußerst selten.*

So könnten wir heute beispielsweise einen Radiosender bauen, der auf dem von Tesla beschriebenen Prinzip beruht, denn im Gegensatz zu den Plänen für Johann Besslers Perpetuum mobile (seine Geschichte kann in meinem Buch *Verbotene Erfindungen* ausführlich nachgelesen werden) und andere ähnliche Geräte liegen uns Teslas Berechnungen vor und sind einfach verständlich und nachvollziehbar. Obwohl ein Tesla-Funksender sowohl aus wirtschaftlicher als auch aus der Sicht der nationalen Sicherheit viel zweckdienlicher wäre als die heute verwendeten hertzschen Sender, findet er in der Literatur über Funksender keine Erwähnung. Weder Physiker noch Ingenieure sind mit dem Konzept der sich im Äther ausbreitenden elektrischen Solitonen vertraut.

Nach dem heutigen Kenntnisstand können wir davon ausgehen, dass Teslas Radiosender keine gewöhnlichen hertzschen Wellen, sondern elektrische Solitonen in Form von Longitudinalwellen aussandte. Dadurch hebt sich diese Lösung von allen anderen, die nach diesem Sender erfunden wurden, positiv ab. Teslas Geschichte ist auch ein klares Beispiel dafür, dass manche wissenschaftlichen Entdeckungen erst gekauft und dann »versenkt« werden. Wenn wir an den technischen Scheideweg kommen, wird unter dem Titel »Fortschritt« meist die falsche Richtung gewählt.

Die Geschichte dieses Senders beginnt in den 1890er-Jahren und dauert bis in die 1920er-Jahre hinein. Zu diesem Zeitpunkt hatten Elektrizität und elektrisches Licht (eine der ersten großen Erfindungen) bereits Einzug in die Haushalte gehalten. Teslas Wechselstrom hatte den Bau von Aufzügen mit Elektromotoren ermöglicht, sodass Häuser viel höher als bisher gebaut werden konnten, was unsere Großstädte für immer veränderte. Der Bau von Straßenbahnen und U-Bahnen ermöglichte einen leisen, sauberen und preiswerten öffentlichen Verkehr (Dampf-U-Bahnen zum Beispiel wären wegen des giftigen Kohlendioxids und -monoxids aus den Schornsteinen der Lokomotiven gefährlich gewesen).

Teslas Wechselstrom brachte Elektrizität in unsere Haushalte, was unsere Lebensweise zweifellos revolutionierte. Mit Pneumatik oder der Dampfmaschine wäre das unmöglich gewesen. So entstanden nach und nach Staubsauger,

Waschmaschinen, Bügeleisen, Grammophone und elektrische Nähmaschinen und verbreiteten sich in den Industrieländern.

In den 1890er-Jahren hatte bereits ein weiterer Umbruch, ausgelöst durch die Erfindung der Schreibmaschine, seinen Anfang genommen. Bis dahin waren es in der Regel Männer gewesen, die Dokumente kopierten. Diese Maschine ermöglichte es nun auch Frauen, massenhaft den Arbeitsmarkt zu betreten – ein Prozess, der aufgrund der enormen Verluste an Menschenleben im Ersten Weltkrieg unumkehrbar werden sollte.

Was fehlte noch auf dieser Welt? Natürlich die vielen Kommunikationskanäle, die wir heute als Massenkommunikation bezeichnen. Es gab zwar einen Telefonkurier, aber der war verkabelt. Man brauchte eine Erfindung, mit der man Nachrichten zu Hause, am Arbeitsplatz oder sogar vom Deck eines Schiffes aus senden und empfangen konnte. Der Bedarf für ein Gerät, das beispielsweise Musik an viele Menschen gleichzeitig übertragen konnte, war riesig. Damals (ebenso wie heute) gab es eine bedeutende Zahl von Halbalphabeten, die kaum lesen konnten und Menschen, die nicht gern lasen. Aber auch diese hatten Bedarf an Information. Die Erfindung des Radios war nur eine Frage der Zeit.

Die Methode der Übertragung von Informationen durch Wellen, und zwar elektrische Wellen, war schon bekannt. Sie hatte sich zunächst beim Telegrafen, später dann beim Telefon bewährt. Der Telegraf war ein sehr einfaches Gerät und die Funktionsweise des Telefons war nicht viel komplizierter. Funkkommunikation dagegen gestaltete sich schon schwieriger. Hier musste man die Natur der Wellen und alle Feinheiten der Wellenausbreitung genau verstehen. Der Zufall, der Entdeckern so oft hilft, reichte hier nicht mehr aus.

Wenn wir über Wellen sprechen, geht es normalerweise darum, was für Wellen es in der Mechanik gibt. Sie können transversal sein: Auslenkung senkrecht zur Ausbreitungsrichtung, wie sie auf der Oberfläche von Seen oder dem Meer zu sehen sind; sie können auch longitudinal sein: Auslenkung parallel zur Ausbreitungsrichtung, zum Beispiel Schallwellen; oder es handelt sich um Torsionswellen, für die es schwierig ist, Beispiele aus der Praxis zu geben, weil sie von keinem großen Nutzen sind, die wir aber erzeugen können. Im Bereich der Elektrodynamik kennen wir nur Transversalwellen. Sie sind die einzigen Wellen, von denen die Autoren der Lehrbücher sprechen, und zwar so ausführlich, dass wir gar nicht auf die Idee kommen, es könnte noch eine andere Art von elektromagnetischen Wellen geben.

Auf der Symmetriekarte haben wir jedoch gesehen, dass das, was in der Mechanik vorkommt, auch in der Elektrodynamik vorkommen müsste. Man würde also erwarten, dass es auch in der Elektrodynamik Longitudinal- und Torsionswellen gibt. Es gibt aber noch ein Phänomen bei Wellen, das bei allen drei aufgezählten Arten von Wellen auftreten kann. Bis in die 1970er-Jahre wurde dieses selbst in den besten und ausführlichsten Lehrbüchern nicht behandelt: Ich spreche von einer Art nicht linearer Wellen – genauer gesagt: Solitonen. Diese seltsamen Wellen haben grundlegend andere Ausbreitungseigenschaften: Sie breiten sich viel weiter aus als die linearen Wellen, die wir kennen, und zwar fast ohne Verzerrung. Solitonen können also Transversal-, Longitudinal- oder auch Torsionswellen sein.

Wie erzeugt man lineare oder nicht lineare Wellen? Um einfache, lineare Wellen zu erzeugen, braucht man nur einen Wassertropfen auf die ruhige Oberfläche eines Teichs fallen zu lassen, und sofort beginnen sich kurze Wellen (im Zentimeter-Bereich) auszubreiten. Man kann aber auch Wellen erzeugen, indem man einen schweren Stein ins Wasser fallen lässt: Nun bilden sich größere Wellen, die sich noch weiter ausbreiten – bis zu Hunderten von Metern. In der Natur gibt es jedoch noch viel raffiniertere Wellen, die sich kilometerweit ausbreiten können. Diese müssen auf eine andere Weise entstehen.

Zwischen Welle und Welle kann es also bedeutende Unterschiede geben: Die eine klingt ab und kommt nicht sehr weit, während die andere kaum gedämpft wird. Diese letztere ist es, die wir für die Kommunikation brauchen. Die Natur serviert uns die Lösung auf dem Silbertablett. Tesla hat sie entdeckt und seine Erfindung bis ins letzte Detail ausgearbeitet, getestet und verkauft. Trotzdem kennen und nutzen wir sie nicht. Warum? Der Grund dafür sind Gier und Engstirnigkeit. Aber schauen wir uns zunächst einmal den Hintergrund an.

Nichtlinearität

Lineare, vor allem aber nicht lineare Phänomene sind häufig anzutreffen. Ein Phänomen ist linear, wenn die Wirkung immer in demselben Verhältnis mit der Ursache zunimmt. Ziehen wir beispielsweise eine Feder mit einer bestimmten Kraft, sehen wir, wie stark sie sich dehnt. Ziehen wir dann doppelt so stark, dehnt sich auch die Feder doppelt so stark. Das Verhältnis von Dehnung zu Streckkraft ist konstant – der Prozess ist also linear. Aus Erfahrung wissen wir jedoch, dass die Feder irgendwann bricht und diese Gesetzmäßigkeit kurz vor dem Endpunkt nicht mehr gegeben ist.

Wenn wir Wasser erhitzen, führt eine bestimmte Wärmemenge zu einem bestimmten Anstieg der Wassertemperatur. Wenn wir doppelt so viel Wärme übertragen, wird das Wasser auch doppelt so heiß – ein linearer Zusammenhang. Das geht jedoch nicht unbegrenzt so weiter, denn sobald man den Siedepunkt erreicht hat, verhält sich das Wasser vollkommen anders (so wie auch beim Gefrierpunkt).

Wir wissen, dass die Gegenstände in unserer Umgebung zerbrechen, reißen, schmelzen, gefrieren usw. – wir sind von nicht linearen Phänomenen umgeben. Die mathematische Beschreibung dieser Phänomene ist jedoch sehr viel schwieriger und weniger elegant als die Welt der linearen Phänomene. Dieses Gebiet ist weitgehend das »Jagdrevier« von Ingenieuren geblieben. Physiker haben sich erst in den letzten Jahrzehnten dem Meer der Nichtlinearitäten zugewandt.

Das ist kein Zufall, denn bis heute bereiten nicht lineare Phänomene ernste Schwierigkeiten, und ihre mathematische Beschreibung gelingt nur selten. Vor 100 Jahren schien die mathematische, theoretische Beschreibung dieser Phänomene unmöglich. Ein solch typisches, nicht lineares, selbsterregendes Schwingungsphänomen führte beispielsweise dazu, dass die Tacoma Bridge in den USA bei starkem Wind ins Wanken geriet, sich verformte und schließlich einstürzte. Ähnliche Phänomene verursachten die Vibrationen, die an den Flügelspitzen der ersten Flugzeuge beobachtet wurden und manchmal zu deren Abbruch führten. Ingenieure lernten immer aus ihren eigenen Fehlern.

Als Tesla die Abstrahlung einer völlig neuen Art von elektrischen Wellen entdeckte, hatten Experimentalphysiker und theoretische Physiker gerade erst die Erzeugung der einfachsten elektromagnetischen Wellen erforscht. Im Jahr 1873 veröffentlichte der leider jung verstorbene, brillante schottische Wissenschaftler James Clerk Maxwell ein Gleichungssystem, das alle bis dahin bekannten elektromagnetischen Phänomene vereinte. Dieses Gleichungssystem enthielt – allein aus Symmetriegründen – einen Term, der die Existenz elektromagnetischer Wellen vorhersagte.

Dieses Gleichungssystem ist die wohl größte Errungenschaft der theoretischen Physik des 19. Jahrhunderts, denn Maxwell sagte nicht nur voraus, dass elektromagnetische Schwingungen auftreten können, sondern auch, dass ihre Ausbreitungsgeschwindigkeit mit der des Lichts übereinstimmt. Dadurch konnte man Optik mit der Theorie der Elektrizität vereinen. Das einzige Problem war, dass niemand wirklich an der Arbeit Maxwells interessiert war und dieser starb, ohne dass seine Zeitgenossen sein Gleichungssystem akzeptiert hätten.

In Deutschland wurde eine eigene Elektrodynamik entwickelt, und erst etwa 20 Jahre darauf, in den späten 1880er-Jahren, begann der junge deutsche Forscher Hertz elektromagnetische Strahlung zu untersuchen. Hertz war ein typischer Bürger des aufstrebenden, neu vereinigten und sich industriell rasant entwickelnden Deutschlands und ein begabter Student der hervorragenden deutschen Universitäten. Er studierte Bauingenieurwesen, interessierte sich aber bald auch für Physik.

Zu dieser Zeit befand sich England bereits in der ersten Phase des Niedergangs; es gab noch immer keine Industrieschulen und keine institutionalisierte technische Forschung. Aber es gab einen Forscher, Oliver Heaviside, der zwar keinen Hochschulabschluss hatte, aber durch seine Bemühungen und sein Interesse einen bedeutenden Beitrag zum Fortschritt leistete: Er war es, der Ingenieuren und Forschern die Elektrodynamik zugänglich machte. Bis dahin waren die Gleichungen nämlich sehr kompliziert und umständlich mit Quaternionen beschrieben worden, die nur schwer verständlich sind. In dieser schwierigen mathematischen Sprache war es kaum möglich, die Einfachheit, Schönheit und Symmetrie der Gleichungen der Elektrodynamik zu begreifen. Das Verständnis zu erleichtern, war eindeutig die Aufgabe dieses exzentrischen jungen Engländers, der über besondere Fähigkeiten verfügte.

Heaviside

Der Name Heaviside ist heute fast völlig in Vergessenheit geraten, obwohl die von ihm und dem Amerikaner Josiah Willard Gibbs entwickelte Vektoranalysis heute die »Muttersprache« der Ingenieure und eines der wichtigsten Werkzeuge für Berechnungen und Dimensionierungen ist; der Nutzen dieser Methode ist unschätzbar. Doch bevor wir Heavisides Leistung würdigen, möchte ich kurz darauf eingehen, auf welchem Niveau Industrie, Technologie und Wissenschaft sich zu dieser Zeit befanden.

Der erste Industriezweig, der auf Wissenschaft basiert und in dem zumindest die Division und die Multiplikation bereits angewandt wurden, ist die chemische Industrie. Lange wurden Dampfmaschinen und Elektromotoren eher auf der Basis von Schätzungen als unter Anwendung von Mathematik gebaut. Damals hatten die Ingenieure noch nicht das Bedürfnis, beispielsweise die Wärmeübertragung in Dampfmaschinen durch Berechnungen nachzuverfolgen. Ohnehin war der experimentelle Hintergrund dafür noch nicht gegeben.

Ebenso wenig bildete die Grundlage der ersten industriellen Revolution, in deren Verlauf Tausende von Dampfmaschinen in Betrieb genommen wurden, eine exakte Wissenschaft. So wurden auch der Telegraf und das Telefon erfunden. Solange man den Ton und das Signal nur ein paar Kilometer weit übertragen wollte, traten keine Probleme auf. Bei längeren Telefonleitungen kam es jedoch zu einer erheblichen Verzerrung des Tons, die sich nicht durch planlose Experimente beseitigen ließ. Dieses praktische Problem löste die erste wahre industrielle Revolution auf dem Gebiet der Elektrotechnik aus, die später zur Verknüpfung von Elektronik und Naturwissenschaft, Mechanik und Elektrodynamik führte.

Dies war eine echte industrielle Revolution, denn im Gegensatz zu den Erkenntnissen von Sir Isaac Newton oder Leonhard Euler veränderten diese

Ergebnisse das tägliche Leben der Menschen. Newtons Erkenntnisse waren zwar sehr nützlich, zum Beispiel in der Astronomie, aber sie hatten wenig direkten Bezug zur Praxis; seine Berechnungen wurden für die Dimensionierung von Dampfmaschinen oder Pferdekutschen nicht wirklich benötigt. Die erste wirkliche *technische Herausforderung* in der Geschichte der Menschheit stellte die Telekommunikation dar. Um auf diesem Gebiet einen Fortschritt zu erzielen, war ein tiefes Verständnis von Elektrodynamik erforderlich.

Die Maxwell-Gleichungen waren für den praktischen Gebrauch ungeeignet, da zwanzig Gleichungen mit zwanzig Variablen nötig waren, um die zeitlich veränderlichen elektrischen und magnetischen Phänomene zu beschreiben. Die von Maxwell verwendeten Quaternionen (eine Form der hyperkomplexen Zahlen) waren zu kompliziert. Es musste ein anderer Weg gefunden werden, um diese Gleichungen aufzustellen.

Maxwell und Michael Faraday hatten erkannt, dass elektrische und magnetische Felder an sich ein neues Konzept darstellten und dass diese nicht beseitigt, sondern verstanden werden mussten. Mit dieser brillanten Idee begann eine neue Ära in der Physik. Ein weiterer wichtiger Beitrag Maxwells war die Annahme, dass nicht nur zeitliche Änderungen des magnetischen Feldes (wie bei der faradayschen Induktion), sondern auch zeitliche Änderungen des elektrischen Feldes zu elektrischen Wirbeln führen würden, und zwar rein aus Symmetriegründen. So sahen die Gleichungen geordneter und symmetrischer aus. Dies ließ sich experimentell allerdings noch nicht nachweisen, denn der Effekt war im Vergleich zu der schon bekannten Induktion zu schwach. Es sollte noch Jahrzehnte dauern, bis man diesen Effekt auch nachweisen konnte.

Doch kehren wir nun zur Arbeit von Heaviside zurück. Dieser entwickelte zusammen mit Gibbs die Vektoranalysis, die es erlaubte, Kraftfelder mithilfe relativ einfacher Operationen zu beschreiben. So wie Newton die Folgen der Kräfte, die auf einen bewegten Massepunkt einwirken, beschrieb, tat Euler dies für die Bewegung eines ausgedehnten Körpers auf der Basis von Newtons Arbeit. Heaviside erfasste die Vektorfelder wie zum Beispiel Kraftfelder und beschrieb sie elegant. So wurden Maxwells zwanzig Gleichungen auf vier reduziert, und selbst diese hatten nur wenige Terme, sodass jeder Mensch mit einem grundlegenden mathematischen Verständnis die feine, elegante Verbindung zwischen Elektrizität und Magnetismus erkennen konnte.

Heaviside war der Erste, der sah, wie die Natur sich in den Gleichungen der Elektrodynamik offenbart, aber leider erkannte auch er nicht, was noch an den Gleichungen fehlte. Er hatte nämlich die fehlende Rotation nicht bemerkt, aber das ist nur das kleinere Problem. Das größere ist, dass keiner der Forscher, die ihm folgten, die millionenfach niedergeschriebenen Maxwell-Gleichungen je aus diesem Blickwinkel betrachtet hat. Wir werden später noch auf dieses folgenreiche Versäumnis zurückkommen. Jetzt wollen wir vorerst bei den von Heaviside aufgestellten Gleichungen bleiben.

Es ist eigentlich unverständlich, warum keiner der vielen bedeutenden englischen, französischen und deutschen Mathematiker, die doch den Gipfel des abstrakten Denkens erreicht hatten, diese Methode zur Beschreibung der Wirbelstärke (Rotation), der Quellenstärke (Divergenz) und der räumlichen Änderung (Gradient) von Kraftfeldern früher erfunden hat. Die Arbeit von Heaviside, die Entwicklung der Vektoranalysis, war nach den Arbeiten von Newton und Gottfried-Wilhelm Leibniz (der Analysis) der nächste Meilenstein der mathematischen Physik und der Naturwissenschaften allgemein.

Während Newton und Leibniz heute noch in den höchsten Tönen gelobt werden, ist Heavisides Name unverdientermaßen fast in Vergessenheit geraten, und zwar auf die für die Naturwissenschaft so typische, unerklärliche Weise. In den Lehrbüchern findet man die von Heaviside und Hertz aufgestellten Gleichungen unter dem Namen Maxwells, obwohl sie nie von diesem aufgeschrieben wurden. Das Wesen dieser elektrodynamischen Phänomene wurde zwar von Maxwell gezeigt, aber die Form und die Nützlichkeit dieser Gleichungen stammen zweifellos von Heaviside.

Heaviside war 1850 in armen Verhältnissen geboren und aufgrund einer Krankheit in jungen Jahren halb taub geworden. Von da an zog er sich immer mehr zurück und konzentrierte sich auf seine Bildung. Seine Begabung für Mathematik zeigte sich bereits in der Schule. Im Alter von 18 Jahren ging Heaviside nach Dänemark, um in einem Telegrafenamt zu arbeiten. Wie Hunderte andere Erfinder und Geschäftsleute damals kam er über den Telegrafen in unmittelbaren Kontakt mit der Spitzentechnologie seiner Zeit. Dieses Erlebnis sollte sein Leben für immer verändern. Seine Arbeit vermittelte Heaviside ein praktisches Verständnis von Elektrizität und Elektrodynamik. Dort sammelte er Erfahrung mit Schwingkreisen und anderen Schaltkreisen, was sich in seiner späteren Karriere als wesentlich erwies. 1871 kehrte er nach England zurück und wurde einer der technischen Leiter des Telegrafenamtes in Newcastle upon Tyne.

Damals begann er, seine Kenntnisse in Mathematik und Physik weiter zu vertiefen, um mehr über die Elektrodynamik in Erfahrung bringen zu können. In seinem zweiten Artikel, veröffentlicht im Jahr 1873, hatte er die Integralrechnung bereits angewandt. Diese Arbeit wurde von Maxwell zitiert. Später gab Heaviside seine Arbeit auf, um sich ausschließlich dem Studium der Elektrodynamik zu widmen. Er wurde zu einer Art unbezahltem Hobbyforscher. Damals war er 24 Jahre alt, hatte nie wieder eine feste Arbeit und lebte so in ständiger Angst vor einer ungewissen Zukunft. Doch die neue und aufregende Welt des Elektromagnetismus hatte ihn völlig in ihren Bann gezogen. Er beschäftigte sich Tag und Nacht damit und sollte niemals heiraten.

Heaviside versuchte, seine vereinfachten elektrodynamischen Gleichungen in der Fachzeitschrift der Englischen Akademie der Wissenschaften (Proceedings of the Royal Society) zu veröffentlichen, doch der Gutachter der Zeitschrift, William Burnside, lehnte seine Arbeit mit der Begründung ab, sie sei mathematisch nicht fundiert. Diesen mathematischen Formalismus betrachten noch heute Millionen von Ingenieuren und Physiker als die wichtigste Grundlage der klassischen Physik …

Die Vektoren halfen zu verstehen, wie sich Energie in elektrischen Schaltkreisen ausbreitet. Es stellte sich heraus, dass nicht der Draht selbst, sondern die *elektromagnetischen Felder um den Draht herum* die Energie in den Schaltkreisen transportieren – eine Tatsache, die für viele noch heute überraschend ist. Aus dem Draht können elektromagnetische Wellen »herausfliegen«; sie können sich von ihrer Quelle lösen. Dies eröffnet eine ganze Reihe von überaus wichtigen neuen technischen Möglichkeiten.

Wenn auch nicht in der Zeitschrift der Englischen Akademie, so wurden Heavisides Artikel doch in der technischen Zeitschrift *Electrician* regelmäßig veröffentlicht. So wurde die von ihm eingeführte Theorie der Elektrizität auf Grundlage der Vektoranalysis langsam bekannt und gewann an Akzeptanz. Der junge Forscher wurde 1891 sogar zum Mitglied der Englischen Akademie gewählt (so etwas wäre heute völlig ausgeschlossen). Die Schwierigkeiten von Heaviside endeten damit aber noch lange nicht. So lieferte er sich auch weiterhin nicht nur mit Theoretikern, sondern auch mit sogenannten Praktikern hitzige und wütende Debatten über Telefonschaltungen.

Heaviside wurde zum erbitterten Feind des Ingenieurs Sir William Henry Preece, einem der wichtigsten Experten beim britischen Postamt. In den 1880er-Jahren wussten allerdings selbst die »Experten« nicht viel über die Funktionsweise elektrischer Schaltkreise, und ihre Arbeit war von Verwirrung geprägt. Als nach jahrzehntelanger Arbeit und unzähligen Rückschlägen endlich das erste Telegrafenkabel durch den Atlantik verlegt wurde, erwies es sich als unbrauchbar. Man erkannte schließlich, dass die Ladungsspeicherkapazität, also die Kapazität des langen Kabels, die Ursache für den Fehler war. Diese konnte zum Glück durch Spulen (Induktivitäten) kompensiert werden. Vielleicht war dies der erste große, praktische Sieg in der Elektrodynamik. Ähnliche Probleme mit Hochfrequenz-Telefonleitungen waren bereits früher auf viel kleineren Entfernungen aufgetreten.

Bei den überaus langsamen Spannungsänderungen der Signale, die bei Telegrafen üblich sind, konnte die Induktivität (magnetische Energiespeicherkapazität) der Drähte vernachlässigt werden. Hier spielten nur der Leckstrom und die Kapazität eine Rolle. Daher war die von William Thomson (Lord Kelvin) in den 1850er-Jahren für Telegrafen entwickelte Theorie in den Köpfen der Fachleute so fest verankert, dass sie gar nicht darauf kamen, dass sich dies bei höheren Frequenzen ändern könnte. Die magnetische Energiespeicherkapazität der Drähte ist bei hohen Frequenzen aber nicht mehr vernachlässigbar. Da die von Thomson aufgestellte Gleichung jedoch wie ein Dogma behandelt wurde, war man nicht in der Lage, die Energiespeicherfähigkeit des Magnetfeldes für schnelle Veränderungen in die Überlegungen einzubauen (dies mag zwar unvorstellbar erscheinen, ist aber heute in der Welt der Symmetriereduktion oder anderer Symmetrieeffekte nicht anders).

Heavisides Gegner Preece erwies sich aufgrund seiner Position und seiner Verbindungen als ein unbesiegbarer Gegenspieler und lähmte so die Entwicklung der britischen Telekommunikationsindustrie für mindestens 20 Jahre. Er war der Ansicht, dass Induktivität »schädlich« sei und daher beseitigt werden müsse. Er verstand nicht, dass das Vorhandensein von Induktivität keine Frage des Geschmacks ist, sondern ein Phänomen, das wohl oder übel existiert und das kompensiert werden muss.

Heaviside dagegen hatte mithilfe der Vektoranalysis erkannt, dass das Verhältnis von Induktivität und Widerstand entlang des Drahtes gleich dem Verhältnis von Kapazität und Ableitwiderstand des Drahtes sein muss, um eine verzerrungsfreie Übertragung zu erhalten. Dies ist als Heaviside-Bedingung bekannt (Abbildung 1).

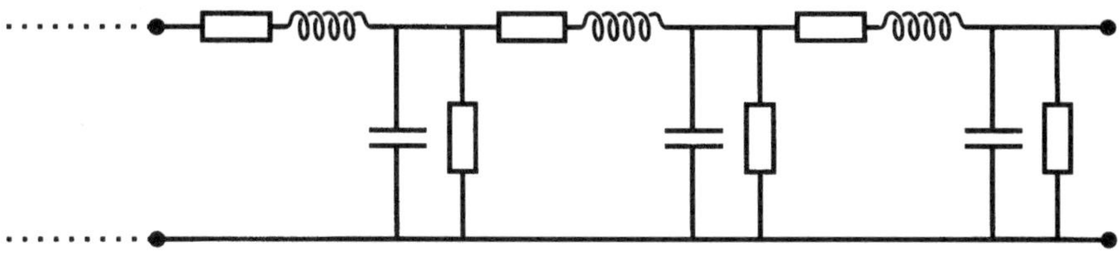

Abb. 1: Die Heaviside-Bedingung für die unverzerrte Signalübertragung für lineare Komponenten: $\frac{L}{R_1} = \frac{C}{R_2}$

Heaviside kam daher zu dem Schluss, dass die Induktivität für verzerrungsfreie Schaltungen erhöht, statt verringert werden müsste; zudem versicherte er, dass in die Schaltung eingefügte Induktionsspulen die Qualität der Übertragung verbessern würden. Heavisides Plan, seine Berechnungen in der Praxis zu überprüfen, wurde jedoch von seinem Gegner Preece mit allen Mitteln verhindert.

Jahrzehnte später ließen Michael Pupin, Professor an der Columbia University, und George Ashley Campbell, Ingenieur bei der Bell Society, dieselbe Idee patentieren und setzten sie mit hervorragenden Ergebnissen in die Praxis um. Bis dahin hatte Heaviside jedoch längst genug von all den Anfeindungen und Intrigen und zog 1908 als noch relativ junger Mann aufs Land, wo er dann in vollkommener Abgeschiedenheit lebte. Man könnte fast meinen, er habe durch die Konkurrenzkämpfe den Verstand verloren: So ersetzte er zum Beispiel seine Möbel durch Steinmöbel, vernachlässigte seinen Körper immer mehr und begann, seine Nägel rot zu lackieren. So lebte er bis zum Februar 1925, als er sich bei einem unglücklichen Sturz verletzte, von dem er sich nicht mehr erholte. Er starb im Alter von 75 Jahren.

George Bernard Shaw sagte einmal, dass es zwei Arten von Menschen gibt: Die eine sei rational und passe sich der Welt an, mache Geschäfte mit ihr und kenne ihre Regeln; die andere sei irrational und unbeugsam und erwarte, dass sich die Welt der eigenen Person anpasst. Shaw fuhr fort: »Aller Fortschritt hängt vom unvernünftigen Menschen ab.« Heaviside war so ein irrationaler, zu Unrecht vergessener Mensch. Zusammen mit Maxwell kann er als einer der ersten Theoretiker der Elektrodynamik bezeichnet werden.

Schwingende Welt

Maxwell vermutete, dass in elektrischen Schwingkreisen magnetische Wirbelfelder zwischen Kondensatorplatten entstehen können, die sozusagen zwischen den Platten »herausgeschleudert« und als elektromagnetische Wellen abgestrahlt werden. Bis 1879, als er im Alter von 48 Jahren starb, konnte jedoch kein experimenteller Nachweis dafür erbracht werden, weshalb seine Theorie nicht akzeptiert wurde. Lange Zeit später wies Sir Oliver Joseph Lodge zwar die Existenz von Wellen in Leitern nach, es erregte jedoch kein großes Aufsehen. Einen echten Wandel brachte erst die Arbeit von Heinrich Hertz.

1887 war ein außergewöhnliches Jahr für Technik und Wissenschaft. Das ganze Jahrzehnt war von einem beispiellosen technischen und wissenschaftlichen Fortschritt geprägt: 1886 hatten August Wilhelm Maybach und Gottlieb Wilhelm Daimler das erste vierrädrige Benzinauto auf den Markt gebracht und damit eine neue Ära im Verkehrswesen eingeleitet. 1887 stellte George Mortimer Pullman den ersten Luxus-Schlafwagen vor, der eine bedeutend komfortablere Fernreise mit der Eisenbahn erlaubte. In demselben Jahr fuhr in Budapest die erste Straßenbahn und man produzierte die erste Schallplatte.

Ebenfalls in diesem Jahr gelang es Tesla endlich, seinen Mehrphasen-Elektromotor zu entwickeln, nachdem er jahrelang daran getüftelt hatte. In diesem Jahr wurde in Wien Erwin Rudolf Josef Alexander Schrödinger geboren, zugleich war es das Todesjahr von Alfred Krupp, dem Gründer der Krupp-Werke in Essen und einer der wichtigsten Persönlichkeiten der europäischen Stahlindustrie. Im folgenden Jahr wurden Ernst Heinrich Heinkel, der Vater des deutschen Flugzeugbaus, und Andrei Nikolajewitsch Tupolew, der Vater des sowjetischen Flugzeugbaus, geboren. In demselben Jahr (1887) gelang es Heinrich Hertz, experimentell nachzuweisen, dass sich ***künstlich erzeugte elektromagnetische Wellen in der Luft ausbreiten können***.

Natürlich kam dieser Nachweis nicht völlig unerwartet. Man hatte bereits vermutet, dass es sich bei Licht um elektromagnetische Strahlung handelt. Es wurde jedoch immer durch irgendeinen chemischen Prozess oder durch Erhitzung erzeugt. Die Frage war aber, ob eine solche Strahlung direkt durch elektrische und magnetische Phänomene erzeugt werden könne – zumindest bei größeren Wellenlängen. Faraday hatte die Idee, Magnete oder elektrisch geladene Gegenstände in Schwingung zu versetzen. Solche mechanischen Oszillatoren konnten aber nur bei Frequenzen von einigen Kilohertz schwingen – zumindest beim damaligen Stand der Technik – was Wellenlängen von 30 bis 40 Kilometern bedeutete. Der Empfang solcher elektromagnetischen Schwingungen war aber fast unmöglich.

Wieder einmal war man durch einen glücklichen Zufall auf die Lösung gekommen. 1842 hatte nämlich der amerikanische Experimentalphysiker Joseph Henry entdeckt, dass sich die Ladung von Kondensatoren nicht langsam und gleichmäßig zwischen den Elektroden ausglich, wenn er diese entlud, sondern zwischen den Elektroden hin- und herfloss – ähnlich wie eine Flüssigkeit, die man in ein u-förmiges Rohr füllt, hin- und herfließt. Doch Henry war nur einen Weg gegangen, der bereits zuvor geebnet worden war.

1826 hatte der Forscher Félix Savary bemerkt, dass bei der Entladung von Leidener Flaschen (eine Form von Kondensatoren) die Nadel im Inneren magnetisiert wurde, wenn man eine zylindrische Spiralspule zwischen die beiden Elektroden legte. Dies geschah aber mit wechselnden Vorzeichen: Mal befand sich der

Nordpol an einem gegebenen Ort, mal der Südpol. Der Ausgang des Experiments schien vom Zufall abzuhängen.

Henry stellte jedoch fest, dass alle Magnetnadeln auf dieselbe Weise magnetisiert wurden. Daraufhin begann er, mit immer kleineren Nadeln zu experimentieren, bis sie am Ende die Größe von Stecknadeln und kleineren Spulen hatten. Dabei stellte er fest, dass sich die Richtung der Magnetisierung änderte. Es war jedoch alles andere als einfach, die Ergebnisse zu interpretieren. Doch Henry fand die Erklärung: Die Entladung ist kein Gleichstrom-Phänomen, sondern eine Oszillation. Die winzige Magnetnadel behält immer die Richtung der letzten Schwingung, die noch stark genug zur Magnetisierung der Nadel war, bei. Je nachdem, in welchem Ausmaß der Kondensator geladen war, konnte die Nadel also in die eine oder andere Richtung magnetisiert werden.

In der Strömungsmechanik war das Phänomen, dass das Erreichen des Gleichgewichtszustands in Gefäßen unterschiedlicher Höhe, die durch ein Rohr verbunden sind, vom Strömungswiderstand abhängt, schon lange bekannt. War der Strömungswiderstand groß, lief die Flüssigkeit langsam aus dem höheren Gefäß nach unten; verband ein Rohr mit größerem Durchmesser und daher geringerem Strömungswiderstand die beiden Gefäße, wurde der Höhenunterschied der Flüssigkeit zwischen den beiden Gefäßen durch schwingende Bewegungen ausgeglichen. Man hatte die elektrische Analogie gefunden: Es war also möglich, elektromagnetische Schwingungen zu erzeugen. Rückblickend erscheint uns dies heute sehr einfach. Es ist aber kein Zufall, dass es Maxwell nicht gelang herauszufinden, wie man elektromagnetische Schwingungen künstlich erzeugen konnte. Auch nach seinem Tod dauerte es noch lange, bis diese Entdeckung gemacht wurde.

Die technische Lösung fand schließlich Heinrich Hertz. Er studierte damals in Heidelberg an einer der wie Pilze aus dem Boden schießenden ausgezeichneten deutschen Universitäten Architektur, fühlte sich jedoch immer mehr zur Physik hingezogen. Abbildung 2 zeigt den schematischen Aufbau seines Experiments. Auf den ersten Blick erscheint dieses Diagramm völlig unverständlich; es gibt weder einen Kondensator noch die übliche Induktionsspule. Und doch ist alles vorhanden, was nötig ist.

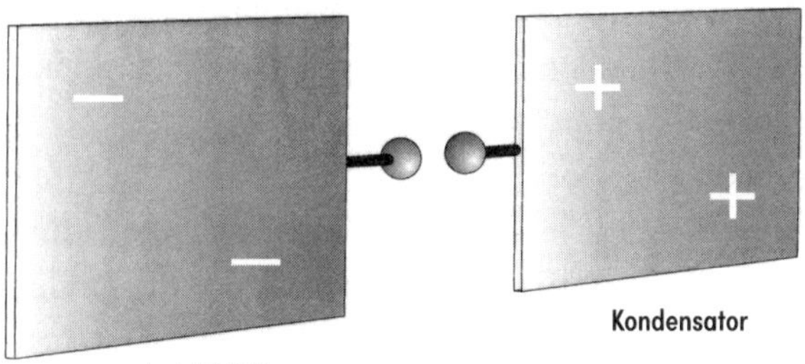

Abb. 2: hertzscher Hochfrequenzschwingkreis. Der Kondensator und die Induktivität bestehen lediglich aus zwei Platten und zwei kurzen Drähten.

Mit dieser Anordnung begründete Hertz, der ein tiefes technisches Verständnis besaß, im Wesentlichen die Praxis der sogenannten Systeme mit verteilten Parametern, die erst Jahrzehnte später in großer Zahl beim Radar eingesetzt wurden. Den Kondensator bildeten die in Abbildung 2 gezeigten viereckigen Zinkplatten, die Induktivität war ein kurzer Draht, der in einer Kugel endete.

Als Hertz die Platten mit einer Spule auf eine hohe Spannung auflud, war nach einer gewissen Zeit der Moment erreicht, in dem die Potenzialdifferenz zwischen den beiden Platten einen kritischen Wert überschritt und ein Funke von einer Kugel zur anderen sprang. Es handelt sich also im Wesentlichen um einen sehr schnellen Hochspannungsschalter, der nach dem damaligen Stand der Technik durch nichts anderes ersetzt werden konnte.

Sobald der Elektronenfluss von einer Platte zur anderen einsetzte, begann Hertz, das elektrische Feld zwischen den beiden Platten sehr schnell zu verringern, sodass der durch die Funkenstrecke fließende Strom auch einen Strom in den kurzen Drahtleitern induzierte. Wenn die Funkenstrecke klein genug war und die Verluste nicht zu groß waren, floss die Ladung zur anderen Platte, von wo aus sie in ähnlicher Weise zur ersten Platte zurückfloss, wo alles angefangen hatte. So lief eine vollständige Periode ab. Gleichzeitig bildeten sich abwechselnd elektrische Felder und Magnetfelder um die Platten und Drähte. So funktionieren Oszillatoren. In einem Oszillator müssen mindestens zwei verschiedene Arten von Energiespeichern, deren Energie ineinander umgewandelt werden kann, vorhanden sein. Zwischen ihnen können dann Energieoszillationen entstehen, zum Beispiel zwischen einer Feder, die gestreckt wird, und einer Masse, die an ihr hängt. Die kinetische Energie des Massepunktes und die in der Feder gespeicherte potenzielle Energie werden ineinander umgewandelt. Dieser Prozess dauert so lange an, bis die Reibung diese Energie »verbraucht« hat.

In einem einfachen hertzschen Oszillator findet derselbe Prozess statt, hier wird jedoch die Lageenergie durch die unter Hochspannung gespeicherte Ladung repräsentiert und die Bewegungsenergie durch das Magnetfeld um die Drähte, die durch die Entladung kurzgeschlossen werden. Diese Schwingung ist stark gedämpft, was zum Teil auf die ausgesandten elektromagnetischen Wellen und zum Teil auf die Schallverluste der Funkenstrecke zurückzuführen ist. Das Gerät hat nur den Anschein, einfach zu sein. Zur Erzeugung der Oszillation wurde ein Funkeninduktor verwendet, um die Platten periodisch auf Hochspannung aufzuladen.

Abbildung 3 zeigt den realen Aufbau. Hier kann man auch die Batterien und den Funkeninduktor sehen. Um zu verhindern, dass die Ladung zum Funkeninduktor zurückkehrt, mussten Drosselspulen zwischen den Funkeninduktor und die Platten geschaltet werden. Diese wirkten wie eine Art Gleichrichter; die elektrische Ladung konnte nur zwischen den beiden Platten oszillieren, weil die Drosselspulen die Rückkehr der Ladung zum Funkeninduktor verhinderten. Mit dieser Anordnung war Hertz in der Lage, elektromagnetische Strahlung mit einer Wellenlänge von etwa 40 bis 50 Zentimeter zu erzeugen. Er konnte sie sogar mit einem Parabolspiegel reflektieren und lenken.

Hertz überzeugte sich davon, dass die Strahlung das primitive, aber geniale Gerät verließ, indem er einen resonanten Empfänger vor den Spiegel stellte. Dabei handelte es sich um einen kreisförmigen Draht, der an einer Stelle durchgeschnitten war, und um zwei Kugeln mit bekanntem Abstand (einstellbar im Mikrometerbereich), die als Kondensator dienten. Die abgestrahlten elektromagnetischen Wellen erzeugten in dieser Schleife durch Induktion eine dynamische Ladungstrennung. Einige Meter von dem soeben beschriebenen Sender entfernt konnte man mit einer Lupe beobachten, wie zwischen den Kugeln winzige Funken sprangen. Die Übertragung der elektromagnetischen Energie fand also in der Form von Wellen statt und nicht durch faradaysche Induktion, die ein solches Ergebnis nicht hätte bewirken können. Mit einer sehr einfachen Anordnung, wie sie in Abbildung 3 dargestellt ist, zeigte Hertz außerdem, dass elektromagnetische Wellen transversal, polarisierbar und reflektierbar sind und somit Eigenschaften aufweisen, die für Licht bekannt sind.

1888 stellte Hertz seine Ergebnisse im Detail vor. Seine Arbeit wurde als großer Erfolg gewertet. Im Wesentlichen hatte er damit die Grundlagen für die drahtlose Kommunikation geschaffen. So begründeten Maxwell und Heaviside diese neue Spitzentechnologie theoretisch, Hertz experimentell, obwohl er selbst der Meinung war, dass diese Anordnung in der Praxis nicht über große Entfernungen genutzt werden könne. Tatsächlich war Hertz' einfaches Gerät für die Übertragung elektromagnetischer Wellen über große Entfernungen nicht geeignet; für so ein Gerät war noch jahrzehntelange Entwicklungsarbeit nötig. Erst 1896 – fast 10 Jahre nach der Entdeckung von Hertz – machte der Russe Popow die ersten Schritte in diese Richtung: Mit seinem fortschrittlicheren Gerät konnte er elektromagnetische Wellen über eine Entfernung von etwa 250 Metern übertragen. Die ersten zwei Worte, die er im Morsecode versandte, waren die Wörter »Heinrich Hertz«.

Abb. 3: Der hertzsche Oszillator erzeugte elektromagnetische Wellen

Man könnte meinen, dass die Errungenschaften von Hertz zu einer explosionsartigen Verbreitung von Radiosendern geführt hätten, doch selbst in dieser dynamischen Zeit war das nicht der Fall. Immense theoretische und praktische Schwierigkeiten standen dem Fortschritt noch im Wege. Wie wir am Beispiel von Heaviside schon gesehen haben, verstanden selbst Fachleute die Natur von elektromagnetischer Strahlung noch nicht, und auch der Hochfrequenz-Elektromagnetismus war noch ein vollkommen ungewöhnliches und fremdes Konzept. Ingenieure und Forscher waren gerade erst dabei, sich an die Existenz von Gleichstrom zu gewöhnen. Nur wenige dachten überhaupt an die Möglichkeit der drahtlosen Übertragung von Signalen, und erst recht nicht von Sprache. Der junge Tesla war der produktivste und einfallsreichste Experimentator und Denker unter ihnen. Zunächst ist es jedoch notwendig, sich den Unterschied zwischen den Arbeiten von Tesla und Hertz klarzumachen.

Die Welt ist nicht linear

Es gibt zwei Arten von Krimis: Der eine Krimi ist wie das Leben, bei dem wir nicht schon im Voraus wissen, wer der Täter ist. Der zweite ist die intellektuellere Variante, bei der wir schon im Voraus wissen, wer der Mörder ist, und wir den Film nur ansehen, um zu ergründen, wie klug der Detektiv ist.

Die Geschichte der Wissenschaft ist solchen Filmen sehr ähnlich. Die gesamte Naturwissenschaft ist nichts anderes als die ständige Überwindung von Vorurteilen und falschen Annahmen. In der Psychologie wird dieses Phänomen als Fixationsproblem bezeichnet. Es ist seit Langem bekannt und wird gründlich erforscht. Ein Fixationsproblem liegt vor, wenn wir bei der Lösung eines Problems nicht weiterkommen, weil uns etwas daran hindert, von dem wir denken, dass dieses Etwas eine vorgegebene, strikte Bedingung sei. Diese ist jedoch so gar nicht vorgegeben. Vielmehr handelt es sich um eine implizite Annahme. In der Wissenschaft nennt man dies ein falsches Vorurteil. Es ist die offensichtlichste und häufigste Mine auf dem Gebiet, auf dem Forscher sich aufhalten und suchen (Abbildung 4).

Manchmal sagen wir zurückhaltend und euphemistisch, dass jemand »an dem Problem vorbeigegangen ist«. So haben zum Beispiel André-Marie Ampère das Phänomen der Induktion oder Edison den nach ihm benannten Effekt nicht bemerkt. (Dieser Effekt tritt im Hochvakuum auf, wenn ein Glühfaden die Kathode bildet; die Elektronen entweichen dann und werden in einer anderen Platte, der

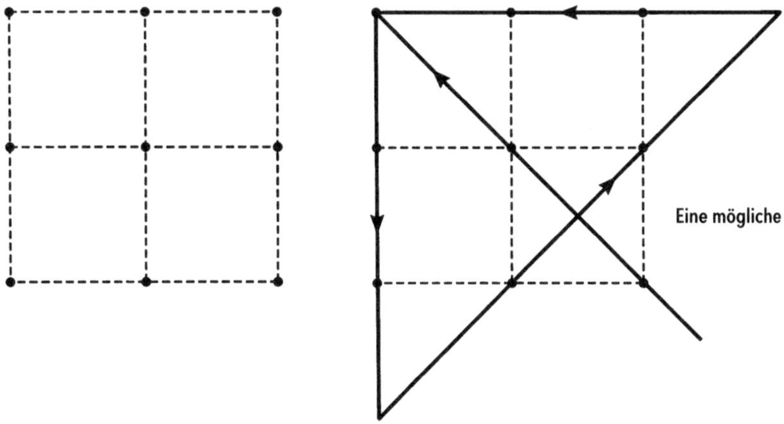

Abb. 4: Wie können die neun Punkte mit nur vier durchgehenden Linien verbunden werden?

Beispiel für ein Fixationsproblem. Die Lösung erhält man, wenn man sich aus dem Bereich der Punkte herausbewegt. Obwohl dies in der Aufgabenstellung nicht explizit verboten ist, glauben viele, dass es nicht zulässig sei und halten das Problem für unlösbar. Die Lösung besteht darin, über den durch die Punkte abgegrenzten Bereich hinauszugehen.

Anode, eingefangen. Das Phänomen kann zur Gleichrichtung genutzt werden und hat sich in der Praxis als äußerst wichtig erwiesen. Dieser Effekt war der grundlegende Effekt der gesamten Elektronik und der Großindustrie.) Edison registrierte das Phänomen zwar auch, erkannte aber nicht die fantastischen Möglichkeiten, die es bot. Jahrzehnte später entdeckte ein amerikanischer Forscher namens Lee de Forest, dass dieses Phänomen mithilfe eines Gitters zur Verstärkung genutzt werden kann (dieser Effekt wird auch heute noch in vielen Radios verwendet).

Tausende von Kondensatoren wurden jahrzehntelang entladen, bevor man erkannte, dass bei der Entladung eine Oszillation stattfindet. Es dauerte weitere Jahrzehnte, bis Hertz begann, diese Oszillationen zu untersuchen. Etwa zur gleichen Zeit beschäftigte sich auch Tesla mit diesem Thema und er entdeckte einen seltsamen Effekt, wobei ihm das Phänomen nicht entging. Er bemerkte nämlich, dass er in dem Moment, in dem er einen Hochspannungsstromkreis schloss, ein stechendes Gefühl, ähnlich einem Nadelstich, verspürte – ***so als ob er von einer***

Welle angestoßen worden wäre. Diese Beobachtung markiert den Beginn der Erforschung eines wichtigen Effekts des 19. Jahrhunderts, der später in der Praxis zu Unrecht in Vergessenheit geriet. Dieser Effekt war, wie wir heute mit ziemlicher Sicherheit sagen können, die Erzeugung eines nicht linearen elektrischen Solitons. Das Schlüsselwort dabei ist Nichtlinearität.

Damit verbunden ist ein Fixationsproblem, das die Physiker und Ingenieure nicht überwinden können, nämlich, dass Naturphänomene ***linear*** sind. Es ist einfach so, dass der Mensch immer nach linearen Phänomenen sucht und in linearen Begriffen denkt, weil Probleme dadurch einfacher zu lösen sind. Die Natur verhält sich aber nie wirklich linear, es gibt immer ein gewisses Maß an Nichtlinearität, was in manchen Fällen allerdings vernachlässigbar ist. Die Lehrbücher unserer Universitäten erwecken oft den falschen Eindruck, dass unsere Welt eine Welt der linearen Phänomene sei. Aber die Welt der Nichtlinearitäten ist viel interessanter, spannender und bizarrer, als wir uns vorstellen können.

In Abbildung 5 ist der grundlegende Unterschied zwischen linearen und nicht linearen Phänomenen dargestellt. Abbildung 5a zeigt, dass das Ergebnis bei linearen Prozessen nach einer Anregung proportional zu dem Anregungsprozess ist, während dies bei Nichtlinearitäten nicht der Fall ist.

Nichtlinearität ist ein sehr weit gefasster Begriff. Nicht linear kann ein Phänomen auf viele verschiedene Arten sein, linear kann es nur auf eine einzige Art sein.

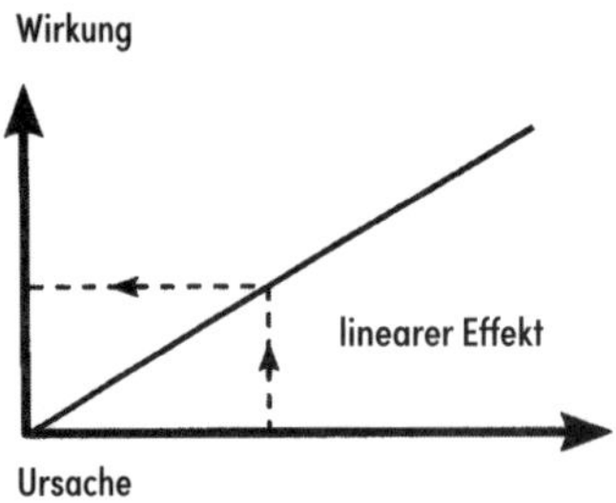

Abb. 5a: linearer Effekt

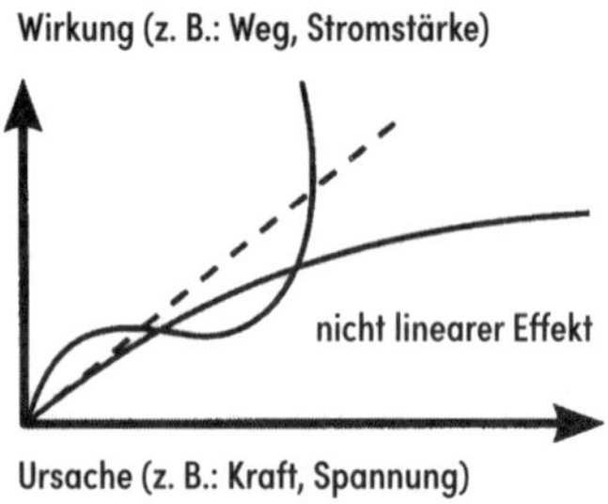

Abb. 5b: nicht linearer Effekt

Abb. 5: Vergleich eines linearen und eines nicht linearen Effekts

Die strengen Regeln der Solitonerzeugung

Als der britische Wasserbauingenieur John Scott Russell im August 1834 am Ufer eines schmalen Schifffahrtskanals entlangritt, fiel ihm ein interessantes Phänomen auf: Zwei Pferde zogen einen Kahn mit ziemlich hoher Geschwindigkeit. Als der Kahn gegen ein Hindernis stieß und zum Stehen kam, lösten sich die Wellen, die sich am Bug aufgetürmt hatten, plötzlich vom Kahn und bewegten sich weiter. Das Ungewöhnliche an dieser Erscheinung war, dass sich diese einzelne Welle lange Zeit unverändert, in derselben Form und mit derselben Geschwindigkeit ausbreitete. Anstatt wie gewöhnliche Wellen stark gedämpft zu werden, breitete sie sich kilometerweit aus, wenn auch mit langsam abnehmender Höhe.

Nachdem er die Welle einige Meilen weit verfolgt hatte, verlor Russell sie aus den Augen, doch das Phänomen, das er beobachtet hatte, ließ ihn nicht ruhen. Schließlich begann er zu experimentieren: Er baute einen langen, schmalen Kanal, der mit Wasser gefüllt war. Dort gelang es ihm, das Phänomen der isolierten, kaum abklingenden Wellen künstlich zu erzeugen. Was dieser Wasserbauingenieur beobachtet hatte, hatten wahrscheinlich schon viele Tausend Menschen vor ihm gesehen (die Chinesen beispielsweise hatten schon viel längere Kanalsysteme gebaut). Auch in Frankreich gab es lange Kanäle, denn vor der Dampfmaschine waren solche Wasserstraßen die einzige Möglichkeit gewesen, große Mengen an Gütern billig und sicher zu transportieren. Russell erkannte und beschrieb also als Erster die *wichtigsten Unterschiede zwischen linearen und nicht linearen Wellen*. Um dies wirklich verstehen und würdigen zu können, wollen wir uns zunächst einige einfache Diagramme ansehen.

Abbildung 6a zeigt ein Beispiel, in dem ein Eingangssignal linear verstärkt wird. Wenn der Verstärker linear ist, bedeutet das Folgendes: Wird das Eingangssignal beispielsweise verdoppelt, verdoppelt sich auch die Stärke des Ausgangssignals – und zwar ohne Verzerrung. Wenn wir dagegen einen nicht linearen Verstärker haben (alle realen Verstärker haben eine signifikante Verzerrung in ihren Grenzbereichen), ändern sich beispielsweise die Frequenz und die Form des in Abbildung 6b dargestellten Eingangssignals (es tritt Verzerrung auf). Bei einer Verdoppelung der Verstärkung ist das Eingangssignal nicht mehr doppelt so groß wie das ursprüngliche Signal, sondern möglicherweise nur 1,8-mal oder 2,2-mal. Nichtlinearität bedeutet also Verzerrung. Wenn lineare Signale addiert und dann verstärkt werden, bekommt man dasselbe Ergebnis, wie wenn man die Signale getrennt verstärken und anschließend addieren würde. Dies ist bei nicht linearen Signalen nicht der Fall. Man kann sie nicht einfach addieren, denn das Ergebnis wird immer anders ausfallen als das, was man auf der Grundlage linearen Denkens erwarten würde.

Schauen wir uns einmal ein konkretes Beispiel für Wasserwellen an. Wenn die Reibung vernachlässigbar ist, also keine Dämpfung stattfindet, breiten sich diese Wasserwellen ungedämpft, wie in Abbildung 7a dargestellt, aus. In Wirklichkeit hängt die Geschwindigkeit einer Welle jedoch von ihrer Amplitude, also ihrer Höhe ab. Reale Wasserwellen sind die Summe vieler verschiedener Wellen, denn hier treffen Wellenteile unterschiedlicher Höhe und somit unterschiedlicher Geschwindigkeit aufeinander. In Abbildung 7b ist zu sehen, dass diese nicht perfekt sinusförmigen Wellen (in der Praxis gibt es keine perfekten Sinuswellen) Verzerrung erfahren, weil sie die Summe mehrerer Wellen sind.

Die Nichtlinearität macht sich dadurch bemerkbar, dass sich die Wellenteile mit größerer Amplitude (Höhe) und mit höherer Geschwindigkeit fortbewegen als die niedrigeren Teile, was dazu führt, dass sich der obere Teil der Welle schneller bewegt als der untere. Aus diesem Grund wird die ursprünglich spiegelsymmetrische Welle langsam verzerrt; eine Seite wird immer steiler, die andere immer flacher. Bald darauf wird der Grenzpunkt erreicht, an dem die eine Seite der Welle vollkommen senkrecht steht. Wenig später »überholt« der obere Teil der Welle den unteren, und die Welle bricht wie ein Wasserfall in sich zusammen.

Wir alle haben schon spektakuläre Videos von mutigen Sportlern gesehen, die auf Surfbrettern unter den gerade brechenden Wellen dahingleiten. Dies ist ein schönes Beispiel für die Nichtlinearität von Wellen. Diese Wellen können – gerade wegen ihrer Nichtlinearität – nicht stabil sein. In der Realität gibt es keine wirklich stabilen Wellen, da hier immer Dämpfung auftritt (außer vielleicht in suprafluiden Stoffen, aber das ist für die Praxis irrelevant).

Bei Wellen mit kleiner Amplitude ist die Nichtlinearität vernachlässigbar, die Reibungsverluste aber keineswegs. Solche Wellen klingen wie in Abbildung 8a

Wellen

Näherung

linear

Realität

nicht linear

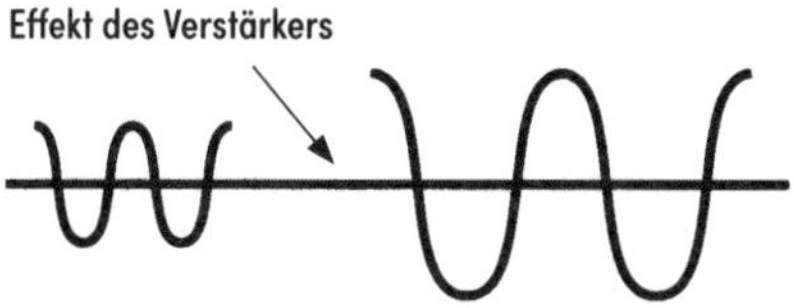

Abb. 6a: Keine Verzerrung

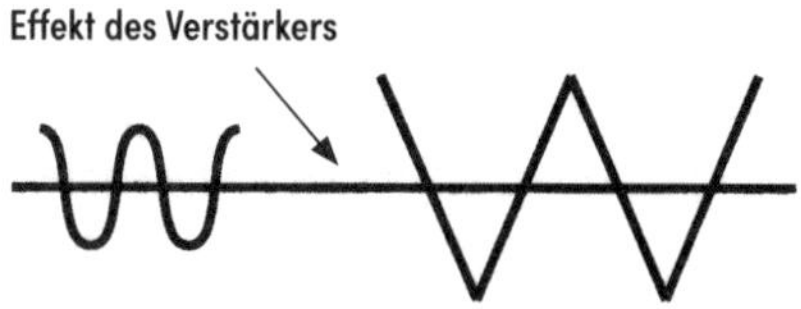

Abb. 6b: Verzerrung

Superponierbar

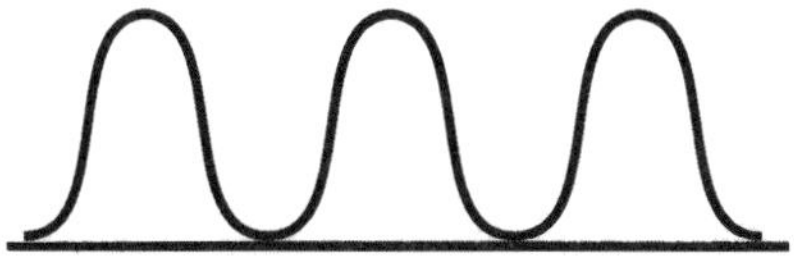

Abb. 7a: Reibungsfreier Idealfall

Nicht superponierbar; kollabiert wegen der Nichtlinearität nach kurzer Zeit

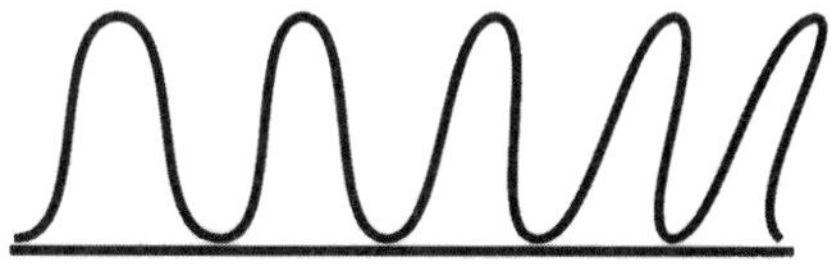

Abb. 7b: Die Nichtlinearität sammelt die Energie der Störung. Die Geschwindigkeit ist abhängig von der Amplitude (wegen der Erzeugung von Oberschwingungen).

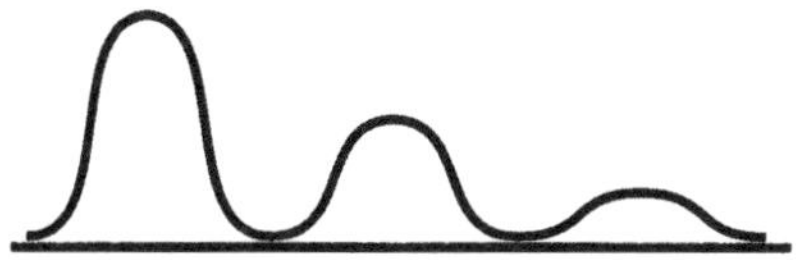

Abb. 8a: Dispersion bewirkt »Zerfließen«

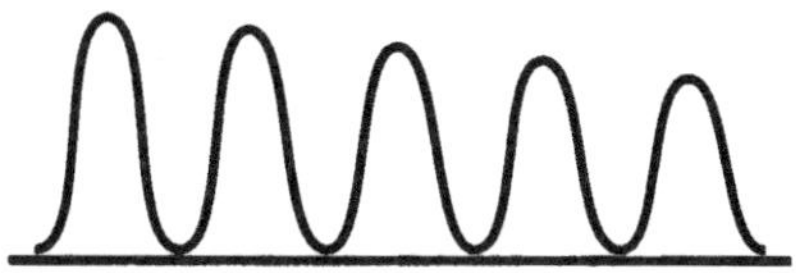

Abb. 8b: Das Zusammenspiel von Nichtlinearität und Dispersion bewirkt, dass die Wellenform unverändert bleibt und nur die Amplitude abnimmt. Die Sammelwirkung der Nichtlinearität wird von der Dispersion kompensiert.

Lineare Wellengleichung (2D)

$$\frac{\partial^2\Psi}{\partial t^2} = c^2\left(\frac{\partial^2\Psi}{\partial x^2} + \frac{\partial^2\Psi}{\partial y^2}\right)$$

Nicht lineare Wellengleichung (2D)

$$\frac{\partial\Psi}{\partial t} = (1+u)\left(\frac{\partial\Psi}{\partial x} + \frac{\partial^3\Psi}{\partial y^3}\right)$$

dargestellt ab. Eine sich ausbreitende Welle wird auf ihrem Weg meist zunehmend abgeflacht und verbreitert, bis sie schließlich ausläuft. Dieses Phänomen ist eine Folge der sogenannten Dispersion. Bei nicht linearen Wellen mit großen Amplituden können sich die beiden Effekte (Dispersion und Nichtlinearität) in manchen Fällen vollständig kompensieren.

Das bedeutet, dass der Effekt der Nichtlinearität, der den Scheitelpunkt der Welle beschleunigen und zu ihrem Zusammenbruch führen würde, durch die Reibung kompensiert wird. Deshalb bewegt sich die Welle, wie in Abbildung 8b dargestellt, mit abnehmender Amplitude, aber fast unveränderter Form fort. Die zwei Effekte, hier Nichtlinearität und Reibung, gleichen sich aus.

Als Russell 1834 die fast ungedämpft fortlaufenden Wellen beobachtete, war ihm dieses merkwürdige Verhalten noch vollkommen unverständlich, da seine theoretischen Grundlagen noch nicht ausgearbeitet waren. Die Natur zeigte etwas, was nach den damals bekannten Regeln der Physik unmöglich war. Als Erster war 1845 der englische Astronom Sir George Biddell Airy in der Lage, die allgemeine Wellenausbreitung teilweise zu beschreiben. Er verstand die Ursache für die Nichtlinearität der Wellen und den daraus resultierenden Kollaps. Seine Theorie war jedoch, dass nicht lineare Wellen, die sich in flachem Wasser ausbreiten, zwangsläufig zusammenbrechen. 2 Jahre später wies ein anderer englischer Forscher, Sir George Gabriel Stokes, darauf hin, dass in tiefen Gewässern Wellen mit endlicher Amplitude, aber unveränderter Form möglich und nicht periodisch sind.

Die Diskussion – wenn es denn überhaupt eine gab – wurde erst 1876 wiederaufgenommen, als John William Strutt (Lord Rayleigh) diesen scheinbaren Widerspruch auflöste. Rayleighs Erklärung besagte, dass die durch die Nichtlinearität bedingte Verschiebung der Wellenspitze durch die Dispersion ausgeglichen wird, sodass die Form der Welle unverändert bleibt. In diesem Modell war jedoch die Reibung noch nicht berücksichtigt. Dann, im Jahr 1895 (ein Jahr nach dem Tod von Hertz), als Tesla bereits an der eindrahtigen und drahtlosen Energieübertragung arbeitete, stellten zwei niederländische Mathematiker, Diederik Johannes Korteweg und Gustav de Vries, die Differenzialgleichung für dieses Phänomen bei Wasserwellen auf. Sie beschrieben damit das Verhalten von Solitärwellen, genauer gesagt von periodischen Solitärwellen, mathematisch. Ihre

Gleichung konnte allerdings jahrzehntelang nicht gelöst werden und geriet so für lange Zeit in Vergessenheit.

Nicht lineare Phänomene waren aber allgegenwärtig. Ingenieure sahen sich tagtäglich mit den Folgen konfrontiert: Brücken stürzten ein, Flugzeugflügel rissen ab, Verstärker verzerrten; das fehlende Verständnis von Turbulenz bremste auch die Entwicklung von Maschinen. Trotzdem beschäftigten sich die Physiker weiterhin nur mit der Welt der linearen Phänomene, denn es war nicht »in Mode«, sich mit nicht linearen Phänomenen herumzuschlagen.

Außenstehende wissen meist nicht, dass Wissenschaft stärker von der Mode abhängt als die Muster eines Damenkleides. Man könnte glauben, dass es nur bei Kleidung einen starken »Gruppenzwang« gäbe, bei dem jeder schief angesehen wird, der den modischen Trends nicht folgt. In der Mode sind Zweckmäßigkeit und Wichtigkeit zweitrangig. Leider ist es in der Physik genauso; praktische Relevanz ist zweitrangig geworden. Heutzutage sind Teilchenphysik und Kosmologie »in Mode«, obwohl sie für die Praxis völlig nutzlos sind. Gleichzeitig gibt es aber viele unerforschte Bereiche der klassischen Physik, deren Erforschung vernachlässigt oder gar »verboten« ist.

In der Physik kamen nicht lineare Wellenphänomene erst Mitte der 1970er-Jahre »in Mode«, als der PC seinen Siegeszug antrat. Zu diesem Zeitpunkt stellte man fest, dass nun bestimmte nicht lineare Differenzialgleichungen – die, die zuvor schon diskutiert wurden – gelöst werden konnten. Seit der Entdeckung von Lord Rayleigh waren fast 100 Jahre vergangen, und diese Verzögerung brachte große Nachteile mit sich. Doch kehren wir nun zur Praxis zurück und sehen wir uns an, worin der grundlegende Unterschied zwischen linearen Wellen und nicht linearen Solitonen besteht.

Abbildung 9a zeigt, wie Wellen beispielsweise auf einer Wasseroberfläche erzeugt werden können. Die einfachste Methode ist, den Holzklotz auf der linken Seite des Bildes zu bewegen. Wichtig ist dabei, dass der Klotz beschleunigt wird. Wenn wir ihn periodisch bewegen oder plötzlich herausnehmen, erzeugen wir Wellen. Dieses Experiment kann nicht falsch durchgeführt werden; egal wie ungeschickt man ist, es entstehen immer lineare, dispersive Wellen. Dies entspricht in etwa der Erzeugung der hertzschen elektromagnetischen Strahlung, und diese simple Methode ist, vereinfacht dargestellt, das Grundprinzip der heutigen Funk- und Radiotechnik.

Die Erzeugung von Solitonen ist jedoch um einiges schwieriger. Das Prinzip ist in Abbildung 9b dargestellt. Erinnern Sie sich an die von Russel beobachtete Wasserwelle, die von einem Lastkahn geschoben wurde? Dieses Phänomen kann auch mit einer einfachen Vorrichtung erzeugt werden: Man stellt ein mit Wasser gefülltes Gefäß in Wasser, sodass der Wasserstand im Gefäß höher ist als außerhalb desselben. Wenn die »Schleuse« schnell genug geöffnet wird, entsteht mit etwas Glück ein Soliton. Abbildung 10a zeigt die Ausbreitung linearer, dispersiver Wellen, wenn man einen Block auf oder unter der Wasseroberfläche bewegt. In Abbildung 10b ist zu sehen, wie sich die Solitonwelle fortbewegt, wenn sie auf diese spezifische Art erzeugt wird.

Die Erzeugung von Solitonen ist schwierig, denn ***es gibt strenge Regeln für die Solitonenbildung***. Der Wasserstand der kleinen »Schleuse« in Abbildung 9b und die dort gespeicherte Wassermenge können nämlich nicht beliebig gewählt werden. Ist der Wasserstandsunterschied zu gering, also das kleine Becken hinter dem »Schleusentor« nicht hoch genug gefüllt, werden nur lineare, dispersive Wellen erzeugt. Es gibt einen kritischen Mindestwert, bei dessen Unterschreitung sich kein Soliton bilden kann. Wenn man aber den Wasserstand über eine bestimmte (etwas höhere) Grenze anhebt, passiert etwas sehr Interessantes: Zunächst entsteht ein Soliton, dann folgt jedoch ein dispersives, lineares Wellenpaket, das langsam wieder abklingt. Erhöhen wir den Wasserstand noch weiter, können wir ***zwei Solitonen nacheinander*** erzeugen und so weiter.

Wenn wir jedoch einen ausreichend hohen Wasserpegel in unserem kleinen Reservoir einstellen, das Volumen des Wassers aber nicht groß genug ist, entsteht kein Soliton. Das Volumen des im Reservoir zu speichernden Wassers muss in etwa dem Volumen der Solitonwelle entsprechen, obwohl sich natürlich nicht dieselben Wassermoleküle über die Wasseroberfläche fortbewegen, sondern nur die Störung (die Welle) selbst – wie bei den meisten Wellenphänomenen. Wenn man also das Wasser im Reservoir färben würde, würde sich nicht das farbige Wasser fortbewegen (es würde an einem Ort bleiben und sich nur auf- und abbewegen), sondern die Störung würde sich ausbreiten.

Entstehung

Abb. 9a: Ausgangszustand: Klotz im Wasser

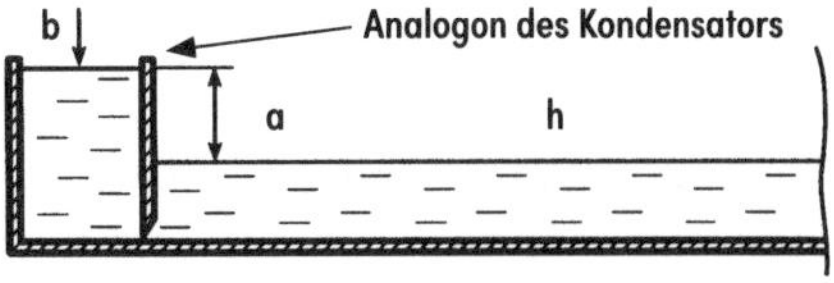

Abb. 9b: Ausgangszustand: Gefüllte »Schleuse«

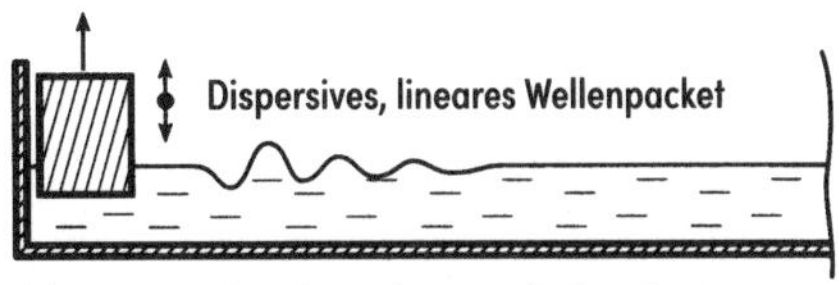

Abb. 10a: Durch Ziehen oder periodisches Bewegen eines Gegenstands werden periodische (Gravitations- oder Kapillar-) Wellen ausgelöst, die sich ausbreiten und die alle Dispersion erfahren. Die Anregungsrichtung wechselt periodisch (Auf- und Abbewegung der Wasseroberfläche).

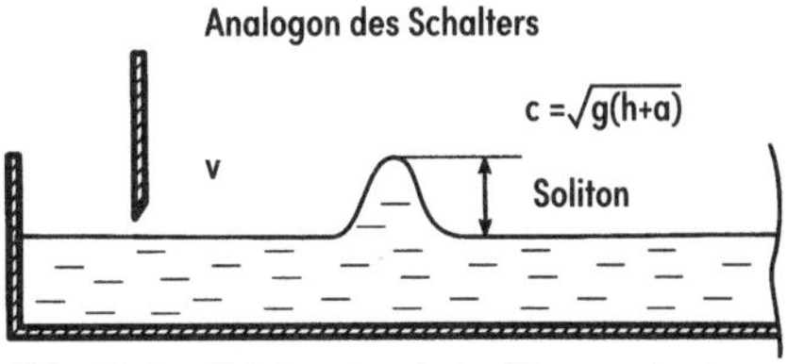

Abb. 10b: Das Drücken eines festen Körpers oder das Öffnen einer Schleuse startet das Soliton. Die Welle beginnt mit einer unidirektionalen Anregung des Mediums (die Wasseroberfläche steigt nur an).

Bisher haben wir uns noch nicht mit der Tatsache beschäftigt, dass es im Falle von Wasserwellen ein Medium geben muss, in dem sich die Welle ausbreitet. Dieses Medium ist das Wasser selbst. Je nach Art der Welle – und wir sprechen hier nicht nur von Transversalwellen – kann die Ausbreitungsgeschwindigkeit unterschiedlich sein. In einem Eisenstab breiten sich Wellen je nach ihrer Art (Longitudinal-, Transversal- oder Torsionswelle) mit unterschiedlicher Geschwindigkeit aus. Die Ausbreitungsgeschwindigkeit der Welle (der Störung im Medium) hängt nicht nur von der Wellenlänge (dies ist die Dispersion), sondern auch von der Ausbreitungsart ab. In festen Materialien ist die Ausbreitungsgeschwindigkeit der Longitudinalwellen größer als die von Transversalwellen. Die Ausbreitungsgeschwindigkeit der Wellen hängt aber beispielsweise auch von der Form des Stabes oder des Mediums und den darin herrschenden

Spannungen ab. Wie man sieht, ist die Welt der Wellenausbreitung eine äußerst abwechslungsreiche und interessante Welt.

Kommen wir nun zu einem weiteren, überaus interessanten Phänomen, das bisher noch nicht erwähnt wurde. Bislang sind wir von Flachwasserwellen in konstanter Wassertiefe ausgegangen. In der Realität kann die Wassertiefe jedoch variieren, was einen erheblichen Einfluss auf die Form der Wellen hat. Jeder, der schon einmal an der Küste war, wird bemerkt haben, dass die Wellen ansteigen und steiler werden, wenn sie sich dem Ufer nähern. Abbildung 11a zeigt die Veränderung von ursprünglich annähernd linearen Wellen mit geringer Amplitude und damit geringer Geschwindigkeit in immer flacher werdendem Wasser, während Abbildung 11b die Veränderung von Wellen mit ursprünglich größerer Amplitude darstellt.

Im Prinzip könnten sich auch hier Solitonen bilden, dies ist aber gerade wegen des immer weiter verschwindenden Mediums nicht möglich. Stattdessen wachsen die Wellen zunächst an, werden dann dünner und kollabieren am Ende. Die abnehmende Wassertiefe hat jedoch eine »verstärkende« Wirkung, da die potenzielle Energie der Wellen in dem immer flacher werdenden Wasser in kinetische Energie umgewandelt wird. Diesen Effekt nutzte wahrscheinlich auch Tesla in seiner Maschine, die wir in Kürze untersuchen werden.

Wir sehen also, dass zur Bildung von isolierten, nicht linearen Wellenpaketen (Solitonen) strenge Voraussetzungen erfüllt werden müssen. Ihre Erzeugung und Skalierung ist recht mühsam, da sie nur in einem sehr engen Parameterbereich erzeugt werden können. Lineare Wellen dagegen kann man sehr einfach auslösen: Man wirft einfach irgendetwas ins Wasser oder schlägt auf einen Gegenstand und schon entsteht eine lineare Welle. Natürlich können Solitonen nicht nur transversal und auf einer Wasseroberfläche erzeugt werden. Es ist nur eine von vielen möglichen Methoden und Erscheinungsformen.

So können sich zum Beispiel elektrische Wellen in Drähten und anderen elektrisch leitenden Medien ausbreiten. Gibt es in diesem Netzwerk nicht lineare induktive und kapazitive Elemente, können natürlich auch hier Solitonen erzeugt werden. Optische Solitonen können sich in Kabeln aus dünner Glasfaser ausbreiten (dies wird in der Praxis für die kostengünstige und zuverlässige

»Verstärkung«

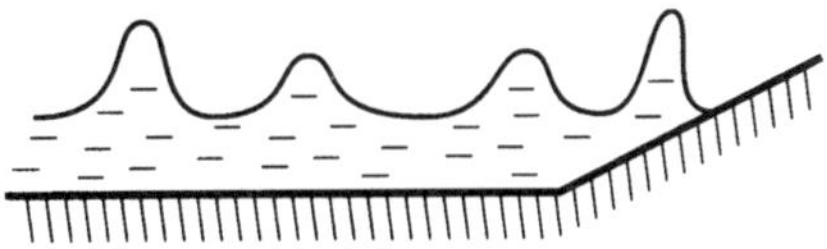

Abb. 11a: Veränderung von Wellen mit geringer Amplitude

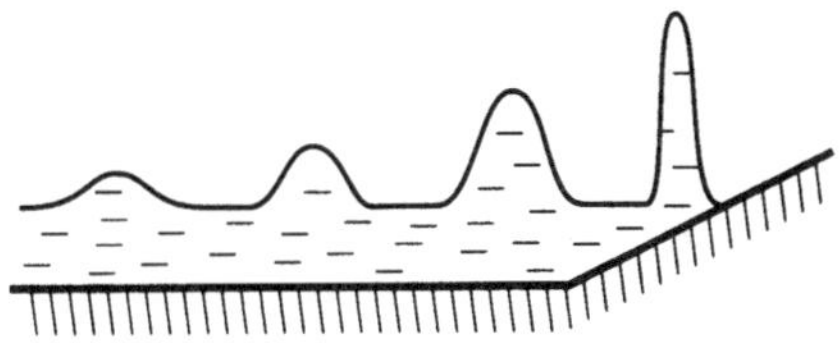

Abb. 11b: Veränderung von Wellen mit größerer Amplitude

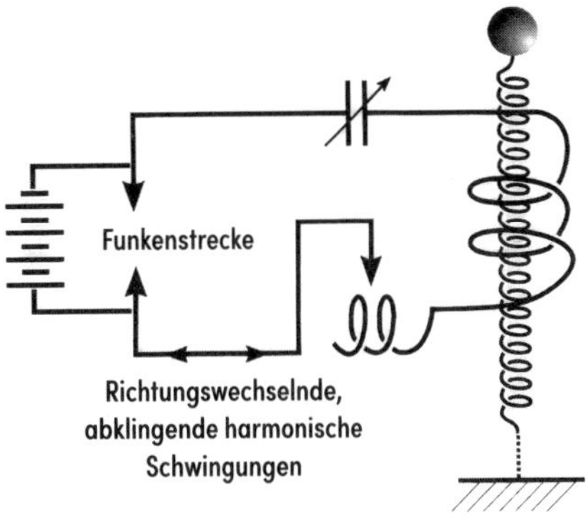

Abb. 12a: Erzeugung von Transversalwellen

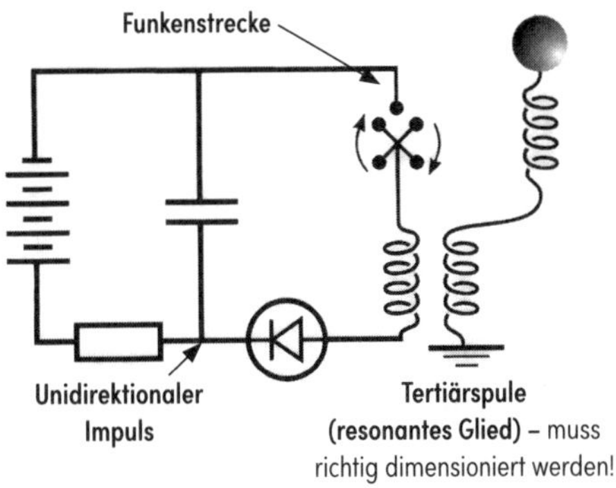

Abb. 12a: Eine Möglichkeit zur Erzeugung von longitudinalen Solitonen

Telekommunikation eingesetzt, denn bei solchen optischen Systemen ist weniger Verstärkung erforderlich als bei Kupferleitungen). In der Mechanik gibt es außerdem Torsionssolitonen. Wird beispielsweise ein langer Klavierdraht entsprechend verdreht, kann eine Störung induziert werden, die sich als Torsionssoliton ausbreitet. Man kann aber nicht nur ein-, sondern auch zwei- oder sogar dreidimensionale Solitonen erzeugen. Einige theoretische Physiker sind der Meinung, dass diese Phänomene zur Beschreibung von Elementarteilchen verwendet werden können.

Wir sollten also nicht denken, dass Solitonen nur transversal sein und sich nur in Wasser ausbreiten können, denn das Phänomen beruht auf der Wechselwirkung zwischen Nichtlinearität und Linearität. Auf diese Weise breitet sich eine Störung in einem elastischen Medium aus. Interessanterweise ***ist es nach unserem heutigen Kenntnisstand nicht möglich, Antisolitonen zu erzeugen***. Würde man beispielsweise das in Abbildung 9b dargestellte Experiment umgekehrt versuchen, also ein »Loch« im Wasser erzeugen, würde sich diese Vertiefung nach dem Öffnen der »Schleuse« als normales Streuwellenpaket ausbreiten und nicht als Soliton.

Die Natur bietet ein sehr breites Spektrum an Möglichkeiten zur Wellenausbreitung, also der Ausbreitung von Störungen. Von diesen ist das Soliton besonders wichtig, weil es ***weniger Dämpfung erfährt*** als gewöhnliche lineare, dispersive Wellen: ***Für die Telekommunikation ist dies von grundlegender Bedeutung***. Obwohl seit Hertz' bekanntem Experiment über 100 Jahre vergangen sind, hat sich das Grundprinzip der drahtlosen Kommunikation kaum verändert oder weiterentwickelt. Zwar wurden die technischen Details verfeinert, aber auch heute noch wird nur mithilfe von transversalen, annähernd linearen elektromagnetischen Wellen kommuniziert. Ein Beispiel dafür ist das SETI-Programm (Search for Extraterrestrial Intelligence). Dieses Programm beispielsweise sucht nach Botschaften, die ferne technische Zivilisationen in Form von transversalen elektromagnetischen Signalen aussenden. Aber warum glauben wir, dass auch andere Zivilisationen noch nicht über den so einfachen hertzschen Effekt hinausgekommen sind? Warum nehmen wir an, dass dies die einzige Möglichkeit sei, Nachrichten auszutauschen?

Es war Tesla, der uns eine praktische Methode zeigte, die die Erzeugung solitonartiger nicht linearer elektromagnetischer Wellen ermöglicht. Erst in den 1970er-Jahren begann man, dieses Gebiet eingehender zu erforschen. Bis dahin waren Tesla und seine Erfindung jedoch schon längst in Vergessenheit geraten.

Der Vergrößerungssender

Um die Erfindung Teslas verstehen zu können, müssen wir seinem Gedankengang folgen. Wechselstrommaschinen und Verteilernetze hatten Tesla in die Welt der harmonischen, sinusförmigen Schwingungen eingeführt. Nachdem er sich mit diesen und mit der praktischen Anwendung von niederfrequentem Wechselstrom (50–60 Hz) vertraut gemacht hatte, verwendete er in seinen Experimenten eine immer höhere Frequenz. Mit der in Abbildung 12a gezeigten sehr einfachen Anordnung war er in der Lage, Hochspannung mit einer Frequenz von einigen 10 oder 100 Kilohertz zu erzeugen. Dieses Gerät wird heute gemeinhin als Tesla-Transformator (Teslaspule) bezeichnet.

Es handelt sich dabei um eine sehr einfache Anordnung – nach diesem Prinzip funktionierten schon die ersten Funktelegrafen, die Antennen verwendeten. Über einstellbare Frequenzen konnten verschiedene Stationen miteinander kommunizieren. Eine Luftspule mit hoher Wicklungszahl, die mit einer Antenne verbunden war, schaffte eine relativ große Reichweite. Diese Anordnung ermöglichte jedoch nur abklingende, ***harmonische Wellen***.

Solch eine Anordnung ist die verbesserte Version des hertzschen Experiments, geht aber im Prinzip nicht darüber hinaus. Grundlegend verschieden dagegen ist die in Abbildung 12b gezeigte Schaltung, bei der es sich um Teslas sogenannten ***resonanten Vergrößerungssender*** oder Solitonerzeuger handelt. Bis zu seinem Tod glaubte er, dass dieses Gerät Longitudinalwellen erzeuge, weil seine Eigenschaften so verschieden von denen eines harmonischen Wellengenerators sind. Er mag recht haben – niemand außer ihm hat die physikalischen Eigenschaften der so erzeugten Wellen jemals untersucht. Heute legen drei Quellen nahe, dass Teslas Gerät Solitonen, möglicherweise Longitudinalwellen, erzeugt haben könnte.

Im Jahr 1893 hielt er öffentliche Vorträge, begleitet von vielen Experimenten – zunächst in Philadelphia, dann auf der Tagung der National Electric Light Association in St. Louis. Hier wurde das Publikum Zeuge einer Reihe von Effekten, die sich mit Transversalwellen, wie wir sie heute kennen, nicht erklären lassen (er erzeugte beispielsweise leuchtende Kugeln oder brachte die Luft selbst zum Leuchten).

Dies waren einige der Experimente, die er später den begeisterten Wissenschaftlern in London und Paris vorführte. Seine Patente liefern zwar weitere Informationen, beschreiben die Wellenerzeugung aber nicht im Detail. Aufschlussreicher ist dagegen die Tatsache, dass er auch eine Reihe von Patenten für Schalter anmeldete, die er »Stromkreisregler« nannte. Die dritte, umfassendste

Informationsquelle stellen Teslas Aufzeichnungen von seinen Experimenten in Colorado Springs aus dem Jahr 1900 dar, die er ursprünglich nicht veröffentlichen wollte. Aus ihnen geht hervor, dass er selbst 10 Jahre nach der Entdeckung des Phänomens immer noch große Schwierigkeiten hatte, die richtigen Wellenformen zu erzeugen und die Geräte korrekt zu dimensionieren.

Wie bereits erwähnt können hertzsche Wellen ohne große Schwierigkeiten erzeugt werden und sind nach wie vor die grundlegende Methode, die bei der drahtlosen Telekommunikation angewendet wird. Bei der drahtgebundenen Kommunikation, etwa in Hochfrequenz-Fernsehkabeln, werden im Wesentlichen elektromagnetische Wellen verwendet; auch diese sind näherungsweise harmonische, transversale Wellen. Aus einigen Äußerungen Teslas geht jedoch klar hervor, dass es bei seinen Forschungen um eine andere Art von Wellen ging, die ***sehr viel schwieriger zu erzeugen*** waren. Die Bedingungen für die Erzeugung von Solitonen sind immer noch nicht vollständig bekannt. Auch heute noch wird das Problem eher von der theoretischen Seite her angegangen, indem nach solitonartigen Lösungen verschiedener nicht linearer Differenzialgleichungen gesucht wird, wobei den Bedingungen für die Bildung eines Solitons nicht viel Aufmerksamkeit geschenkt wird.

Einige experimentelle Ergebnisse zu diesem Thema finden sich in einem Buch von Michel Remoissenet (*Waves Called Solitons*). Die in Abbildung 13a gezeigte Schwingung beispielsweise wurde erzeugt, indem ein Holzklotz in seichtes Wasser gestellt wurde. Im Prinzip hätte dadurch eine solitäre Welle entstehen können, aber das Wasser wird nicht mit der richtigen Geschwindigkeit und dem richtigen Volumen verdrängt, sodass nur die schon bekannten linearen Wellen erzeugt werden, die später (wie in Abbildung 13a gezeigt) stark gedämpft werden und als Ergebnis der Dispersion zerfließen. Die in Abbildung 9a gezeigte Methode führt also nicht unbedingt zur Bildung von Solitonen – oft entstehen nur lineare Wellen.

Abbildung 13b zeigt die Form der Wellen, die durch das schnelle Entfernen eines Klotzes erzeugt werden (nach dem Prinzip von Abbildung 9b und Abbildung 10b). Man erkennt, dass auch hier nicht nur Solitonen erzeugt werden. Es erscheinen ebenfalls lineare Wellen vor dem Soliton, aber nach einem Moment ist nur noch das Soliton sichtbar, die linearen Wellen klingen langsam ab. Auch in diesem Fall nahmen die Parameter also nicht die nötigen Werte für eine perfekte Solitonbildung an: Es wurden beide Wellenarten gleichzeitig erzeugt.

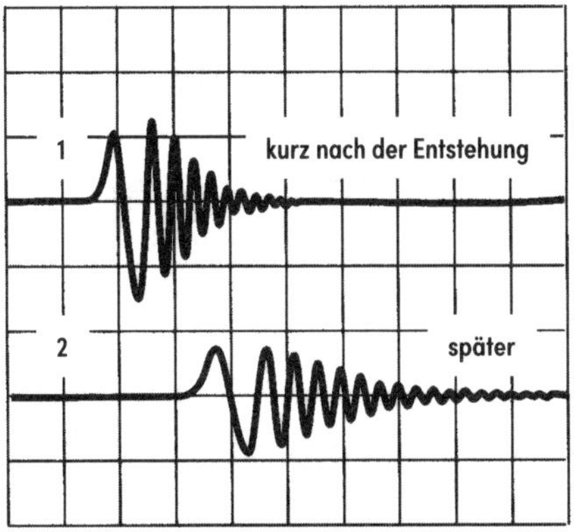

Abb. 13a: Ausbreitung von Transversalwellen auf einer Wasseroberfläche. Unten ist die Abflachung der Wellenfront gut erkennbar.

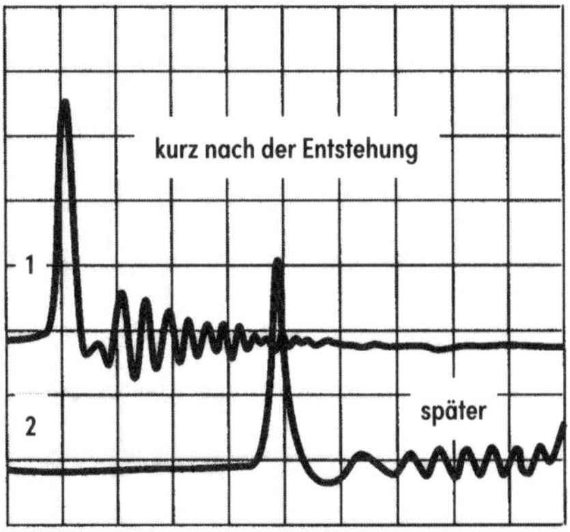

Abb. 13b: Ausbreitung eines Solitons auf einer Wasseroberfläche. Das Soliton flacht im Vergleich zur Transversalwelle kaum ab.

Tatsächlich haben sich die Forscher bisher noch keine Gedanken darüber gemacht, wie man das Volumen, die Höhe und die Dauer der freigesetzten Wassermasse dimensionieren muss, um nur Solitonen, ohne eine sie begleitende lineare Welle, zu erhalten. Vor die gleichen Probleme sehen wir uns natürlich erst recht bei der Erzeugung elektromagnetischer Solitonen gestellt. Tesla verbrachte etwa 3 Jahre mit der Entwicklung der Geräte, die er der staunenden Öffentlichkeit in Philadelphia, St. Louis, New York, London und Paris vorführte. Er konnte kleinere Gegenstände aus einigen Metern Entfernung elektrostatisch aufladen oder Motoren durch drahtlose Energieübertragung antreiben. Am spektakulärsten aber waren die Gasentladungsphänomene. Es war ihm nämlich möglich, zwischen zwei großen Plattenelektroden eine glühende, relativ gleichmäßige Entladung in der Luft zu erzeugen. Er konzentrierte diese Wellen, um relativ kleinvolumige, *leuchtende Kugeln* hervorzubringen. Dieses Phänomen ist besonders zu betonen.

Zudem demonstrierte Tesla auch gern, dass er Energie mithilfe eines einzigen Drahtes übertragen kann, und er kündigte an, dass bald die Zeit kommen würde, in der wir die zweidrähtige, 50-bis-60-Hertz-Wechselstromübertragung vergessen können. Die Zukunft, so sagte er, liegt in der eindrähtigen oder drahtlosen Energieübertragung. Diese Idee spiegelt sich deutlich in seinen späteren Patenten. Wir werden sehen, dass es wahrscheinlich die Möglichkeit der billigen Stromübertragung war, die den wirtschaftlichen (und nicht wissenschaftlichen) Erfolg der gesamten Technologie verhinderte.

Tesla beschrieb ziemlich genau, was nötig war, um diese neue Art von elektromagnetischer Strahlung oder Elektrizität zu erzeugen: Demnach muss ein Kondensator zuerst auf eine möglichst hohe Spannung aufgeladen (Schaltplan in Abbildung 12a) und dann so entladen werden, dass der Strom bei der Entladung nur in eine Richtung durch die Primärspule fließt – man muss also darauf achten, dass *keine Ladungsoszillation* entsteht. Dies stimmt vollkommen mit der in den Abbildungen 9b und 10b gezeigten hydrodynamischen Solitonerzeugung überein; die Analogie ist nicht zu übersehen.

Natürlich dachte Tesla an die Erzeugung einer Reihe von Wellen, nicht einer einzelnen Welle. Er entdeckte, dass diese Wellen je nach der Höhe der erzeugenden Spannung unterschiedliche Eigenschaften besaßen. Es ist nicht so sehr ihre Frequenz, sondern eher die »Steigung« der Welle, die ihre Eigenschaften bestimmt. Elektromagnetische Strahlung zeichnet sich nicht nur durch ihre Amplitude, sondern auch durch ihre Frequenz aus. Sichtbares Licht verhält sich anders als Röntgenstrahlen oder Infrarotstrahlung (all diese Strahlungen sind elektromagnetischer Natur). Tesla stellte fest, dass Wellen je nach ihrer »Steigung« unterschiedlich absorbiert und reflektiert werden, dass sie die Luft unterschiedlich ionisieren und unterschiedliche Auswirkungen auf den menschlichen Körper haben.

Er betonte sehr oft, dass bei dieser Art von Wellenerzeugung keine harmonischen Schwingungen zugelassen werden dürfen, ***die Stromimpulse also unidirektional sein müssen*** – nur Hochspannungsgleichstrom erzeugt nämlich diesen völlig neuen Effekt. Diese Methode ist jedoch schwieriger als die von Hertz oder Tesla mit dem Luftkerntransformator und der Funkenstrecke. Die Funkenstrecke gilt noch heute als ein annähernd idealer Schalter. Tesla dagegen hatte die Verluste immer als zu hoch empfunden. Ein großer Teil seiner Arbeit und seiner Patente hängen daher mit allen möglichen kniffligen Quecksilber-,

Öl- und Magnetschaltern zusammen, die er zum Formen und Aussenden seiner Solitonen verwendete.

Tesla griff auf die Analogie der Erzeugung von Wasserwellen in der Strömungsmechanik zurück. Er war in einer viel schwierigeren Lage als Hertz mit seinen Experimenten zur Erzeugung linearer Wellen, da dieser mit dem bereits erwähnten Heaviside im Austausch stand und sich mit ihm beraten konnte. Zudem bekam er von Heaviside und Maxwell viel Hilfe auf dem Gebiet der Mathematik. Einmal schreibt Hertz, man könne das Gefühl haben, die Maxwell-Heaviside-Gleichungen hätten ein eigenes Wesen und eine eigene Intelligenz und sie seien klüger als wir, ihre Benutzer. Unsere Aufgabe bestehe lediglich darin zu versuchen, so viel wie möglich von ihrer Botschaft zu verstehen. Auch der in Ungarn geborene Mathematiker George Pólya, der Generationen die Kunst des Denkens lehrte, empfiehlt das Denken auf der Grundlage von Analogien und Ähnlichkeiten als sichere Methode der Heuristik.

Die Tatsache, dass Tesla in mechanischen Analogien dachte (konkret in der Form der Ausbreitung von Flüssigkeitswellen, was zur Grundlage der Methode der Solitonerzeugung wurde), zeigt, wie sehr er sich mit den physikalischen Grundlagen, dem Ursprung des Phänomens, auseinandersetzte. Er wusste nicht nur, dass es sich bei seinen Wellen nicht um gewöhnliche hertzsche Wellen handelte, sondern auch, dass sie von elektromagnetischer Natur waren. Heute glauben viele seiner Anhänger, dass sich in diesen ungewöhnlichen, vom Tesla-Oszillator erzeugten Phänomenen, der Äther manifestiert. Diese Ansicht schadet jedoch mehr als sie nützt. Es ist besser, zuerst sorgfältig die bekannten Möglichkeiten zu prüfen und erst dann ins Unbekannte abzutauchen.

Tesla stellte fest, dass unterbrochene Oszillationen nicht immer Longitudinalwellen erzeugen, vor allem dann nicht, wenn eine Gleichstromquelle verwendet wird. Wie schwierig es ist, eine Solitonwelle hervorzubringen, zeigt die Tatsache, dass er selbst in Colorado Springs ständig an der Skalierung der Schwingkreise arbeitete und versuchte, sie teils durch Berechnungen, teils durch Experimente zu verbessern.

Die Physiker der 1880er-Jahre waren ihm dabei keine große Hilfe. Selbst diejenigen, die sich wirklich mit der Wellenausbreitung auskannten, wussten nicht mehr über nicht lineare Phänomene als ihre Zeitgenossen im Allgemeinen. Auch hier war Tesla seiner Zeit weit voraus. Er führte Experimente durch und stieß auf Phänomene, die wir nicht einmal heute wirklich verstehen. Um zu verdeutlichen, warum es sich lohnt, so ausführlich auf dieses Thema einzugehen, wollen wir kurz seine wirtschaftlichen und sicherheitspolitischen Auswirkungen untersuchen.

Die zahlreichen Demonstrationen und die begeisterten Kommentare seiner Zeitgenossen lassen keinen Zweifel daran, dass Tesla diesen kaum gedämpften Welleneffekt wirklich erkannt hatte und erzeugen konnte. Mit dieser Methode konnte er weitaus größere Spannungsstöße erzielen als Hertz. Sie wäre nicht nur für die terrestrische Telekommunikation geeignet gewesen, sondern nach einer Weiterentwicklung wahrscheinlich auch für eine Form der drahtlosen Energieübertragung. Ob eine verbesserte, verfeinerte Methode beispielsweise für den Antrieb von Flugzeugen oder Autos eingesetzt werden könnte, lässt sich noch nicht sagen.

Es ist nicht ausgeschlossen, dass technisch weiter fortgeschrittene Kulturen auf fernen Planeten diese Methode schon anstelle der viel schlechteren hertzschen Wellen verwenden. Unser Bild vom Universum, vom Leben und von der Technologie würde sich grundlegend ändern, wenn wir mit solchen Zivilisationen in Kontakt treten könnten. Dazu müssten wir aber natürlich das von ihnen verwendete Verfahren zur Telekommunikation kennenlernen. Denn warum sollten sie an einem offensichtlich unzureichenden, technisch minderwertigen System festhalten, wenn es bessere gibt?

Teslas Erfindung ist keine überholte Kuriosität, sondern eröffnet uns eine riesige, ***bisher noch ungenutzte Möglichkeit***. Wir werden später auf die eindeutige Behauptung in seinen Notizen aus Colorado Springs zurückkommen, er habe das erste *Mobiltelefonsystem* entwickelt. Dieses Mobiltelefon wäre wahrscheinlich nicht so elegant und klein gewesen wie unsere heutigen, aber sein Prinzip war *fortschrittlicher* als alles, was wir in den seitdem vergangenen mehr als 100 Jahren entwickelt haben. Das heutige Mobilfunksystem kann wegen der mit zunehmender Entfernung rasch abnehmenden Signalstärke nur mit einer großen Anzahl von Basisstationen und Verstärkern betrieben werden. Das Mobiltelefonsystem von Tesla dagegen benötigt nichts dergleichen. Darüber hinaus behauptete er – wobei er an dieser Stelle wahrscheinlich übertrieb –, dass die ganze Welt mit nur einigen

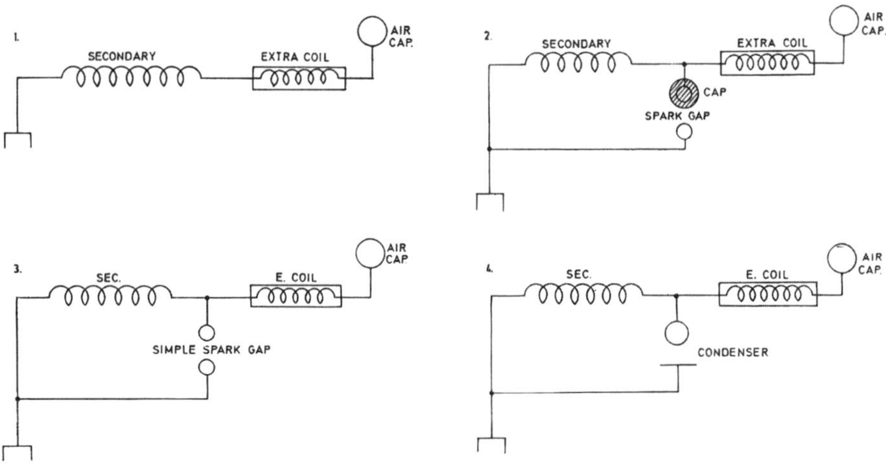

Abb. 14: Einige Skizzen aus Teslas geheimem Protokoll von Spulenanordnungen, die zur Impulserzeugung (Solitonerzeugung) geeignet sind. Das Protokoll entstand in Colorado Springs.

wenigen Sendern abgedeckt werden könne. Teslas Wellentechnik ist also auch heute noch von großer wirtschaftlicher Bedeutung und könnte die Effizienz von Mobilfunk- und anderen Telekommunikationssystemen erheblich verbessern.

Solch eine Erfindung hätte auch erhebliche Auswirkungen auf die nationale Sicherheit, da wahrscheinlich Radargeräte mit viel größerer Reichweite nach diesem Prinzip gebaut werden könnten. Bei der Erkennung von Objekten, die sich in der Nähe oder in der Ferne bewegen, könnte ein erheblicher technischer Vorsprung erzielt werden, der einen grundlegenden Vorteil für die nationale Sicherheit darstellen würde. Der Zweite Weltkrieg war im Wesentlichen der erste technische Krieg (es wurde kaum mehr auf Pferden mit Säbeln gekämpft – einige Beispiele gab es allerdings auch dafür). Der Sieg der Alliierten war nicht zuletzt der Erfindung des Radars zu verdanken (wir werden später noch auf dieses Thema zurückkommen).

Ein weiteres wichtiges Forschungsgebiet von Tesla war die Entwicklung von Gasentladungsapparaten. Er demonstrierte oft seine speziellen Lampen, die über eine außerordentlich hohe Leuchtkraft verfügten. Diese waren ihrer Zeit um mindestens 100 Jahre voraus und sind vielleicht mit den heutigen energiesparenden Kompaktleuchtstofflampen vergleichbar. Es ist aber auch möglich, dass seine Methode die Eigenschaften der heutigen sparsamen Gasentladungsröhren verbessern und damit einen neuen Markt für Energiesparlampen eröffnen würde. In der Literatur über Solitonen wird Teslas Name oder diese Möglichkeit jedoch nicht einmal erwähnt. Solitonen werden hauptsächlich in Artikeln von theoretischen Physikern und Teilchenphysikern diskutiert. Die heutige technische Praxis hat nichts von der Entdeckung der interessanten Eigenschaften von Solitonen vor etwa 30 Jahren übernommen.

Es ist ein Irrtum zu glauben, dass die Industrie gierig nach den Ergebnissen der Wissenschaft sei, dass sie jede Neuheit aufgreife und in die Praxis umsetze, vor allem, wenn sie große wirtschaftliche Vorteile bieten. Ebenso ist es ein Irrtum zu glauben, dass Nationen durch ihre militärischen und nationalen Sicherheitsinteressen zum technischen Fortschritt gezwungen würden. Deutschland war während des Zweiten Weltkrieges technologisch sehr weit fortgeschritten, seine Physiker hätten Teslas Erfindung weiterentwickeln, nutzen und damit die Radarüberlegenheit der Alliierten zunichtemachen können. Doch obwohl Teslas Patente in allen deutschen Patentämtern zu finden waren, machte sich niemand die Mühe, sie durchzusehen. Teslas Ideen könnten Unternehmen in vielen Bereichen einen Wettbewerbsvorteil verschaffen: in der Telekommunikation oder der Beleuchtungsindustrie sowie in anderen milliardenschweren Marktsegmenten. Die großen Unternehmen, die über die nötigen Finanzmittel verfügen, ignorieren Teslas Patente aber. Sie sind seit 100 Jahren ungenutzt.

Wellenritt

Kehren wir nun zu Teslas technischen Beschreibungen der mechanischen Analogie der Wellenerzeugung zurück. Wie stellte sich Tesla die Erzeugung von Wellen vor? Nehmen wir das Beispiel eines Tanks mit einer großen Öffnung am Boden. Dieser Tank wird durch eine Feder geschlossen gehalten, sodass er sich ruckartig öffnet, wenn der Flüssigkeitsstand darin einen bestimmten Grenzwert erreicht. Die Flüssigkeit wird durch ein Rohr in den Tank eingespeist, aus dem das Wasser mit einer konstanten Rate fließt. Wenn also ein kritischer Füllstand im Tank erreicht ist, gibt die Feder nach, der Boden des Tanks öffnet sich und die Flüssigkeit fließt heraus. Sobald sie durch die große Öffnung herausgeflossen ist, schließt die Feder den Boden des Behälters wieder. Dieser füllt sich erneut und der Prozess beginnt von vorn.

Natürlich entsteht dadurch nicht unbedingt ein periodischer Prozess. Nur wenn der Tank nicht sofort über die Einlassleitung mit Flüssigkeit gefüllt wird, kommt es zu »Schwingungen« (der Füll- und Entleerungsvorgang erfolgt periodisch). In einem solchen Fall öffnet und schließt sich der Boden abwechselnd. Die Höhe der Flüssigkeitssäule, die Stärke der Feder und die Trägheit der beweglichen Teile bestimmen dann die Parameter der entstehenden »Schwingungen«.

In der elektromagnetischen Analogie kann die Flüssigkeit durch elektrische Ladung ersetzt werden, der Tank durch einen Kondensator, die Feder durch das Dielektrikum und das Rohr durch den Leiter, durch den der elektrische Strom zum Kondensator fließt. Um die Analogie zu vervollständigen, muss man davon ausgehen, dass die sich öffnende Klappe auf einen inelastischen Klotz trifft, wodurch Energie aus dem Prozess verloren geht. Außerdem gibt es natürlich einen gewissen Reibungsverlust.

In dieser Analogie stellen wir uns die Flüssigkeit unter konstantem Druck vor. Ändert sich der Druck der Flüssigkeit periodisch, kann dies als Wechselstrom verstanden werden. Diese Vibrationen oder Schwingungen sind praktisch nutzbar, wenn die Reibungs- und Stoßverluste minimiert werden. In elektrischen Schaltkreisen lassen sich die Wärmeverluste (»Reibungsverluste«) durch eine geeignete Dimensionierung der Bauelemente, zum Beispiel durch die Verwendung dünner, flacher Leiterbahnen, gut einstellen. Viel problematischer sind jedoch die Energieverluste, die durch den Zusammenstoß der Klappe mit dem Klotz (energieabsorbierender Block) entstehen. Diese gilt es zu verringern.

Wir sehen, dass diese Analogie dem Prozess zur Erzeugung von Solitonen, bei dem wir eine Schleuse ruckartig geöffnet haben, sehr ähnlich ist, nur dass hier die Öffnung an der Seite, nicht unten entstand (Abbildung 9b und 10b). Vielleicht gilt aber das Gleiche, wenn die Flüssigkeit plötzlich durch den Boden eines

Tanks abfließt, statt an der Seite heraus (Abbildung 15). Entscheidend ist, ob sich der Flüssigkeitspegel (in der Analogie: die elektrische Spannung) während des Abflusses (beziehungsweise der Entladung) ändern muss, damit sich Solitonen bilden. Auch Tesla bereitete diese Frage großes Kopfzerbrechen. Bis heute findet man in der wissenschaftlichen Literatur keine eindeutige Antwort darauf.

Tesla und einige seiner Mitarbeiter haben wirklich bahnbrechende Forschungen betrieben. Damals verstand man unter Hightech, dass ein paar Leute in einem Forschungslabor an der Entwicklung von etwas radikal Neuem arbeiteten. Beispiele hierfür sind die ersten industriellen Forschungslabore überhaupt: Edisons Firma in Menlo Park oder Teslas etwas kleineres Labor in New York.

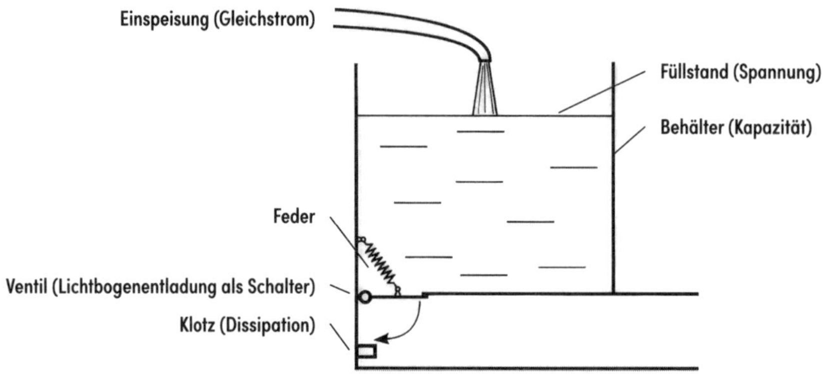

Abb. 15: Ein strömungsmechanisches Analogon zu Teslas Gerät zur Erzeugung von Solitonwellen. Wenn der Wasserstand einen kritischen Wert erreicht, gibt die Feder nach und eine bestimmte Menge Flüssigkeit fließt aus dem Behälter.

In seinem großen, mehrstöckigen Labor arbeitete er an seiner größten Herausforderung: dem Problem des schnellen Schaltens. Der beste Schaltvorgang für Hochspannung und hohe Ströme war zunächst die Lichtbogenentladung, mit der sich Hochspannung und hohe Ströme relativ schnell ein- und ausschalten lassen. Deshalb verwendete Tesla in seinem Labor Lichtbogenentladungen, die durch Magnetfelder gelöscht wurden. Tesla war wahrscheinlich der einzige Experte auf unserem Planeten für schnelles Schalten. Ähnliche Geräte sind in

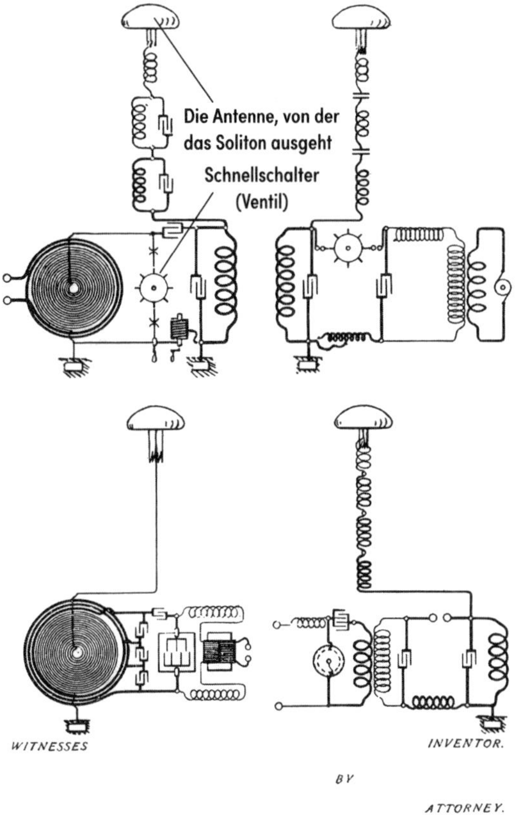

Abb. 16: Ausschnitt aus einem nicht eingereichten Patent für ein Funktelefon aus dem Jahr 1899

den Frankenstein-Filmen der 1920er-und 1930er-Jahre zu sehen. Die Inspiration für die »verrückten Wissenschaftler«-Helden mehrerer Comics war Tesla.

Die nächste Aufgabe für Tesla war die bereits erwähnte Wellenformung und die Dimensionierung der Oszillatorspule. Jeder einzelne Tag der Entwicklungsarbeit kann in den Notizen von Colorado Springs im Detail nachverfolgt werden. Während seiner Arbeit stieß Tesla auf ein ungewöhnliches Phänomen: Schaltete er eine Spiralspule mit veränderlicher Krümmung in den Sekundärkreis, stieg die Spannung auf der Oberfläche der Spirale manchmal in ungewöhnlichem Maße an – sogar über eine Länge von einigen Zentimetern. Dieses Verhalten konnte nicht aus den üblichen Transformatorgleichungen für den Fall faradayscher Induktion hergeleitet werden, sodass Tesla vermutete, dass er ein völlig neues Phänomen entdeckt hatte. Wahrscheinlicher ist jedoch, dass es sich lediglich um einen analogen Effekt von Tief- und Flachwasserwellen handelte (wie wir bereits gesehen haben, wandelt sich die kinetische Energie von Tiefwasserwellen, während sie sich dem flacher werdenden Ufer nähern, in potenzielle Energie um, wodurch ihre Amplitude zunimmt. Tsunamis, die durch Erdbeben ausgelöst werden, entstehen auf ähnliche Weise).

In Teslas Experimenten konnten die elektrischen Solitonwellen, welche um die sich ständig verkleinernden Wicklungen der spiralförmigen Sekundärspule kreisten, außerordentlich hohe Potenziale erreichen – bis hin zu Millionen von Volt. Eine solche Spannung dynamisch zu erzeugen und zu messen, stellt noch heute eine Herausforderung dar. Vielleicht ist das der Grund, warum Tesla das ganze Phänomen »Strahlungsenergie« nannte – ein Begriff, der von Thomas Henry Moray aufgegriffen wurde. Außerdem kam ihm der Gedanke – zumindest lassen seine Patente darauf schließen –, dass bei so hohen Spannungen sogar Luft leitfähig wird. In seinem 1897 angemeldeten Patent (US Patent 645.546, Seriennummer: 650.343) behauptete Tesla, sein drahtloses System könne *jede beliebige Energiemenge über jede Entfernung auf der Erde übertragen.*

Doch die drahtlose Energieübertragung veränderte die Aussichten der Branche, die er selbst mit seinem Wechselstromsystem geschaffen hatte, grundlegend. In diesem Patent beschrieb Tesla die Merkmale des Leistungssenders und -empfängers sehr allgemein und testete später eine kleine Version dieses Systems in dem von ihm in Colorado Springs gebauten Labor. In dem Patent beschrieb er die wichtigsten Dimensionierungen und nannte sogar einige spezifische Daten. Er gab zum Beispiel Betriebsfrequenzen von nur 230 bis 250 Kilohertz an, jedoch Spannungen von 20 bis 50 Millivolt.

Tesla unterschied klar zwischen den von ihm entdeckten Schwingungen und den linearen harmonischen Schwingungen von Hertz, da Letztere seiner Meinung nach nicht dazu geeignet waren, größere Energiemengen über weitere Entfernungen zu übertragen. Tesla hatte recht: Die heutigen Funksender arbeiten im Allgemeinen mit einigen 10 oder 100 Kilowatt Energie; sie sind nicht zur Energieübertragung geeignet, das ist aber auch nicht ihr Zweck. Tesla meldete die meisten Patente zu diesem Thema um die Jahrhundertwende an und erhielt sie auch. Es scheint, als ob er alle seine bisherigen experimentellen Errungenschaften in den Dutzenden von Patenten zu diesem Thema beschrieben habe.

Damit hatte er ein praktikables, brauchbares System geschaffen, obwohl die damalige Wissenschaft dieses Phänomen noch nicht erklären konnte. Kein Wunder, steckte die Maxwell-Heaviside-Physik doch noch in den Kinderschuhen und wurde weltweit nur von ein paar Hundert Menschen verstanden. Es ist davon auszugehen, dass die meisten Forscher, die damals auf dem Gebiet der Elektrizität arbeiteten, elektromagnetische Wellen nicht verstanden – selbst der sonst so

cularly suitable for telephony at a distance without wires and for such purposes where it is necessary to effect control of a powerful apparatus by feeble impulses such as those produced by a human voice.

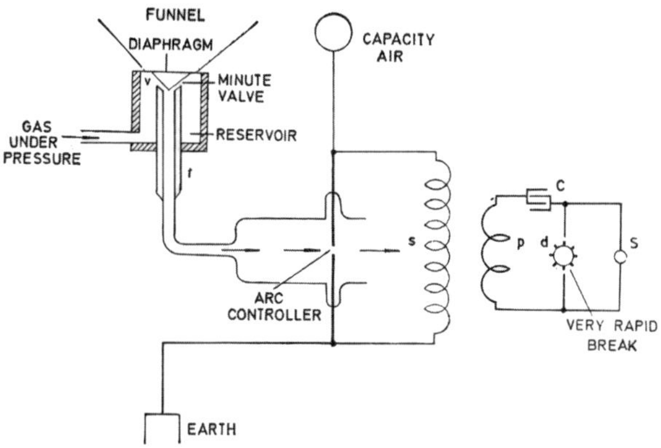

Abb. 17: Die erste Version von Teslas Funktelefon aus dem Jahr 1899

kreative und geniale Edison nicht. Die Forscher lebten in der Welt der drahtgebundenen Kommunikation, in der es noch vieles zu verbessern gab.

Damals diskutierten die Physiker in Deutschland beispielsweise noch über Fragen wie: Sollen mechanische Analogien zur Herleitung der Maxwell-Gleichungen verwendet werden oder umgekehrt? Ist Elektromagnetismus die Grundlage von allem, sollte die klassische Mechanik von ihm abgeleitet werden? In der Thermodynamik hatte die statistische Mechanik gezeigt, dass Mechanik wichtiger ist, doch Max Karl Ernst Ludwig Planck war der Meinung, Elektrodynamik sollte der Ausgangspunkt für die Beschreibung von Wärmestrahlung und damit der Thermodynamik sein. Dies alles war noch sehr unsicher, doch es war klar, dass die Menschheit vor einer großen Möglichkeit stand. Schauen wir uns nun an, wie Teslas Leben verlief, was mit seiner Erfindung geschah und was am Ende zu ihrem Untergang führte.

Die Welt der Räuberbarone

Das Jahrzehnt vor der Jahrhundertwende war die Zeit, in der die Industrie große Reichtümer anhäufte, es war das Zeitalter der Räuberbarone (*robber barons*). Der Durchschnittsbürger lebte zu dieser Zeit in den Vereinigten Staaten auf kleinen Farmen auf dem Lande, unter Bedingungen, wie sie Mark Twain in seinen Romanen über die Abenteuer von Tom Sawyer und Huckleberry Finn beschreibt. Die Erinnerung an den Bürgerkrieg war noch sehr gegenwärtig. Die Sklaverei war in den Vereinigten Staaten und in Europa formell abgeschafft worden, doch zum Beispiel in Bergwerken schufteten Kinder weiterhin unter entsetzlichen Bedingungen. Über den Stahl- und Kohlebergwerken hingen ständig Rauch- und Staubwolken. In einigen Städten, etwa im Ruhrgebiet, gelang es der Sonne nie, diesen Schleier vollständig zu durchdringen. Die Voraussetzungen für die Schaffung großer industrieller Vermögen, »für Big Business«, waren gegeben.

Der erste reiche Geschäftsmann, Cornelius Vanderbilt (1794–1877), hatte sein riesiges Vermögen durch den Betrieb von Eisenbahnen in den Vereinigten Staaten erworben – nicht als Erfinder, sondern durch die Nutzung der Erfindungen anderer. Nicht James Watt, George Stephenson, Samuel Finley Breese Morse oder Alexander Graham Bell verdienten ein riesiges Vermögen mit ihren Erfindungen, sondern die Erbauer, Betreiber und Nutzer von Eisenbahnen und Telekommunikationssystemen.

Es ist offensichtlich, dass zum Beispiel ein Eisenbahnsystem sich nur dann rentiert, wenn eine große Anzahl von Nebenbahnen in einem einzigen System betrieben wird. Die Gegebenheiten dafür waren in den Vereinigten Staaten außerordentlich günstig. Die europäischen Länder dagegen boten aufgrund ihrer Landesgrenzen einen relativ kleinen Markt, denn hier war es schwierig, große, einheitliche Systeme zu errichten. Vanderbilt konnte seinem Sohn etwa 105 Millionen Dollar vermachen. Dieser verdoppelte das Vermögen schnell und wurde der reichste Mann der Welt.

Es waren nicht Bäckereien, Schneidereien oder die Weizenproduktion, die Einzelnen zu Reichtum verhalfen, sondern das Eisenbahnsystem und die Schifffahrt, die Notwendigkeiten der Großindustrie und des Handels. Noch nie da gewesene Geldbeträge wurden benötigt, um die riesigen industriellen

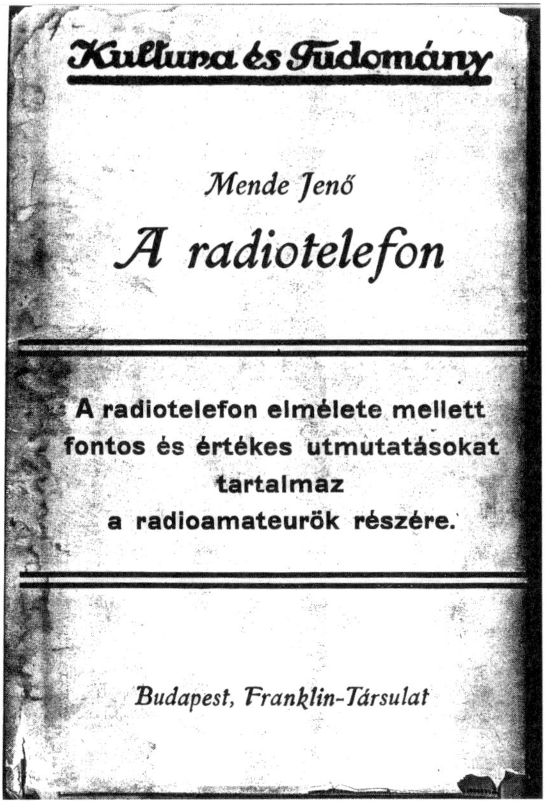

Kultura és Tudomány

Mende Jenő

A radiotelefon

A radiotelefon elmélete mellett fontos és értékes utmutatásokat tartalmaz a radioamateurök részére.

Budapest, Franklin-Társulat

Abb. 18: Das erste Buch auf Ungarisch, das sich mit der Möglichkeit des Funktelefons beschäftigte (1924)

Systeme zu betreiben. So überrascht es nicht, dass die ersten Bankiers, die Hightech finanzierten, eben zu dieser Zeit auf der Bildfläche erschienen. Die Ära von Edison und Tesla sowie dem weniger bekannten Elihu Thomson bot auch Erfindern eine Chance, da wohlhabende Geschäftsleute bereit waren, ihre Geldtaschen zu öffnen, wenn sie Potenzial in einer Erfindung sahen. Mit Ausnahme von Deutschland und Japan gab es keine zentral finanzierte Wissenschaft; die industrielle Entwicklung wurde immer privat finanziert (sofern überhaupt etwas entwickelt wurde).

Wir dürfen nicht vergessen, dass zu dieser Zeit Analphabetismus noch weitverbreitet war und die Arbeiter in den Fabriken unter Bedingungen tätig waren, die man heute als unmenschlich bezeichnen würde. Es entstand jedoch eine kleine Schicht sehr wohlhabender Industriebarone, die mit ihren eigenen Yachten und Zügen fuhren – Letztere natürlich nur dort, wo es bereits Eisenbahnstrecken gab. Aus heutiger Sicht würde uns das damalige Leben langsam, ruhig und kleinstädtisch vorkommen; ebenso wird auch unser heutiges Leben in 100 Jahren den Nachkommen wahrscheinlich sehr ruhig und glücklich erscheinen.

Damals, einige Jahrzehnte vor dem Aufkommen der Massenproduktion von Autos, gab es Straßen meist nur in Form von Spuren auf Feldern, die die Wagen, die sie befahren hatten, hinterlassen hatten. Schnelle Reisen zwischen einzelnen Städten waren nur mit dem Zug möglich. Innerhalb der Städte kam man mit Straßenbahnen oder dampfbetriebenen Kleinbahnen recht zügig voran.

Die Eisenbahnen verschluckten den Stahl förmlich. Man konnte nicht genug davon bekommen, weshalb während der zweiten industriellen Revolution (die eigentlich die erste war, denn die langsame Verbreitung der Dampfmaschine kann nicht als Revolution bezeichnet werden) riesige Vermögen gemacht wurden. Die Schlüsselfiguren dieses »technologischen Systemwechsels« waren Andrew Carnegie und John Pierpont Morgan. Letzterer sollte auch in Teslas Leben eine wichtige Rolle spielen.

Erfindungen entstehen nie in einem »luftleeren Raum«; ein Erfinder denkt sich immer etwas aus, das einen Bedarf decken soll. Aber ganz gleich wie gut eine Erfindung auch sein mag, sie ist trotzdem zum Vergessen verurteilt, wenn die Zeitgenossen nicht von ihrem Nutzen überzeugt werden können. Ein Mathematiker kann eine Gleichung aufschreiben, und man wird sich vielleicht sogar auch dann an seinen Namen erinnern, wenn er die Gleichung nicht lösen konnte. An Erfinder erinnert man sich nur, wenn sie diese realisieren und in Umlauf bringen konnten. Dazu brauchen sie jedoch Hilfe von Geschäftsleuten. Zu Teslas Zeiten gab es niemanden, der dafür besser geeignet gewesen wäre als der Bankier Morgan.

Das Bild der Vereinigten Staaten hatte sich nach dem Bürgerkrieg dramatisch verändert. Twain klagte, dass für die Menschen nur noch das Geld zähle. Er charakterisierte den Zeitgeist folgendermaßen: »Beschaff dir Geld. Beschaff's dir schnell. Beschaff's dir im Überfluss. Beschaff's dir auf unehrliche Weise, wenn du kannst; auf ehrliche, wenn du musst.« Der Bürgerkrieg hatte zwar den Kampf mit Waffen beendet, doch nun folgte eine andere Form von Kampf: der Kampf der Eisenbahnen, Stahlwerke, Banken und Elektrizitätswerke und damit eine Ära des skrupellosen »Sozialdarwinismus«, der von der Rücksichtslosigkeit des Stärkeren gekennzeichnet ist.

In den schnell und unaufhaltsam wachsenden amerikanischen Städten (zum Beispiel Chicago, Philadelphia), in denen die Abwässer oft noch in die Trinkwasserquellen gelangten und das Wasser ungeklärt getrunken wurde, waren Typhusepidemien keine Seltenheit. Hier fand die erste wirkliche industrielle Revolution statt, die einen explosiven und keinen stockenden Wandel mit sich brachte, genauso wie die englische Industrialisierung. Die Städte waren so überfüllt, dass selbst der Verkehr mit Pferdeomnibussen (Fahrgemeinschaften) nicht schnell genug war. Deshalb baute man im Jahr 1867 in New York City eine Hochbahn. Bis in die 1870er-Jahre hatte sich diese Methode auch in anderen Städten durchgesetzt. Natürlich wehrten sich die Pferdeomnibusgesellschaften heftig dagegen. Passanten beklagten sich oft darüber, dass ihnen Ruß und Funken auf den Kopf fielen, Dampf und Rauch erschwerte selbst den Bewohnern höherer Stockwerke das Atmen.

1873 baute man in San Francisco eine Bahn, die von Seilen gezogen wurde, doch eine wirklich zukunftsweisende Lösung war der von Frank Julian Sprague entwickelte elektrische Antrieb. Unabhängig davon war auch in Europa solch ein Antrieb erfunden worden, doch Sprague hatte alle erforderlichen Motoren, Stromabnehmer, Drähte und Fahrzeugschränke selbst entwickelt.

Der Straßenbahnverkehr hat das Gesicht und die Größe unserer Städte zweifellos verändert. Er ermöglichte die Entstehung von Großstädten, da große Entfernungen jetzt leichter zu überwinden waren. Man brauchte keine separate Lokomotive, es konnten ganze Züge oder nur einzelne Waggons fahren und der Verkehr konnte sogar unter die Erde verlagert werden. In den Großstädten konzentrierten sich Universitäten, Banken und Fabriken; hier kumulierten das Fachwissen und die Kenntnisse. Hier boten sich ehrgeizigen Aufsteigern die attraktivsten Möglichkeiten.

Immer mehr Menschen wanderten aus dem überfüllten und überbevölkerten Europa in die Vereinigten Staaten aus. Vor den 1880er-Jahren waren nur 8000–10 000 Menschen pro Jahr aus den großen Regionen Europas, aus Österreich-Ungarn, Italien und Russland gekommen. Nach 1880 schnellte diese Zahl auf 70 000–80 000 pro Jahr hoch, nach der Jahrhundertwende suchten eine Zeit lang sogar 100 000 Menschen pro Jahr aus diesen Ländern ihr Glück in der neuen Welt. Angeführt wurde die Liste von Österreich-Ungarn mit über 3 Millionen Einwanderern, gefolgt von Italien mit 3 Millionen und Russland mit 2,5 Millionen. Die

Zahl der in 100 Jahren aus Großbritannien eingewanderten Personen entsprach der Zahl der Einwanderer aus diesen Ländern in 10 Jahren. Viele Immigranten verdienten zwischen 1 und 1,5 Dollar pro Tag, gut ausgebildete Arbeiter konnten das Doppelte verdienen. In einer Zeit der Streiks, des Aufschwungs und der Pleiten stiegen große Wirtschaftsimperien auf, nur um dann wieder zu zerfallen, zu fusionieren oder wieder aufzuerstehen.

Eisenbahnen brauchten Schienen, und für Schienen brauchte man Eisen oder Stahl. Im goldenen Zeitalter der Eisenbahn wurden die Schienen noch aus kohlenstoffreichem Gusseisen hergestellt. Diese hatten jedoch nur eine sehr geringe Belastbarkeit. Stahl war schon seit Jahrhunderten bekannt, doch er konnte lange Zeit nicht – zumindest in Europa – in kostengünstiger Massenproduktion hergestellt werden. Stahl erwies sich als ideal für Eisenbahnschienen, da er aufgrund seines niedrigen Kohlenstoffgehalts und seiner Legierungsbestandteile die zehn- bis fünfzehnfache Last tragen konnte und zwanzigmal so lange ohne Bruch oder Ermüdung befahren werden konnte wie Gusseisen. Stahl ermöglichte den Bau von Breitspurbahnen mit höherer Transportkapazität, wodurch der Personen- und Güterverkehr auf Schienen *wesentlich billiger* wurde.

Die riesigen Dampflokomotiven, die auf schweren Stahlschienen fuhren, markierten den Beginn der ersten echten industriellen Revolution. In den frühen 1880er-Jahren waren nur etwa 30 Prozent der in Amerika genutzten Schienen aus Stahl, doch schon bis 1890 war dieser Anteil auf 80 Prozent gestiegen, und um 1900 waren die alten, gusseisernen Schienen praktisch verschwunden. Der Verkehr nahm zu; es wurden Strecken mit zwei bis vier Schienenpaaren gebaut. Vom Aussehen her ähnelten diese den heutigen Autobahnen. Im Jahr 1865 gab es im ganzen Land bereits 35 000 Meilen (rund 56 000 Kilometer) Schienen und bis zum Gründerkrach im Jahr 1873 hatte sich diese Zahl verdoppelt. Diese gewaltige, in der Geschichte beispiellose Expansion machten keine staatlichen Hilfen, sondern private Unternehmen, teilweise mit ausländischem Kapital, möglich. Die Familie Vanderbilt war die erste Nutznießerin dieser Ära, gefolgt von der Familie des Stahlfabrikanten Carnegie.

Gebaut wurden die neuen Stahlschienen von Veteranen des Bürgerkrieges und einer Reihe von schlecht bezahlten Lohnarbeitern aus China (Kuli). Zu Beginn der Bauarbeiten hatte man Anleihen zur Finanzierung der Bahnen ausgegeben, doch schon bald reichten die Einnahmen aus dem Personen- und Güterverkehr aus, um den Ausbau zu finanzieren. Vor dem Bürgerkrieg hatte man nur 20–30 Kilogramm schwere Stahlblöcke herstellen können, doch die Erfindung des Engländers Sir Henry Bessemer machte die Stahlproduktion einfacher und billiger. Ein ähnliches Verfahren wie das von Bessemer war bereits 1847 von einem Erfinder aus Kentucky, William Kelly, erfunden worden. Dieses Verfahren kannte man auch schon in Europa, doch die Zeit des Stahls war erst jetzt gekommen.

Carnegie, ein Eisenwarenhersteller aus Pittsburgh, war der Erste, der nach langem Zögern zur Produktion von Stahl überging. Zunächst war er vorsichtig und überzeugt, man müsse abwarten, was das neue Verfahren bringt. Doch 1873 ging er selbst nach England und baute nach seiner Rückkehr mithilfe von Krediten in der Nähe von Pittsburgh das größte Stahlwerk der Welt, um von den guten Transportmöglichkeiten und den dortigen Kohle- und Eisenminen zu profitieren. Ab 1879 produzierte das Unternehmen von Carnegie fast 1 Million Tonnen Stahl pro Jahr, wovon 75 Prozent für Eisenbahnschienen verwendet wurden. 10 Jahre später stellte das Unternehmen die vierfache Menge, also fast 4 Millionen Tonnen Stahl pro Jahr, her. Bald sollte die aufstrebende Automobilindustrie zum größten Abnehmer von Stahl werden.

Carnegie reinvestierte seine Gewinne immer wieder in sein Unternehmen und modernisierte den Produktionsprozess ständig, während seine Arbeiter unter unmenschlichen Bedingungen schufteten. Die Arbeitszeit in seinen Fabriken betrug 12 Stunden pro Tag, eine Sonntagsruhe gab es nicht. Vielleicht war er der erste Industrielle, der ein ***Labor*** mit wissenschaftlich ausgebildeten Mitarbeitern und Forschern einrichtete, um die Qualität des Stahls während der Produktion zu kontrollieren und ständig zu verbessern. Während in Europa Krupp persönlich 20 Jahre lang experimentierte, um guten Stahl herstellen zu können, war Carnegie eher der Typ Geschäftsmann.

Allmählich jedoch kam auch die Bessemer-Methode der Stahlherstellung in die Jahre; das Siemens-Martin-Verfahren ermöglichte fortan eine noch billigere Stahlproduktion. Während 1875 eine Tonne Stahl 160 Dollar gekostet hatte, kostete dieselbe Menge dank des neuen Verfahrens im Jahr 1900 nur noch etwa ein

Zehntel davon, nämlich 17 Dollar. In 20 Jahren hatte sich die Festigkeit der Schiene verzehnfacht, ihre Lebensdauer verzwanzigfacht und ihr Preis war auf ein Zehntel gesunken. ***Es war diese Produktivitätssteigerung, die die Wirtschaft antrieb***, und diese kommt immer von der *Innovation* (nützlichem neuen Wissen). Zum ersten Mal in der Geschichte hat die Nutzung einer solchen Möglichkeit Vermögen geschaffen.

Carnegie

Andrew Carnegie (1835–1919) war der Sohn eines schottischen Webers. Als die Arbeit seines Vaters von automatischen Webstühlen übernommen wurde, wanderte dieser wegen der erdrückenden Armut mit seiner Familie aus. Als sie in Pittsburgh ankamen, war Andrew 12 Jahre alt und verdiente seinen Lebensunterhalt mit harter körperlicher Arbeit. Wie Edison träumte auch er von etwas Besserem und fand seinen Traumberuf schließlich bei einer Telegrafenstation.

Diese Telegrafenstation war Teil eines Eisenbahnunternehmens. So wurden der Brücken- und Eisenbahnbau zu Carnegies Jagdrevier. Im Alter von 33 Jahren schrieb er über sich, dass er unwiderruflich und unheilbar dem Geld verfallen sei. Sein außergewöhnliches Gedächtnis half ihm im Geschäftsleben: Als Telegrafist konnte er als einziger den Morsecode schon beim Hören verstehen, was ein extrem gutes Gedächtnis erforderte. Zunächst begann er mit dem Bau von Eisenöfen, dann produzierte er Stahl; er erkannte schnell, dass *Innovation auf lange Sicht rentabel ist.*

Carnegie behielt stets die Kontrolle über die Stahlindustrie und verstand es, seine Verbindungen zu nutzen. Durch ständige Aufkäufe, Fusionen und die Lieferung von minderwertigem, aber sehr teurem Kriegsmaterial (ein Patriot war er nicht) wuchs sein Vermögen kontinuierlich an. Seine Bonität blieb dabei stets gut. Seine langjährigen Beziehungen zu den Eisenbahngesellschaften ermöglichten es ihm, Schienen zu den besten Preisen zu verkaufen; er war eine Kombination aus scharfsinnigem Geschäftsmann und innovativem Fabrikbesitzer. Um die Jahrhundertwende wurden die meisten Stahlerzeugnisse der Welt in seinen Fabriken hergestellt und er allein produzierte mehr Stahl als England und Deutschland zusammen.

Carnegie behielt stets die Aktienmehrheit, verwendete die Gewinne zum Ausbau seines Imperiums und musste auf diese Weise nie eine hohe Dividende ausschütten. So weigerte er sich strikt, den sich damals bildenden Trusts, die den freien Wettbewerb zerstörten, beizutreten – solchen Allianzen traute er nicht.

Obwohl die amerikanische Stahlindustrie in den 1890er-Jahren weit mehr Stahl produzieren konnte, als der heimische Markt aufzunehmen vermochte, sollten die Preise hochgehalten werden. Morgan, eine weitere wichtige Persönlichkeit der damaligen Zeit, bildete Allianzen und Kartelle, um den Preis künstlich nach oben zu treiben. Auch auf Carnegie wurde starker Druck ausgeübt, sich Kartellen anzuschließen, doch er gab nicht nach.

Morgan ließ sich jedoch von diesem Misserfolg nicht abschrecken und machte Carnegie ein Angebot zum Kauf seines Stahlimperiums. Somit lud er Charles Michael Schwab, den Vorsitzenden des Unternehmens, ein, um über den Verkauf zu verhandeln. Carnegie war des Gerangels schon müde und bat um einen Tag Bedenkzeit. Am nächsten Tag notierte er den Verkaufspreis von 480 Millionen Dollar auf einem kleinen Zettel. Schwab reichte den Zettel an Morgan weiter, der ihn ansah und kurz antwortete: »Ich akzeptiere diesen Preis.« Dies war der damals teuerste Firmenkauf in der Geschichte der USA.

Carnegie begründete den Verkauf seines Unternehmens damit, dass er sich zur Ruhe setzen und sein Leben der Bildung und der Philanthropie widmen wollte. Tatsächlich spendete er verschiedenen Organisationen ca. 90 Prozent seines Vermögens, etwa 324 Millionen Dollar. Morgan besaß nicht nur riesige Anteile des Eisenbahn- und Bankenmarktes, sondern war jetzt auch Leiter eines Stahlimperiums. Das machte die Stahlproduktion natürlich nicht besser, denn Morgan war ein Bankier und kein Fabrikant. Er hatte sein beträchtliches Vermögen mit dem Handel von Unternehmen verdient, nicht mit deren technischer Entwicklung.

Carnegie nutzte sein riesiges Vermögen, um etwa 2500 kostenlose öffentliche Bibliotheken sowie Krankenhäuser, Parks, Konzerthallen, Schwimmbäder und Kirchen bauen zu lassen. Dabei machte er keinen Unterschied zwischen den Konfessionen und unterstützte alle christlichen Kirchen gleichermaßen. Fast 8000 Orgeln im Wert von mehr als 6 Millionen Dollar konnten durch seine Spenden erworben werden.

Bei von Carnegie finanzierten Expeditionen wurden Dinosaurierskelette ausgegraben, von denen einige nach ihm benannt wurden. Ein unbestrittenes Verdienst Carnegies war die 1911 mit einem Kapital von 125 Millionen Dollar gegründete Carnegie-Stiftung, die zum Ziel hatte, das Niveau der amerikanischen Kultur und Wissenschaft anzuheben. Carnegies ursprüngliche Idee war, einen Pensionsfonds für Universitätsprofessoren einzurichten. Dafür setzte er einen sehr hohen Standard, wodurch sich die Qualität der Hochschulbildung insgesamt verbesserte. Während es zuvor nur einige wenige Universitäten von guter Qualität gegeben hatte, die vor allem an der Ostküste angesiedelt waren, förderte Carnegies Stiftung den ***Aufschwung der Hochschulbildung insgesamt***.

Natürlich waren nicht alle Anträge auf finanzielle Unterstützung so erfolgreich, wie der Antragsteller gehofft hatte. Der Präsident der Princeton University beispielsweise wollte mit Carnegies Geld eine juristische und eine wissenschaftliche Fakultät einrichten. Nach seinem Besuch bei ihm teilte Carnegie ihm mit, was die dortigen Studenten seiner Meinung nach brauchten: »Sie brauchen einen See, um rudern und mit Harvard, Yale und Columbia konkurrieren zu können und damit sie nicht an diesen dummen Football denken« (Carnegie konnte Football nicht ausstehen). Also bekam die Princeton University einen künstlichen See anstelle von Fakultäten.

Doch nicht nur in den Vereinigten Staaten, sondern auch in England erhielten eine Reihe von Städten Spenden von Carnegie. Er war Ehrenbürger von 52 Städten (der britische Premierminister brachte es nur auf 17). Bis 1911 spendete Carnegie 180 Millionen Dollar – die Hälfte seines Vermögens. Der Rest brachte ihm 5 Prozent Zinsen pro Jahr. Insgesamt spendete Carnegie 332 Millionen Dollar, der Ölbaron John Davison Rockefeller, sein ewiger Rivale, dagegen nur 175 Millionen Dollar.

Jeden Tag erhielt Carnegie 400–500 Briefe mit Bitten um finanzielle Unterstützung. Einer dieser Briefe stammte von Mark Twain, der seinen Brief an Carnegie nicht an diesen selbst, sondern an den Heiligen Andreas richtete. Twain brauchte anderthalb Dollar für eine *Bibel*, bat aber darum, ihm das Geld zu schicken, nicht das Buch selbst, damit er das richtige Exemplar auswählen konnte. Die gewünschte Summe erhielt er nie.

Morgan

John Pierpont Morgan war ein grundlegend anderer Mensch. Um die Jahrhundertwende galt er als reichster Mann Amerikas. Morgan war leicht an seiner roten Warzennase zu erkennen. Mit seiner Jacht überquerte er häufig den Ozean, um in Europa Kunstgegenstände zu kaufen, und er liebte Damen mit ausgeprägten Brüsten. Er war es auch, der die wahre Rolle der Banken im Industriezeitalter »erfand«. Banken hatte es zwar schon in Mesopotamien gegeben, doch erst seit Morgan nahmen sie an der industriellen Entwicklung teil. So verwandelten sich die Banken von »Dienern der Industrie« in »Meister der Industrie«; eine Rolle, die sie auch heute noch ausüben.

Morgan wurde in eine wohlhabende Familie geboren. Sein Vater war ein angesehener, vermögender New Yorker Bankier, der 1857 im Alter von 24 Jahren nach seinem Studium in der Schweiz und in Deutschland an die Wall Street gekommen war und dort sofort seine eigene Wechselstube eröffnet hatte.

Morgan selbst war unter anderem an der Begleichung der Schulden aus dem amerikanischen Bürgerkrieg beteiligt, seine Hauptbranche jedoch wurde die Finanzierung des damals explosionsartig aufstrebenden Eisenbahnsektors. So gab er Anleihen und Aktien Hunderter von Eisenbahngesellschaften aus, lieh vielen scheiternden Eisenbahngesellschaften Geld und organisierte sie dann in einer Weise um, die sie zu seinem Eigentum machte: ein Prozess, der unter dem Begriff »Morganisierung« bekannt wurde. Auf diese Weise kontrollierte er in den 1890er-Jahren ca. 17 Prozent des amerikanischen Eisenbahnwesens. Zudem hasste er den freien Wettbewerb, da dieser seiner Meinung nach nur zu Verlusten führte; wo er nur konnte, schuf er Holdings, Preiskartelle und Trusts. 1901, als Morgan Carnegies Unternehmen aufkaufte und U.S. Steel gründete, das sich zum größten Stahlkonzern der Welt entwickelte, befand er er sich auf dem Höhepunkt seiner Macht.

Dem Erwerb dieses Großunternehmens folgten der Kauf von International Harvester, einem Hersteller von landwirtschaftlichen Geräten, und die Gründung eines Schifffahrtskartells im Nordatlantik, der International Mercantile Marine Company. Morgan war auch an der Gründung von International Nickel, General Electric und Western Union beteiligt. Somit kontrollierte er eine unschätzbare Menge an Geld und hatte unzählbare Aufsichtsratsposten inne: in 112 großen Unternehmen entschied er über die Namen und Positionen von 741 Direktoren. Im Gegensatz zu Carnegie und Rockefeller (die er im Übrigen beide hasste) war Morgan kein Spekulant. Zudem verfügte er über eine gute Menschenkenntnis und wusste, wie man vertrauenswürdige Organisationen aufbaut.

Morgan war kein Anhänger des Kapitalismus mit freiem Wettbewerb. Im Gegenteil: Seine Absicht bestand immer darin, ***Wettbewerb zu vermeiden*** und stattdessen einheitliche Preise festzulegen und zu diktieren. Durch sein Vermögen, seine Macht und seinen Einfluss kontrollierte er direkt und indirekt die gesamte Industrie der Vereinigten Staaten. Niemand vor oder nach ihm besaß jemals eine so große Machtfülle über die Industrie.

Morgan wurde zum wichtigsten »Geburtshelfer« und natürlich auch zum größten Nutznießer der *sich gerade entfaltenden Wissensgesellschaft*. Mit der US-Regierung befand er sich in ständigem Konflikt, da diese seine Konglomerate mehr oder – was bedeutend häufiger der Fall war – weniger erfolgreich zu zerschlagen versuchte.

Er war der Meinung, dass im Geschäftsleben nicht Geld, sondern Charakter und Persönlichkeit zählen. Als einer der Anwälte eines Untersuchungsausschusses des US-Kongresses wissen wollte, ob er gewerbliche Kredite auf der Grundlage von Geld oder Hypotheken vergebe, gab er die überraschende Antwort: »Weder noch, Sir. Der wichtigste Punkt ist der Charakter, denn wenn ich jemandem nicht vertraue, gebe ich ihm kein Geld, selbst wenn er alle Aktien der christlichen Welt hat.« Morgan starb im Jahr 1913 im Alter von 76 Jahren. Wenn jemand gleichzeitig Gott und dem Mammon gedient hat, dann war er es. Zu Beginn hatte er jeden Mittag eine Kirche in der Nähe der Wall Street aufgesucht, um zu beten. Später betete er nur noch den Mammon an.

J.P. Morgan & Co. ist bis heute eines der dominierenden Finanzinstitute an der Wall Street und seine Führungskräfte sind Absolventen renommierter Universitäten der Ostküste.

Zu Morgans Zeiten hatten die Führungskräfte ihr Büro jeden Tag um 16:30 Uhr verlassen, um Tee zu trinken und sich danach um 17:00 Uhr im Tennisclub zu treffen. Ihr Slogan lautete: »Erstklassige Menschen machen auf erstklassige Weise erstklassige Geschäfte«. Heute besitzen sie die meisten Aktien der USA und kontrollieren die meisten der dort ansässigen großen Unternehmen, darunter ITT (früher: International Telephone and Telegraph), Sears, American Express, Bank of America und Citycorp. Die JPMorgan Chase & Co. verwaltet auch das Vermögen von 7000 der reichsten Privatpersonen der USA sowie die Einlagen bedeutender Institutionen, Universitäten und Unternehmen. Im Gegensatz zu anderen Banken haben die Anleger kein Mitspracherecht darin, wie ihr Geld angelegt wird. Das Unternehmen ist nach wie vor einer der führenden Experten für Fusionen und Übernahmen und gibt auch heute noch den Ton an der Wall Street an.

Morgan traf Entscheidungen über nahezu unbegrenzte Geldmengen. Dies also ist der Mann, zu dem Tesla Kontakt aufnahm. Es ist auch die Geschichte von Teslas Energie- und Radiosender, der an den unterschiedlichen Denkweisen der Finanzwelt und der Erfinderkultur scheiterte.

Ekstase

Schon damals unterschieden sich die Denkweisen der Erfinder und Unternehmer grundlegend. Dies hat sich seitdem nicht geändert. Wenn sie aber doch einmal dasselbe Ziel verfolgen, können sie großartige Ergebnisse erzielen. Edison war in dieser Beziehung nicht zu übertreffen. Er verstand die Mentalität der Finanzwelt viel besser als Tesla und war mit deren Sprache vertraut. Edison machte natürlich auch seine persönlichen Erfahrungen mit Morgan, denn dieser war überall präsent.

Aufgrund der Entdeckungen anderer Erfinder und seiner eigenen harten Arbeit fand Edison sich in der Lage, brauchbare Glühlampen zu bauen und 1878 ihre Massenproduktion aufzunehmen. Seine Firma Edison Electric Light Company wurde bald von einer Morgan-Beteiligung übernommen. Morgan fusionierte Edisons Unternehmen 1892 mit einem aufgekauften Konkurrenten, der Thomson-Houston Electric Company, und nannte das neue Unternehmen General Electric.

Edison gefiel es ganz und gar nicht, dass er nur Vorstandsmitglied und nicht Vorsitzender wurde. Deshalb besuchte er im August 1892 seine erste und letzte

Vorstandssitzung; er erklärte, er wolle nicht im Vorstand eines Unternehmens sitzen, in dem er nicht alles selbst bestimmen darf. 2 Jahre später verkaufte er alle seine Anteile an General Electric, blieb aber weiterhin als Berater tätig und sammelte fleißig Lizenzgebühren für seine Patente.

Im Jahr 1900 gründete General Electric im Staat New York das erste groß angelegte industrielle Forschungslabor. Chef des Labors war Teslas damaliger Freund und späterer Gegner Charles Proteus Steinmetz, ein in Deutschland geborenes Genie mit Buckel, das »Zauberer der Elektrizität« genannt wurde. Tesla und Steinmetz waren vielleicht die einzigen beiden Erfinder, die bei der Erforschung der Elektrizität auch auf Mathematik zurückgriffen. Andere Erfinder arbeiteten nur nach der Methode Versuch und Irrtum.

Auf Morgans Vorschlag hin schlossen Westinghouse und General Electric 1896 ein Patentabkommen, demzufolge Teslas Patente von beiden Konkurrenten genutzt werden durften. Das machte Morgan zu einem der Nutznießer von Teslas Wechselstrompatenten. 1903 kaufte General Electric den Transformatorenhersteller Stanley Electric Manufacturing Company auf, was Morgan die Kontrolle über die gesamte Produktion und Verteilung von Elektrizität verschaffte. Von da an kaufte General Electric auch Kraftwerke oder baute selbst welche. (Morgans Geist schwebte noch lange Zeit über General Electric: 1971 verklagte das Justizministerium das Unternehmen, weil es mit 29 anderen Stromversorgern ein Preiskartell gebildet hatte, weshalb die Preise über Nacht um 50 Prozent gestiegen waren. Die Regierung gewann den Prozess und General Electric zahlte mehr als 50 Millionen Dollar Schadensersatz. Einige Mitarbeiter wurden sogar zu kurzen Haftstrafen verurteilt. Im Jahr 1976 kaufte General Electric dann Utah International für mehr als 2 Milliarden Dollar auf, wodurch es Eigentümer von Kohle-, Kupfer- und Uranminen sowie von Gas- und Ölfeldern wurde. Dies war der größte industrielle Kauf in der Geschichte der USA. Heute halten sowohl Außenstehende als auch Konkurrenten General Electric für das am besten geführte Unternehmen der USA. Es hat mehr als 100 000 Mitarbeiter und weitgefächerte ausländische Interessen.)

Morgan übernahm aber nicht nur die Stromerzeugung, sondern auch die Telekommunikation. Tesla experimentierte mit Mobiltelefonen sowie Funk- und

Stromübertragungssystemen, doch wir müssen den Stand der Telekommunikationstechnik zu Teslas Zeiten kennen, um seine Geschichte zu verstehen.

Telekommunikation war damals ein vielversprechendes Geschäft. Um die Jahrhundertwende, als das Telefon bereits recht verbreitet war, kostete ein einziger privater Telefonapparat 240 Dollar pro Jahr, was eine Menge Geld ist, wenn man bedenkt, dass ein Dollar vor 100 Jahren mindestens zwanzigmal so viel wert war wie heute. Obwohl das Telefon damals noch eine recht junge Erfindung war, waren in den USA bereits 1 350 000 Geräte in Betrieb, und die Firma des Erfinders Bell verfügte über ein Kapital von 250 Millionen Dollar. Wie der Telegraf verbreitete sich auch das Telefon schnell, obwohl das erste Patent erst 1876 angemeldet wurde und Ferngespräche aufgrund einiger technischer Mängel erst 8 Jahre später, im Jahr 1884, möglich wurden. Natürlich übernahm Morgan auch diese Branche. Doch bis dahin war es noch ein weiter Weg.

Die Telefonschlacht

Am 14. Februar 1876 wurden beim Patentamt der USA innerhalb weniger Stunden zwei Telefonpatente eingereicht. Das erste beschrieb die Erfindung eines 29-jährigen Amateur-Erfinders und Lehrers für Gebärdensprache, dessen Name heute jedem ein Begriff ist: Alexander Graham Bell. Wenige Stunden später meldete der 41-jährige Elisha Gray, ein professioneller Erfinder, das andere Patent an. Möglicherweise erreichte die Nachricht von diesem Patent Michael Faraday noch rechtzeitig, auf dessen bahnbrechender Entdeckung der Induktion diese Patente im Wesentlichen beruhten. So begann 1876 – ein Jahr vor Faradays Tod – der Siegeszug des Telefons, wobei es eigentlich verwunderlich ist, dass dies nicht schon früher geschehen war, da alle technischen Voraussetzungen für die Erfindung längst gegeben waren.

Das Telefon ist im Prinzip eine ausgefeiltere Version des Telegrafen. Es nutzt außerdem zwei zusätzliche Effekte: Wenn jemand spricht, moduliert der Schall über eine Membran den Widerstand eines Objekts wie zum Beispiel von einem Stück Kohlegrieß. Wenn das entstehende elektrische Signal dann mit variabler

Frequenz und variabler Amplitude auf eine Spule trifft, bewirken die sich verändernden elektrischen Wellen, dass ein veränderliches Magnetfeld erzeugt wird, welches wiederum eine dünne Metallmembran bewegt, sodass diese Membran Schallwellen erzeugt.

Faradays Induktion ermöglichte nicht nur diese Erfindung, sondern beispielsweise auch die des Videorekorders. Die Geschichte des Telefons zeigt auch, wie schwierig es für uns Menschen ist, unsere Sicht- und Denkweise zu ändern, und wie wichtig es ist, eine neue, flexible Herangehensweise zu entwickeln, um mit alten Gewohnheiten zu brechen. Der Bedarf an Ferngesprächen hatte schon vorher bestanden. Er wurde jedoch durch den Telegrafen, eine Erfindung des Porträtzeichners Samuel Morse, halbwegs befriedigt (dieses Thema habe ich bereits in *Verbotene Erfindungen* behandelt).

Die USA waren der ideale Ort für die Verbreitung des Telegrafen, doch er verbreitete sich nahezu überall sonst auf der Welt (außer etwa in Afrika). Bis zum Ende des Bürgerkriegs waren 50 000 Meilen (rund 80 500 Kilometer) Telegrafennetz ausgebaut worden; einige Jahre später umfasste das Netz bereits 250 000 Meilen (rund 402 000 Kilometer). Doch bis 1872 hatte man immer nur ein Signal über die teuer verlegten Drähte versenden können. So war es eine Sensation, als die Western Union Telegraph Company, die den Telegrafendienst praktisch monopolisiert hatte, nun ein neues System vorstellte, dessen Grundlagen von dem Bostoner Erfinder Joseph Barker Stearns stammten. Mit diesem System konnten über einen Draht mehrere Signale gleichzeitig gesendet werden (damit wurde ein Duplexbetrieb möglich). Dies regte die Fantasie vieler Pioniere an. Die Frage war, ob dies noch zu übertreffen wäre, ob also noch mehr Kanäle auf ein und demselben Draht betrieben werden könnten. Dadurch wäre es möglich, die Menge der übertragbaren Information erheblich zu steigern und die Telegrafie wesentlich billiger zu machen.

Gray, dessen Name heute fast völlig in Vergessenheit geraten ist, obwohl er ein bedeutender Erfinder seiner Zeit war (wenn auch nicht so bedeutend wie Tesla), war 1874 eher zufällig auf die Grundidee gestoßen, die schließlich zum Telefon führte. Er experimentierte damals mit Schwingkreisen verschiedener Frequenzen und stellte fest, dass die Veränderung eines Schwingkreises die Frequenz des anderen modulierte. Heute nennt man dieses Phänomen parametrische Anregung – damals hatte es natürlich noch keinen Namen.

Und genau darauf basiert das Telefon: Durch die Veränderung eines elektrischen Widerstandes in einem Stromkreis wird zunächst Schall in elektrische Energie umgewandelt. Später wird die elektrische Energie dann in einem anderen Stromkreis wieder in Schall umgewandelt. Gray, der selbst Telegrafist war und sein Geld mit der Perfektionierung von Telegrafen verdiente (er arbeitete in einer Fabrik), stellte seine Idee einem Geschäftsmann vor, der ihr Potenzial sofort erkannte und Gray ermöglichte, in Vollzeit an seiner Erfindung zu arbeiten.

Die Idee des Telefons war jedoch keineswegs neu, denn der deutsche Lehrer und Erfinder Johann Philipp Reis hatte bereits 1861 einen Telefonapparat gebaut und ihn dem Frankfurter Physikalischen Verein vorgestellt. Damals war Deutschland noch ein Bund kleiner Staaten, die im Vergleich zu den Nachbarländern noch unterentwickelt waren; niemand dort erkannte das enorme Potenzial dieser Erfindung. Heutzutage gibt es kaum einen Menschen in der zivilisierten Welt, der nicht jeden Tag irgendeine Art von Telefon benutzt – dieses Gerät ist zu einem festen Bestandteil unseres täglichen Lebens geworden.

Allein die Verbreitung des Telefons hätte Deutschland aus der wirtschaftlichen Stagnation herausführen können, doch niemand beachtete es – im Gegenteil; wie üblich war die Zeitschrift *Annalen der Physik* nicht bereit, einen Artikel über diese Erfindung zu veröffentlichen. »Renommierte« Zeitschriften verhalten sich meistens so: Sie veröffentlichen keine Studien, die eine radikal andere Sichtweise vertreten und behindern so, entgegen ihrem ursprünglichen Zweck, oft den Fortschritt.

Reis, der besessene Erfinder, verfasste unzählige Broschüren und führte seinen funktionierenden Apparat überall vor – vergeblich. Er stieß stets auf verschlossene Türen. Erschöpft von dem Kampf gegen die Ignoranz seiner Zeitgenossen starb er 1874 verarmt im Alter von 40 Jahren an einer Lungenkrankheit – zu einer Zeit, als Bell und Gray in den USA fieberhaft daran arbeiteten, etwas zu entwickeln, das Reis schon lange erfunden hatte.

The Telegrapher, eine Fachzeitschrift der damaligen Zeit, war der Meinung, dass das Telefon von Reis nicht gebraucht werde, sondern es lediglich eine wissenschaftliche Kuriosität war. Es war das Gleiche wie heute mit dem Videotelefon:

Man kennt es zwar, aber durchgesetzt hat es sich nie. Man erfand sogar Witze über das Telefon: Man habe es zwischen Philadelphia und New York ausprobiert, die Sache aber aufgegeben, weil es den unangenehmen Atemgeruch des Telegrafenbeamten aus Philadelphia übertragen habe.

Das Aufeinandertreffen des bereits weitverbreiteten Telegrafen und des kaum entwickelten Telefons war vielleicht das erste Mal in der Geschichte der Technik, dass sich ein kaum entwickeltes System gegen ein besseres durchsetzte: Ein etabliertes System bremst die Verbreitung einer neueren, besseren Lösung. Dabei ist dieser Konflikt keineswegs unausweichlich; Kerosinlampenhersteller oder Kerzenmacher haben auch keine Glühbirnen zerschlagen, Postkutscher haben keine Dampflokomotiven entgleisen lassen und Segelschiffe haben keine Häfen für Dampfschiffe blockiert.

Die Telegrafenbranche stand der Idee, Ton über Drähte zu übertragen, eher ablehnend gegenüber. Zu dieser Zeit hatte sich der Morsecode, ein »digitaler« Code, durchgesetzt, und die Telegrafenbeamten waren gegen eine Übertragung von Tönen als Analogsignal. Die Feindseligkeit der Telegrafisten ist verständlich: Sie fürchteten um ihre Arbeitsplätze. Gray war so verzweifelt, dass er sich wieder der Entwicklung von Multiplexsystemen zuwandte und begann, an einem Musiktelegrafen zu arbeiten. Er glaubte, dass der Multiplextelegraf das Potenzial besaß, ein viel größeres Geschäft zu werden als die Sprachübertragung, und meldete 1875 mehrere Patente in diesem Bereich an.

Auch der junge Bell, ein englischer Emigrant, experimentierte mit einem Multiplextelegrafen und stieß dabei fast zufällig auf die Grundidee des Telefons. Mit der Arbeit an diesem System begann er im Jahr 1872, als er vom Duplexsystem der Western Union erfuhr. Er war überzeugt davon, dass man mit einer noch besseren Erfindung ein Vermögen machen könne. Während Gray Profis mit dem Bau seines Geräts beauftragte, tüftelte Bell selbst an seinem herum. Seine ersten Geräte waren so unzuverlässig, dass sie nur wenige Sekunden lang funktionierten.

Im Frühjahr 1874 erfuhr Bell, dass auch Gray an »vibrierenden Strömen«, also am Telefon, arbeitete. Daraufhin beschleunigte er seine Arbeit, wobei er Hilfe von Gardiner Greene Hubbard bekam. Eine von Hubbards Töchtern war aufgrund von Scharlach stumm geworden und Bell brachte ihr die Gebärdensprache bei.

Hubbard mochte die Western Union nicht, weil er ihr Monopol für ein Hindernis bei der Entwicklung der Telegrafie hielt. Die Idee des Telefons faszinierte ihn sehr. Deshalb unterstützte er Bells Arbeit finanziell, obwohl dieser damals nur an einem Multiplexsystem arbeitete. Im Juli 1875 erkannte Bell schließlich, dass sein System auch Töne übertragen konnte. Von da an observierten sich Gray und Bell ständig gegenseitig, und in seiner Paranoia glaubte jeder, dass der andere ihm nachspioniere und nicht selbst etwas Neues schuf.

Die Bedeutung der Sprachübertragung verstand selbst Gray nicht. Er wollte sein Geld und seine Zeit nicht für ein Sprachübertragungssystem verschwenden, das nicht rentabel sein würde. Dem Multiplexsystem hingegen stand seiner Meinung nach eine sichere Zukunft bevor. Außerdem hielten die Telegrafenexperten an ihrer Meinung, dass Sprachübertragung sinnlos sei, da die Aufgabe der Informationsübertragung ja längst gelöst war, fest. Bell hingegen ließ in aller Eile seine Erfindung patentieren, obwohl er noch kein funktionsfähiges Exemplar hatte. Doch er hatte Glück.

Sein Patent hatte Bell schon am 14. Februar 1876 angemeldet, aber erst im Juni desselben Jahres stellte er den funktionierenden Apparat – den auch Gray zu Gesicht bekam – auf der Centennial International Exhibition Philadelphia vor. Gray, ein professioneller Forscher, vertrat die Ansicht, dass Bells Telefon nur für wissenschaftliche Kreise von Interesse sei; sein kommerzieller Wert sei unbedeutend. Und Bell, der Amateur, schrieb 2 Wochen nach der Patentanmeldung und 2 Wochen vor dem ersten erfolgreichen Experiment, folgende Zeilen an seinen Vater: »Es gehört alles mir. Ich bin mir des Ruhmes, des Reichtums und des Erfolges sicher.«

Interessanterweise war Bell nach der Erteilung des Patents sowie der Entwicklung und Vorführung des ersten funktionierenden Geräts nicht mehr an der Entwicklung seiner Erfindung beteiligt. Nachdem er ein halbwegs brauchbares Gerät entwickelt hatte, heiratete er eine seiner gehörlosen Schülerinnen (eine Tochter Hubbards) und zog sich aus der Telefonentwicklung zurück. Bis zu seinem Tod im Jahr 1922 war er als Lehrer für Gebärdensprache tätig.

Im Jahr 1877 wurde die Bell Telephone Company gegründet, die rasch expandierte. Bostoner Bankiers hatten sie finanziert und kontrollierten somit das

Unternehmen. Bis 1899, als die American Telephone and Telegraph Company (AT&T) gegründet wurde (und die Bell Telephone Company übernahm), die sich hauptsächlich auf Ferngespräche spezialisierte, wurde die Bell Telephone Company von einer Reihe geschickter Geschäftsleute geleitet. Nach der Jahrhundertwende ging das Unternehmen in den Besitz von Morgan über, der 1907 seinen eigenen Mann, Theodore Newton Vail, an die Spitze setzte. Während seiner 12-jährigen Amtszeit als Vorsitzender wurde AT&T zur größten Telefongesellschaft der USA. Das Unternehmen kaufte nach und nach alle seine Konkurrenten auf, indem es sie entweder in Preiskämpfe verwickelte oder ihnen den Anschluss an sein Netz verwehrte, wodurch Ferngespräche unmöglich gemacht wurden. Im Jahr 1899 erwarb es sogar ein Drittel der Aktien von Western Union.

AT&T errichtete ein Forschungslabor, das zu den besten der USA gehörte und legte so den Grundstein für den späteren Aufstieg des Unternehmens und der Elektronik im Allgemeinen. Dieses Labor spielte eine bedeutende Rolle bei der Entwicklung des Tonsystems für das Kino (1926), bei den ersten Fernsehübertragungen (1927) und bei der Entwicklung des digitalen Computers (1938). Aber die vielleicht größte Leistung war die Entwicklung des Transistors im Jahr 1947. An diesem Beispiel können wir sehen, wie eng Erfindungen und menschliche Schicksale miteinander verbunden sind.

Morgan hatte seine Hände überall im Spiel. Seine Bank übernahm sogar die Rolle einer Zentralbank, denn zu dieser Zeit gab es in den USA nicht nur keine Einkommenssteuer, sondern auch keine Zentralbank. Wenn es seine Interessen erforderten, löste Morgan durch Manipulation nach Belieben Börsenpaniken an der Wall Street aus, die wiederum Wirtschaftskrisen verursachten und die er dann wieder stoppte.

So wendete er beispielsweise eine enorme Krise, die das ganze Land betroffen hätte, ab, indem er die New Yorker Banker zusammenrief und genügend Anleihen zur Finanzierung der Staatsschulden ausgab. So bewahrte er das ganze Land vor einer tiefen Krise. Ein beliebter Witz aus jener Zeit lautete: »Was ist der Unterschied zwischen Gott und Morgan?«. »Gott denkt nicht, er sei Morgan ...«

Nachdem wir uns nun ein Bild von der Entwicklung der Industrie und der wissensbasierten Wirtschaft im Zeitalter Teslas gemacht haben, ist es an der Zeit, herauszufinden, warum Teslas Erfindung scheiterte.

Ekstase und Agonie

Kommunikation zwischen Menschen ist so schwierig wie die Wissenschaft selbst. Grund dafür sind entweder unausgesprochene Annahmen oder kulturelle Unterschiede. Ein typisches Beispiel dafür ist die Meinungsverschiedenheit zwischen Hertz und Tesla. Als Tesla 1892 nach Budapest kam, um mit der Firma Ganz zu verhandeln, besuchte er auch den jungen, im Sterben liegenden Hertz. Zu dieser Zeit hatte der erst 34 Jahre junge Mann noch 2 Jahre zu leben. Hertz starb wahrscheinlich an Tuberkulose. Tesla, der Entdecker der nicht linearen Solitonen, und Hertz, der Entdecker der linearen Wellen, konnten nicht miteinander kommunizieren, da jeder auf seiner eigenen Wahrheit bestand.

Alles, was Hertz über elektromagnetische Wellen veröffentlichte, war richtig, aber er erkannte nicht, dass er nur die erste, einfachste Wellenart der Natur entdeckt hatte. Tesla wiederum grenzte die von ihm entdeckten Phänomene nicht scharf genug von den hertzschen Wellen ab. Er war unfähig, sich in die Lage des hochgeachteten, im Sterben liegenden Hertz hineinzuversetzen. Diesem wiederum erschien der junge Tesla vielleicht als jemand, der ihm seine Erkenntnisse streitig machen wollte. Ähnliche Situationen treten auch häufig zwischen Künstlern auf: Verdi und Wagner mochten sich nicht, weil jeder von ihnen seine eigene Musik für die bessere hielt. Dabei haben sowohl beide Arten von Musik als auch beide Arten von Wellen ihre Berechtigung.

Tesla hatte aber mit den meisten seiner Zeitgenossen Kommunikationsprobleme. Nicht einmal mit den wenigen Elektroingenieuren, mit denen er hätte zusammenarbeiten können, konnte er sich verständigen. Steinmetz, der später leitender Forscher bei General Electric wurde, schrieb ein Buch über Wechselstrom, ohne Teslas Namen auch nur zu erwähnen; diejenigen, die in der Industrie, der Forschung und der Wissenschaft arbeiten, sind auch nur Menschen, genau wie Künstler, Politiker oder Militärangehörige. Wissenschaft ist ein menschliches Unterfangen, und diejenigen, die in diesem Bereich arbeiten, sind genauso schwach oder neidisch aufeinander wie diejenigen, die in einer anderen Branche arbeiten. Nicht nur Schauspielerinnen und Primadonnen machen spitze Bemerkungen über das Alter und das Talent ihrer Kollegen; in der Wissenschaft sind Neid und Misstrauen vielleicht sogar noch ausgeprägter. Die Welt der Forschung, insbesondere wenn es um Patente, Geld und Ruhm geht, bringt gleichzeitig das Beste und das Schlechteste im Menschen zum Vorschein.

Tesla war sein Leben lang immer wieder mit Kollegen und Geschäftspartnern in Konflikte geraten, aus denen er nicht immer als Sieger hervorging. Sicherlich war das einer der Gründe, warum er nicht einen einzigen klugen Verbündeten gewinnen konnte. Nach seinem Treffen mit Hertz unternahm er eine Vortragsreise; Tausende von Menschen sahen seine Experimente und belohnten ihn mit tosendem Applaus. Die ihm angebotene Hilfe lehnte er aber stets ab.

Seine Zeitgenossen konnten beispielsweise nicht glauben, dass die von Tesla erzeugten Wellen mit der Entfernung nicht quadratisch, sondern nur linear abnahmen. Dies bedeutete nämlich, dass zum Beispiel die Intensität der Strahlung bei einer Verzehnfachung der Entfernung nur auf ein Zehntel statt auf ein Hundertstel fiel, wie es bei den gewöhnlichen hertzschen Wellen der Fall war. Tesla behauptete auch, dass sich der Äther jenseits bestimmter Frequenzen anders verhalte und Nichtlinearität bei Feldstärken von einigen 100 Millivolt pro Meter (mV/m) neuartige Gasentladungsphänomene verursache. Sowohl die Columbia University als auch die Yale University verliehen ihm die Ehrendoktorwürde. Trotzdem wurde er – sei es wegen seiner Geheimniskrämerei oder wegen seines schwierigen Charakters – nie von der »Branche« akzeptiert.

Tesla ließ sich riesige Geschäftsmöglichkeiten entgehen: Als das Unternehmen Westinghouse in Schwierigkeiten geriet und die Patentgebühren nicht mehr zahlen konnte, trat Tesla seine Ansprüche ab. Er hätte ebenso gut die Frist verlängern können, was ihn vor dem sicheren Scheitern bewahrt hätte. Außerdem büßte er beträchtliche Gewinne ein, weil er die von ihm entwickelten, fast serienreifen Gasentladungsröhren nur für Demonstrationen einsetzte, anstatt sie in großen Mengen zu produzieren. Edison war in dieser Hinsicht weitaus begabter als Tesla. Tesla hat sich kein sicheres finanzielles Fundament geschaffen – er war abhängig von der Großzügigkeit anderer. So kann auch das größte Talent scheitern. Aber im Nachhinein weiß man natürlich immer alles besser. Eines ist jedoch sicher: Tesla beschäftigte sich in erster Linie mit technischen und wissenschaftlichen Fragen und kümmerte sich kaum um das Geschäftliche.

Morgan und Tesla begegneten sich um die Jahrhundertwende. Im Herbst 1900 gab Morgans ältere Tochter Louisa eine Hochzeitsparty für 2500 Personen, zu der die Elite der Gesellschaft eingeladen war, unter anderem auch Tesla. Gut aussehend und wie immer elegant gekleidet, eroberte Tesla schnell die Herzen der Damen, einschließlich Morgans anderer Tochter, der 28-jährigen Anne Tracy. Für Tesla war die Beziehung rein geschäftlicher Art, doch die beiden blieben für den Rest ihres Lebens gute Freunde. Auf der Hochzeit wurde Tesla zu einem Abendessen am folgenden Tag eingeladen, bei dem der Erfinder und der Bankier zum ersten Mal persönlich miteinander sprachen. Morgan, der nicht nur in der Kunstwelt, sondern auch in der Wirtschaft vieles sammelte – so auch Patente und Erfindungen –, war überaus neugierig auf Tesla.

Morgan war sehr interessiert an dem, woran Tesla in Colorado Springs arbeitete; der Erfinder verbreitete die Aufnahmen der riesigen Funken regelmäßig in seinem Freundeskreis. Tesla sagte, dass sein System in der Lage sei, Maschinen genauso wie Telegrafen, Sicherungen, Telefone oder Uhren aus der Ferne zu betreiben und sogar Fotos zu übertragen. Da dies alles ohne Kabel möglich sein sollte, war Morgans Neugier sofort geweckt; diese Erfindung könnte auch auf Schiffen, allen voran auf seinen eigenen, eingesetzt werden. Tesla versicherte ihm, dass sein System Informationen vertraulich übermitteln könne und dass Morgans Geschäftsgespräche nicht wie bei Marconis System von Konkurrenten mit Empfangsgeräten abgehört werden könnten. Man brauche nur zwei Sendemasten – einen an der Atlantik- und einen an der Pazifikküste, um die halbe Welt abzudecken.

Die Bauzeit dafür bezifferte er etwas untertrieben mit 6–8 Monaten und behauptete sogar, sein System sei nicht teurer als das von Marconi. Anfangs betrieb Marconi sein System noch als Funktelegrafen, es konnte also nur Morsezeichen übertragen. Teslas System dagegen konnte eine kontinuierliche Signalreihe übermitteln, im Prinzip also auch Ton. Nach einer längeren Besprechung kamen die beiden bei einem Abendessen überein, das Gespräch fortzusetzen.

Zu dieser Zeit bereitete Morgan zwar gerade die Fusion der Stahlwerke und die Gründung des Stahlkonglomerats U.S. Steel vor, vergaß Tesla dabei aber nicht. Kurz vor Weihnachten trafen sich die beiden erneut, und eine Vereinbarung zeichnete sich ab. Morgan erklärte, dass er nur stiller Teilhaber sein wolle, jedoch

Vorbehalte habe, weil es zu viele Kontroversen und einen zu großen Rummel um Tesla gab. Außerdem habe die Erfindung außer bei dem Geschäft mit Westinghouse noch kein Geld eingebracht.

Er erkannte Teslas Talent, stellte aber gleichzeitig auch seine wichtigste Bedingung klar: »Auf welchen Betrag wir uns auch immer einigen: er ist endgültig. Ich werde kein zusätzliches Geld bezahlen.« Tesla meinte, dass 100 000 Dollar ausreichen würden, um einen 90 Fuß (etwa 30 Meter) hohen Transatlantik-Sendeturm zu bauen. Morgan schlug vor: »Gehen wir lieber auf Nummer sicher. Sagen wir, 150 000 Dollar und 50 Prozent der Firmenanteile.« Er zückte sein Scheckbuch und legte dem Erfinder die erste Rate vor. Tesla antwortete: »Übernehmen Sie die Mehrheit, Herr Morgan, nehmen Sie 51 und ich 49 Prozent.« Darauf antwortete Morgan: »Sie sind in der Tat ein eigenartiger Mensch, Herr Tesla. Sobald wir den Vertrag unterzeichnet haben, erhalten Sie den vollen Betrag«.

Das erste Mal erwähnte Tesla dieses Geschäft im Januar 1901 in einem Brief an Lt. Col. John Jacob Astor IV, einen seiner wohlhabenden Investoren. Der Colonel hatte eigentlich Geld in die Erforschung von Oszillatoren und Neonröhren investiert, doch Tesla gab es für seine Forschung in Colorado Springs aus, anstatt mit der Massenproduktion neuer Beleuchtungstechnik zu beginnen. Von da an schickte Tesla immer wieder Briefe, in denen er sich entschuldigte und um Geld bat. Schließlich zog sich der Colonel schrittweise und unspektakulär aus Teslas Leben zurück. Einige Jahre später fuhr er als Passagier auf der *Titanic* mit, deren Untergang er nicht überlebte.

Der offizielle Vertrag zwischen Tesla und Morgan wurde am 1. März 1901 unterzeichnet. Tesla konnte also mit dem Bau des ersten Turms etwa 100 Kilometer vom Stadtzentrum New Yorks entfernt beginnen. 2 Tage später gab Morgan offiziell die Gründung des Stahlkonglomerats U.S. Steel bekannt, erwähnte die gemeinsame Firma mit Tesla allerdings nicht. Nur der *Long Island Democrat*, eine Zeitung, die auf der Halbinsel Long Island in der Nähe von New York herausgegeben wurde, schrieb ein paar Zeilen über Tesla, der in Wardenclyffe eine drahtlose Telegrafenstation baute.

Tesla träumte nicht nur von einer einfachen drahtlosen Telegrafenstation, sondern auch von einem Labor, einem ganzen Hightechzentrum. Damals waren

Morgans 150 000 Dollar keine geringe Summe, obwohl manche Multimillionäre in einer einzigen Nacht das Doppelte ausgaben – in manchen Kreisen war es üblich, sich Zigarren aus 100-Dollar-Noten zu rollen oder eine kostbare schwarze Perle in einer servierten Auster zu verstecken. Die 150 000 Dollar hätten wahrscheinlich ausgereicht, um den Turm zu bauen. Es sollte jedoch anders kommen.

Während Morgan sich nämlich die Zeit in Paris vertrieb, kauften seine Konkurrenten Anteile einer seiner Eisenbahngesellschaften auf. Morgan wies seine Mitarbeiter sofort an, die Wertpapiere um jeden Preis zurückzukaufen, woraufhin der Preis von 150 Dollar pro Aktie innerhalb weniger Tage auf die 1000-Dollar-Marke zusteuerte. Dies führte wiederum dazu, dass Morgans andere Aktien im Wert sanken, sodass seine neuen Stahlaktien von 46 auf 8 Dollar pro Stück fielen. Viele Kleinanleger mussten deshalb Konkurs anmelden; nicht wenige begingen Selbstmord.

Morgan soll seine Firma zurückgewonnen haben, indem er den Börsenmakler seines Konkurrenten beschatten ließ. Dabei stellte sich heraus, dass dieser samstags in die Synagoge ging, anstatt zu arbeiten. Also kaufte Morgan die Eisenbahnaktien an einem Samstag auf. Tesla beklagte sich bei ihm über die gestiegenen Kosten aufgrund der höheren Einkaufspreise und bat um mehr Geld. Der verärgerte Bankier warf ihn aber kurzerhand hinaus.

An einem Freitagnachmittag, dem 6. September 1901, reiste der damalige Präsident der USA, William McKinley Jr., nach Buffalo. Als er auf dem Rückweg am Bahnhof einigen Schaulustigen die Hand schüttelte, wurde er von einem Anarchisten in den Bauch geschossen. Der Präsident blutete stark und der diensthabende Arzt, Matthew Derbyshire Mann, beschloss, ihn sofort zu operieren, da er befürchtete, dass der Präsident bis zum Erreichen des städtischen Krankenhauses verbluten würde. Zu diesem Zeitpunkt war die Hygienemethode des Ungarn Ignaz Philipp Semmelweis bereits verbreitet, sodass sich die Ärzte die Hände gründlich mit Desinfektionsmittel wuschen, Masken und Mützen trugen und saubere Handschuhe trugen.

Um 16:30 Uhr war der Operationssaal fast dunkel. Normalerweise wurde eine Gasbeleuchtung verwendet, aber wegen des brennbaren Äthers, der zur Betäubung verwendet wurde, wäre dies zu gefährlich gewesen, weshalb der Arzt Spiegel benutzte, um den Unterleib des Präsidenten zu beleuchten. In einigen Hundert Metern Entfernung produzierten zwar schon Tausende von Wechselstromlampen über Teslas Wechselstromsystem und Edisons Glühbirnen Licht, doch die Stromleitungen waren noch nicht bis in den Operationssaal verlegt. Nicht weit entfernt standen Röntgengeräte der Firma Edison zur Verfügung, mit denen man die Kugel schnell hätte finden können, aber Dr. Mann hielt das Röntgengerät für eine Kuriosität (es sollte noch ein Jahrzehnt andauern, bis sich das Röntgengerät in den USA durchsetzen würde).

Da man die Kugel nicht finden konnte, spülte man die Wunde nur mit einer warmen Kochsalzlösung und nähte sie zu. Der Gesundheitszustand des Präsidenten verschlechterte sich zunehmend, obwohl die damalige Medizin alles in ihrer Macht stehende einsetzte: Seifeneinläufe, Strychnin und schließlich das Ass im Ärmel: Whiskey und Kampferöl. Trotzdem starb der Präsident an einer Blutvergiftung.

Es war alles vorhanden gewesen, was das Leben des Präsidenten hätte retten können: elektrisches Licht und ein Röntgengerät. Es dauerte aber wohl noch ein paar Wochen, bis die elektrischen Leitungen auch in dem Raum verlegt wurden, in dem der Präsident operiert worden war (ein weiteres Beispiel für die Bedeutung der Technik und der Wissenschaft für die nationale Sicherheit).

Nach dem Tod von McKinley kam Präsident Theodore Roosevelt Jr., der gegen »Big Business« war, an die Regierung und versuchte, Morgans Expansionspläne zu bremsen. Morgan war deshalb ständig gereizt. Außerdem war da noch Tesla, der einen groben Fehler im Umgang mit Morgan beging. Er wollte nämlich einen größeren Turm bauen als ursprünglich vereinbart. Tesla war davon ausgegangen, dass Morgan in der Hoffnung auf höhere Gewinne einen Turm mit größerer Reichweite genehmigen würde. Allerdings hatte er nicht mit der Sturheit des Bankiers gerechnet.

Am 6. Dezember kam es zu einem aus Teslas Sicht tragischen Ereignis: Das Marconi-Team sendete zum ersten Mal ein Signal – den Buchstaben »S« – im Morsecode über den Atlantik. Diese drei Pieptöne markierten den Beginn der Massenkommunikation über große Entfernungen und den Siegeszug des Marconi-

Systems. Diese Errungenschaft beruhte natürlich zum Teil auf Teslas Patenten, und nach einem 3 Jahrzehnte dauernden Rechtsstreit erklärte der Oberste Gerichtshof der USA ***Tesla zum Erfinder des Radios***. Zu diesem Zeitpunkt lebten Marconi und Tesla allerdings längst nicht mehr.

Da Tesla kein weiteres Geld von Morgan bekam, nutzte er sein eigenes Vermögen, um das Projekt fertigzustellen. Nur unter großen Schwierigkeiten ging der Bau des Turms voran, denn Morgan zahlte die vollen 150 000 Dollar erst nach der Fertigstellung, und zu diesem Zeitpunkt waren die Preise aufgrund der Inflation bereits enorm gestiegen. Tesla verschuldete sich; Westinghouse schuldete er 30 000 Dollar, doch er hatte auch den Preis für sein Grundstück noch nicht bezahlt und genauso wenig hatte die Telefongesellschaft Geld für die Einrichtung der Telefonleitung erhalten. Kurzum: Er saß auf einem riesigen Schuldenberg. Tesla schickte Morgan eine Reihe von Briefen, in denen er beschrieb, dass er eine Methode zur Übertragung mehrerer Frequenzen ausgearbeitet und das Problem der Verschlüsselung und Kodierung gelöst hatte. Er erwähnte sogar, dass sein Turm die Übertragung einer Leistung von bis zu 10 Millionen PS ermöglichen würde.

Unter großen Schwierigkeiten gelang es ihm endlich, die Arbeiten abzuschließen. Im Juli 1903 wurde der Sendeturm in Betrieb genommen. Eine Zeit lang erschienen nachts seltsame Lichter über der Kuppel des Turms (aufgrund der Spannung von über 1 mV). Dann verstummten die Geräte jedoch für immer: Die Pferdewagen der Firma Westinghouse waren erschienen, um die Geräte wegen Teslas Schulden zurückzuholen. Tesla war am Boden zerstört. Erneut schrieb er Briefe an Morgan, in denen er diesen um Geld bat. Morgan antwortete mit einem zweizeiligen Brief: »Mein geehrter Herr! Ich habe Ihren Brief erhalten. Meine Antwort ist, dass ich Ihnen kein Geld mehr auszahlen kann. Mit freundlichen Grüßen, J. Pierpont Morgan.«

Morgans Gegner hatten ihn wahrscheinlich gegen den Erfinder aufgehetzt, indem sie behaupteten, Tesla sei ein Verrückter, der den Menschen kostenlose Energie ermöglichen wolle. Wahrscheinlich hätte den Bankier nichts mehr erzürnen können als diese Aussage. Zu dieser Zeit verfügten Westinghouse und General Electric, die Teslas Patente nutzten, nämlich bereits über ein beträchtliches

Vermögen, welches zum Großteil aus der Nutzung des Wechselstroms stammte. Er befürchtete zu Recht, dass Teslas neue Erfindung die Kraftwerke und die Kupferminen, die er kürzlich gekauft hatte, wertlos machen könnte. ***Die neue Technologie hätte vermutlich tatsächlich die ein knappes Jahrzehnt zuvor geschaffene Technologie bei Weitem übertroffen und Morgan hätte möglicherweise weniger Profit gemacht.***

Tesla versuchte verzweifelt, mehr Geld aufzutreiben, um den Turm und das Prinzip doch noch zu retten. Seine Versuche scheiterten jedoch, weil Morgan keinem neuen Vertrag zustimmen wollte und er ja 51 Prozent der Firma besaß.

Wenn … (1)

Im Juni 1914 war wieder einmal Sommer in Europa und eine brütende Hitze legte sich über den Kontinent. Alle wollten Urlaub machen: Die Kabinettsmitglieder des britischen Premierministers Herbert Henry Asquith machten sich auf den Weg nach Schottland, um Lachse zu fangen; der Außenminister Sir Edward Grey angelte am Fluss Itchen bei Winchester gestreifte Forellen; der französische Staatspräsident Raymond Poincaré und sein Regierungschef René Raphaël Adrien Jean Viviani stachen mit dem Schlachtschiff *France* in See, um den russischen Zaren Nikolaus II. zu besuchen; in Wien wartete Kaiser Franz Joseph I. darauf, einen weiteren angenehmen Sommer mit seiner Freundin Katharina Schratt in dem Urlaubsort Bad Ischl zu verbringen; der deutsche Kaiser Wilhelm II. segelte mit seiner Jacht *Hohenzollern* in die norwegischen Fjorde; Reichskanzler Theobald Theodor Friedrich Alfred von Bethmann Hollweg erholte sich auf seinem Landgut in Hohenfinow, während Außenminister Günther Gottlieb Karl Eugen von Jagow sich mit seiner jungen Frau auf die Flitterwochen am Vierwaldstättersee in der Schweiz vorbereitete. Alfred Peter Friedrich von Tirpitz ruhte in den Bergen des Schwarzwaldes, Zar Nikolaus II. verbrachte die Zeit mit seiner Familie und seinen Generälen an Bord des Schiffes *Standart* in der Ostsee, während seine Töchter tanzen lernten und sein Sohn, der kleine Nikolaus, sich von einer Krankheit erholte, und Graf István Tisza machte Urlaub auf seinem Landsitz.

Sie alle hatten gerade eine lange, sehr unruhige Periode hinter sich: Die Russische Revolution von 1905, die beiden Marokkokrisen, die beiden Balkankriege 1912 und 1913 sowie den deutsch-britischen Seewettlauf. Zum Glück hatte sich die Lage beruhigt; London und Berlin sprachen bereits über die Aufteilung der ehemaligen portugiesischen Kolonien und über das Schicksal der Bagdadbahn. Wahrscheinlich wurde auch die »Eliminierung« des Ingenieurs Diesel bedauert. Es schien endlich Ruhe in Europa eingekehrt zu sein.

Die oberen Schichten der Gesellschaft freuten sich über ein neues technisches Spielzeug: das tragbare Telefon, das von der amerikanischen Firma von Morgan und Tesla vertrieben wurde. Zwar konnten sich nur die Reichsten so etwas leisten, aber die Staatsoberhäupter und Stabschefs nutzten die neue Erfindung schon seit 2 Jahren. Es war auch bekannt, dass dieses Gerät sich in Amerika sogar unter der ärmeren Bevölkerung verbreitete. Mit der Erfindung konnte man nicht nur Musik, Hörspiele oder Nachrichten hören; mit der neuen, fortschrittlicheren Version konnte man sogar miteinander sprechen. Die Herrscher Europas freuten sich über das neue Spielzeug, da fast jeder mit jedem verwandt war: Der deutsche Kaiser beispielsweise war mit der britischen, dänischen, bulgarischen und russischen Herrscherfamilie verwandt. Tagsüber sprachen die Ehemänner über Staatsangelegenheiten, abends diskutierten die Ehefrauen den üblichen Hofklatsch.

Ein goldener Sommer begann in Europa. Es herrschten Recht und Ordnung, Fortschritt und Wohlstand überall. Seit 1890 waren die Löhne der Ärmsten um 50 Prozent gestiegen, nur wenige mussten hungern, die Menschen waren gut gekleidet. Kranken- und Unfallversicherungen waren in Deutschland relativ weitverbreitet und man erhielt Rente. Man konnte sicher sein, dass Deutschland nach 3 oder 4 Jahren der friedlichen Entwicklung die führende Macht in Europa sein würde. Die deutschen Universitäten brachten gut ausgebildete junge Menschen hervor, und es wurden immer mehr Unternehmen gegründet.

Nur in Frankreich herrschte Unruhe. Die Österreichisch-Ungarische Monarchie befand sich immer noch in einem geschwächten Zustand und entwickelte sich etwas langsamer, doch im Vergleich zu den vergangenen Jahrzehnten ging es ihr sehr gut. Es wurde nicht viel für das Militär ausgegeben. Napoleon I. sagte im Jahr 1800: »Österreich ist immer im Hintertreffen – um eine Armee, um ein

Jahr, um eine Idee.« 100 Jahre später war es noch weiter im Rückstand. Dies ist kein Zufall, denn die Bewohner Österreich-Ungarns gaben genauso viel Geld für Tabak aus wie für Armeen und noch mehr für Bier – besonders die Tschechen – und für Wein, allen voran die Ungarn. Das Problem der Überbevölkerung wurde auf einfache Weise gelöst: Man erlaubte den Menschen einfach, nach Amerika, in das gelobte Land, überzusiedeln. Amerika blühte auf und der Landhunger in Europa ließ nach.

Die Geschütze der österreichisch-ungarischen Armee des Kalibers 100 und 150 Millimeter wurden noch größtenteils aus Bronze gefertigt und waren 20 Jahre alte Modelle ohne Rückstoßsperre, über die die neuen modernen Krupp-Geschütze bereits verfügten. Die Artillerie hatte nur 250 Schuss pro Geschütz zum Üben – mehr wurde auch nicht gebraucht, denn es herrschte Frieden. Nur Franz Ferdinand konnte nicht in Ruhe leben. Leider war er seit Rudolfs Selbstmord (?) der Thronfolger. Viele hassten ihn und er hasste viele – vor allem aber die Ungarn. Jedes Mal, wenn er Ungarn durchqueren musste, ließ er die Vorhänge an den Fenstern seines Sonderzuges zuziehen, damit er die Menschen nicht sehen musste. Er träumte davon, dass, wenn er auf den Thron käme, alles so sein würde wie kurz nach 1848, als überall nur Österreicher regierten.

Und dann, am 28. Juni, wurden Franz Ferdinand und seine Frau in der brütenden Sommerhitze in Sarajewo während einer Bosnienreise von Gavrilo Princip, einem Studenten, der einer serbischen nationalistischen Organisation angehörte, ermordet. Hätte Franz Ferdinand nicht unter seinem Rang geheiratet, hätte er eine geschlossene Kutsche gehabt und die Kugeln hätten ihr Ziel wohl verfehlt. Da der Thronfolger und seine Frau aber wegen der Mesalliance in einer offenen Kutsche reisten, waren sie ein leichtes Ziel.

Kaiser Franz Joseph hasste den Thronfolger, weil er unter seinem Rang geheiratet hatte. In hohen Hofkreisen war es nicht üblich, aus Liebe zu heiraten. Franz Ferdinand galt als arrogant und äußerst dumm, und seine Nachfolger hätten aufgrund der unstandesgemäßen Ehe ohnehin nicht auf dem Thron sitzen dürfen. Die Thronfolge aber war heilig. Princip kam da gerade gelegen, um dieses Problem zu lösen. Auch der ungarische Ministerpräsident Graf Tisza war froh, den gefährlichen, hasserfüllten Franz Ferdinand los zu sein.

Alle waren glücklich, außer dem deutschen Kaiser, der Franz Ferdinand aus irgendeinem Grund gemocht hatte. Es musste etwas unternommen werden, denn keine Herrscherfamilie durfte tatenlos zusehen, wie ein Monarch ermordet wird. 3 Tage nach dem Attentat schrieb Graf Tisza an Franz Joseph und erklärte, dass die internationale Lage, die Kräfteverhältnisse und die schlechte Versorgung der Armee das Land für eine militärische Auseinandersetzung mit Serbien ungeeignet machten.

Eine Woche später sprach sich Graf Tisza auf der gemeinsamen Sitzung des Ministerrats erneut gegen den Krieg aus. Er hielt es für ausreichend, wenn Ungarn den Serben ein hartes Ultimatum stellt und die Angelegenheit auf diplomatischem Wege regelt. Aber natürlich gab es Spannungen. Der deutsche Kaiser war der Meinung, dass er seinem Verbündeten, Österreich-Ungarn, nach einem solch beleidigenden Vorfall beistehen müsse. Er versprach dem österreichischen Kaiser, dass er ihm in jeder Weise helfen würde. Kaiser Wilhelm II. war weiterhin davon überzeugt, dass der russische Zar die Serben, die Mörder königlichen Blutes, nicht unterstützen würde. Die Angelegenheit musste jedenfalls diskutiert werden.

Die meisten Generäle des deutschen Kaisers waren für Krieg. Seit Jahren hatten sie Pläne für eine erneute Invasion Frankreichs in ihren Panzerschränken liegen. Soldaten schmieden nun mal auch in den langen Jahren des Friedens Kriegspläne. Der Kaiser wusste und spürte, dass der alte Franz Joseph, dessen Bekannte, Verwandte und Freunde fast alle schon tot waren, für seinen Lebensabend Ruhe und Frieden wollte. Aber es gab da noch eine Sache zu regeln. Der Außenminister seines Verwandten Nikolaus II., Sergei Dmitrijewitsch Sasonow, und sein Kriegsminister Wladimir Alexandrowitsch Suchomlinow rasselten schon mit den Säbeln und waren entschlossen, die Serben auf jeden Fall zu schützen.

Außenminister Sasonow hatte ursprünglich Mönch werden wollen. Da ihm aber das frühe Aufstehen und das viele Fasten nicht gut bekamen, wurde er stattdessen Diplomat. Kriegsminister Suchomlinow war Mitte sechzig und liebte seine 32 Jahre jüngere Frau und seine Freundinnen und demonstrierte seinen Kampfgeist lieber bei ihnen. Vorsichtshalber rief er aber Zar Nikolaus über das Funktelefon an und versicherte ihm, dass er auf der Seite des Friedens stehe und alles in seiner Macht Stehende tun werde, um die Österreicher dazu zu bringen, diesen

Konflikt auf diplomatischem Wege beizulegen und sich mit dem russischen Zaren zu einigen. Ein Krieg wäre für niemanden wünschenswert. Die Monarchie habe genau wie Russland genug Probleme mit den Nationalisten und leide unter inneren Spannungen. Auf jeden Fall müsse verhindert werden, dass eine der beiden Herrscherfamilien durch diesen Konflikt geschädigt würde. Es gäbe auch so schon genug Probleme. Im Weiteren entwickelte sich das Gespräch dann zu einer angenehmen Unterhaltung und die beiden beruhigten sich wieder.

Die dummen Generäle aber ordneten eine Mobilisierung an, was zu Nervosität auf beiden Seiten führte. Vielleicht passierte der fatale Fehler aus folgendem Grund: Helmuth Johannes Ludwig von Moltke (Moltke d. J.) schickte eigenmächtig Zugkonvois an die französische Grenze. Die Konvois setzten sich nach dem Zeitplan in Bewegung, der Jahre zuvor im Mobilisierungsbefehl festgelegt worden war. In der Zwischenzeit hatte Kaiser Wilhelm seinen britischen Amtskollegen angerufen, um ihn zu fragen, was er im Falle eines deutsch-russischen Konflikts tun würde. Die Antwort war einfach und direkt: Im Falle eines deutsch-russischen Konflikts würde das britische Reich nicht neutral bleiben, sondern an der Seite seiner Verbündeten Russland und Frankreich in den Krieg ziehen. Dies war kein Witz mehr. Wilhelm II. ließ die Truppenbewegung sofort per Funktelefon stoppen – zum Glück noch rechtzeitig, denn die Militärzüge waren noch nicht in Luxemburg angekommen.

Moltke wurde sofort in den Ruhestand versetzt und der Kaiser sprach noch am Abend mit dem französischen Staatsoberhaupt, um sich für den Vorfall zu entschuldigen. Es gab auch ein österreichisch-ungarisches Ultimatum an die Serben, das jedoch auf diplomatischem Wege gelöst wurde. Die Serben erlaubten der Monarchie, die Angelegenheit zu untersuchen. Die Verschwörung wurde aufgedeckt und die Täter inhaftiert. Graf Tisza rief den serbischen Außenminister Nikola Pašić an, um die Einzelheiten des Falls zu besprechen. Die Mobilisierung wurde auf beiden Seiten gestoppt und die Soldaten kehrten in ihre Kasernen zurück.

Nach diesem Gespräch legte Graf Tisza zufrieden den Hörer wieder auf. »Sag mir, Pierre«, fragte er seinen Diener, »von wem stammt eigentlich diese teuflische Vorrichtung?«

»Von einem serbischen Emigranten namens Nikola Tesla.«

»Nun, für heute habe ich genug von Serben und Nikolas«, sagte er, und eilte in den Salon, um das Kartenspiel fortzusetzen, das er unterbrochen hatte.

In den kommenden Jahren entwickelte sich die Technik in rasantem Tempo weiter. Immer bessere und empfindlichere Telefonapparate wurden entwickelt. Die große Wende kam 1925, als ein hochempfindlicher Tesla-Radioempfänger ein eindeutiges Signal aus der Richtung von Alpha Centauri empfing. Jetzt war es klar, dass wir nicht allein waren. In den darauffolgenden Jahrzehnten wurden mit immer besseren Instrumenten zunächst Longitudinal-, später auch Torsionssignale aus vielen weiteren Quellen erfasst. Es wurde immer klarer, dass das Universum voll von anderen, uns ähnlichen, friedlichen, intelligenten Wesen war. Mit der Fülle an Informationen, die auf diese Weise gewonnen wurden, wurden überall Frieden, Freundschaft und ein ungeahnter Wohlstand geschaffen ...

Leider kam es anders. In Wirklichkeit erreichte 1914 die drahtgebundene Telefonnachricht von Wilhelm II. aufgrund eines Kommunikationsfehlers die Truppen mit Verspätung, sodass er den militärischen Vormarsch nicht mehr aufhalten konnte und der Erste Weltkrieg begann. Und so betraten – anstatt gar nicht erst bekannt zu werden – ein Korporal namens Hitler, ein Priesterseminarist namens Stalin, der seine Ausbildung abgebrochen hatte, und ein »Philosoph« namens Lenin die Bühne der Geschichte. Und die Ereignisse des 20. Jahrhunderts nahmen ihren Lauf ...

Lebendig begraben

Wie aber ging es mit Tesla weiter? Am 13. Januar 1904 beantwortete Morgan Teslas zahlreiche Bitten um Geld wie folgt: »Mein geehrter Herr! Als Antwort auf Ihre Schreiben muss ich Ihnen leider mitteilen, dass ich Ihnen, wie ich bereits erwähnt habe, keine weitere finanzielle Unterstützung gewähren kann. Ich wünsche Ihnen selbstverständlich viel Erfolg bei Ihren weiteren Unternehmungen.« Einen Tag später antwortete Tesla: »Geehrter Herr Morgan! Sie wünschen mir Erfolg? Die Möglichkeit meines Erfolges hängt ja an Ihnen. Als wir anfingen, habe ich alles bis auf den letzten Cent berechnet. Dann musste ich aufgrund Ihrer Spekulationen 10 Monate auf die Maschinen warten. Danach haben Sie eine Panik an der Börse ausgelöst. Als ich zu Ihnen kam, um Ihnen meine Ergebnisse zu zeigen, haben Sie mich wie einen Amtsgehilfen hinausgeworfen und mir keinen Cent gegeben. Sie haben mich verunglimpft, meine Gegner lachen über mich. Der Bau steht seit 14 Monaten still. Hätte ich die Arbeit noch 3 Monate fortsetzen können, würde die Sache jetzt 10 000 Dollar einbringen.«

Teslas Vorschlag war, für 25 000 Dollar mit der Herstellung der Leuchtstoffröhren zu beginnen, weil die Einnahmen daraus die Fertigstellung des Turms ermöglichen würden. Morgan lehnte dies natürlich ab. Tesla veröffentlichte auch Artikel im *Scientific American* und *The Electrical World and Engineer*. Dort beschrieb er seine Pläne für einen Welttelegrafen und die Vorteile eines solchen Systems, für das man nur ein einfaches, billiges Gerät im Taschenformat bräuchte, mit dem die Nachrichten der Welt überall empfangen werden könnten, sowohl an Land als auch zu Wasser.

Zu diesem Zeitpunkt schrieb Tesla noch mehr verzweifelte Briefe an Morgan: »Seit einem Jahr, Herr Morgan, vergeht kaum eine Nacht, in der keine Träne auf mein Kissen fällt, aber denken Sie nicht, dass ich schwach bin. Ich bin sicher, dass ich meine Aufgabe beenden kann, was auch immer geschehen mag. Nachdem ich alle scheinbar unlösbaren technischen Probleme gelöst und mir ein besonderes Wissen erworben habe, das nur ich besitze und das, wenn es richtig eingesetzt wird, die ganze Welt um ein Jahrhundert voranbringen wird, muss ich feststellen, dass meine Arbeit noch immer aufgeschoben wird. Ich hoffe, Sie können mir gute Nachrichten bringen. Mit freundlichen Grüßen, Nikola Tesla.« Die Antwort von Morgans Sekretärin war kurz: »In Beantwortung Ihres Schreibens vom 15. Oktober teile ich Ihnen auf Wunsch von Herrn Morgan mit, dass er in Ihrem Fall keine weiteren Maßnahmen ergreifen kann.« Danach gab es noch ein paar weitere Briefwechsel, es änderte sich jedoch nichts.

Was wir aus diesen Geschehnissen lernen ist, dass man, wenn man reich und mächtig genug ist, ***physikalische Effekte entweder kaufen oder verschwinden lassen*** kann. Manche Erfindungen gelingen nur wenigen Personen. Stirbt der Erfinder, so geht seine Erfindung meist für immer verloren. Solche Fälle wurden bereits in *Verbotene Erfindungen* diskutiert: Niemand war bis heute in der Lage, die Erfindungen von Johann Ernst Elias Bessler, Alfred Matthew Hubbard oder Hermann Carl Gustav Hans Coler nachzubauen.

Die Größe einer Idee lässt sich auf die gleiche Weise messen wie die Höhe eines Berges oder die Länge eines Flusses. Nur einer von zehn Forschern macht im Laufe seines Lebens eine wertvolle, nützliche Entdeckung. Der Wiedemann-Effekt, bei dem sich ein stromdurchflossener dünner Leiter aus ferromagnetischem Material verdreht, wenn er in einem longitudinalen Magnetfeld platziert wird, ist so eine Entdeckung. Ernsthafte, zum Nachdenken anregende Ideen aber entstehen nur im Kopf von jedem hundertsten Forscher. Hierzu zählt die Entdeckung von Antoine Henri Becquerel oder die Lorentzkraft.

Überraschend neue Erfindungen gelingen vielleicht einem von 1000 Forschern. Solche Ideen sind die Voltasäule, die Idee der Energieerhaltung von Julius Robert von Mayer, die Experimente von James Prescott Joule oder die Arbeiten von Hermann Ludwig Ferdinand von Helmholtz.

Revolutionäre Ideen hat nur etwa einer von 10 000 Forschern. Beispiele hierfür sind die Arbeiten von Hans Christian Ørsted, Paul Adrien Maurice Dirac oder Schrödinger.

Wirklich bahnbrechend aber ist vielleicht eine von 100 000 Ideen, wie die Arbeiten von Amalie Emmy Noether, Faraday, Ampère, Wigner oder Albert Einstein.

Grundlegend neue Ideen, die unsere Sicht der Dinge verändern, vertritt vielleicht einer von eine Million Forschern. Dazu gehören Plancks Quantentheorie, Newtons Verdienste um die Verbindung von Mathematik und Physik, Maxwells Ansatz zur Einführung und Akzeptanz von Feldern (natürlich zusammen mit Faraday) und Pierre Curies heute wenig beachtete Theorie der Symmetrie. In diese Kategorie fallen meiner Meinung nach auch die Entdeckungen von Tesla und Moray.

Es gibt kleine und große Erfindungen. Kleine Erfindungen sind Teil einer größeren Entwicklung, die manchmal von mehreren Personen gleichzeitig umgesetzt werden; sie »liegen in der Luft«. Große Erfindungen und Entdeckungen werden nicht notwendigerweise gemacht. Sie erfordern eine unvoreingenommene, neue Denkweise. Es ist zum Beispiel möglich, dass die Idee der Dampfmaschine durch die Beobachtung eines Topfes mit kochendem Wasser entstanden ist, der seinen Deckel abwarf. Aus Watts verbesserter Dampfmaschine entstand die Idee des Gasmotors, aus dem der Benzinmotor hervorging, der wiederum als Grundidee für die Gas- und Dampfturbine diente.

Alle diese Erfindungen waren wichtig und bahnbrechend, aber sie erforderten keine grundlegend neuen Ideen. Das Phänomen der Induktion führte ziemlich direkt zum Telegrafen, der dann das Telefon und anschließend das hertzsche Radio hervorbrachte. Der nächste logische Schritt war das Fernsehen.

Besslers, Morays und Teslas Geräte oder die später beschriebenen magnetischen Maschinen zur Erzeugung von Überschussenergie dagegen erforderten einen spektakulär anderen Ansatz. Nur ein Erfinder unter Zehn- oder Hunderttausenden hat eine Vision dieser Art. Wenn er scheitert, geht seine Idee meist für Jahrhunderte oder vielleicht sogar für immer verloren.

Kleine Erfindungen haben weniger Gegner, weniger Neider als große, bei denen es auch stärkere Gegeninteressen gibt, sodass ein Scheitern fast vorprogrammiert ist. Nicht selten müssen viele Menschen unzählige Male von vorne anfangen, bevor endlich der Durchbruch gelingt – wenn er überhaupt gelingt. Die Geschichte zeigt uns, dass *Durchbrüche bei den wichtigsten Erfindungen fast unmöglich sind*, wobei der Widerstand proportional zum Quadrat der Neuheit ist.

Erfindungen und Entdeckungen können wir unter drei Gesichtspunkten untersuchen: dem der Genialität, dem wirtschaftlichen Faktor und dem menschlichen Faktor. Bei einem Erfinder können wir uns fragen, wie jemand so genial sein kann, aber auch, wie jemand ein so schlechter Geschäftsmann oder menschlich gesehen so arm sein kann. Im Fall von Bessler handelt es sich um einen genialen Erfinder, einen schlechten Geschäftsmann und einen Geizhals. Tesla dagegen hat seine Maschinen der Nachwelt überlassen, er betrieb keine Geheimniskrämerei wie Bessler. Trotzdem konnten sich seine Maschinen nicht verbreiten.

Auch Piraterie, die nicht nur auf See, sondern auch in der Industrie bekannt ist, half hier nicht, denn selbst seine Gegner konnten Teslas System nicht kopieren, weil sie es so wenig verstanden. Es ist überaus naiv zu glauben, dass jede gute Idee früher oder später umgesetzt würde. Die Ereignisse um Tesla zeigen, dass eine brillante Idee, die sich nicht durchsetzt, für lange Zeit verloren gehen kann. Das Fehlen dieser Technologie hat wiederum sicher eine Reihe anderer wichtiger Bereiche daran gehindert, sich weiterzuentwickeln. Hierfür werden wir noch Beispiele zeigen.

Die Entdeckung des Feuers führte letztendlich zur Herstellung von Stahl, und die Erfindung des Rades brachte Tausende andere Erfindungen mit sich. Wir können sicher sein, dass durch das Fehlen der Tesla-Impulstechnologie uns auch in anderen Bereichen große Innovationen verloren gegangen sind. Denken wir nur daran, welche Auswirkungen die digitale Computertechnik auf die Mathematik und die Fertigungstechnik hatte. Selbst die Raumfahrt wäre ohne Computer nicht vorstellbar.

Die Idee, dass in der Elektrodynamik auch andere Arten von Wellen als die bekannten Transversalwellen existieren könnten, hätte nicht nur die Telekommunikation revolutionieren können, sondern beispielsweise auch neuartige Mikrowellenherde, Gasentladungsapparate, Leuchtkörper oder Materialbearbeitungsmaschinen und -verfahren hervorbringen können – und sogar Miniaturfusionskraftwerke, wie wir noch sehen werden.

Es ist nicht übertrieben zu behaupten, dass Radargeräte, die auf dieser Technologie basieren, besser wären als die heutigen, da ihre Strahlung weniger Dämpfung erfahren würde – ihre Reichweite also viel größer wäre. Dies hätte beispielsweise den USA schon im Ersten Weltkrieg einen grundlegenden Vorteil in der Militärtechnologie verschaffen können. Es handelt sich also nicht um den Untergang einer einzelnen Erfindung, sondern den einer riesigen Menge von Erfindungen. Bis heute ist niemand in Teslas Fußstapfen getreten.

Das russische Radar

Die Symmetriekarte hat bereits gezeigt, dass in den heutigen Lehrbüchern über Elektrodynamik rotierende Ladungen und die von ihnen verursachten zahlreichen Effekte fehlen. Dies bestätigen die wenigen Forschungsberichte, die nach dem Zerfall der Sowjetunion ans Licht kamen. In der Sowjetunion war ein Forschungsinstitut gegründet worden, das »Forschungsinstitut für nichtkonventionelle Technologien« (Центр нетрадиционных технологий), das versuchte, die Ergebnisse militärischer Forschung, die das Militär selbst nicht direkt einsetzen konnte, im zivilen Bereich zu nutzen. Dieses Forschungsinstitut befasste sich mit der seltsamen Strahlung, die von rotierenden Ladungen erzeugt wird.

Ich kenne einige der Forscher dieses Instituts, die auch mehrere Vorträge am Forschungsinstitut für Telekommunikation in Ungarn gehalten haben, persönlich.

Sie behaupten, dass die Sterblichkeitsrate von Soldaten, die in der Nähe der Magnetrone militärischer Radargeräte arbeiten (in Magnetronen fliegen Ladungen auf einer annähernd kreisförmigen Bahn und erzeugen kurzwellige elektromagnetische Strahlung), eine Anomalie aufzeige: So starben viel mehr Soldaten von diesen Arbeitsplätzen als Soldaten, die in anderen Bereichen der Radartechnik arbeiteten. Die Forscher des Instituts entdeckten, dass die Ladungen (Elektronen), die sich in Magnetronen auf einer Kreisbahn bewegen, neben den bekannten elektromagnetischen Wellen noch etwas anderes abstrahlten, etwas, das sich nicht auf die übliche Weise abschirmen ließ. Mit viel Mühe entwickelten sie schließlich ein Gerät, das sie Spinfeld- oder Torsionsfeldgenerator nannten, und sie bauten nicht nur einen Sender, sondern auch einen Empfänger – so wie Tesla einen einzigartigen Empfänger für seinen speziellen Oszillator gebaut hatte.

Den sowjetischen Forschern zufolge besitzt diese Torsionsstrahlung überaus seltsame Eigenschaften. Erstens breitet sie sich viel schneller aus als Licht und zweitens wird sie viel weniger von Gegenständen absorbiert als die uns bekannte elektromagnetische Strahlung. Diese neu entdeckte Strahlung verfügt also über eine viel größere Durchschlagskraft als die Gammastrahlung. Diese Tatsache stellte auch eine der größten technischen Herausforderungen bei der Entwicklung des Empfängers dar. Ihre außergewöhnlichen Theorien untermauern die Forscher mit solider Mathematik.

Laut den sowjetischen Forschern senden alle Körper eine solche Torsionsstrahlung aus, auch Körper ohne Stromfluss wie zum Beispiel Pyramiden oder Kegel (wenn auch nur eine schwache). Im Weiteren kamen die Forscher zu dem Schluss, dass in der Nähe solcher Pyramiden oder Kegel beispielsweise Kristallisationsprozesse in Lösungen anders, langsamer oder schneller abliefen als in der Kontrollgruppe. In der Gegenwart rotierender Ladungen soll diese Strahlung, die natürlich variiert und moduliert werden kann, sogar noch intensiver sein. Dies ermöglicht ganz besondere Sender und erfordert entsprechende Empfänger.

Eine recht kuriose Eigenschaft dieser Strahlung ist, dass die Spitzen von Magnetkegeln entweder rechts- oder linksdrehende Strahlung aussenden. Die Untersuchungen zeigten zudem, dass die Strahlung auch eine sehr starke biologische Wirkung hat: Sie kann das menschliche Verhalten beeinflussen. Die Forscher berichten weiterhin, dass das Militär und die Regierung angeblich kleine Geräte von der Größe eines Koffers in Auftrag gegeben haben, um damit große Menschenmengen entweder zu beruhigen (sehr nützlich, wenn Bergarbeiter in Kuibyschew streikten) oder zu erzürnen zum Beispiel wenn Soldaten nicht auf Zivilisten schießen wollten). Diese kleinen Geräte sollen aus einer Entfernung von bis zu 6 Kilometer wirken und zusätzlich auch starke Schmerzen verursachen können.

Neben der Nutzung für die Kommunikation ergeben sich aus dieser Strahlung auch direkte wirtschaftliche Vorteile; so könnte man beispielsweise die Eigenschaften von geschmolzenem Roheisen minderer Qualität durch eine Bestrahlung so stark verbessern, dass es fast mit Stahl vergleichbar ist – ganz ohne teure Legierungselemente. Leider sind die Fotos vieler Geräte in den Forschungsberichten von sehr schlechter Qualität und die Experimente nicht detailliert genug beschrieben, um sie einfach reproduzieren zu können. Das Fehlen von Details, das für Beschreibungen sowjetischer militärischer Erfindungen typisch ist, sollte uns auf jeden Fall vorsichtig stimmen, doch es ist keineswegs ausgeschlossen, dass zumindest die Hälfte dessen, was die Forscher behaupten, der Wahrheit entspricht. Meine Zweifel werden allerdings durch die Tatsache bestärkt, dass die Entwicklung eines neuartigen, funktionierenden Radarsystems neben einem enormen Maß an Wissen und Technologie auch eine riesige Forschungseinheit erfordern würde. Doch sehen wir uns einmal die Geschichte des Radarwettbewerbs im Zweiten Weltkrieg an.

Besser spät als nie

Der Erste Weltkrieg war teilweise ein rein technischer Krieg. Es gab noch viele von Pferden gezogenen Kanonen und Wagen, aber die »Antriebskraft« des Krieges war der Dampf. Ganze Zugladungen von Soldaten wurden transportiert, so weit die Schienen reichten. Wo es keine Schienen mehr gab, konnte man sich nur noch zu Fuß oder zu Pferd fortbewegen. So kamen die Fronten zum Stillstand; der Erste Weltkrieg war ein Krieg der langen Schützengräben. Die Pattsituation wurde schließlich durch das massenhafte Aufkommen des Verbrennungsmotors in Panzern beendet.

Die Deutschen waren zwar Pioniere im Automobilbau, aber sie stellten keine mobilen gepanzerten Waffensysteme her und hinkten dem Feind auch bei der Flugzeugproduktion hinterher.

Ihre Stärke waren hochwertige Maschinengewehre, Mörser, Giftgas und U-Boote, sodass es große Panik auslöste, als sich am 15. September 1916 zum ersten Mal in der Geschichte plötzlich 49 Panzer vor den deutschen Stellungen aufreihten. Die deutsche Armee, bis dahin äußerst diszipliniert und entschlossen, wurde von den Fahrzeugen, die rasselnd, klappernd und feuerspeiend jede Barriere durchbrachen, zu Tode erschreckt. In der Schlacht von Flers-Courcelette jagte beispielsweise ein einziger Panzer etwa 300 deutsche Soldaten, die in Panik ihre Waffen weggeworfen hatten, in die Arme der Infanterie. Mit diesem Ereignis hatte die Technologie endgültig Einzug auf dem Schlachtfeld gehalten. Panzer stellten eine enorme Hilfe für die Entente-Mächte dar, die bis dahin große Verluste ohne nennenswertes Vorankommen zu verbuchen hatten. Man kann mit großer Sicherheit behaupten, dass im Zweiten Weltkrieg das Radar eine ähnliche qualitative Wende brachte.

Im Zweiten Weltkrieg wurde Frankreich einfach von den Deutschen mit ihren besser organisierten, aber nicht qualitativ besseren Panzern überrannt. Sowohl die Deutschen als auch die Briten wussten, dass Radiowellen zur Herstellung von Radargeräten, also von Geräten zur Überwachung und Vorhersage der Bewegungen von Flugzeugen, verwendet werden konnten. Dieser Krieg war bereits ein Krieg des massiven Einsatzes von Luftstreitkräften; das Erlangen der Luftüberlegenheit konnte über Sieg oder Niederlage entscheiden. Zum großen Glück der Briten waren einige ihrer Wissenschaftler und Politiker weitsichtig und der deutschen Radarentwicklung immer einige Monate voraus.

Die USA beteiligten sich trotz ihres enormen wirtschaftlichen und industriellen Potenzials nicht an der groß angelegten Radarforschung, zumindest nicht, als der Krieg in Europa ausbrach. Nur sie verfügten damals über die industrielle und elektronische Stärke, Millionen von Problemen in kurzer Zeit, noch vor dem Ende des Krieges, zu lösen und brauchbare Geräte zu entwickeln. Doch am Vorabend des Krieges erkannte weder die politische noch die militärische Führung die entscheidende Rolle des Radars.

Dies zeigt einmal mehr, dass Politiker und führende Militärexperten selbst in Fragen, die über Leben und Tod entscheiden können, weitgehend in der Vergangenheit, in bekannten Denkmustern feststeckten und sich schwertaten, das Potenzial eines radikal neuen technischen Instruments zur Bekämpfung des Feindes zu erkennen. Beim Luftkampf gibt es keinen zweiten Platz – es gewinnt der, der schneller ist, der den anderen zuerst sieht und der rechtzeitig angreift.

Als die Deutschen in Frankreich einmarschierten, verfügte das britische Militär noch über weniger als dreißig Kampfflugzeuge – die Luftüberlegenheit Großbritanniens hätte diese um ein Haar verloren. Ohne Radar wären die britische Luftwaffe, die Armee und die Marine mit Sicherheit gescheitert. Diese Tatsache ist kaum bekannt, und die Verdienste der Radarentwickler werden im Allgemeinen weit weniger geschätzt als beispielsweise die der Piloten.

Das Radar war damals eine ingenieurtechnische und wissenschaftliche Neuheit, und der Kampf darum, wer die kürzeren Wellenlängen für eine bessere und damit genauere Radarauflösung erreichen konnte, war hart. Das Magnetron – eine britische Erfindung – wurde zu einem Schlüsselelement in diesem Kampf, aber man benötigte amerikanisches Kapital, amerikanische Organisation und amerikanischen Willen, um dieses Gerät fertigzustellen. Erst in jüngster Zeit wurde die Geschichte der Radarkriegsführung mit ausreichender Genauigkeit aufgearbeitet (siehe zum Beispiel das Buch *The Invention that Changed the World* von Robert Buderi). Dabei stellte man fest, dass John Davison Rockefeller Jr. zu Beginn des europäischen Krieges dem MIT (Massachusetts Institute of Technology) in den USA eine halbe Million Dollar zahlte, um das Forschungsprogramm am Laufen zu halten. Technologiekrieg ist wie Amateurschach: Jeder macht Fehler, doch wer weniger Fehler macht, gewinnt.

Als Großbritannien in den Krieg eintrat, verfügte es noch nicht über Radargeräte, die das Periskop von U-Booten aufspüren konnten, da diese kleinen Objekte nur Strahlen mit kurzer Wellenlänge reflektieren. Den Wendepunkt in der amerikanischen Radarforschung markierte nicht weise Voraussicht, sondern die Tragödie von Pearl Harbor. Auf der Grundlage der britischen Erkenntnisse wurde auf den Inseln Oahu und Kavaiola eine primitive mobile Radarstation eingerichtet. Und die Radare meldeten die Angreifer ...

An jenem tragischen Dezembermorgen bemerkten die Soldaten George E. Elliot Jr. und Joseph Lockhart, dass der Radarschirm sich verdunkelte. Sie riefen sofort im Informationszentrum an, wo man jedoch nur abwinkte. Es war ähnlich, wie bei Präsident McKinley: Die Röntgenanlage und die Taschenlampe hätten ihm das Leben retten können; in Pearl Harbor gab es ein Radar und es wurde auch benutzt – man kümmerte sich nur nicht um die Ergebnisse.

Nach dem japanischen Angriff änderte sich die Situation grundlegend. Natürlich erfuhr die Öffentlichkeit nicht, dass der Einsatz des Radars die Tragödie hätte verhindern, die Flugzeuge den japanischen Angriff wirksam hätten abwehren können, und der Krieg gegen Japan wahrscheinlich etwas kürzer gewesen wäre. Aber die Amerikaner haben ihre Lektion gelernt und gerade noch rechtzeitig vorbildliche Schritte zur Entwicklung eingeleitet (sie haben sozusagen den Regenschirm im strömenden Regen geöffnet – besser spät als nie).

Von da an nutzten die USA ihren Vorteil; die Japaner besaßen noch immer kein Radar und verloren deshalb eine Schlacht nach der anderen (hätten die USA Teslas Patente hervorgeholt, hätten sie noch größere Fortschritte in der Radartechnologie machen können; hätten sie von Anfang an auf ihn gehört, hätte es gar keine blutige Überraschung in Pearl Harbor gegeben).

Die Entwicklung des Radars erzwang die Erforschung der dafür benötigten Kristalldetektoren, was beispielsweise Ende der 1940er-Jahre zum Bau des ersten Transistors führte. Bis dahin hatte in den USA fast niemand Kristalle erforscht. Am Ende gingen aus dem Wettbewerb zwischen dem Transistor und den schon existierenden Röhrengeräten die Kristalle als Sieger hervor.

Fusion in einem Koffer

Der Pierce-Arrow des genialen Erfinders Tesla, ein Auto, das ohne fossilen Treibstoff fuhr, war die vielleicht größte Leistung seines Lebens. Es konnte nie nachgebaut werden. Bevor wir versuchen, das Geheimnis dieses Autos zu lüften, müssen wir aber einen kurzen Umweg in Kauf nehmen.

Im 20. Jahrhundert gibt es wahrscheinlich alle 10 Jahre eine bedeutende, jedoch in Vergessenheit geratene Erfindung. Im ersten Jahrzehnt war diese sicherlich Teslas Auto. Zunächst aber möchte ich die Geschichte einer Erfindung vorstellen, die ebenfalls zum Bereich der Energetik gehört. Sicherlich hat jeder schon einmal von der sogenannten Fusion gehört. Nach der Zündung der Wasserstoffbombe startete man Versuche, kontrollierte Fusion zu betreiben. Da man ein Jahrzehnt nach der Zündung der ersten Atombombe schon Kernreaktoren gebaut hatte, besaßen die Forscher in den 1950er-Jahren einen guten Grund anzunehmen, dass sie in der Lage wären, auch Fusionsreaktionen unter kontrollierten Bedingungen ablaufen zu lassen – langsam, nicht explosionsartig wie bei einer Bombe. Sie dachten, dass die langsame Fusion von schwerem Wasserstoff (Deuterium) oder Tritium eine zwar schwierige, aber doch lösbare Aufgabe sei.

Man wusste, dass die an der Reaktion beteiligten Atomkerne mit sehr hohen Geschwindigkeiten aufeinandertreffen mussten, denn nur so konnten die Kerne so nah aneinandergelangen, dass die starke Kernkraft die elektrostatische Abstoßung überwinden würde. Es gibt viele verschiedene Ansätze, um eine ausreichend hohe Plasmadichte zu erreichen und die kritische Geschwindigkeit für Kollisionen in dichtem Plasma zu erzeugen.

Natürlich ist es nicht möglich, Plasma in Gefäßen, die aus irdischem Material gefertigt sind, auf sehr hohe Temperaturen zu erhitzen, denn selbst die besten Gefäße schmelzen bei einigen Tausend Grad Celsius. Zur klassischen Fusion sind aber Temperaturen von Millionen Grad Celsius nötig. Daher versuchte man von Anfang an, die positiven Ionen, die an der Reaktion beteiligt sind, durch starke elektrische oder magnetische Felder zusammenzuhalten. Zahlreiche Forscher in Russland, den USA, dem Vereinigten Königreich und Japan haben dieses technisch äußerst schwierige Problem zu lösen versucht. Aber auch nach Jahrzehnten der Forschung und Milliarden von ausgegebenen Dollar können sie immer noch keine nennenswerten Ergebnisse vorweisen.

In den 1960er-Jahren gelang es dem in den USA geborenen Erfinder Philo Taylor Farnsworth endlich, dieses Problem zu lösen. Warum also wird diese Erfindung heute nicht genutzt, warum wird in vielen Forschungsinstituten auf der ganzen Welt weiter geforscht, und zwar mit einem enormen finanziellen

Aufwand? Nun, das liegt daran, dass sein Geldgeber, ein inzwischen berühmtes globales Unternehmen, eine deutliche Warnung erhalten hat ... Farnsworths Geschichte unterscheidet sich nicht allzu sehr von der der anderen Erfinder. Sehen wir uns an, wer er war, wie er zu seiner Lösung kam und wie er gezwungen wurde, seine Arbeit aufzugeben.

Wenn Sie fernsehen, denken Sie wahrscheinlich nicht an Farnsworth, den Erfinder des elektronischen Fernsehers. Genau wie Tesla war auch Farnsworth ein unglaublich kreativer Erfinder und Entwickler. Die Idee des elektronischen Fernsehers kam ihm 1927, als er die Highschool besuchte. Damals hatte er seinem Lehrer eine kleine Zeichnung mit einer Idee vorgelegt, um sie später mit ihm diskutieren zu können (dieses Stück Papier ist durch einen glücklichen Zufall erhalten geblieben, sodass sein Lehrer später bei einem Prozess bezeugen konnte, dass es wirklich Farnsworth gewesen war, der auf die Idee des elektronischen Fernsehers gekommen war). Die Idee Farnsworths war, dass das Bild zeilenweise aufgebaut werden müsste. Natürlich wurden zu diesem Zeitpunkt auch in Europa bereits erste Versuche dazu durchgeführt. Der deutsche Physiker Karl Ferdinand Braun (der zusammen mit Marconi den Nobelpreis erhalten hatte) entdeckte, dass Elektronenstrahlen durch Elektroden und Magnetfelder bewegt werden können, was zum Beispiel eine schnelle Spannungsmessung ermöglicht. Dies wurde später zum Grundprinzip von Oszilloskopen.

Farnsworth beließ es nicht bei der Idee, sondern sammelte Geld für die Entwicklung seines Fernsehers. Dank seiner intuitiven und kreativen Fähigkeiten schaffte er es, alle für die Erfindung benötigten Komponenten selbst zu entwickeln. Alle Oszillatoren, Empfänger, Übertrager und sogar die Röhre für die Fernsehkamera entwickelte er selbst. Natürlich waren auch andere an seiner Idee interessiert, und viele Leute, darunter auch ein Freund von Vladimir Kosma, besuchten sein Labor. Der ebenfalls talentierte Zvorikin, der bei der RCA (Radio Corporation of America) angestellt war, baute später einfach nach, was er gesehen hatte, und patentierte das Fernsehsystem unter seinem eigenen Namen.

Farnsworth hatte aber nicht nur den Fernsehempfänger entwickelt, sondern auch das gesamte Übertragungssystem. Die wichtigste Erfindung war die Aufnahmeröhre, die Kaltkathoden-Signalverstärkerröhre. Die Grundidee dazu stammte von ihm allein. Die Infrarot-Nachtsichtgeräte, die während des Zweiten Weltkrieges entwickelt wurden, basieren auf einer weiterentwickelten Version dieser Röhre. Farnsworths Genialität bestand darin, dass er ein tiefes Verständnis der Elektronenoptik besaß; ein Gebiet, auf dem nur wenige derartig begabte Menschen tätig waren. Seine Bildverstärkerröhren bestanden aus gekrümmten Elektroden, die sich wie elektrostatische Spiegel verhalten. Ähnlich wie Spiegel oder Linsen Licht reflektieren oder bündeln, verhalten sich solche Röhren gegenüber elektrischen Ladungen (dieser Vorgang wurde bereits 1890 von Sir William Crookes beobachtet. Er hielt ihn jedoch nicht für wichtig).

Während der Herstellung der Fokussierungsröhren beobachtete Farnsworth seltsame Phänomene. Als er mit Wasserstoffgas arbeitete, registrierte er manchmal scharfe Energiestöße, für die es keinen offensichtlichen Grund gab. Außerdem sah er winzige, bläulich leuchtende Punkte in der geometrischen Mitte der Röhre (dies geschah 1935). Als er die Spannung erhöhte, nahm die Helligkeit der Punkte im Fokuspunkt zu.

United States Patent Office 3,258,402
Patented June 28, 1966

1

3,258,402
ELECTRIC DISCHARGE DEVICE FOR PRODUCING INTERACTIONS BETWEEN NUCLEI
Philo T. Farnsworth, Fort Wayne, Ind., assignor to International Telephone and Telegraph Corporation
Filed Jan. 11, 1962, Ser. No. 165,639
26 Claims. (Cl. 176—1)

This application is a continuation-in-part of Philo T. Farnsworth application Serial No. 583,291, filed May 5, 1956, now abandoned, and application Serial No. 63,411, filed October 18, 1960, now abandoned.

The present invention relates to a space charge device, and more particularly to a space charge device having utility for producing nuclear reactions.

In producing nuclear reactions, this invention utilizes unique apparatus for creating an electric field in space within which charged nuclear particles are oscillated at a sufficient velocity that resulting collisions of particles produces nuclear reactions. One such apparatus is an electron tube structure having concentrically arranged cathode and anode elements, the anode element being electron permeable and supported within the cathode element. Electrons emitted by the cathode permeate the anode element and approach the center thereof at which point they exert electrical repulsion forces on each other.

2

veloping an electrical field which oscillates ions through said region until the ions interact with each other.

A further object is to provide a method of producing nuclear reactions by establishing an electric field in free space, this field having a potential minimum in a given point-like region and a potential maximum in a surface surrounding said region, then introducing ions into said field which are thereby propelled repeatedly through said region until collisions occur.

Yet another object is to provide a method of producing ionic oscillations through a point-like region in space by concentrating electron flow onto said region for producing a potential gradient which increases progressively radially outwardly from said region, and then introducing ions into the field of said potential gradient, these ions thereby being oscillated through said region.

Other objects will become apparent as the description proceeds.

The above and other objects are accomplished by an electric discharge device comprising means for forming a space current, means for converging said space current toward a reference point in said free space to produce a localized virtual cathode adjacent to that point, and means for propelling projectile particles through said virtual cathode at nuclear-reacting velocities whereby particle

Abb. 19: Farnsworths erstes Fusionspatent

Nach vielen weiteren Experimenten erkannte er, dass heiße, ionisierte Gase zu diesen winzigen, sternförmigen Punkten kondensieren und dort mit einem veränderlichen Potenzial stabil gehalten werden können. Ursprünglich wollte er das Phänomen in Hochfrequenzübertragungsröhren nutzen, wo sehr hohe Leistungsdichten erforderlich sind. Seine Arbeit wurde jedoch durch den Zweiten Weltkrieg unterbrochen, währenddessen er erfolgreich an Nachtsichtgeräten arbeitete. Erst in den 1950er-Jahren, als die Wasserstofffusion in den Mittelpunkt des Interesses rückte, beschloss er, zu seinem alten Forschungsgebiet zurückzukehren.

Noch heute liegen uns zwei überaus detaillierte Beschreibungen seiner Erfindung vor, die auch als Fusor bekannt ist und mit einem Kostenaufwand von einigen Millionen Euro in einem guten Labor wahrscheinlich als kleines, mobiles Gerät für heiße Fusion nachgebaut werden könnte. Mit der Arbeit an dieser Technik begann Farnsworth in den frühen 1950er-Jahren. Sein erstes Patent (US-Patent 3 258 402) wurde am 28. Juni 1966 erteilt. 2 Jahre später setzte er eine weitere Version dieses Patents um, welches eine »umgekehrte« Version des ersten Patents war. Dieses wurde am 4. Juni 1968 als US-Patent 3 386 883 erteilt.

Das Gerät unterscheidet sich von allen bekannten konventionellen Fusionsanlagen, ähnelt jedoch ein wenig der sogenannten Trägheitsfusion. Bei der Trägheitsfusion werden winzige Kugeln mit Deuterium und Tritium erzeugt. Das von allen Seiten mit starken Lasern bestrahlte Material, das sehr schnell an der Oberfläche verdampft, komprimiert die Kugel mit ausreichender Kraft, sodass die ionisierten Teilchen des dabei erhitzten Materials mit ausreichender Geschwindigkeit zusammenstoßen, um zu fusionieren. Vielleicht liegt den Patenten von Farnsworth im Wesentlichen das gleiche Prinzip zugrunde, nur dass er diesen Effekt schneller, einfacher und auf geniale Weise erzielte – mit einem pulsierenden (also zeitlich veränderlichen), kugelsymmetrischen elektrischen Feld.

Abbildung 20 zeigt den grundlegenden Aufbau des Fusionsreaktors: Er besteht im Wesentlichen aus zwei konzentrischen, kugelförmigen Elektroden. Der Reaktor muss in einem Vakuum bei einem Druck von etwa 10^{-8} Torr gehalten werden; heute ist dies technisch leicht zu realisieren.

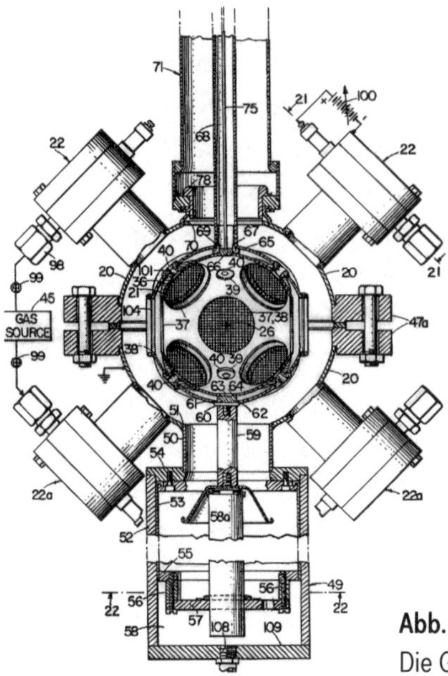

Abb. 20: Querschnitt des Fusionsreaktors. Die Gitter fungieren als Kathode.

Abbildung 21 zeigt die Verteilung des elektrischen Feldes als Funktion des Radius zwischen und in der Umgebung der beiden konzentrischen Kugeln. Die Grundidee des Verfahrens besteht darin, dass zwischen den beiden Elektroden eine zeitlich veränderliche Feldstärke mit einer Frequenz von etwa 100 Megahertz erzeugt wird und sich die positiven Ionen und negativen Elektronen durch die Feldstärkenoszillation voneinander trennen. Dann befinden sich im Zentrum der Kugel abwechselnd positive und negative Ladungen. Wenn die richtigen Parameter gewählt werden, entsteht Resonanz. Diese kann dazu genutzt werden, dass sich die positiven Ladungen während der Schwingungen mit so hoher Geschwindigkeit auf das Zentrum zu bewegen, dass sie, wenn sie gut fokussiert werden, mit sehr hoher Energie zusammenstoßen und so fusionieren können.

Diese Methode ist einfacher und genialer als die üblichen, sehr teuren Fusionsmethoden, weil die Fusion in einem *zeitlich veränderlichen, kugelförmigen elektrischen Feld* erzeugt wird. Außerdem ist sie sehr viel billiger als die Erzeugung von Magnetfeldern mit sehr hoher Energiedichte, welche bei anderen

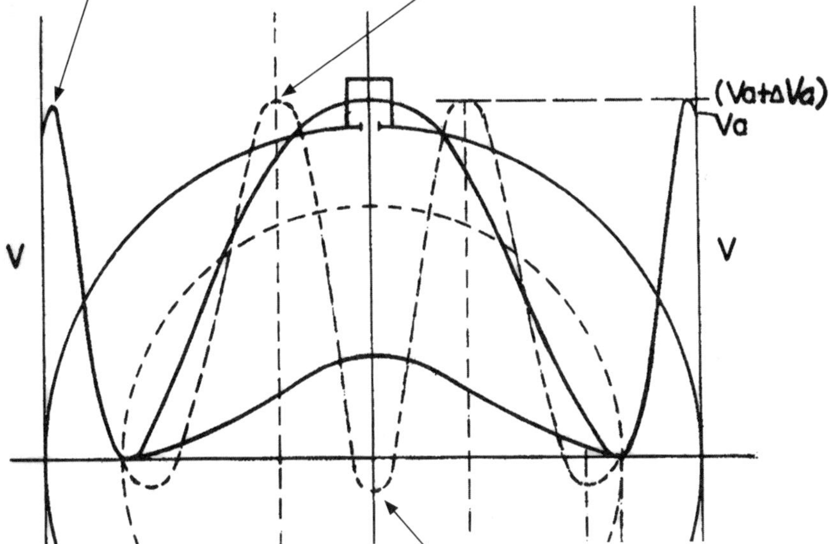

Abb. 21: Prinzip des Fusionsreaktors von Farnsworth: Die Verdichtung der positiven Atomkerne wird zwischen kugelförmigen Elektroden durch Resonanz erreicht.

Methoden zum Einsatz kommen. In konventionellen Fusionsreaktoren vom Typ Tokamak reicht es nicht, das Magnetfeld periodisch zu erzeugen (oszillierendes Magnetfeld); es muss durch Spulen durchgehend aufrechterhalten werden, was sehr viel Energie verbraucht (im Prinzip könnten hierfür Supraleiter verwendet werden, aber nach dem heutigen Stand der Technik müssen diese gekühlt werden und der Energiebedarf für die Kühlung ist ebenfalls erheblich).

Bei den kugelförmigen konzentrischen Farnsworth-Elektroden ist dies nicht erforderlich: Hier sind eine äußere Anode (positive Ladung) und eine innere, gitterartige Kathode (negative Ladung) an den Reaktionen beteiligt. Ein konstantes elektrisches Feld, generiert mit einer Spannung von etwa 100 Kilovolt, wird durch ein elektrisches Wechselfeld mit niedrigerer Spannung und einer Frequenz von etwa 100 Megahertz überlagert. Dies reicht aus, um die positiven Ionen in Resonanz auf sehr hohe Geschwindigkeiten zu beschleunigen und kollidieren zu lassen. Im Wesentlichen wird das elektrische Feld genutzt, um die beweglichen Ionen in Schwingung zu versetzen – ähnlich, wie es bei einem Pendel der Fall ist. Die Energie wird abwechselnd als kinetische Energie der bewegten Ionen (wenn diese sich bewegen) und als elektrische potenzielle Energie (wenn die Ionen kurz vor und nach der Richtungsumkehr fast stillstehen) gespeichert.

Wenn die Kernfusion im Zentrum erfolgreich eingeleitet wird, entweichen die Reaktionsprodukte, beispielsweise Protonen, mit sehr hoher Geschwindigkeit und werden durch das hohe Potenzial der äußeren Anode abgebremst. Die energiereichen Reaktionsprodukte werden von dem hohen Potenzial der äußeren Elektrode abgebremst, bis sie auf dieser einschlagen. Dabei *übertragen sie Energie auf die Anode.* So kann die bei der Fusionsreaktion freigesetzte Energie direkt in Form von elektrischer Energie angezapft werden. Bei dieser Vorrichtung handelt es sich also im Wesentlichen um eine elektronenoptische Vorrichtung, die in der Lage ist, geladene Teilchen sehr präzise zu fokussieren, indem sie ein Wechselpotenzial an die Kathode (innere Kugel) anlegt. Als Konsequenz davon sammeln sich abwechselnd Elektronen und positive Ionen bei der Kugel. Die positiven Ionen sind Deuterium- und Tritiumkerne, die der »Treibstoff« für die Kernfusion sind (Abbildung 22).

Wenn die Elektronen gerade im Inneren konzentriert sind, ziehen sie die sie umgebenden positiven Ionen zum Zentrum hin an, was die Ionen zusammen mit der Kathodenspannung auf eine unglaublich hohe Geschwindigkeit beschleunigt. Dies führt dann zu einer sehr hohen Ionendichte. Wenn die Elektronen im inneren Zentrum dann in der nächsten Phase kugelförmig in alle Richtungen des Raumes geschleudert werden, werden die positiven Ionen im Inneren gesammelt und auf die richtige Geschwindigkeit beschleunigt, um eine Kollision von Kernen und dadurch Fusion zu erzeugen. So sind die positiven Kerne im Wesentlichen durch ihre Trägheit und Geschwindigkeit im Gerät »gefangen« und werden durch eine Resonanzschwingung zusammengepresst. Dies ist ein grundlegender Unterschied zu den üblichen Fusionsreaktoren vom Typ Tokamak. Von der Laserfusion unterscheidet sich dieses Prinzip nicht allzu sehr.

Bei der Reaktion entstehen natürlich auch Neutronen, Wärme und Protonen. Letztere übertragen ihre Energie direkt auf die äußere Anode. So kann diese Energie unmittelbar als Strom nutzbar gemacht werden. Auch die Neutronen können genutzt werden, indem sie zum einen Protonen aus Atomkernen herausschlagen und zum anderen, um Wärme zu erzeugen, indem sie abgebremst wurden.

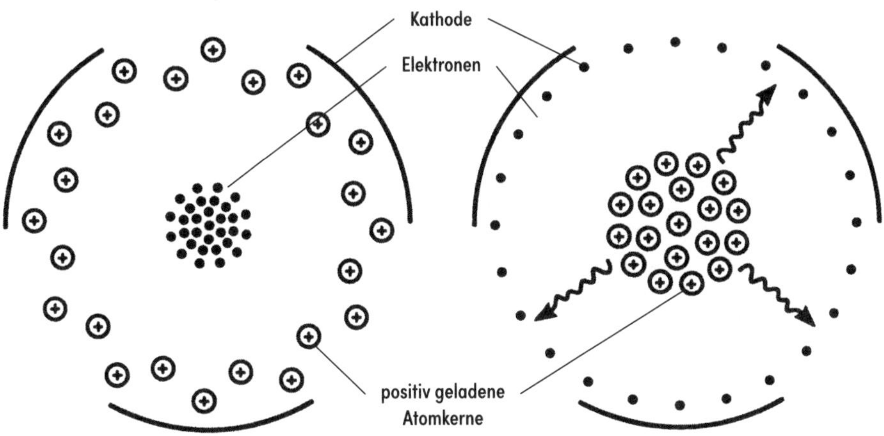

Phase 1: Die negativen Elektronen sind im Inneren, die positiven Atomkerne befinden sich außen herum. So entsteht im Inneren eine virtuelle Kathode.

Phase 2: Die positiven Atomkerne sind im Inneren, die negativen Elektronen außen herum. Jetzt findet die Fusion statt.

Abb. 22: Das Prinzip der Fusion mithilfe eines kugelsymmetrischen elektrischen Resonanzfeldes. Wahrscheinlich wurde es zuerst von Tesla entwickelt mit Sicherheit aber von Farnsworth.

Die Resonanzfusion ist eine viel einfachere und elegantere Lösung als die, die heute von vielen Physikern propagiert wird. Stellen Sie sich beispielsweise eine hohe, massive Säule vor, die zerstört werden soll. Der Ansatz eines Physikers könnte sein, sie zu sprengen. Die ingenieurmäßigere Idee wäre, zunächst die Eigenfrequenz der Säule zu bestimmen und sie dann entsprechend in regelmäßigen Abständen »anzustoßen«. Die Resonanz wird genutzt, um die Säule zu zerbrechen. Ähnlich sollte mit positiven Ionen umgegangen werden, wenn Fusion erreicht werden soll; die notwendige Energie muss in mehreren Schritten und resonant übertragen werden, wobei ein kugelsymmetrisches Feld das Entweichen der Ionen verhindern muss.

Der erste »Reaktor« war nicht viel größer als ein Tennisball, aber er funktionierte. Das raffinierte Prinzip dieses Geräts besteht also darin, dass es eine kugelsymmetrische Elektronenoptik verwendet, sodass die geladenen Teilchen sehr präzise fokussiert werden können. Statisch könnte der Effekt natürlich nicht aufrechterhalten werden. Es wird das dynamische Gleichgewicht zwischen positiven und negativen Teilchen ausgenutzt, und so kann das Prinzip der Resonanz indirekt zur Erzeugung hochenergetischer positiver Ionen genutzt werden. Das Prinzip ist einfach, aber in der Praxis mussten der Erfinder und sein Team eine Reihe von Problemen lösen (Abbildung 23).

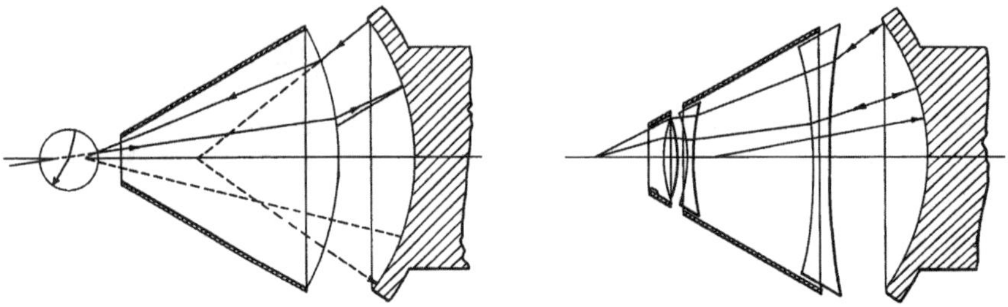

Fokussierung mithilfe von elektrischen Feldern — Linsenanordnung zur optischen Fokussierung

Abb. 23: Analogie zwischen der Elektronenoptik und der Optik von Linsen und Spiegeln

Farnsworth veröffentlichte das Prinzip 1953. 1959 wurde er zu einer Vorstandssitzung von Bells internationalem Telekommunikationsunternehmen ITT eingeladen, um über seine Erfindung zu sprechen. Die ersten Versuche hatte er zu Hause durchgeführt (Deuterium war damals noch leicht zu bekommen), doch nach dem Gespräch erhielt er die Möglichkeit, seine Arbeit unter besseren Bedingungen in einem der Labors von ITT fortzusetzen. Er berechnete auch mathematisch, bei welchen Parametern (Spannungen, Frequenzen, Drücken und Plasmadichten) das Gerät betrieben werden konnte. Am 8. Oktober 1960 funktionierte sein erstes Gerät bereits als permanente Neutronenquelle: Es kam zur Fusion!

Zu dieser Zeit war das Gerät noch nicht zu einer sich selbst erhaltenden Kernfusion in der Lage, aber es hatte bereits das Energieniveau erreicht, das zur Auslösung der Fusion erforderlich ist. Von der Intensität der Neutronenstrahlung lässt sich auf die Rate der Fusion schließen. Zunächst wurden nur 50 Millionen Neutronen pro Sekunde abgestrahlt. Nach nur wenigen Monaten stieg diese Zahl auf 1,3 Milliarden. Als Farnsworth am 28. Dezember 1965 auch Tritium ausprobierte, produzierte das Gerät 2,6 Milliarden Neutronen pro Sekunde. Eine Mischung aus Tritium und Deuterium verdreifachte sogar die Neutronenzahl. Ende 1965 produzierte die kleine Anlage etwa 15 Milliarden Neutronen pro Sekunde. Seine Kollegen konnten oft durch die maschenartige Kathode beobachten, dass aus dem Zentrum des Gerätes sehr helles weißes Licht leuchtete. Bis 1965 wurde die kontrollierte, sich selbst erhaltende Kernfusion durch Zugabe von Tritium erreicht.

Gratwanderung

ITT gab immer mehr Geld für die Forschung aus, und man könnte annehmen, dass das Unternehmen angesichts der Ergebnisse die Aufnahme der Massenproduktion plante. Es kam jedoch anders. ITT erhielt Besuch, Briefe und Anrufe von verschiedenen führenden Persönlichkeiten der Wall Street, und ITT erkannte schnell, dass es in ein Wespennest gestochen hatte. Der Druck auf das Unternehmen war wahrscheinlich extrem hoch und es ist nicht schwer zu erraten, welche Branche diesen Druck ausübte. Gleichzeitig wurde die aufstrebende Kernkraftindustrie zu einem Konkurrenten und die Atomenergiekommission (US Atomic Energy Commission) stand der Möglichkeit, eine andere Methode der Energieerzeugung als Reaktoren zu entwickeln, nicht positiv gegenüber.

Die ITT-Führung traf sich also im Hotel Waldorf (Teslas ehemaligem Wohnsitz), um ein Projekt zu besprechen, das technisch immer vielversprechender, politisch aber immer problematischer wurde. In dieser Zeit erlitt Farnsworth einen Herzinfarkt, der aber glücklicherweise nicht tödlich war. Aus gesundheitlichen Gründen wurde er dann von der Leitung des Projekts entbunden, was eine gute Ausrede dafür war, das Forschungsteam bald darauf ganz aufzulösen.

ITT gab öffentlich bekannt, dass das Projekt gescheitert und sein Start ein Fehler gewesen sei. Als Farnsworth diese Nachricht im Flugzeug auf dem Heimweg las, bekam er einen weiteren Herzinfarkt. Während seiner langen Genesungszeit wurde dem Forscher bewusst, dass er nicht aufhören durfte zu forschen, und er bemühte sich, privat Geld aufzutreiben. Er versuchte auch, seine Patente von ITT zurückzukaufen, aber das Unternehmen weigerte sich, die »wertlosen« Patente zu verkaufen. 1966 brach ITT den Kontakt zu ihm ganz ab, obwohl andere Patente von Farnsworth dem Unternehmen weiterhin beträchtliche Einnahmen bescherten.

Nach einem jahrelangen Heilungsprozess baute Farnsworth 1969 in einem Dachgeschoss der Brigham Young University ein kleines Fusionslabor. Es gestaltete sich jedoch immer schwieriger, die Forschung fortzusetzen, da der private Zugang zu Deuterium und Tritium inzwischen verboten war und er ständig von seinen Gläubigern bedrängt wurde. Schließlich bekam er ein ausgezeichnetes Angebot von Sony – leider zu spät, denn sein Gesundheitszustand hatte sich durch die Kämpfe der letzten Jahre derart verschlechtert, dass er 1971 starb. Der Forschungszweig wurde nie wieder von einem großen Forschungsinstitut aufgenommen (nur einige Privatpersonen experimentieren mit ähnlichen Geräten). 1982 liefen die Patente aus, sodass heute jeder mit der Massenproduktion beginnen könnte, doch auch große Unternehmen zeigen kein Interesse.

Ich habe die Geschichte von Farnsworth nicht ohne Grund nach der von Tesla erzählt. Vieles deutet nämlich darauf hin, dass Tesla die gleiche Lösung schon früher entdeckt hatte, seine aber *vielleicht sogar noch intelligenter und effektiver war.* Während Farnsworth hochfrequente, aber transversale Felder verwendete, nutzte Tesla seine viel besseren longitudinalen Solitonen, die für diese Aufgabe ideal waren, da viel höhere Potenziale realisiert werden konnten als mit den üblichen transversalen Wellen. Diese sind für die Beschleunigung der Ionen verantwortlich und für das Erreichen der für die Fusion erforderlichen extrem hohen Plasmadichte.

Teslas elektrische Longitudinalwellen konnten so hohe lokale Feldstärken erzeugen, dass es weder Deuterium, noch das damals noch gar nicht entdeckte radioaktive Tritium brauchte, um Fusion zu erzeugen – normaler Wasserstoff reichte vollkommen aus. Damit stand eine wahrhaft unerschöpfliche Energiequelle zur Verfügung, da zum Betrieb nur der in Wasser vorkommende Wasserstoff benötigt wurde.

Wie aber hatte Tesla diese Lösung entdeckt? Hatte diese Erfindung, die er als die wichtigste Erfindung seines Lebens bezeichnete, eine Vorgeschichte? Sehen wir uns an, was er selbst an seinem 80. Geburtstag darüber sagte: »Dies sind eine neue Art von Röhre und der dazugehörige Apparat. Bereits 1896 habe ich eine Röhre verwendet, die mit 4 MV arbeitete. Später gelang es mir, 18 MV zu erreichen, doch dann stieß ich auf Hindernisse, die unüberwindbar schienen. Ich kam zu der Überzeugung, dass ich eine fundamental andere Art von Röhre entwickeln musste. Die Aufgabe erwies sich als viel schwieriger als erwartet, wobei die Schwierigkeiten nicht so sehr bei der Herstellung der Röhre, sondern bei ihrem Betrieb auftraten. Jahrelang machte ich nur langsam Fortschritte. Endlich aber wurde meine Arbeit von Erfolg gekrönt. Ich habe eine Röhre erfunden, die schwer zu verbessern ist. Sie ist sehr einfach, wird mit der Zeit nicht schwächer und kann mit beliebig hohen Spannungen betrieben werden. Es können recht große Ströme durch sie fließen und sie kann in realistischem Ausmaß zur Energieumwandlung verwendet werden. Sie ist außerdem leicht steuerbar, weshalb ich sehr gute Ergebnisse erwarte. Es wird uns unter anderem möglich sein, sehr billig strahlende Materialien in beliebiger Menge herzustellen, und es wird viel effizienter sein als die Umwandlung von Materie durch künstliche Strahlung.«

An der hohen Spannung, der Materialzerstörung und der Energieerzeugung können wir die Farnsworth-Röhre erkennen. Tesla experimentierte jahrzehntelang mit einer solchen kugelsymmetrischen Röhre, seiner heute ebenfalls zu Unrecht in Vergessenheit geratenen »Kohlenstoffknopflampe« (*carbon button lamp*). Im Wesentlichen handelte es sich auch hier um eine kugelsymmetrische Röhre. Es brauchten lediglich zwei kugelförmige Elektroden an der Innenseite angebracht zu werden und fertig war der kleine Fusionsreaktor (Abbildung 24).

Tesla klagte oft darüber, dass seine Lampe schnell ausbrannte und viel Energie freisetzte. Vielleicht war dies der Grund, warum er sie gründlicher untersuchte. Er hatte jahrzehntelang an der Röhre gearbeitet und die optimalen konkaven Elektroden wahrscheinlich durch Metallbedampfung hergestellt – mit diesem

Verfahren hatte er viel Erfahrung, da dies ein häufiger unerwünschter Effekt bei fehlgeschlagenen Experimenten war.

Wahrscheinlich wusste er über den Ladungssammeleffekt konkaver Elektroden durch seinen englischen Akademikerfreund Crookes Bescheid, sodass er über alle Kenntnisse verfügte, die benötigt wurden, um den energieerzeugenden Effekt zu realisieren. *Es besteht die begründete Annahme, dass Tesla der Erste war, der einen kleinen Reaktor mit kontrollierter Kernfusion baute und sein berühmtes Auto damit antrieb.* Lieber hätte ich geschrieben, dass es sich um eine Art Symmetrie-Reduktionsprozess handelte, aber alle Indizien deuten darauf hin, dass Tesla in den 1930er-Jahren ein (nach heutigen Begriffen) Miniatur-Fusionskraftwerk baute, etwa zur gleichen Zeit also, als Farnsworth auf diesen Effekt stieß.

Warum aber ließ er diese Erfindung nicht patentieren? Wahrscheinlich ahnte er, dass der Antrag abgelehnt werden würde, denn die gesteuerte Fusion war damals noch ein unbekannter Prozess. Selbst die viel einfachere Kernspaltung wurde zu der Zeit sogar von Einstein als praktisch unmöglich angesehen. Vor den Prüfern des Patentamtes hätte Tesla, der sowieso schon den Ruf eines Phantasten hatte, also keine Chance gehabt.

Wusste Tesla von den Neutronen, die bei Kernreaktionen freigesetzt und dann gestreut werden? Vielleicht, denn Sir James Chadwick hatte bereits 1936 den Nobelpreis für diese Entdeckung verliehen bekommen. Auf jeden Fall muss Tesla große Schwierigkeiten gehabt haben, das Phänomen zu verstehen; als Quelle der Energie vermutete er eher die überall im Raum vorhandene Energie (Nullpunktsenergie) als die Fusion, da das Phänomen zu seiner Zeit noch gar nicht bekannt war. Auch die Materieschäden führte er auf diese allgegenwärtige Energie zurück.

Warum also nutzen die Physiker, die heute an der Kernfusion forschen, Farnsworths Ergebnisse und seine Patente nicht? Wissen sie vielleicht gar nichts davon?

Die Zukunft der Vergangenheit

Kryptobotaniker beschäftigen sich mit der Biologie ausgestorbener Pflanzen, Kryptozoologen untersuchen die Physiologie ausgestorbener Tiere. Demnach beschäftigen sich mit der Funktionsweise »toter« Erfindungen die »Kryptotechniker«. Dies ist der Bereich, in dem die Vergangenheit die größte Zukunft hat … Mithilfe von Farnsworths Patenten lässt sich Teslas Fusionsreaktor, der etwa die Größe einer großen Glühbirne hatte, mit 70–80-prozentiger Sicherheit nachbauen. Und da der Aufbau nicht kompliziert ist, könnte er verhältnismäßig leicht in die Massenproduktion gehen. Der Preis dieses Reaktors wäre wahrscheinlich nicht viel höher als der einer Glühlampe. Sein Brennstoff, der Wasserstoff, könnte beispielsweise in billigem Titanhydrid absorbiert werden. Dann würde der bei der Fusion umgewandelte Wasserstoff durch Erhitzen aus dem Titanhydrid ersetzt werden. So könnten versiegelte Röhren verwendet werden, was das Gerät preisgünstig macht.

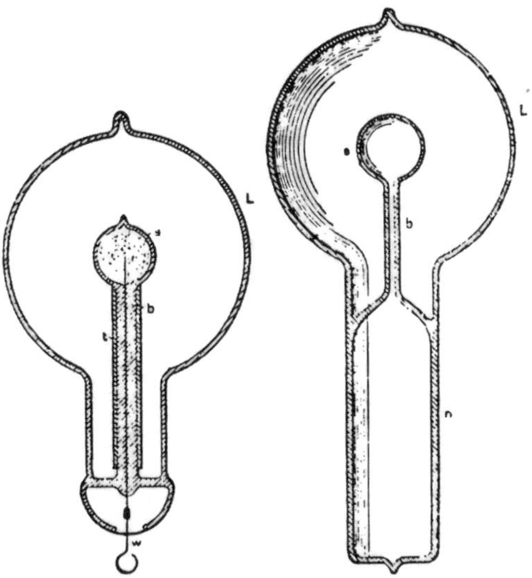

Abb. 24: Zeichnungen von Teslas Kohlenstoffknopflampe. Daraus entstand möglicherweise die Fusionsröhre – ebenfalls eine Erfindung von Tesla.

Die Forschungskosten würden sich jedoch wahrscheinlich auf über eine Million Euro belaufen, da nicht nur die konkave Elektronenlinse in der Röhre neu entwickelt werden müsste, sondern auch die nicht linearen resonanten Tesla-Transformatoren, die Soliton-Generatoren. Ein Nachteil des Systems ist, dass es radioaktives Material erzeugt, sodass es wohl kaum für den Einsatz in Haushalten oder Autos zugelassen werden würde. Ich bevorzuge daher andere raumzeittechnologische

Lösungen, die auf der Symmetriebrechung beruhen. Das System könnte jedoch nach einigen Modifikationen zur Herstellung sehr seltener, teurer Elemente verwendet werden, indem Atomkerne »maßgeschneidert« werden (weitere Details lesen Sie in Teil V).

Teslas und Farnsworths Arbeiten wurden verboten, ihre Ergebnisse werden heute nicht genutzt, und das offizielle wissenschaftliche Establishment wendet sich von diesen einmaligen Gelegenheiten ab.

Abschließend hier noch ein Beispiel für die heute vorherrschende Haltung. Es folgt ein Kommentar zu meinem Buch *Verbotene Erfindungen*. Der Artikel wurde 2002 in der April-Ausgabe der Zeitschrift *Kaszinó* veröffentlicht; ich überlasse es dem Leser, sich selbst eine Meinung zu bilden ...

»Wir haben Dr. Zoltán Galántai, Juniorprofessor für Technikgeschichte an der Technischen und Wirtschaftswissenschaftlichen Universität Budapest zu diesem Buch befragt.«

»Gibt es tatsächlich verbotene Erfindungen?«

»Nein, natürlich nicht. Ein klassisches Beispiel ist die reißfeste Strumpfhose. Es hat natürlich immer an äußeren Hindernissen gelegen, dass sich eine Erfindung nicht verbreitet hat: Engstirnigkeit, Angst vor Machtverlust, Charakterzüge der Genies. Es scheint, als ob wir soziologisch begründete Argumente hören, doch mit diesen Aussagen gibt es mehrere Probleme.

Erstens geht György Egely davon aus, dass Physik eine Wissenschaft ist, die Geschichte der Wissenschaft aber nicht. Er geht in die Bibliothek, holt sich ein paar Bücher und schreibt, was wirklich passiert ist. Ich weiß genau, was Egely beispielsweise über Tesla gelesen hat, aber das reicht nicht aus. Ich würde auch keine Artikel über Physik schreiben, obwohl ich sie studiert habe.

Zweitens handelt es sich hier um eine Verschwörungstheorie. Manche Menschen schmieden demnach heimlich Pläne gegen unseren Wohlstand, um die Menschen weiter ausbeuten zu können. In der Wissenschaft geht es aber gerade um Transparenz. Es gab und gibt Regeln für eine wissenschaftliche Publikation; dies ist keine Frage der aktuellen Stimmung. Wenn man etwas nicht experimentell reproduzieren und vor einem Ausschuss beweisen kann, wird einem kein Glauben geschenkt. Falls die Vorstellung erfolgreich verlaufen sollte, rufen sich die Wissenschaftler von New

York bis Tokio gegenseitig an und flüstern: ›Leute, erzählt niemandem davon, denn dies ist ein großes Geheimnis‹ – das ist einfach nur Unsinn. Natürlich kann man jetzt sagen, dass ich Teil dieser Verschwörung bin und deshalb solche Dinge sage.

Es ist auch unlogisch zu behaupten, dass ein großer Autohersteller sein billiges, wassergetriebenes Modell verheimlichen würde, wenn er mehr davon verkaufen könnte. Selbst wenn dies der Fall wäre, müsste die gesamte Infrastruktur umgebaut werden, was natürlich auch wieder eine Geschäftsmöglichkeit darstellt, aber dies geht nicht über Nacht. Ich möchte ein weiteres Beispiel dafür nennen, wie Erfindungen ›in der Zeit einfrieren‹ können. Ich habe hier diese Tastatur vor mir. Remington begann 1876 mit der Herstellung von Schreibmaschinen. Damals wurden die Tastaturen der Maschinen neu gestaltet, weil sich herausstellte, dass schnelles Tippen dazu führen würde, dass sich die Arme verhaken. Um 1890 gab es die Technologie, um ein Verhaken zu verhindern, aber bis dahin hatten Tausende von Schreibkräften sich an dieses Tastaturlayout gewöhnt und niemand wollte sich umgewöhnen. Es handelt sich hierbei also nicht um eine internationale Verschwörung oder eine verbotene Erfindung, sondern einfach um die Selbstentwicklung von Systemen.«

Liebe Leser!

Sie können alle Werke von Tesla (und Moray) auf Englisch unter *www.tesla.hu* lesen. Die Website ist das Werk von Péter Varsányi.

Drachenflüge taoistischer Mönche in den Bergen

TEIL II

China

• • •

Das Reich des
Wissens und Unwissens

Während der Kreuzzüge zur Befreiung des Heiligen Landes erlebten die Ritter mit ihren Rüstungen so manches Mal eine fatale Überraschung. Ihre vermeintlich undurchdringliche Rüstung wurde nämlich mühelos von dem Schwert, der Axt oder der Speerspitze eines arabischen Kriegers durchdrungen. Diese leichten, tödlich scharf geschliffenen Kriegsinstrumente rissen den Rittern die Arme ab und zerstörten ihre Rüstungen. Auf der Oberfläche der Waffen, die nur selten erbeutet wurden, sahen die Ritter seltsame Muster, die an die Wirbel von Gebirgsbächen erinnerten. Da diese besonders gemusterten Stahlwaffen angeblich in Damaskus hergestellt worden waren, nannten die Kreuzfahrer sie *Damaszenerklingen*. Diese Klingen durchtrennten ein anderes großes Wunder der östlichen Welt mit einem Hieb in der Luft: das aus chinesischer Seide gefertigte Taschentuch, das mit bloßen Händen nicht zerrissen werden konnte. Mit europäischen Schwertern war das nicht möglich, ganz gleich wie scharf sie geschliffen waren. Die Damaszenerklinge war flexibel und rasiermesserscharf zugleich. Wer eine solche Waffe besaß und sie zu benutzen wusste, war nahezu unbesiegbar. Das Geheimnis der Herstellung dieser Waffe kannten jedoch nur sehr wenige und es wurde auch nicht viel von diesem wundersamen Stahl hergestellt.

Obwohl solche Waffen an Orten von Damaskus bis Indien angefertigt wurden, blieb das Geheimnis der Damaszenerklinge doch in den Händen einiger weniger Schmiedemeister. Dieses Geheimnis nahmen die Meister mit ins Grab, und ab dem 19. Jahrhundert wurden keine Klingen dieser Art mehr hergestellt. Wir sehen also, dass essenzielle Techniken verloren gehen können, manchmal sogar für immer. (Auch in Europa gab es solche Geheimnisse. So wurde zum Beispiel auch das Geheimnis des Schmiedens von Wikingerschwertern nicht überliefert. Nur in Japan blieb die alte geheime Kunst des Schwertschmiedens erhalten.) Mittlerweile konnte mithilfe modernster Technik und metallurgischer Methoden entschlüsselt werden, wie die Damaszenerklingen damals produziert wurden.

Es brauchte Glück, Ausdauer, Fleiß und Einfallsreichtum, um diese besonderen Qualitäten hervorzubringen. Die wohlhabenden muslimischen Krieger, die sich diese prächtigen Klingen leisten konnten, hielten es wahrscheinlich für ausreichend, wenn nur sie solche Säbel besaßen und nur sie unbesiegbar waren. Es ist anzunehmen, dass sie von adliger Herkunft waren. Hätten alle Araber über solche Waffen verfügt, hätte das vielleicht das Ende für Europa bedeutet. Angesichts der ohnehin fast unaufhaltsamen muslimischen Expansion hätte sie auch für den gesamten eurasischen Kontinent das Ende bedeuten können. Die muslimischen Adligen hätten auf die Idee kommen können, ihre Armeen mit solchen Klingen auszurüsten, um sie unbesiegbar zu machen. Dies hätte jedoch eine Mechanisierung erfordert, die auf dem damaligen technischen Niveau vielleicht noch gar nicht möglich war. Die Einhaltung der technologischen Parameter und die Qualitätssicherung gehören noch heute zu der schwierigsten Phase der Massenproduktion.

Die muslimische Welt hatte das Glück, dass einige Schmiede herausfanden, wie man aus dem vanadiumhaltigen Roheisen der indischen Eisenminen ein Schwert mit wunderbaren Eigenschaften herstellen konnte, nämlich indem man es viele Male schichtweise schmiedete und bei der richtigen Temperatur zum Beispiel Glas oder bestimmte Pflanzenblätter hinzufügte. So wurden dem Stahl etwa Silizium und Phosphor zugesetzt, die der Klinge sowohl ihre unglaubliche Härte als auch ihre überraschende Flexibilität verliehen. Das Geheimnis bestand darin, dass zwei Eisenlegierungen mit unterschiedlichen Eigenschaften in kleinen Zonen nebeneinander bearbeitet werden mussten. Der Stahl bestand also aus zwei Komponenten, zwei unterschiedlichen Kristallstrukturen. Wäre nur die flexible Stahllegierung hergestellt worden, wäre die Klinge zwar flexibel, jedoch nicht scharf genug gewesen, um die Rüstung des Gegners zu durchdringen; wäre der Stahl nur hart und fest gewesen, hätte er die Rüstung zwar durchdringen können, die Klinge wäre dabei aber zerbrochen. Beide Eigenschaften zusammen ergaben jedoch eine Waffe, gegen die man sich unmöglich verteidigen konnte. Als Rohstoff diente eine Eisenerzlegierung mit einem geringen Anteil an Vanadium, die so nirgendwo anders existierte. Mit viel Glück, aber auch viel Ausschuss und Misserfolgen wurde dann schließlich das Herstellungsverfahren entwickelt.

Nur in Japan gelang es den Schmieden, sich dieser Qualität anzunähern. Solche Klingen werden auch heute noch für rituelle Zwecke hergestellt. Die Japaner benutzten ihre Waffen anders als wir Europäer. Sie schlugen ihre Gegner oft mit derselben Bewegung nieder, mit der sie das Schwert aus der Scheide zogen – der Schnellere gewann. Schwertduelle, wie sie in Europa üblich waren, kannte man dort nicht. Der bessere japanische Stahl ermöglichte eine andere Fechttechnik, was zu einer anderen Kampfmoral und einem anderen Stil führte. Aber die Kunst des Schwertschmiedens und die Wissenschaft der Herstellung von hochwertigem Stahl brachten auch dort nicht den Wunsch hervor, gute Nähmaschinen oder hervorragende Pflüge herzustellen. Vielleicht wurde dies als unwichtig angesehen. Auch in diesen mehr oder weniger technisierten Gesellschaften existierten Wissen und Unwissenheit parallel nebeneinander.

Die besten Schmiedemeister wussten zwar, wie man Klingen herstellt, aber nicht, was genau die Klinge so hervorragend macht, denn niemand verfügte über ein Elektronenmikroskop, das eine Analyse auf molekularer Ebene ermöglich hätte. Sie wussten nichts über Zementit oder Abscheidung beim Dendritenwachstum, und sie wussten auch nicht, dass kubische und flächenzentrierte Kristalle unterschiedliche, sich ergänzende physikalische Eigenschaften aufweisen können. Die wundersamen Schwertschmiede des Mittelalters arbeiteten wie Köche: Ein Koch kennt das Rezept, aber nicht die Biochemie oder -physik; er weiß nicht immer genau, was beim Kochen und Backen eigentlich passiert. Solche Prozesse sind sehr störungsanfällig. Wenn sich etwas auch nur geringfügig ändert, etwa die Zusammensetzung eines Rohmaterials, kann das ursprüngliche Ergebnis nicht mehr reproduziert werden. Ein Produktionsprozess, der auf Erfahrung und unvollständigem Wissen beruht, ist anfällig.

Wir sollten aber nicht glauben, dass die Situation heute viel besser sei als im Mittelalter. Als beispielsweise die USA im Zweiten Weltkrieg zur Radarentwicklung dazustießen, war die Herstellung von Kristalldetektoren für Radarsignale noch eine Art »schwarze Magie«. Es war eine Frage des Zufalls, ob ein Kristall wachsen würde oder nicht und welche Eigenschaften er haben würde. Auch heute gibt es noch viele Herstellungsverfahren, die nur wenige Menschen kennen. Wenn sie sterben, kann dieses Wissen für immer verloren gehen. Es gibt so viele kleine Schritte, um beispielsweise einen speziellen Kunststoff oder eine spezielle Legierung herzustellen, dass es viel praktische Erfahrung erfordert, damit dieser Prozess gelingt. Es wäre zu teuer, alle diese Schritte im Detail zu erforschen, und der Markt ist nicht bereit, diesen Preis zu zahlen.

Das Wissen der mittelalterlichen Schmiede beruhte auf den gesammelten und überlieferten Erfahrungen vieler Generationen. So wurde beispielsweise die

Temperatur, bei der die Schichten zusammengeschmiedet werden mussten, durch die Temperatur bestimmt, bei der ein trockenes Blatt eines bestimmten Baumes Feuer fängt. Doch zu wissen, welche Blätter dazu geeignet waren und wie sie getrocknet werden mussten, erforderte vielleicht die Erfahrung eines ganzen Menschenlebens. Solches Wissen ist stets in Gefahr, verloren zu gehen, denn die praktische Sammlung ungeschriebener Regeln wird direkt vom Vater an den Sohn weitergegeben. Deshalb kennen sie nur wenige. Dieses Wissen verleiht seinem Besitzer Macht und Ansehen, aber wenn nur wenige Menschen darüber verfügen, bleibt die Gesellschaft als Ganzes schwach.

Das Wissen der Schmiedemeister wurde von allen Gesellschaften hoch geschätzt und überdauerte so eine lange Zeit; das Wissen der Erbauer von Perpetua mobilia wurde von keiner Gesellschaft als bedeutend angesehen und ging verloren. Als im 18. Jahrhundert die indischen Eisenerzminen, in denen das vanadiumhaltige Rohmaterial gefunden wurde, erschöpft waren, stellten die wenigen Schmiedemeister, die noch Damaszenerklingen fertigen konnten, überrascht fest, dass sie, so sehr sie sich auch bemühten, die Klinge neu zu schmieden, keine Klingen mit unterschiedlichen Farben und Mustern mehr produzieren konnten. Da sie nicht wussten, dass das Roheisen anderer Herkunft die Ursache sein könnte, konnten sie ihr Wissen nicht mehr anwenden und weitergeben. So ging die Kunst des Schmiedens von Damaszenerklingen für immer verloren.

Schon zu Beginn des Mittelalters war man über das einzigartige Bewässerungssystem Mesopotamiens, das die Wirtschaft der antiken Zivilisation zum Blühen brachte, voller Bewunderung. Als Timur Lenk, der Eroberer aus Zentralasien, die Bewässerungsmeister umbringen ließ, nahmen sie dieses Wissen mit ins Grab. Die Bewässerungskanäle funktionierten nicht mehr, die Pflanzen starben, der Wind trug den Mutterboden weg und die Landschaft wurde zu einer öden Wüste.

Wissen und Gesellschaft

Wenn das in einer Gesellschaft gesammelte nützliche Wissen weitergegeben oder sogar vermehrt werden kann und dieses Wissen durch Experimente, Theorien und die Praxis gestützt ist, ist die Gesellschaft nicht anfällig. Solange nur Tesla nicht lineare Wellen erzeugen kann, solange nur Moray oder Bessler ein Perpetuum mobile bauen können, ist Wissen ein Wunder und nicht das Eigentum einer Gesellschaft (eine ausführliche Geschichte von Bessler finden Sie in *Verbotene Erfindungen*). Kann jeder Mensch Schmied oder Dombaumeister werden? Wie kommt es, dass in der gesamten muslimischen Kultur nur ein einziger Architekt, nämlich der osmanische Sinan, riesige Moscheen mit Kuppeln versehen konnte?

Einer der Grundpfeiler einer Gesellschaft, *das Wissen, wackelt ständig*. Heute versteht man unter Wissen Information, die genutzt werden kann, obwohl nur ein kleiner Teil dessen, was man wissen kann, auch von Nutzen ist. Die Mentalität einer Gesellschaft, ihr wirtschaftliches und damit auch militärisches und politisches Potenzial wird im Wesentlichen durch ihre Fähigkeit bestimmt, Wissen zu sammeln, zu erweitern und weiterzugeben. *Ob eine Gesellschaft entwicklungsfähig ist oder sich auf dem Weg zum Kollaps befindet, hängt von ihrer Einstellung gegenüber dem Wissen ab*. Die Gesellschaft ist sich nicht bewusst, wie verletzlich sie ist, wie leicht sie scheitern könnte, wenn sie den Zugang zu wichtigen technischen und technologischen Informationen verlieren würde, oder wenn das Wissen, das sie bereits besitzt und erworben hat, *verloren ginge*. In unseren Geschichtsbüchern und anderen Lehrbüchern herrscht der unbegründete Glaube vor, dass sich unser Wissen immer weiter anhäuft, es immer weiterwächst und nie abhandenkommt. Eine Reihe von verlorenen und verbotenen Erfindungen beweist aber, dass dies ein ***grober Irrglaube*** ist.

Heutzutage würde keine einzige wissenschaftliche Zeitschrift einen Artikel über Perpetua mobilia, Antigravitation, Hyperraumsprünge (Teleportation), Materieumwandlung oder Paraphänomene veröffentlichen, obwohl ein Großteil des für die Gesellschaft nützlichen Wissens gerade in diesen verbotenen Bereichen liegt. *Deshalb kann unsere heutige Gesellschaft auch nicht als Wissensgesellschaft bezeichnet werden*. Sie ist eher eine Gesellschaft des Halbwissens oder des *Unwissens*. Es wäre auch naiv zu glauben, dass sich wenigstens in der Geschäftswelt immer die besten, billigsten und wirtschaftlichsten Lösungen durchsetzen würden. Die Geschichte ist voll von Beispielen, bei denen eine wichtige neue

Technologie extrem schwierig oder unmöglich zu implementieren war. Ich werde in diesem Buch noch viele weitere Beispiele dafür geben.

Der größte Vorteil von Geschichtskenntnissen besteht darin, dass man aus Fehlern, die begangen wurden (und den richtigen Schritten, die manchmal unternommen wurden), lernen kann. Für fast jedes Problem und jede Aufgabe, mit der wir heute konfrontiert sind, gibt es Parallelen in der Vergangenheit. Die Auswahl ist groß, man muss viel wissen. In jedem Land, das von sich behauptet, fortschrittlich zu sein – in welchem Ausmaß auch immer – ist das Ziel immer, eine *wissensbasierte Gesellschaft aufzubauen*, wobei Produktivitätssteigerungen, Umweltschutz und steigender Lebensstandard auf einem intensiven IT-Hintergrund und Wissen beruhen. Allgemein wird die Meinung vertreten, dass eine wissensbasierte und innovationsfreundliche Gesellschaft eine wettbewerbsfähige Gesellschaft sei. Es ist fast schon eine Phrase, dass der Marktwert eines Produktes durch seinen intellektuellen Mehrwert bestimmt wird und dass die Rolle einer Nation in einer »globalisierten« Welt davon abhängt, inwieweit sie Innovation und Wissen als soziales und wirtschaftliches Kapital nutzt. Hier wird entschieden, ob wir durch unsere billige körperliche Arbeit als Sklaven oder durch unser Wissen als Herren an dem Konkurrenzkampf der Nationen und Firmen teilnehmen.

Aber die heikelste Frage, die Frage aller Fragen, lautet: ***Was ist eigentlich Wissen?*** Was ist nützliches Wissen und was ist unnützes Wissen? Wer entscheidet, welches Wissen es wert ist, bewahrt, weitergegeben und erweitert zu werden, was es wert ist, in den Lehrplan aufgenommen zu werden und was sinnloses Wissen ist? Wer entscheidet, auf der Grundlage welcher Prinzipien und mit welchem Recht? Wie sehr ist dies eine Entscheidung von Macht, und wie sehr eine aus Prinzip?

Zählt das Wissen über wissenschaftlichen Sozialismus als Wissen oder das Wissen über Heilpflanzen, über das die Frauen eines im Dschungel lebenden Stammes verfügen? Vor einigen Jahren lautete die Antwort auf diese Fragen noch anders als heute. Die historische Erfahrung aber hat gezeigt, dass die größte Herausforderung für jede Gesellschaft darin besteht, Talente aufzuspüren und, wenn ihr das gelungen ist, sie auch zu fördern und es ihnen zu ermöglichen, sich weiterzuentwickeln, anstatt sie zu vernichten. Ist unsere Gesellschaft belastbar?

Kann der gewundene Weg des Wissens, der voller Sackgassen ist, die Gesellschaft zu neuen und besseren Zielen führen oder marschiert sie direkt auf einen Kollaps zu? Wie sollten wir über Wissen denken, was sagt uns die Geschichte? Gibt es vielleicht historische Parallelen, die sich auf unsere Zeit übertragen lassen, oder finden wir nur eine Vielzahl von Sackgassen und beschränktes Verhalten? Wo können wir nach Parallelen suchen, um das Schicksal der heute führenden Länder (die Länder der ersten Welt) vorherzusagen? Dies sind nur einige der Fragen, die in diesem Teil behandelt werden sollen.

Können wir beispielsweise etwas vom antiken Sparta lernen, in dem es fast keine Wissenschaft, Kunst, Industrie und keinen Handel gab, das jedoch eine gefürchtete Militärmacht seiner Zeit war? Spartanische Männer verbrachten ihr ganzes Leben in Kasernen und konnten nur mit ihren Frauen zusammen sein, wenn es ihnen gelang, die Wachen zu überlisten und sich wegzustehlen. Wurden sie erwischt, wurden sie hart bestraft. Sie wussten alles, was damals über Kriegsführung bekannt war – aber das war auch alles. Ihr Motto lautete: Wenn etwas funktioniert, ändere es nicht! Im Jahr 371 v. Chr. war dann bei Leuktra innerhalb weniger Minuten alles vorbei.

Damals stand das spartanische Heer von 10 000 Mann kurz davor, das 6000 Mann starke Heer von Theben, das als schwach galt, zu zerschlagen. Kein zeitgenössischer Stratege hatte den Thebanern eine Chance eingeräumt. Der thebanische Befehlshaber aber (selbst ein schwacher, rückgratloser Mann) befahl seinem Fußvolk – ob aus Angst, aus Versehen oder weil er wieder einmal betrunken war –, sich diagonal zu bewegen und nicht auf die spartanische Infanteriemauer (Phalanx) zu. Das verwirrte die Spartaner so sehr, dass ihre überlegene Stärke, die jahrhundertelange Erfahrung und ihr Wissen plötzlich nutzlos waren. Sie flohen in einem Zustand der höchsten Verwirrung. Von diesem Schlag konnten sie sich nie wieder erholen. Ihr Wissen – auf dem ihr hervorragender Ruf beruht hatte – war durch eine spontane Idee wertlos geworden.

Das Wissen von Militärmächten ist immer relativ und sollte nicht für historische Parallelen herangezogen werden. Der Gegner, das Hindernis und das Maß eines bestimmten Wissens kann immer nur anderes Wissen sein. Auch darum geht es in diesem Teil.

Heute wissen die Wirtschaftswissenschaftler, dass nicht nur Kriegsführung, sondern auch Wirtschaft auf Kampf und Wettbewerb, also auf nicht linearen Prozessen beruhen. Wenn ein Unternehmen groß genug und sein Produkt erfolgreich ist, liegt es *nicht* in seinem Interesse, dass eine neue, möglicherweise bessere und billigere Technologie auf den Markt kommt. Ein typisches Beispiel ist die Autoindustrie, wo es schon in den 1950er-Jahren möglich gewesen wäre, kleine Autos wie die heutigen zu produzieren. Die Fabriken aber stellten gezielt Autos mit hohem Verbrauch her, die groß und stahlintensiv waren und viele Rohstoffe benötigten, denn diese waren rentabler. Es scheint, als ob die Mehrheit der Autohersteller sich nicht im Geringsten um nachhaltige Entwicklung, Umwelt oder Armut scherte, sondern nur um den Quartalsgewinn.

Im Mittelalter reichten billige, massenhaft produzierte und qualitativ minderwertige europäische Schwerter aus, um das Heilige Land zu erobern; mit ihnen konnte man die Muslime besiegen. Deshalb könnte man meinen, Entwicklung würde sich nicht immer lohnen. Der Verlust des Heiligen Landes war auf Streitereien zwischen den christlichen Kriegsherren, lange Nachschubrouten und letztlich auf die europäische Gleichgültigkeit zurückzuführen.

Wirtschaftswissenschaftler bezeichnen Fälle, in denen die technologische Entwicklung aufgrund eines frühen, großen Vorteils ins Stocken gerät, als »positive Rückkopplung« oder »Einfrieren«. Hier nimmt ein Unternehmen oder ein Produkt den Konkurrenten die »Luft« – den Profit – und der Wettbewerb kann gar nicht erst beginnen – die Situation »friert ein«. In den 1950er-Jahren war beispielsweise bereits die amerikanische Fernsehnorm NTSC in Gebrauch, die nur 425 Bildzeilen enthält, weshalb die Bildqualität aber recht schlecht war. Das Vorhandensein dieser Norm erschwerte die spätere Einführung von Verfahren mit besserer Qualität und höherer Auflösung extrem. Erst im neuen Jahrtausend war die Zeit für das digitale Fernsehen mit einer besseren Auflösung gekommen. Die schlechteren, minderwertigen, frühen Fernsehgeräte hatten sich schnell verbreitet und *blockierten den Markt* für neuere, hochwertigere Geräte. Die Gewinne der TV-Industrie wurden immer wieder in die Produktion von Standardfernsehgeräten minderer Qualität reinvestiert, wodurch der Markt vollständig gesättigt wurde und alle anderen potenziellen Wettbewerber verdrängt wurden. Es bestand keine

Chance auf einen Fernseher besserer Qualität (solche Fernseher hätten mithilfe des vorhandenen Wissens durchaus hergestellt werden können); jeder musste sich mit diesem schlechten, frühen, schwachen Standard zufriedengeben.

Denselben Vorgang können wir bei der Kernenergie beobachten, wo die ersten Atom-U-Boote dazu führten, dass schnell ein relativ leistungsschwacher, billig zu produzierender Kernreaktortyp entwickelt werden musste – der Druckwasserreaktor. Gasgekühlte Hochtemperaturreaktoren, in denen das Uran in Form von Pellets gelagert wurde und die in jeder Hinsicht besser, sicherer und wirtschaftlicher waren als Druckwasserreaktoren, konnten sich später wegen der Druckwasserreaktoren nicht durchsetzen. Die bessere Lösung wurde einfach vom Markt verdrängt. Dasselbe geschah auch bei der Computersoftware: Fortran IV beispielsweise beherrschte lange Zeit den Markt und viele wissenschaftliche Algorithmen wurden in dieser Sprache geschrieben, die schließlich zum Standard wurde, obwohl später bessere Programmiersprachen entwickelt wurden.

Auch die Viertakt-Kolbenverbrennungsmotoren hatten sich so weit durchgesetzt, dass zum Beispiel Wankelmotoren gar nicht mehr eingesetzt wurden, obwohl ihre geringere Masse ein geringeres Motorgewicht, eine höhere spezifische Leistung und natürlich einen geringeren Verbrauch zur Folge gehabt hätte. *Kurzfristige wirtschaftliche Vorteile können also ein sehr ernst zu nehmendes Hindernis für den Fortschritt* und die Verbesserung unserer Lebensqualität darstellen – oft sind wir uns dessen nicht einmal bewusst.

Es gibt jedoch auch bekannte Arten des »Einfrierens« oder »Versteifens« von Wissen, das nicht schädlich ist. So sind die Verbreitung und Entwicklung von Baustilen, Volkstrachten oder Sprachen und ihre Beständigkeit oder ihr langsamer Wandel nicht schädlich; sie können sogar nützlich sein. Ist es also ein harmloser Prozess, wenn Wissen im Allgemeinen starr und unveränderlich wird? Auch in der Wissenschaft brauchen wir erprobte und zuverlässige Gesetze, auf deren Grundlage wir unser weiteres Wissen aufbauen können. Diese Forderung birgt jedoch ernste Gefahren in sich, da sie weiteren Fortschritt und tieferes Wissen auch *verhindern* kann.

Das wohl älteste bekannte Beispiel in der Mathematik ist der Fall der irrationalen Zahlen (irrationale Zahlen sind Zahlen, die sich nicht als Quotient zweier ganzer Zahlen darstellen lassen). Als die Griechen entdeckten, dass die Zahl irrational ist, hielten sie diese Entdeckung geheim. Sie befürchteten, dass das Vertrauen in die Weltordnung erschüttert würde, wenn diese Tatsache an die Öffentlichkeit käme und dass Sklavenaufstände ausbrächen. Wir sollten nicht darüber lachen – von einer ähnlichen Angst sind heute die Erhaltungssätze umgeben! Es ist die Angst vor dem modernen Lohnsklavenaufstand: Wenn sich herausstellt, dass wir schon seit Jahrhunderten wissen, dass der Energieerhaltungssatz nicht immer wahr ist, dann wird auch ans Licht kommen, dass die bewusste Verhinderung der Verbreitung von Maschinen, die auf diesem »neuen« Prinzip basieren, seit Jahrhunderten die Chance auf ein besseres, menschlicheres Leben erstickt hat.

Neueres, höheres Wissen verbreitet sich meist nicht von selbst. *Dies muss erkämpft werden*, und in diesem Kampf wurden *weit mehr Schlachten verloren als gewonnen*. Jedes neue Wissen bedroht das ältere Wissen und das damit einhergehende *Interessengeflecht*. Dieser Teil, aber eigentlich das ganze Buch, befasst sich hauptsächlich mit den Folgen dieser Entwicklung.

Verschlossenheit und Unbeweglichkeit sind ein grundlegendes Phänomen in Politik, Wirtschaft und Technik. Dasselbe gilt auch für die Wissenschaft. Wenn ein Gesetz erst einmal verabschiedet ist und sich trotz eindeutiger Gegenbeweise verbreitet, ist es äußerst *schwierig, dies zu ändern*. Deshalb ist die Verbreitung von Wissen und nützlichen Informationen so langsam und *anfällig*. Riesige, scheinbar starke Reiche brachen zusammen, weil die grundlegende Erkenntnis fehlte, dass *eine Gesellschaft nur funktionieren kann, wenn ein ständiger Wandel, eine freie und stetige Zunahme von Wissen zugelassen wird*.

Das beste, lehrreichste und gleichzeitig traurigste Beispiel für diesen Kampf ist die Geschichte Chinas.

Wenn ... (2)

An einem nebligen Morgen im Sommer 1452 tauchten plötzlich chinesische Kriegsschiffe in den schmutzigen Häfen Londons an den Ufern der Themse auf und begannen, Häuser und Festungen zu beschießen. Eine Mauer nach der anderen bekam Risse und stürzte in sich zusammen. In die weiter entfernten Häuser schlugen Mehrstufenraketen ein. Der Widerstand der Bewohner wurde schnell gebrochen und die 10 000 chinesischen Soldaten, die etwas später landeten, mussten kaum kämpfen, denn die Engländer ergaben sich. Diese Aktion schloss die Eroberung des europäischen Kontinents ab. Die Feindseligkeiten waren offiziell durch eine britische Steuer auf die Einfuhr von Tee, Seide und Porzellan ausgelöst worden. Zu diesem Zeitpunkt kaufte schon ganz Kontinentaleuropa chinesische Waren und trank chinesischen Tee, doch die Engländer hatten sich dieser »Mode« merkwürdigerweise widersetzt – bis die chinesischen Kanonenboote auftauchten. Der einstündige Beschuss beendete den Konflikt. Auch die formale Unabhängigkeit und Freiheit Englands fand damit ein Ende. Nun hatte ein chinesischer Gouverneur das Sagen – genauso wie im Rest Europas.

Bald begann auch der englische Adel, seine Kinder auf chinesische Schulen zu schicken und eine Generation später sprach der gesamte Adel nicht nur Chinesisch, sondern aß und kleidete sich auch chinesisch. Nur die ungebildete Dorfbevölkerung blieb christlich und benutzte noch eine Weile die alte englische Sprache. Aber auch das hielt nicht lange an, denn das gemeine Volk auf dem europäischen Kontinent sprach bereits Chinesisch und vermischte sich mit den chinesischen Siedlern. Um 1600 hatten sogar schon die Dorfvorsteher Chinesisch gelernt. Sie aßen mit Stäbchen und übernahmen die Bräuche der ehemaligen Eroberer. Ab und zu tauchte eine Handvoll Rebellen auf, aber man brachte sie bald in die große chinesische Gefangenenkolonie, die die Normannen Grönland nannten. Das Himmlische Reich war nun die größte und einflussreichste Macht auf der Erde und herrschte über den gesamten eurasischen Kontinent. Fünfmastige Dschunken transportierten die in den europäischen Kolonien abgebauten Edelmetalle in die Hauptstadt und brachten dafür Seide und Porzellan von dort zurück.

Nein, so ist es nicht gekommen. Die Geschichte verlief anders, aber um ein Haar wäre es so oder so ähnlich abgelaufen und Europa wäre Teil des chinesischen Reiches geworden. Dann würde man heute auf unserem Kontinent Chinesisch sprechen. Wenn wir an die Gültigkeit historischer Erfahrungen, an die Möglichkeit, aus der Geschichte zu lernen, glauben, sollten wir die Parallelen für die Aussichten und

GASPAR 2002

die potenziellen Probleme unserer heutigen Entwicklung am besten in der Geschichte Chinas suchen. Mehr als 2000 Jahre lang hatte dieses in der Geschichte einzigartige Reich auf Wissen und individuelle intellektuelle Leistungen gebaut und eine beneidenswerte Kultur mit fortschrittlicher Technologie geschaffen, die der ihrer Umgebung weit überlegen war. Von seinem Aufstieg und Fall können wir viel lernen. Und auch wenn ich es nicht immer wieder betone, wird es stets um Wissen und Wissensmanagement gehen.

Die chinesische Mentalität

Wenn wir heute über China sprechen, mögen wir an (für uns) seltsame und exotische Dinge denken. Wir wissen beispielsweise, dass die Chinesen ziemlich viel Ungewöhnliches essen: gebratene Seidenraupen, Melonenranken, Schlangeneintopf, Sojabohnenquark, Würmeromelett oder gebratene Riesenwanzen. In Europa isst man meist auch keine Gänsehoden und kein gebratenes Taubenhirn. In China gelten diese Speisen als Delikatesse (bei chinesischen Imbissen bekommen wir zum Glück die »europäischen« Versionen davon). Hier begrüßte man sich lange mit »Haben Sie schon gegessen?« statt mit »Hallo«. In China ist es unhöflich, sich in der Öffentlichkeit zu küssen. Freunde oder Familienmitglieder begrüßen sich mit einem ernsten Blick, auch wenn sie sich seit Jahren nicht mehr gesehen haben. Über die Vergangenheit weiß man vielleicht nur, dass die Füße chinesischer Frauen früher auf 17–18 Zentimeter geschrumpft wurden – dies waren die berühmten »goldenen Lotusfüße«. Männer empfanden sie als schön, doch die Frauen litten für den Rest ihres Lebens unter ständigen Schmerzen und mussten sich manchmal sogar ihre Füße wegen Gangränen amputieren lassen, die aufgrund schlechter Durchblutung entstanden waren.

In China konnten nur etwa 20 Prozent der Bevölkerung lesen und schreiben, weil es (selbst für sie) so schwierig war, ihre Schrift zu erlernen. In China glauben viele, dass das Wissen schwindet und die Welt immer unwissender wird, weil die Meister ihr Wissen nie vollständig weitergeben. Sie behalten immer etwas für sich. Auf China trifft es zu, dass sich die Geschichte wiederholt: Wir finden viele Probleme, die im Abstand von einigen 100 Jahren immer wieder auftreten. Diese Periodizität ist in der chinesischen Geschichte eindeutig erkennbar. Sobald eine Dynastie zerfällt und eine andere an die Macht kommt, verteilt diese zuerst Land an die Bauern und führt Reformen durch. Dann kommen entweder die gebildeten Mandarine oder die kastrierten Hofeunuchen an die Macht. Die Herrscher werden immer reicher und die Bauern immer ärmer, es kommt zur Landkonzentration. Dies führt zu großen Wohlstandsunterschieden, und nach einer Dürre- oder Überschwemmungsperiode folgen Hungersnöte, Bauernaufstände und Machtkämpfe. Sobald ein Bürgerkrieg ausbricht, kommen fremde Eroberer und unterdrücken die gesamte Bevölkerung. Dann bricht ein weiterer Bauernaufstand aus und die Unterdrücker werden vertrieben. Eine neue Dynastie kommt an die Macht und der Kreislauf beginnt von vorne.

In China scheinen *weder die Kaiser noch die Schriftgelehrten etwas aus den Fehlern der Vergangenheit gelernt* zu haben. Es entsteht immer automatisch eine parasitäre Schicht, unter welchem Namen oder Titel auch immer. Dennoch haben die Chinesen mit ihrem Fleiß, ihrem Talent und ihrem Einfallsreichtum das größte und *reichste* Land der Erde geschaffen, und bis zum Beginn des 20. Jahrhunderts war die chinesische die langlebigste Zivilisation der bekannten Weltgeschichte. Es war die Wiege der ersten »halb technischen« Zivilisation, die auf umfassendem Wissen beruhte und der *europäischen Technologie und Wissenschaft um Jahrhunderte voraus war.* Dies ist ein Ort, an dem Wissen und Unwissen jahrhundertelang hart umkämpft waren, und die besten Beispiele für die Macht, die Wissen und technische Zivilisation ausüben können, aber auch für den schrecklichen Schaden, den Unwissen und Dummheit vonseiten der Führung anrichten können, finden wir in der Geschichte dieses Landes. Bevor wir aber das Schicksal des Wissens in China analysieren, also inwiefern die bedeutenden Aufschwünge und die großen Kollapse mit der technischen Zivilisation verbunden waren, wollen wir uns einen groben Überblick über die wichtigsten technischen Errungenschaften verschaffen.

Die Technik Chinas

Zu Beginn des neuen Zeitalters nannte der englische Naturphilosoph Francis Bacon drei Erfindungen, die seiner Meinung nach das Leben revolutioniert hatten: das Papier, den Kompass und das Schießpulver. Was er vielleicht nicht wusste: Alle drei Erfindungen stammen aus China. Es ist gemeinhin unbekannt, dass die technische Revolution des Mittelalters und der Neuzeit in Europa mit dem Kopieren chinesischer Erfindungen begonnen hatte. Viele sind sehr stolz auf die Errungenschaften der griechischen Wissenschaft, insbesondere der griechischen Mathematik und Physik. Wir wissen aber auch, dass Europa nach dem Niedergang des Römischen Reiches in eine 1000-jährige Finsternis stürzte. Europa zerfiel in winzige, isolierte Walddörfer, die kaum miteinander in Kontakt standen. Gepflasterte Straßen gab es nicht mehr, die Methode des Straßenbaus geriet in Vergessenheit. Bis zum 13. Jahrhundert, als Westeuropa vom »Kathedralen-Baufieber« erfasst wurde, konnten nur noch kleine Hütten und primitive Burgen gebaut werden.

Zu dieser Zeit war das Leben in Europa kurz, schmutzig und unglaublich hart. Die Städte Chinas und Indiens dagegen waren von einem Lebensstandard, einem Luxus und einer Pracht geprägt, wie sie für Europäer unvorstellbar waren. Kurz nach dem Untergang Roms fand man die Stadt verlassen, ihre Straßen waren von Unkraut, Schmutz, Müll und Schutt bedeckt. Auf dem ganzen Kontinent waren die einzigen Gegenden, in denen man noch angenehm leben konnte, Konstantinopel und das von den Mauren bewohnte Andalusien. Europa hatte seine frühere Position eindeutig verloren und war für lange Zeit auf ein primitives Niveau zurückgefallen. Die letzten Inseln der Zivilisation waren Klöster, in denen einige wenige Mönche noch lesen und schreiben konnten und alte griechische Texte auf Hundefelle, seltener auf den schwer zu beschaffenden Papyrus aus Ägypten kopierten. Die elementarsten technischen Voraussetzungen für die Erhaltung und Weitergabe von Wissen waren verloren gegangen.

In China wurde die erste Papierherstellung bereits im Jahr 105 von Cai Lun dokumentiert, der auch als Erfinder des Papiers gilt. Für seine Erfindung erhielt er vom Kaiser eine hohe Belohnung (seine Neider verbreiteten jedoch Gerüchte über den unglücklichen Erfinder, die ihn mit der Kaiserin in Verbindung brachten, woraufhin er Selbstmord beging). Die erste Welt war also zu dieser Zeit eindeutig China; auf diese Hochkultur folgte mit einigem Abstand die muslimische Welt und erst dann, weit abgeschlagen, Europa.

Heute arbeiten Historiker die Weltgeschichte oft europazentrisch auf, wobei der Ferne Osten und Asien höchstens in Nebensätzen erwähnt werden, obwohl die Zivilisationen Asiens lange Zeit viel höher entwickelt waren, und zwar nicht nur die chinesische und indische Zivilisation, sondern auch einige südostasiatische Zivilisationen wie beispielsweise Myanmar (auch: Burma), Thailand oder Kambodscha. Die Stadt Mrauk U im Norden Myanmars beispielsweise war noch bis ins 18. Jahrhundert größer als London (heute ist sie von Dschungel umgeben). Es gibt Dutzende solcher riesigen Städte in Asien, die einst einen Wohlstand vorzuweisen hatten, der die europäische Vorstellungskraft übersteigt. Wie aber war es dazu gekommen? Dies war nur möglich gewesen, weil es zu dieser Zeit in Asien technische Zivilisationen gab, die die europäischen weit übertrafen. Vor allem in China entstand ein großes, einheitliches Reich. Dieses vereinte, riesige Land nahm alle Arten von Erfindungen auf und verbreitete sie lawinenartig. Wenn man sich die wenigen Werke ansieht, die sich mit der Geschichte der chinesischen Technik und Zivilisation befassen, kommt man aus dem Staunen nicht mehr heraus.

Zusammenfassend lässt sich sagen, dass die Chinesen uns etwa 500–1000 Jahre voraus waren und nur deshalb nicht ganz Asien und Europa eroberten, ***weil sie keinen Grund dafür hatten***; andere Zivilisationen waren den Chinesen so unterlegen, dass es nur Schwierigkeiten gemacht hätte, das riesige Kolonialreich zusammenzuhalten.

Vielleicht sollten wir nach geografischen Gründen für die Entwicklung in China suchen. Chinas Ebenen sind von riesigen Flüssen durchzogen, die eine Bewässerungslandwirtschaft ermöglichen, was wiederum den Bau von Dämmen und Kanälen erfordert. Dazu braucht es aber ein hohes Maß an Organisation, ein zentrales Management und ein minimales Ingenieurswissen. Wo der Kanal- und Städtebau, für den ein hohes Maß an Organisation benötigt wird, erst einmal begonnen hat, gibt es einen ständigen technischen Bedarf und die Möglichkeit, immer bessere und hochwertigere Produkte herzustellen. Im chinesischen Reich bearbeitete man die Erde bereits 600 v. Chr. (rund 2200 Jahre vor Europa) mit Eisenpflügen. Deshalb wurden die Pflanzen auch in Reihen gepflanzt. Im Süden konnten die Bauern mindestens zweimal pro Jahr ernten.

Rund 2000 Jahre alte chinesische kombinierte Saatmaschine mit Pflug

Saatmaschine von Jethro Tull (1674–1741). Rund 2000 Jahre nach ihrer chinesischen Erfindung wird die Saatmaschine auch in England erfunden. Bis dahin wurde die Aussaat per Hand durchgeführt. Dabei wurde rund die Hälfte des Saatguts von den Vögeln gefressen.

Eisenpflug. Der Engländer James Small war es, der den ersten Pflug auf der Grundlage von Experimenten und Überlegungen entwickelte. Durch die optimale Wahl des Auswurfwinkels wurde weniger Zugkraft benötigt und die bessere Bodenbearbeitung führte zu einem höheren Ertrag. Sein Pflug wurde aus Gusseisen hergestellt, hatte eine vorteilhaftere Form und konnte billig in Massen hergestellt werden.

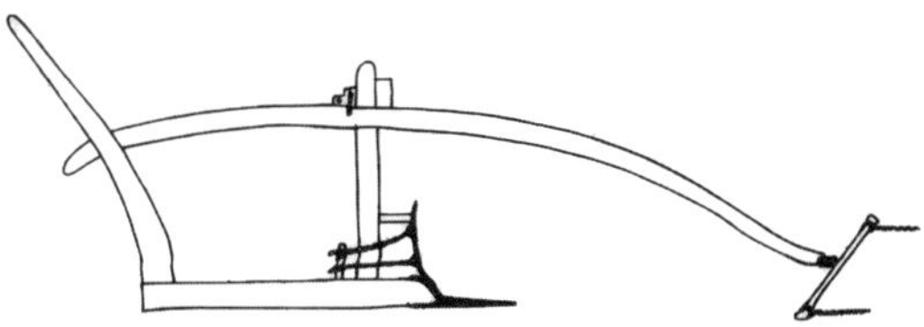

Chinesischer Eisenpflug, 880

Auch in England verbreitete sich der Eisenpflug erst um 1700 (anderswo dauerte es noch länger). Bis dahin wurden primitive Holzpflüge genommen, um die obersten 5 Zentimeter des Bodens zu bearbeiten. In China verwendete man bereits 400 v. Chr., etwa zur Zeit Alexanders des Großen, ein Geschirr, das auf der Brust des Pferdes und nicht auf dem Hals ruhte (sodass das Geschirr das Pferd nicht würgte), wodurch sich die Zugkraft des Tieres verdreifachte. Dies bedeutete auch, dass chinesische Streitwagen viel schwerere Lasten viel weiter befördern konnten. Ihre Kriegswagen konnten drei bis fünf Krieger befördern, sodass ihre Armee viel mobiler und schlagkräftiger war als andere. In der Landwirtschaft verwendeten die Chinesen Sämaschinen mit mehreren Rohren, damit die Samen tief genug in die Erde gelangten und keimen konnten; sie wurden nicht von Vögeln aufgepickt wie in Europa. Der durchschnittliche Ertrag war nicht nur zwei- bis dreimal so hoch wie in Europa, sondern es waren auch weniger Menschen nötig, um das Land zu bearbeiten. Für die gleiche Anzahl von

Einwohnern gab es also mehr Soldaten, mehr Handwerker, mehr Dammbauer und mehr gebildete, denkende Menschen.

Der Gusseisenpflug trug wesentlich zur Verhinderung von Hungersnöten bei. Besser ernährte Menschen leben auch länger. Dieser Pflug hatte den chinesischen Eisenpflug bereits übertroffen und wurde in Europa bis zum Ende des 19. Jahrhunderts genutzt. Einen wirklich großen Fortschritt bedeuteten aber die Pflüge mit gehärteter Kante von Robert Ransome (1753–1830), die die hölzernen Pflüge endgültig ersetzten, weil sie nicht so leicht brachen und so auch in steinigem Boden eingesetzt werden konnten. Am 24. September 1803 wurde in England ein Patent für einen Stahlpflug erteilt, der durch Abkühlung gehärtet werden konnte, weil er mit einer Eisengussform hergestellt wurde.

In China stellte man bereits um 400 v. Chr. Gegenstände aus Gusseisen her, während diese Technik in Europa erst rund 1700 Jahre später aufkam. Die Chinesen setzten Kolbenpumpen mit Zweiwegeventilen ein, um Luft unter die Hochöfen zu pumpen, was es ermöglichte, sehr hohe Temperaturen zu erreichen. Mit dem Aufkommen dieser Technik gelang China ein schneller und vollständiger Übergang von der Bronze- zur Eisenzeit. Rund 200 Jahre später wurde sprödes, brüchiges, kohlenstoffreiches Roheisen zur Herstellung von Stahl verwendet – in Europa erfand man diese Technik erst rund 2000 Jahre später.

Auch Erdgas wurde schon durch tiefe Gasbohrungen gefördert. Damit war China der europäischen Technologie um rund 1900 Jahre voraus. Das Ernst Werner von Siemens zugeschriebene Verfahren zur Herstellung von Stahl aus dem 19. Jahrhundert war in China bereits um das Jahr 500, also 1300 Jahre früher als in Europa, zur Herstellung großer Mengen Stahl eingesetzt worden. Diese riesigen Mengen Metall wurden für den Bau von Kettenbrücken und für die Versorgung der Armee verwendet.

Um das Jahr 300 konnten die Chinesen bereits Porzellan fertigen, das sie bald darauf auch kunstvoll verzierten. In Europa aß man noch von Holz- und Zinntellern.

Um zu verhindern, dass Käfer die Pflanzungen zerstörten, wurde biologische Schädlingsbekämpfung angewandt, beispielsweise das Besprühen mit Brennnesseljauche. In Europa setzte man diese Methode erst rund 1600 Jahre später ein.

Um die Versorgung der großen Bevölkerung sicherzustellen, wurde die Entwicklung einer ökologischen Landwirtschaft dringend notwendig. Man wusste, dass es sich nicht lohnte, Pferde und Kühe zu halten, weil die Weideflächen zu viel Land auf Kosten des Ackerbaus beanspruchen würden. Daher hielt man eher Schweine und Hühner. Sogar die Gülle wurde verwendet: Sie wurde in Fischteichen entsorgt, wodurch das Plankton sich schnell vermehrte, was wiederum den pflanzenfressenden Fischen reichlich Nahrung bot. Die Gülle, die morgens in den Fischteichen ausgebracht wurde, schwamm abends bereits als Fisch- und Entenfleisch im Teich; die Bevölkerung war fast immer so groß, dass man es sich nicht leisten konnte, etwas zu verschwenden.

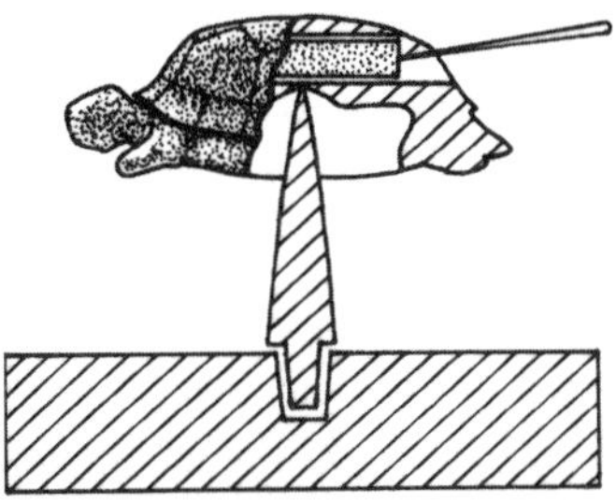

Der erste Kompass, der nicht mehr auf Wasser schwebte, sondern auf einer Nadelspitze rotierte

Wahrscheinlich war es Yongle, der den Kompass weiterentwickelte

In China wurden die ersten Kompasse schon um das Jahr 400 v. Chr. in der nautischen Navigation eingesetzt. Um das Jahr 1000 fanden sie dann auch in der Landnavigation Verwendung. Mit Hubschrauberrotoren und Propellern spielten chinesische Kinder bereits im 4. Jahrhundert – in Europa erfand man diese erst etwa 1500 Jahre später.

984 wurde die Regelung des Wasserstands in Kanälen genau beschrieben. Rund 400 Jahre später brachten europäische Händler diese Idee wahrscheinlich von dort auf den alten Kontinent mit. Die chinesische Armee setzte bereits im 4. Jahrhundert v. Chr. regelmäßig Senf- und Tränengas ein. Auch die Armbrust war weitverbreitet, weshalb keine Stahlrüstungen entwickelt wurden. Armbrüste konnten diese nämlich problemlos aus 50 Meter Entfernung durchdringen. Infolgedessen entwickelte sich hier auch keine starke feudale Militärklasse wie in Europa.

Im 9. Jahrhundert, rund 300 Jahre vor Europa, hatten chinesische Alchemisten bereits die Zusammensetzung von Schießpulver beschrieben, und im 10. Jahrhundert erschienen die ersten Flammenwerfer, während sie in Europa erst im Ersten Weltkrieg auftauchten. Auch Raketen und Treibladungsgeschosse aus Bambusrohr wurden schon hergestellt, teilweise für militärische Zwecke, teilweise zur Unterhaltung. Die Mehrstufenrakete wurde hier im 14. Jahrhundert erfunden; Europa folgte rund 600 Jahre später. Die erste echte Kanone setzten die Chinesen schon 1280 gegen die eindringenden Mongolen ein. Diese Erfindung verbreitete sich am schnellsten; nur 50 Jahre später konnte man sie auch in Europa finden.

Diese Aufzählung auf die Schnelle ist nur eine Kostprobe der beeindruckenden Fortschrittlichkeit der chinesischen Technik. Es muss jedoch auch darauf hingewiesen werden, dass keine zusammenfassende, systematische Wissenschaft hinter dieser Entwicklung stand und vielleicht auch gar kein Anspruch darauf existierte.

Die chinesische Gesellschaft

Die chinesische Zivilisation blieb fast bis zum Ende des 19. Jahrhunderts erhalten – keine andere Gesellschaft der uns bekannten Menschheitsgeschichte hat so lange überdauert. Auf die wichtigste und größte chinesische Erfindung, ein Mehrmastschiff mit Spezialsegeln, mit dem China sogar die Weltherrschaft hätte erlangen können, werden wir später noch genauer eingehen. Dass China die Welt nicht eroberte, hat mit der Denkweise und Mentalität der Chinesen zu tun. In dieser Zivilisation ist die Verflechtung von Technologie und dem Schicksal der Gesellschaft überall zu spüren. Die Geschichte Chinas zeigt, wie sehr Erfindungen den

Lebensstandard eines Landes oder eines Reiches heben können, während die Unterdrückung von Erfindungen oder freiem Denken zu Problemen und letztendlich zum Kollaps führt – wenn nicht sofort, so doch ganz sicher in einigen Jahrzehnten.

Die Dynamik einer Gesellschaft oder einer Zivilisation wird durch den Zeitgeist, die Denkweise und die Mentalität der Zeit bestimmt. Ohne diese können wir nicht verstehen, was die Chinesen zu ihren Erfindungen geführt hat und warum sie nicht auch den nächsten Schritt gegangen sind. Diese größte und älteste Zivilisation der Erde hätte ohne die Hilfe der Technik niemals als ein einzelnes Reich funktionieren können. Nur Technologie, Qualität und Quantität der Erfindungen allein hätten dies aber auch nicht ermöglicht. Ohne die Weiterentwicklung der chinesischen Gesellschaft, die unter anderem durch externe und interne *Herausforderungen erforderlich wurde, hätte dieses Reich sich nicht so lange halten können*. Herausforderungen zwingen nämlich eine Gesellschaft und ihre Führer dazu, zu denken und zu handeln. Herausforderungen führen entweder zu Fortschritt oder – im Extremfall – zum Zusammenbruch. Die Führer der chinesischen Gesellschaft hatten gelernt, wie man eine Gratwanderung überlebt: Interne Intrigen, Bauernaufstände, Angriffe von außen, Hungersnöte, Dürren und manchmal Überschwemmungen waren ständige Probleme. Diese Herausforderungen haben – zumindest eine Zeit lang und bis zu einem gewissen Grad – den *Fortschritt gefördert.*

Wir Europäer empfinden China oft als fremd, weil seine Mentalität, seine Kultur, seine Schrift und seine Sprache sich so sehr von den unsrigen unterscheiden. Auch Chinas Geschichte und sein Geschichtsbild entsprechen nicht den unseren. Die Chinesen haben eine völlig andere Vorstellung von einem idealen Staat. Während Rom mit großem Elan expandierte und alle seine Nachbarn eroberte, *das Denken und die Handarbeit aber verachtete* und Sklaven in seinen Manufakturen arbeiten und auf seinen Schiffen rudern ließ, ließen sich die Chinesen von den Grundsätzen eines alten Denkers namens Konfuzius leiten, der den *gesellschaftlichen Frieden* für das Wichtigste hielt. Zwar verkauften die Familienoberhäupter in Zeiten großer Hungersnöte manchmal ihre Töchter und Ehefrauen als Sklaven, aber es entwickelte sich nie eine Sklavenhaltung in großem Stil wie in der Antike oder in der arabischen Welt. In China gab es auch weder eine Feudalklasse noch eine unabhängig denkende Klasse von Gebildeten. Der Kaiser war der einzige und oberste Herr, dem alle gehorchen mussten. Die Verwaltungselite der chinesischen Gesellschaft bestand nicht aus Nachkommen des Kaisers, und keine reichen Kaufleute regierten unabhängige Stadtstaaten wie in Italien. Über Jahrtausende hinweg wurde durch ***strenge Prüfungen ausgewählt, wer die am besten geeigneten Personen für gewisse Posten waren***. Aber das Wissen, das hier abgefragt wurde, waren die Lehren von Konfuzius; in diesen Prüfungen wurden kaum technische, wirtschaftliche oder historische Fragen gestellt.

Natürlich konnte nicht jeder Kaiser werden, aber mit Wissen, Talent und Fleiß war theoretisch jede Position in der Beamtenschaft erreichbar. Es wurde zum Traum eines jeden Chinesen, denn es verschaffte ihm Prestige, Respekt und höchste gesellschaftliche Wertschätzung. Viele Frauen wollten Beamte heiraten, und junge Männer, die sich für talentiert hielten, lernten fleißig für die Beamtenprüfung. Ingenieur (Erfinder) oder Kaufmann zu sein, versprach keine große Karriere. Da alle Beamten Anhänger des Konfuzius waren, kann man Chinas Technologie, Wissenschaft, Denken und Mentalität ohne die Kenntnis seiner Lehren nicht verstehen. Dass New York heute nicht New Beijing heißt, dass nicht Chinesen die Filme in Hollywood drehen und in den Straßen von Paris ihren Wein trinken, ist letztlich Konfuzius zu verdanken. Hätten die Chinesen einen Ingenieur oder Wissenschaftler als Vorbild gewählt, hätte sie nichts aufhalten können. Konfuzius war der Grund für den langsamen Aufstieg, aber auch für den fatalen Zerfall dieses Reiches.

Meister Konfuzius und seine Lehren

Konfuzius, der das Denken von Millionen Chinesen beeinflusste, war ein Wanderlehrer. Seine Lehren konzentrierten sich auf Moral, Philosophie und die tägliche Praxis des Regierens. Heute würden wir ihn als Politikwissenschaftler oder freiberuflichen Consultant bezeichnen, vielleicht aber auch als Lifestyle-Berater. Er war zweifelsohne einer der einflussreichsten Denker der Menschheit.

Konfuzius wurde 551 v. Chr. (etwa zur gleichen Zeit wie Buddha) im Staat Lu in der Provinz Schantung in der Stadt Qufu geboren. Zu dieser Zeit war sein Vater bereits 70. Konfuzius war erst 3 Jahre alt, als sein Vater starb. Der Junge versuchte, seiner einsamen Mutter zu helfen, indem er andere Kinder unterrichtete. Er lernte sogar Bogenschießen und Musik, weil auch daran Bedarf bestand. Im Alter von 19 Jahren heiratete er. Seine Frau schenkte ihm ein Kind (dessen Familie ist übrigens die größte dokumentierte Familie der Geschichte; noch im letzten Jahrhundert gab es rund 11 000 bekannte direkte Nachkommen dieses Jungen; während der Kulturrevolution mussten die Angehörigen ihre Herkunft allerdings geheim halten). Im Alter von 22 Jahren begann Konfuzius für ein bescheidenes Entgelt zu unterrichten und nutzte zunächst sein eigenes Haus als Schulgebäude. Er lehrte Poesie, Geschichte und die Regeln des Eigentumsrechts, eine Art Moralkodex. Sein Wissen gab er nicht schriftlich weiter; seine Schüler mussten es auswendig lernen. Erst später fasste er seine Gedanken in fünf großen »Büchern« zusammen.

Diese »Bücher« waren Bündel von Bambusrohren, die auf der Innenseite mit Rußtinte beschrieben waren. Einige dieser »Bücher« bestanden manchmal aus einer Menge Bambus, das einen ganzen Wagen füllte. In seinen Schriften greift Konfuzius andere nie an und verschwendet keine Zeit mit Diskussionen. Er sagt: »Ich öffne die Wahrheit nicht denen, die nicht an ihr interessiert sind. Ich helfe nicht denen, die ihre Wahrheit nicht preisgeben wollen. Wenn ich einem Menschen einen Eckpfeiler der Wahrheit offenbare und er die anderen drei nicht davon ableiten kann, wiederhole ich die Lektion nicht.« Konfuzius glaubte, dass nur die Klügsten und Dümmsten nicht von ihm lernen könnten und dass das Erlernen der menschlichen Philosophie den Charakter und das Denken aller verbessern würde. Er war davon überzeugt, dass es keinen Menschen gäbe, der nicht »zu Verstand zu bringen« wäre, wenn er 3 Jahre lang bei ihm studiert.

Am Anfang hatte Konfuzius nur wenige Schüler, am Ende aber kamen Tausende zu ihm. Einige lebten auch bei ihm und folgten ihm auf seinen Wanderungen. Er sagte, er stelle keine neuen Regeln auf, sondern gebe lediglich das Wissen der Urahnen weiter. Konfuzius legte großen Wert auf die Wahrung der Tradition, auf die ständige Aufrechterhaltung von Ordnung, Kontinuität und auf gute Umgangsformen. Er strebte nicht nach einer Arbeit, einer Position oder Macht, sondern suchte lieber die Gesellschaft anderer Denker. So besuchte er beispielsweise den alten, im Sterben liegenden Laotse, den Begründer des Taoismus.

Die Legende besagt, dass er auf dem Heimweg von dieser Reise in einem verlassenen Wald einer weinenden Frau begegnete. Er schickte einen Schüler zu ihr, um herauszufinden, was geschehen war. Die Frau erzählte, dass sowohl ihr Schwiegervater als auch ihr Mann von einem Tiger gefressen worden waren. Bald darauf hätte ihren Sohn das gleiche Schicksal ereilt. Auf die Frage, warum sie nicht weggegangen sei, antwortete sie, weil es hier keine Regierung gebe, die ihre Untertanen unterdrückt. »Seht ihr, meine Söhne«, sagte Konfuzius zu seinen Schülern: »Merkt euch: ***Eine Regierung, die unterdrückt, ist schlimmer als ein Tiger***.«

Um 400 v. Chr. wurde Konfuzius zum Innenminister der Stadt Chengdu und zum Polizeichef ernannt. Der Überlieferung nach brach in der Stadt eine »Ehrlichkeitsepidemie« aus; die Menschen hörten auf zu stehlen, ließen verlorene Gegenstände liegen oder gaben sie ihren Besitzern zurück. In der Bevölkerung herrschten Loyalität und guter Wille. Doch dann ersann der Minister eines Nachbarstaates einen schlauen Plan, um den Herrscher des Staates Lu vom rechten Weg abzubringen. Er befürchtete nämlich, dass die edlen Tugenden Lu so stark machen würden, dass der Nachbarstaat irgendwann von ihm eingenommen werden würde. Also schickte der Herrscher viele schöne »singende Mädchen« (Kurtisanen) und noch schönere Pferde dorthin. Von da an widmete sich der Herrscher von Lu nur noch dem Reiten und den Mädchen und vernachlässigte die Pflichten gegenüber seinem Land. Konfuzius geriet in einen ernsten Konflikt mit dem Herrscher, denn seiner Meinung nach bestand ***die Hauptaufgabe eines Herrschers darin, ein gutes Vorbild zu sein***.

Konfuzius und seine Anhänger verließen den Staat Lu. Es folgten 13 Jahre der Wanderschaft, oft begleitet von Hunger und Verzweiflung. Der Meister war bereits 69 Jahre alt, als ein neuer Herrscher auf den Thron des Staates Lu kam und den alten Philosophen zurückrief. Zwar spielte er keine aktive Rolle mehr, stand dem Herrscher aber noch lange mit seinem Rat zur Seite. Wie er erzählte, begann er im Alter von 15 Jahren zu studieren, stand mit 30 Jahren fest auf den Beinen und war

Ein Bild von Meister Konfuzius. Ein solches Gewand trug er sicher nicht, denn diese Tracht entstand erst später.

mit 40 Jahren frei von Zweifeln. Mit 50 verstand er die himmlischen Gesetze, mit 60 hörte sein Ohr als gehorsamer Diener die Wahrheit, mit 70 folgte sein Herz zweifellos dem richtigen Weg. Er starb im Alter von 72 Jahren und wurde feierlich im Kreise seiner Schüler beigesetzt, die anschließend 3 Jahre lang in dem kleinen Gebäude, das an seinem Grab errichtet wurde, um ihn trauerten.

In den darauffolgenden rund 2000 Jahren war vielleicht folgender Gedankengang am charakteristischsten für das Denken von Millionen von Chinesen, die der Meister beeinflusst hatte: *Unsere Vorfahren, die die größten Tugenden im ganzen Reich festigen wollten, machten zuerst in ihren eigenen Staaten Ordnung. Um ihre Staaten in Ordnung zu bringen, machten sie zuerst in ihren eigenen Familien Ordnung. Um ihre Familien in Ordnung zu bringen, machten sie zuerst Ordnung in sich selbst. Um sich selbst in Ordnung zu bringen, reinigten sie zuerst ihre Herzen. Um reinen Herzens zu sein, mussten zunächst ihre Gedanken ehrlich werden. Um in ihren Gedanken ehrlich zu werden, lernten sie zunächst, was richtig war.* ***Diese Erweiterung des Wissens ist die Grundlage aller Dinge.*** *Wenn die Dinge ehrlich untersucht werden, wird das Wissen vollständig. Wenn unser Wissen vollständig ist, werden unsere Gedanken ehrlich sein. Wenn unsere Gedanken ehrlich sind, werden unsere Herzen gereinigt. Wer reinen Herzens ist, verhält sich richtig. Ein Mensch mit guten Manieren kann auch seine Familie erziehen. Gut erzogene Familien können gut regiert werden. Und in gut regierten Staaten sind alle glücklich.*

Nach Ansicht des Meisters ist also derjenige überlegen, der sich selbst erzieht und seine Gedanken ständig sorgfältig reinigt. Intelligenz, Mut und guter Wille sind wichtig, um die höheren Sphären zu erreichen. »Wissen befreit von Zweifeln, Tugend von Leiden, Entschlossenheit von Angst. Lernen ohne zu denken ist vergebliche Mühe; denken, ohne zu lernen, ist gefährlich. Was ist wahres Wissen? Zu wissen, was bekannt ist, und zu wissen, was nicht bekannt ist: Das ist wahres Wissen« (auch: »Das wahre Wissen liegt darin, das Ausmaß der eigenen Unwissenheit zu kennen«).

Der Meister sprach nie über außergewöhnliche Dinge. In den Köpfen der Menschen jener Zeit lebten böse Geister, Feen und Drachen, in den Gedanken des Meisters gab es diese nicht. Er war sehr weit von einem wissenschaftlichen Denken entfernt, wie wir es heute kennen, denn das Zeitalter der Technik hatte ja noch nicht einmal begonnen. Dies veranschaulicht auch die folgende Episode mit Straßenkindern in einer Kleinstadt. Diese Kinder fragten Konfuzius, wann die Sonne der Erde am nächsten sei: in der Morgendämmerung, wenn sie so groß ist, oder zur Mittagszeit, wenn sie so heiß ist? Der Meister konnte diese Frage nicht beantworten, denn dazu hätte er etwas über Optik oder Astronomie wissen müssen, die ihm jedoch unbekannt waren. Später, zu Beginn des technischen Zeitalters, als die ersten Erfindungen auftauchten und sich ausbreiteten, fanden die Menschen in den Gedanken des Meisters Konfuzius keinen Anhaltspunkt mehr; dies schränkte die chinesische Gesellschaft grundlegend ein. Auch die späteren Schüler und Kommentatoren des Meisters beschäftigten sich nicht mit Technik und betrachteten die aus ihr hervorgegangene Wissenschaft mitsamt dem Handel als eine zweitrangige, niedere Angelegenheit. ***Dies führte über Umwege zum Untergang des chinesischen Reiches***. Die grundlegende Lehre aus der Geschichte ist, dass sich nur eine Gesellschaft weiterentwickeln und an unvermeidliche Veränderungen anpassen kann, die sowohl offen für Veränderungen ist als auch nach Neuem und Besserem strebt und flexibel ist. China hat sich so lange weiterentwickelt, wie es in der Lage war, sich zu verändern und neue Erfindungen aufzunehmen. Als es starr wurde, begannen die Probleme.

Die Erfahrungen von Meister Sunzi

Ein Zeitgenosse von Konfuzius war der Kriegsherr Sunzi, der das älteste heute bekannte Werk über Kriegsführung verfasste (*Die Kunst des Krieges*). Im Jahr

514 v. Chr. wurde Ho Lu Herrscher des kleinen Staates Vu. Dieses Buch über die Kunst der Kriegsführung wurde für ihn geschrieben. Die Werke von Sunzi wurden erst in den 1970er-Jahren weltweit bekannt. Seither wird er häufig zitiert; sein Buch ist eine Art esoterisches Werk für die Geschäftsleute der westlichen Welt. Auf populäre Weise schrieb Sunzi knapp und bündig über langfristige Strategien, Informationsbeschaffung, die menschliche Natur, Desinformation und List. Während die großen westlichen Strategen diese Methoden als unbedeutend ansahen, sind sie in der Geschäftswelt zum täglichen Handwerkszeug der »Kriegsführung« geworden, weshalb seine Lehren heute auch so populär sind. Sunzis Theorien sind nämlich nicht nur auf dem Schlachtfeld anwendbar. Auch im Bereich der Wertpapiere, bei Übernahmen oder bei einer Unternehmensexpansion sind sie überaus nützlich. Das Streben, *um jeden Preis zu gewinnen*, den Feind zu besiegen, ist im Geschäftsleben ebenso vorherrschend wie im Krieg.

Sunzi schreibt über die Planung von Angriffen, über Kriegsführung, taktische Aufstellung, Manövrieren, darüber, wie das Gelände gewählt werden sollte und welche Situationen dort zu erwarten sind; über die Rolle von Spionen, über Stärken und Schwächen, den erforderlichen Nachschub bei bestimmten Heeresgrößen und wie man schnell entscheidende Siege erringt. Er erkannte, dass der Sieg modelliert und im Voraus geplant werden kann: »Ein General, der gewinnt, führte also vor der Schlacht viele Berechnungen durch. Und ein General, der verliert, hat im Vorfeld wenig kalkuliert. Dies ist der Punkt, auf den ich achten muss, um vorhersagen zu können, wer gewinnen und wer verlieren wird« (dies gilt übrigens auch für die Forschung. Ohne Experimente gibt es keine Fragen. Ohne Fragen gibt es keine Antworten. Wenn es keine Antworten gibt, bleibt das Verständnis aus). Aber auch Sunzis Lehren fehlt ein überaus wichtiger Faktor: Die Notwendigkeit einer qualitativen Überlegenheit der Waffen. Alle seine Ratschläge sind für die Geschäftswelt nützlich, der aber vielleicht wichtigste fehlt: das Erreichen der qualitativen Überlegenheit.

Sunzi konnte Sieg oder Niederlage vorhersagen. In dieser Frage entschied die moralische Haltung der Herrscher, die Fähigkeiten der Generäle, das Innehaben des strategischen Vorteils, die Disziplin der Armee, die Qualität der Offiziere und die Ausbildung der Soldaten sowie eine konsequente Haltung bei Belohnung und

Bestrafung. Zu seiner Zeit war ein Niveau der Technik, welches Armeen einen ernsthaften Vorteil verschaffen konnte, jedoch noch unvorstellbar. Eine fortschrittliche, auf Wissenschaft und Technik basierte Kriegsführung war ihm vollkommen fremd, doch seine allgemeinen Ratschläge sind auch heute noch von großem Wert. Er betont, dass die Kraft der Armee nicht vergeudet werden darf und nur dann eingesetzt werden sollte, wenn sie die Schlacht entscheiden kann (Was hätte er wohl gesagt, wenn er gesehen hätte, dass im Ersten und Zweiten Weltkrieg Hunderttausende der besten Männer Europas ins Maschinengewehrfeuer geschickt wurden?). Aber auch bei der Wahl der optimalen Ziele für eine technologische und wissenschaftliche Entwicklung können wir diesen Rat beherzigen. Wer aber entscheidet darüber, was wir mit unseren begrenzten Ressourcen erforschen sollten? Dies ist keine wissenschaftliche, sondern eine *künstlerische* Frage.

Das Land des Wissens

Wie wurde der chinesische Staatsapparat geleitet und durch wen? Auch hier haben die Chinesen einen ganz eigenen Weg eingeschlagen. In Europa und im restlichen Asien qualifizierten sich die Menschen durch ihre adlige Herkunft für verantwortungsvolle Führungspositionen. Können war dabei zweitrangig. In China dagegen wurden, sobald sich die Institution des Kaisertums etabliert hatte, die talentiertesten und begabtesten Personen für die Führungspositionen ausgewählt. Im Laufe der Zeit jedoch entwickelte sich auch die Regierung des »Sohnes des Himmels« (des Kaisers) zu einer überaus komplexen Maschinerie. Dem Thron am nächsten stand der Großrat, der sich aus vier Ministern zusammensetzte. Diese waren Prinzen adliger Abstammung. Sie trafen sich jeden Morgen, um Staatsangelegenheiten zu besprechen. Der Staatsapparat wurde von sechs Ministerien geleitet: Dem Innenministerium (zuständig für die Aufdeckung und Zerschlagung von Aufständen), dem Finanzministerium, dem Ministerium für Feierlichkeiten, dem Kriegsministerium, dem Strafrechtsministerium und dem Arbeitsministerium. Es gab auch ein Amt für Kolonialangelegenheiten, dessen Aufgabe es war, die Herrschaft über entlegene eroberte Gebiete wie die Mongolei, Tibet, Vietnam und Xinjiang zu verwalten. Es gab kein eigentliches Außenministerium, da China (nicht ganz zu Unrecht) keine andere Nation als ebenbürtig betrachtete und es Ausländern ohnehin nicht gestattet war, aus anderen Gründen zu kommen, als Geschenke als Zeichen der Wertschätzung und Dankbarkeit ihres Landes zu überbringen.

Fast alle Regierungen hatten ständige Geldprobleme, doch nur wenige waren sparsam. Die Welt der chinesischen Regierung war eine in sich abgeschlossene Welt, die kaum wusste, was außerhalb davon vor sich ging. Diese arrogante, überhebliche Abgehobenheit machte den enormen Vorteil, den sich das chinesische Volk gegenüber anderen Ländern durch harte Arbeit erworben hatte, langsam zunichte. Die Regierung besteuerte Land und Kaufleute und hatte das Monopol auf den Verkauf von Eisen und Salz. Die Armee wurde immer nur sparsam bedacht, dagegen wurden oft riesige Summen für Paläste und Feiern ausgegeben. Die Tatsache jedoch, dass dieses System etwa 2000 Jahre lang nahezu ununterbrochen funktionierte – selbst bei Invasionen und Eroberungen –, zeigt eine ungewöhnliche innere Stärke und Kontinuität, wie sie in der Geschichte Europas völlig unbekannt ist. ***Dieses System legte größten Wert auf Talent und Wissen, hatte aber auch viele Mängel vorzuweisen***.

Das Fundament bildeten die Privatschulen (andere Schulen gab es nicht), von denen die niedrigste Stufe die Dorfschule war. Meist bestand sie nur aus einem kleinen Raum – an so einem Ort hatte auch Konfuzius seinen Weg begonnen. Hier vermittelte ein schlecht bezahlter Lehrer den Kindern die elementarste Bildung. Wenn die Dorfgemeinschaft feststellte, dass ein Kind klüger oder begabter war als der Durchschnitt, stellte sie das Geld für seine Ausbildung zur Verfügung. Manchmal halfen Gemeinschaften der begabten Person 20 oder 30 Jahre lang, damit sie so viel wie möglich lernen konnte. Dadurch erlangte sie möglicherweise eine noch höhere Position im Staatsapparat, wofür die geförderte Person ihre Unterstützer dann großzügig entschädigte. Man kann sich das Ganze wie eine Art Aktiengesellschaft vorstellen, die auf Wissen und ***Zusammenarbeit*** beruhte und in fast ganz China präsent war. Diese Schulen waren nicht konfessionsgebunden, wurden aber auch nicht vom Staat unterstützt (auch heute noch sind chinesische Schüler oft von früh bis spät in der Schule, nicht selten sogar samstags und sonntags).

Die Kinder schrieben wenig. Es war auch nicht leicht, schreiben zu lernen. Stattdessen mussten sie die Werke von Konfuzius und den Dichtern der Tang-Ära pauken. Seit Konfuzius hoffte man, dass auch ein Bauernkind, wenn es diese moralischen Grundsätze erlernt, ein Philosoph und ein Gentleman werden könnte. Es war eine seltsame Ausbildung, denn wer hier seinen Abschluss machte, hatte wenig Informationen über die reale Welt, war intellektuell aber außerordentlich gut geschult. Das System begann in der Han-Zeit – ungefähr zu Beginn unserer Zeitrechnung. Die Chinesen glaubten (nicht zu Unrecht), dass die Menschen erst lernen sollten, zu herrschen und zu führen, bevor sie eine Führungsposition übernahmen. Heute würde man sagen, dass es zwar eine Managerausbildung gab, diese aber nur aus dem Erlernen moralischer Grundlagen bestand (der heutigen Managerausbildung fehlt vielleicht gerade dies am meisten).

Wer regierte, bestimmte also nicht die adlige Herkunft, sondern das ***Wissen einer Person***. Dieses wurde durch Proben getestet, an denen sich allerdings Schauspieler und Diener nicht versuchen durften. Nach den Prüfungen konnten auch nur Männer die offenen Positionen besetzen. Anfänglich wurden sie sogar gelegentlich in Mathematik geprüft, aber bis zur Jahrtausendwende war diese Disziplin völlig verschwunden. Von da an kam auch der technische Fortschritt zum Stillstand, was vielleicht kein Zufall war.

Nach dem erfolgreichen Bestehen der niedrigsten Prüfung, die in etwa dem heutigen Abitur gleichkommt, erhielt der glückliche Kandidat den Titel »Xiutsai« (zu Deutsch: hervorragendes Talent). Dies machte den Kandidaten zwar zu einem stolzen Mitglied der literarischen Klasse, er durfte aber noch kein Regierungsamt ausüben. Es soll vorgekommen sein, dass jemand erst nach 80 Jahren diesen ersten Grad bestand. Einige starben sogar vor lauter Aufregung vor den Prüfungen.

Die nächste Stufe war »Chushen«, was in etwa einem heutigen Hochschulabschluss entspricht. Höher als dieser Abschluss war nur noch der »Jinshi«, dem heute etwa ein Doktortitel gleichkommt. Wer einen solchen Titel besaß, dem war eine staatliche Beamtenstelle sicher.

Die ersten Prüfungen wurden auf dem Land abgelegt, die höheren Abschlüsse jedoch in der Hauptstadt. 5000–6000 Menschen absolvierten jedes Jahr diese

Prüfungen, aber nur 200–300 von ihnen mit Erfolg. Diejenigen, die gescheitert waren, konnten es nach 3 Jahren erneut versuchen. Diese Prüfungen fanden in typischen kleinen, unmöblierten Zellen statt. Um Nahrung und Bettzeug musste die Kandidaten sich selbst kümmern und sie durften während dieser Zeit mit niemandem sprechen. Sie mussten ihr Talent nicht nur durch eine Analyse der Lehren des Konfuzius unter Beweis stellen, sondern auch durch das Verfassen von Aufsätzen, zum Beispiel über das Geräusch von Rudern, die Farbe des Wassers und das Grün der Berge. Im Laufe der »Entwicklung« des Prüfungswesens entfernte sich dieser »Lehrweg« zusehends mehr vom Alltag und hatte bald nichts mehr mit Wissenschaft, Technik, Industrie oder Wirtschaft zu tun. Man interessierte sich immer weniger für das Wissen des Bewerbers und mehr für seinen Charakter.

Im Laufe der Zeit wurde auch dieses System allmählich unterminiert; für beträchtliche Summen konnten die Prüfungsfragen im Voraus gekauft werden – allerdings drohte demjenigen, der dabei erwischt wurde, die Todesstrafe. Die Kluft zwischen der Realität und den Prüfungen wurde zunehmend größer, was zu einer Formalisierung und Schematisierung des Denkens führte. Allerdings konnten die Kandidaten wenigstens lesen und schreiben, verfügten über ein gutes Gedächtnis und wohl auch über etwas Moral, während sie in Europa nicht einmal das hatten. Mit der Zeit wurde auch den Chinesen selbst die Schwäche ihres Prüfungssystems klar. Yan Yuan aus der Qing-Dynastie war der Erste, der das Prüfungssystem, welches er in seinen Grundsätzen für falsch und in seinen Folgen für schädlich hielt, erfolgreich kritisierte. Seine Forschungen führten ihn zu der Überzeugung, dass die alte chinesische Kultur *praktisch* orientiert war; es gab Bogenschießen, Rechnen und Wagenfahren. Er war der Meinung, dass Geschicklichkeit und körperliche Kraft ebenfalls sehr wichtig für die menschliche Entwicklung sind.

1696 wurde Yan Yuan Leiter einer lokalen Akademie in der Provinz Zhili (heute Provinz Hebei). Er überarbeitete den Lehrplan und führte eine praktische militärische Ausbildung und den Unterricht in Strategie, Reitkunst, Bogenschießen, Boxen, Mechanik, Mathematik, Geschichte und Astronomie ein. Yan Yuan kritisierte die klassische Bildung, weil hier grundsätzlich korrekte Ansichten in einem undurchdringlichen Gewirr von Kommentaren und Kommentaren zu

Kommentaren verloren gingen. Er konfrontierte seine Kritiker mit der Frage, was denn noch wichtiger sein könne als Taten und Praxis.

Die über 2000 Jahre andauernde morbide Verehrung von Konfuzius war eine der Schwächen der wissensbasierten Gesellschaft. ***Es macht einen großen Unterschied, was wir als Wissen und was als nützliche Kenntnisse betrachten.***

In Europa begann man insbesondere nach der Veröffentlichung von C. P. Snows einschlägigem Werk *Die zwei Kulturen* von zwei Arten von Wissen zu sprechen, wobei zwischen literarischem beziehungsweise künstlerischem Wissen und praktischem, realitätsnahem Wissen unterschieden wurde. In gewissem Sinne ist diese Aufteilung in Geistes- und in Naturwissenschaft jedoch eine künstliche, denn es gibt nicht zwei, sondern mindestens vier grundlegend verschiedene Arten von Wissen.

Innerhalb der Geisteswissenschaften gibt es natürlich literarisches und künstlerisches Wissen, aber die Art der praktischen *Führungskenntnisse* ist völlig verschieden. Auch die Naturwissenschaft ist nicht homogen, denn das technische Denken ist sehr pragmatisch und bezieht sich ausschließlich auf die Realität beziehungsweise eine vereinfachte Version davon. In der Naturwissenschaft ist das Ergebnis der vergangenen 100 Jahre eine immer dogmatischere, von der Realität entfremdete *Theorie*, die wie die Lehren von Konfuzius nicht viel mit der Realität zu tun hat und das Verständnis der Natur eher behindert als etwas dazu beizutragen. So ist es bei der *theoretischen Physik*, die den Kenntnissen der Natur und der praktischen Erfahrung von Ingenieuren und Erfindern gegenübersteht. Die Konflikte, die wir immer wieder zwischen Erfindern und Theoretikern beobachten können, die Konfrontation zwischen Newton und Bessler oder zwischen Tesla und einigen Physikern, sind das Ergebnis dieser vollkommen unterschiedlichen Denkweisen. Üblicherweise sind die Theoretiker in der Überzahl und haben somit die Machtpositionen inne.

Das Leben im Himmlischen Reich

Die Geschichte Chinas ist vielleicht das beste Beispiel dafür, wie sich nachhaltige und nicht nachhaltige Entwicklungen abwechseln können. Da der Staat seit der

Antike weitgehend einheitlich und zentral gesteuert war, stammen auch die ältesten Aufzeichnungen einer Volkszählung aus China. Im Jahr 280 v. Chr. betrug die Bevölkerung des Reiches nur 14 Millionen, 80 Jahre später bereits 28, 721 v. Chr., nach einer langen Kriegszeit, 41 Millionen und 1644, also fast 1000 Jahre später, 89 Millionen. In den folgenden 100 Jahren kam es zu einem explosionsartigen Bevölkerungswachstum: 1743 hatte China 150 Millionen Einwohner, 1919 schon 330 Millionen und heute 1,4 Milliarden.

Anfangs konnte das chinesische Volk sich ungehindert ausbreiten, indem es Wälder abholzte und an deren Stelle Reisfelder anlegte. Die unkontrollierte Abholzung führte jedoch dazu, dass das Regenwasser den fruchtbaren Boden in die Flüsse spülte und die steilen Hänge oft zu kargen Felsen wurden. Im Süden wurden an solchen Hängen in mühevoller Arbeit terrassenartig Reisfelder angelegt, die aber nur von Hand oder mit kleinen Büffeln bearbeitet werden konnten. Einige wenige Kaiser ließen Reisvorräte anlegen, um Hungersnöten vorzubeugen, doch meistens machte das Land eine Gratwanderung, da es keine Lebensmittelreserven hatte und an die Grenze seiner landwirtschaftlichen Kapazitäten stieß. Ein einziges Jahr Dürre oder Regen (was immer irgendwo vorkam) reichte aus, um einen Engpass in der Versorgung der betroffenen Region zu verursachen. Oft folgten plötzlichen Regenfällen große Überschwemmungen. In der gesamten Geschichte der Menschheit verloren hier die meisten Menschen ihr Leben durch wilde Wasserströme.

Mit dem lösshaltigen Gelben Fluss verhielt es sich ohnehin seltsam. Ständig lagerten sich Sedimente ab, und jedes Jahr mussten die Dämme erhöht werden, weil das Flussbett immer weiter anstieg. Nach einigen Kriegsjahren, während derer die Dämme nicht instandgehalten wurden und ein großes Hochwasser daraufhin den Damm durchbrach, änderte der Fluss plötzlich seinen Lauf und floss teilweise Hunderte von Kilometern vom alten Flussbett entfernt, was zu großen Katastrophen führte. Der einzige Ausweg daraus war immer die Weiterentwicklung von Industrie und Handel. Der Grund für den wahren Wohlstand der Chinesen lag in ihren zahlreichen Erfindungen –, für die sie sich aber oft gar nicht interessierten.

Die einfachen Bauern ernährten sich von Reis und Makkaroni (ebenfalls eine chinesische Erfindung) sowie Gemüse und ein wenig Fisch. Die reichere Bevölkerung aß vor allem Ente. Milch und Eier waren eine Seltenheit. Jeden Reisenden zog der Anblick der riesigen Menschenmengen in seinen Bann. Noch heute bezeugen Bilder, dass an einigen Orten jede Kuh einen eigenen Hirten hatte. Adlige Beamte verachteten die Kaufleute. Bauern, Industrielle und Soldaten hatten mehr Respekt vor ihnen. Bereits 500 v. Chr. diente Metallgeld als Zahlungsmittel, und als das Kupfer, aus dem die Münzen hergestellt waren, knapp wurde, führte Kaiser Song Zhenzong Papiergeld ein. Dieses konnte vor allem in Zeiten der Inflation anstelle des im Umlauf befindlichen Silbergeldes verwendet werden, sodass viele Chinesen das Aufkommen von Papiergeld stets mit Zeiten der Knappheit in Verbindung bringen.

Die chinesische Gesellschaft basierte auf einer seltsamen Mischung aus Religion, Moral und Philosophie. Die Wissenschaft hatte noch weniger Fuß gefasst als im antiken Griechenland: Man glaubte an Geister und alte Gräber durften nicht gestört werden, was den Bau von Straßen und Kanälen und viel später auch den von Eisenbahnen überaus erschwerte. Der Respekt gegenüber den Vorfahren trug jedoch auch wesentlich zur Stabilität der Gesellschaft bei. Es gab keine Kodifikation (systematische Zusammenfassung von Gesetzen) wie etwa im Assyrischen Reich oder bei den Griechen und vor allem bei den Römern; alles richtete sich nach *Tradition* und Sitte. Die Moralvorstellungen von Meister Konfuzius nahmen, obwohl sie zeitweise verboten waren, einen wichtigen Platz im Denken der Chinesen ein. Jede Schule hatte einen kleinen Schrein, jede Stadt einen Tempel, in dem man ihm gedachte. Der Kaiser und die Beamten verbrannten zu seinem Gedenken Opfergaben. Sie verehrten ihn wie einen Gott.

In dieser »Religion« repräsentierte der Kaiser die oberste leitende Kraft über die Geschicke des Landes und der ganzen Welt. Der Kaiser war der *Sohn des Himmels*, der nach dem Willen Gottes regierte. Alles, was sich am Himmel ereignete, wurde aufgezeichnet, da es den Kaiser und damit das Schicksal des Reiches beeinflussen konnte. Feng-Shui-Meister entschieden über die Anordnung von Siedlungen und Wohnhäusern, und Astrologen sagten die Zukunft des Reiches, bestimmter Provinzen oder Menschen voraus. Auch das Schicksal des Einzelnen war eine Gratwanderung: Babys, die an »schlechten« Tagen geboren wurden, wurden einfach verlassen. Jungen waren besonders wertvoll, da sie mehr arbeiten oder Soldaten werden konnten und kein Geld verloren ging, welches immer knapp war.

Die Chinesen verehrten auch Meister Laotse, den Begründer des Taoismus, als Quasi-Heiligen. Die Taoisten bekehrten sogar einige Kaiser und verbreiteten ausgeklügelte Intrigen gegen die Konfuzianer, die der Macht schon immer näher waren. Sie fürchteten zwar die Geister der Toten, entsorgten ungewollte weibliche Babys aber ohne zu zögern im Abfall. In den 1920er-Jahren beschrieben mehrere ungarische Reisende den schrecklichen Anblick neugeborener Babys, die auf Müllhaufen geworfen worden waren und von denen sich einige sogar noch bewegten.

Mädchen wurden grundsätzlich getrennt von Jungen großgezogen. In den vergangenen rund 500 Jahren spielte die Unberührtheit der Frauen eine wichtige Rolle. Aus Marco Polos Beschreibungen geht jedoch hervor, dass es zur Zeit von Kublai Khan in vielen Städten üblich war, dass der Gastgeber dem Ehrengast seine Frau und seine Töchter zur Vergnügung überließ. Die schönsten Frauen stellte der Staat ausländischen Gesandten zur Verfügung.

Die Ehe hatte hier (wie auch im restlichen Asien) nichts mit Liebe zu tun. Sie war in erster Linie ein wirtschaftlicher Bund. In jeder Stadt sorgte ein besonderer Beamter dafür, dass Männer vor ihrem 30. und Frauen vor ihrem 20. Lebensjahr verheiratet wurden. Arme Menschen konnten nur eine Frau haben. Wer sich eine weitere leisten konnte, galt schon als wohlhabend. Es bedeutete eine große Ehre für eine Familie, wenn die Tochter in den kaiserlichen Harem eintreten durfte. Harems wurden überall von Eunuchen bewacht. Sie spielten eine wichtige Rolle bei den internen Intrigen der Kaiser und des Reiches. Kastration war für die meisten Männer, die in Armut aufgewachsen waren, eine Art Sprungbrett in die bessere Gesellschaft. Sie begleiteten die kaiserlichen Konkubinen und Ehefrauen, beaufsichtigten aber auch Harems reicher Männer. Daneben erledigten sie auch die vertraulichen Angelegenheiten des Kaisers.

Die Gründe für die privilegierte Stellung der Eunuchen waren offensichtlich: Man musste weder befürchten, dass ein Eunuch eine eigene Dynastie gründen, noch dass er Geld stehlen wollte, um eine Liebhaberin zu bekommen. Auch verführt werden konnte er nicht. Eunuchen erwiesen sich als bessere Politiker und Staatsdiener als die gebildeten Mandarine, vor allem, weil sie weniger korrumpierbar waren, da sie weder Familie noch Geliebte hatten. Die Institution der

Eunuchen war nicht nur in China über Jahrtausende hinweg weitverbreitet und absolut normal, sondern auch in fast allen anderen Reichen dieser Zeit. So verfügte auch das Römische Reich über eine große Zahl an Eunuchen, insbesondere das Byzantinische (Oströmische) Reich. Auch hier ließen sich Tausende junger Männer kastrieren, um Beamte auf verschiedenen Ebenen der Reichsverwaltung werden zu können.

Die Familie war die dauerhafteste und strengste Einheit im ganzen Reich. Jeder Einzelne war ***für die Handlungen aller anderen Familienmitglieder*** verantwortlich. Die Familie war auch für die Aufrechterhaltung der sozialen Ordnung zuständig. Auf diese Weise war auch für die älteren Menschen gesorgt. Die vielen Benimmregeln wurden genau befolgt und das Reich kennzeichnete ein hohes Maß an Zivilisation, Sozialisierung und friedlichem Zusammenleben. Im Allgemeinen waren die Chinesen ein friedliches, wohlwollendes und ehrenhaftes Volk, und abgesehen von Kriegszeiten hatten diese Menschen, die Kunst und Schönheit liebten, damals zweifellos den höchsten Zivilisationsgrad der Erde erreicht; bis zum Beginn des 19. Jahrhunderts war ihr Lebensstandard bei Weitem der weltweit höchste. Es lohnt sich, zumindest einen oberflächlichen Vergleich zwischen dem alten China und dem alten Indien mit seinen vielleicht bedeutendsten Herrschern – Akbar, und dem bemerkenswerten blutrünstigen Herrscher Timur Lenk – anzustellen, um den Unterschied zwischen diesen beiden asiatischen Zivilisationen zu zeigen. Wir werden sehen, dass selbst der beste indische Herrscher einem nur durchschnittlichen chinesischen Kaiser unterlegen war.

Akbar, der großartigste Herrscher von Indien und Timur Lenk, der blutrünstigste

Akbar war ein muslimischer Herrscher und Nachkomme der Eroberer des hinduistischen indischen Subkontinents. Außer in China waren die dominierenden Herrscher der kleinen und großen Reiche Asiens muslimischen Glaubens. Eine Ausnahme davon bildete das hinduistische Südindien. Akbar zeichnete sich unter den muslimischen Herrschern durch seine Liebe zu Neuem und durch seine religiöse Toleranz aus. Bevor wir aber näher auf ihn eingehen, wollen wir einen Blick auf einen typischen Herrscher dieser Zeit werfen.

Die meisten muslimischen Herrscher dieser Zeit fielen durch ihre Gräueltaten und erstaunliche Brutalität auf. Selbst in Asien galt Timur Lenk, der 1369 in Samarkand inthronisiert wurde, als besonders brutal, wobei die größten und blutigsten Massaker der Geschichte zweifellos im »zivilisierten« Europa des 20. Jahrhunderts verübt wurden. Dieser blutrünstige Muslim erwies sich jedoch als »würdiger« Vorgänger. So ließ er im Jahr 1386 Kriegsgefangene lebendig von einer hohen Klippe werfen und schlachtete rund 70 000 Männer in Isfahan ab, um danach hohe Berge aus ihren Köpfen zu errichten. Im Vergleich dazu erscheint der Befehl, im Jahr 1400 rund 4000 christliche Soldaten in der Festung von Sivas lebendig zu begraben, obwohl sie sich ergeben hatten, fast als »kleines« Verbrechen. In Syrien ließ er rund 20 Türme aus den Köpfen von ermordeten Kriegsgefangenen bauen und 1401 fast alle Einwohner Bagdads umbringen. Danach machte er die Hauptstadt des blühenden Kalifats dem Erdboden gleich. Mesopotamien wurde zur Wüste, weil die Truppen Timur Lenks das gesamte Bewässerungssystem zerstörten.

Ein ähnliches Schicksal ereilte die Hauptstadt des letzten hinduistischen Königreiches in Südindien. Vijayanagar wurde 1336 gegründet. Laut dem Bericht von Niccolò di Conti, der die Stadt 1420 besuchte, hatten ihre Mauern eine Länge von etwa 100 Kilometern. Alle Reisenden schwärmten von dem riesigen Reich und seiner unvergleichlich schönen Hauptstadt, die so groß war wie Rom in seiner Blütezeit. Der muslimische Reisende Abd-ar-Razzagh Samarghandi (auch: Abdur Razzaq Samarqandi), der Vijayanagar 1443 besuchte, beschrieb es als eine Stadt, wie sie kein menschliches Auge je gesehen und kein menschliches Ohr je gehört hat. Er war überzeugt davon, dass es auf der ganzen Welt keine schönere Stadt gibt. Natürlich wusste er nicht, dass Vijayanagar mit einer halben Million Einwohnern im Vergleich zu den Städten, die gerade in China ihre Blütezeit erlebten, klein war. Als der Sohn des Sultans von Delhi die Tochter von Deva Raya, König von Vijayanagar, heiratete, wurde die Straße über eine Länge von 10 Kilometern mit kostbaren Stoffen wie Samt, Satin und Gold bedeckt. Die

Wände seiner Paläste waren mit Gold und Halbedelsteinen übersät. Beweise für seinen Reichtum waren überall zu finden. Es herrschten überaus strenge Gesetze. Wer der Gewaltanwendung oder des Diebstahls angeklagt war, dem drohten unterschiedliche Strafen von der Tötung durch Elefanten über Pfählung bis hin zu anderen Foltermethoden.

Doch auch dieses Reich fiel den muslimischen Eroberern, die ihre Armeen vereint hatten, in die Hände. Das Heer der rund 700 000 Mann Fußvolk, 30 000 Reiter und 500 Elefanten konnte dem muslimischen nicht standhalten. Gleich zu Beginn der Schlacht nahm ein tapferer muslimischer Angreifer den König gefangen und enthauptete ihn vor dessen Kriegern. Die angreifenden muslimischen Soldaten konnten danach die reiche Hauptstadt ohne große Anstrengung einnehmen und begannen mit der Plünderung. Jeder einzelne Soldat wurde mit Gold, Juwelen, Waffen, Pferden und Sklaven belohnt. Die Eroberer blieben 5 Monate. Während dieser Zeit brachten sie fast alle Menschen um, raubten sämtliche Geschäfte aus, brannten die Paläste nieder und zerstörten die Gemälde und Statuen. Was dann noch übrig war, wurde verbrannt. Solch ein Vorgehen war in Asien die ***Regel***, nicht die Ausnahme – ***außer in China*** und außer unter dem Herrscher Akbar.

Nachdem die Muslime ihr eigenes Herrschaftssystem etabliert hatten, genossen sie ihren neu gewonnenen Reichtum. Der Sultan hatte die Macht über die Gesetzgebung, die Rechtsprechung und die vollziehende Gewalt. Die hinduistische Kinderehe und die Pflicht für Ehefrauen, ihrem Mann in den Tod zu folgen, wurden verboten. Witwen durften wieder heiraten und die Sklaverei wurde abgeschafft. Allen Religionen wurde Freiheit gewährt und jeder konnte eine Karriere im öffentlichen Dienst anstreben – unabhängig von Herkunft und Glauben.

Akbar, der den Thron von Delhi erbte und fast ganz Indien beherrschte, war der vielleicht beste Sportler und Reiter, ein sehr guter Fechter und ein großartiger Architekt. Er kleidete sich bescheiden, aß einfach und ernährte sich weitgehend vegetarisch. Seiner Ansicht nach sollte der menschliche Magen nicht das Grab von Tieren sein. Zu Beginn seiner Herrschaft wurden persönliche Konflikte in der Regel durch die Ermordung seiner Gegner gelöst. Später änderte sich dies jedoch. Bei der Wahl seiner Ehefrauen ließ er sich meist von politischem Kalkül leiten. Ihm stand ein riesiger Harem zur Verfügung. Seine Ehefrauen waren vorzugsweise Töchter lokaler Hindu- und Rajputen-Fürsten, damit Hindu-Blut in den Adern seiner Nachkommen floss. Er war ständig mit neuen Erfindungen beschäftigt, die eine Verbesserung bedeuteten. ***Aber dazu hatte nur er das Recht und duldete es bei niemand anderem***. Und das ist der Grund, der mich dazu bringt, seinen Namen überhaupt zu erwähnen. Es dauert nämlich nicht lange, bis ein Imperium, in dem nur der Herrscher erneuern und erfinden darf, kollabiert.

Akbar ging oft nachts verkleidet unter dem einfachen Volk umher (ähnlich wie beispielsweise Harun ar-Raschid von Bagdad), um das Leben und die Sorgen seiner Untertanen kennenzulernen und ihre Situation zu verbessern. Im Gegensatz zu seinen Vorgängern fühlte sich Akbar für das Wohlergehen seiner Untertanen verantwortlich und sah nicht nur den Steuerzahler in ihnen; er gab ihnen sogar einen Teil des Geldes zurück, das sie als Steuern bezahlt hatten. Außerdem legte er eine umfangreiche Bibliothek an und baute mehr als 500 wunderschöne Paläste, die er selbst entworfen hatte. Leider sind heute nur noch wenige davon erhalten. Akbar interessierte sich leidenschaftlich für Religion: So ließ er zum Beispiel das *Mahabharata*, das heilige Buch der Inder, ins Persische (die Sprache seines Hofes) übersetzen. Als er von der neuen Religion, dem Christentum, erfuhr, das von portugiesischen Mönchen nach Goa gebracht worden war, lud er Paulinermönche (Mönche des einzigen in Ungarn gegründeten Ordens) an seinen Hof ein.

Er erlaubte den Jesuiten zu missionieren und ließ einen seiner Hunderte von Söhnen katholisch erziehen. Zu einer Zeit, als in Frankreich in der Bartholomäusnacht Protestanten umgebracht wurden, Elisabeth I. Katholiken ermorden ließ, die Inquisition in Spanien systematisch sowohl Katholiken als auch Juden hinrichtete und in Italien der Scheiterhaufen unter Giordano Bruno brannte, lud dieser Akbar die Vertreter vieler Religionen zu einer gemeinsamen Konferenz ein und rief zum Frieden auf. Zudem bewies er Toleranz gegenüber den verschiedenen Religionen, indem er Frauen unterschiedlichen Glaubens heiratete. Als er älter wurde, verbrachte er immer weniger Zeit in seinem großen Harem. Stattdessen beschäftigte er sich mit philosophischen und religiösen Fragen. Allmählich wandte er sich von seiner mohammedanischen Religion ab. Der heilige Franz Xaver schrieb: »Dieser Mensch hat Mohammeds falsche Sekte völlig zerstört und unglaubwürdig gemacht. In seinen Städten gibt es nicht eine einzige Moschee, nicht einen einzigen Koran – das ist ihr Gesetz – und in den ehemaligen Moscheen wurden Ställe oder Lager eingerichtet.«

Der Sultan glaubte an keine Offenbarungen, sondern akzeptierte nur, was durch Wissenschaft oder logische Überlegungen bewiesen werden konnte. Mit Vorliebe organisierte er religiöse Debatten, die bis in die Nacht andauerten. Einmal schlug ein muslimischer Geistlicher einen Test vor: Ein Mullah sollte mit dem *Koran* und ein Christ mit der *Bibel* in der Hand durchs Feuer gehen. Wer das Feuer unbeschadet durchschreiten konnte, vertrat die wahre Religion. Akbar gefiel dieser Vorschlag sehr. Er wollte, dass der Mullah beginnt. Der Jesuit hielt das Ganze jedoch für blasphemisch und gefährlich, weshalb der Test nicht stattfand. Nach einer Weile, als er genug von den hoffnungslosen Debatten hatte, berief Akbar eine Versammlung des Großrats ein und erklärte, dass er eine Religion gründen und das unfehlbare Oberhaupt seiner Kirche sein wollte (dies war anscheinend das Wichtigste, was er von der christlichen Religion verstanden hatte und übernehmen wollte). Natürlich gab es in dieser neuen Religion auch hinduistische, zoroastrische und jainistische Elemente. Er verbot seinen Untertanen jedoch, Moscheen zu bauen, während des Ramadans zu fasten und nach Mekka zu pilgern. Diejenigen, die trotzdem eine Pilgerfahrt machen wollten, wurden verbannt.

Nach einiger Zeit lehnte sich einer von Akbars Söhnen gegen ihn auf, wobei wahrscheinlich auch die Tatsache eine Rolle spielte, dass Akbar schon rund 40 Jahre lang regierte und noch immer bei guter Gesundheit war, sodass sein Sohn, Prinz Jahangir, keine Aussichten auf eine baldige Thronbesteigung hatte. Also organisierte er einen Aufstand mit 30 000 Reitern gegen seinen Vater, doch dieser schlug den Aufstand nieder und vergab seinem Sohn. Böse Zungen behaupteten, Jahangir habe seinen Vater später vergiften lassen. Die Mullahs versuchten, Akbar auf seinem Sterbebett wieder zum Islam zu bekehren, doch der Versuch scheiterte. So starb der Herrscher, der vielleicht der gerechteste und weiseste in der Geschichte Indiens war.

Die besten muslimischen Herrscher förderten Musik, Architektur und Poesie. Für Technik, Astronomie oder Mathematik hatten sie aber nicht viel übrig (das chinesische Reich hingegen förderte den technischen Fortschritt, zumindest in

Ansätzen). Die Chinesen gründeten staatliche Unternehmen zur Eisen-, Stahl- und Waffenproduktion sowie zur Salz- und Erdgasförderung, doch sie blieben auf diesem Niveau stehen. Nur Akbar kümmerte sich um das Wohlergehen und die Sicherheit seiner steuerzahlenden Bauern und Kaufleute. Weder seine Vorgänger noch seine Nachfolger sorgten sich um ihre Untertanen. In China kümmerten sich die Herrscher gemäß den Lehren des Konfuzius um ihre Untertanen, indem sie ihnen zumindest in Zeiten großer Hungersnöte die Steuern erließen. Allerdings gab es keine Polizei, keine medizinische Versorgung und kein öffentliches Bildungswesen. Diese »ungewöhnlichen« Vorstellungen kamen nur wenigen gebildeten Mandarinen in den Sinn.

Leben und Sterben von Imperien

Vergleicht man die Geschichte Indiens mit denen des antiken mediterranen Europas und Chinas, stellt man fest, dass alle mit derselben Herausforderung konfrontiert waren: dem ständigen Ansturm umherziehender Nomadenheere zu Pferd. Das Römische Reich konnte diesem Druck nicht lange standhalten; es zerfiel und ging unter. Auch die hinduistischen Königreiche Indiens verschwanden nach und nach, als die anstürmenden Muslime immer weiter vordrangen, von der Bildfläche. China hielt sich außergewöhnlich lange, obwohl es den Steppen (Graslandschaften) der Mongolei, die die Heimat vieler Nomadenvölker waren, am nächsten gelegen war. Natürlich würde man aus heutiger Sicht denken, dass man die Nomaden mit relativ einfachen technischen Gegenmaßnahmen und einer qualitativen militärischen Überlegenheit leicht hätte zurückdrängen können. Aber darauf, dass sich die Idee des technischen Fortschritts allgemein und insbesondere die des *technischen Fortschritts als Ausweg* und als Gesellschaftsmodell durchsetzt, mussten wir noch bis zum 19. Jahrhundert warten. Bis dahin waren jedoch alle Zivilisationen in den weiten Regionen Eurasiens, eine nach der anderen, verschwunden. Ursache war immer eine Art innere »Gärung«, Stagnation oder ein Bürgerkrieg gewesen.

Natürlich wurden auch in den antiken mediterranen Reichen Eurasiens große bauliche und technische Vorhaben verwirklicht. Heutzutage wird der Bau des

Suezkanals durch Ferdinand Marie Vicomte de Lesseps gern als ein Paradebeispiel für den Stand der technischen Kenntnisse in Europa um 1869 angeführt. Dabei war es eigentlich mindestens das dritte Mal, dass an dieser Stelle ein Kanal gebaut wurde. Wenn man den alten Aufzeichnungen Glauben schenken kann, ließ nämlich erstmals um 1840 v. Chr. der legendäre Eroberer Sesostris III. einen Suezkanal graben, und zwar in etwa parallel zu dem heutigen. Schon die Pharaonin Hatschepsut konnte ihre Handelsflotte durch diesen Kanal an die ostafrikanische Küste schicken (was wir bildlich in einem Tempel in Theben verewigt sehen). Weil man damals aber noch keinen Beton kannte, füllte sich der Kanal allmählich wieder mit Sand. Deshalb musste er um 1250 v. Chr. unter Ramses II. erneut ausgehoben werden. Das dritte Mal musste die Fahrrinne unter dem letzten in Ägypten geborenen Herrscher, Necho II. (610–595 v. Chr.), freigelegt werden. Herodot von Halikarnassos berichtet, dass bei dem Bau, der um 500 v. Chr. von dem persischen Herrscher Dareios I. vollendet wurde, rund 120 000 Menschen ums Leben kamen.

Das Römische Reich war unumstritten das mächtigste europäische Imperium der Antike und erstreckte sich in seiner Blütezeit bis nach Nordafrika und den Nahen Osten. Wir wissen nicht, wie viele Untertanen es zu dieser Zeit hatte, aber wahrscheinlich waren es nur geringfügig weniger als China oder Indien zählten. Zweifellos war China aber, das damals bereits Seide nach Rom exportierte und als Bezahlung nur Edelmetalle akzeptierte, fortschrittlicher als die europäische Metropole. Vielleicht trug auch dieser ständige Abfluss von Edelmetall in fremde Reiche zur Schwächung des Römischen Reiches bei.

Doch das waren sicher nicht die einzigen Gründe. Einer der ungewöhnlichsten aber war ohne Frage die Vergiftung durch Bleimennige (Bleioxid). Prominente römische Frauen schmückten ihre Gesichter nämlich gern mit diesem rötlichen Pulver, das sie natürlich auch ab und zu auf ihren Lippen fanden und von dort ableckten. Da diese Bleiverbindung aber giftig ist, führte die Eitelkeit der Adligen am Ende zu akuten Vergiftungen. Hinzu kam außerdem das Blei, das die Menschen aus den Wasserleitungen, die ebenfalls aus diesem giftigen Metall bestanden, zu sich nahmen. So ist es nicht überraschend, dass die vornehmsten und reichsten Bürger Roms oft kinderlos blieben.

Die Armee der Römer war zunächst nur zu Lande erfolgreich. Später jedoch ließen die Herrscher eine mächtige Flotte bauen. Ihre Handels- und Eroberungsreisen führten die Römer bis nach Arabien und Indien. Weitere Fahrten unternahmen sie allerdings nicht. Ein Grund dafür waren sicher ihre unzureichenden Navigations- und Schiffsbauverfahren. Die römischen Galeeren waren nämlich nur für die Küstenschifffahrt geeignet, nicht aber für lange Fahrten auf dem Ozean.

Die Ägypter hingegen schafften es möglicherweise tatsächlich bis nach Südamerika. 1979 untersuchten französische Forscher den Leichnam von Ramses II. genauer. Im Magen der Mumie fanden sie neben Pfeffer auch noch andere fernöstliche Gewürze. Außerdem entdeckten sie aber auch fein geschnittene Tabakblätter, die übrigens einer der Gründe dafür waren, dass die Mumie viele Jahrhunderte unversehrt überstand. Tabakblätter waren aber im alten Ägypten sicherlich unbekannt, denn sie kamen nur in Südamerika vor. Eine Reise dorthin war für die alten Ägypter technisch nicht unmöglich gewesen, wie der norwegische Forscher Thor Heyerdahl bewies, indem er 1970 den Atlantik mit seinem Papyrusboot *Ra II* überquerte und mit demselben Fahrzeug vom Zusammenfluss des Euphrat und des Tigris in Mesopotamien bis zum Indusdelta und von dort aus weiter nach Dschibuti in Afrika segelte.

Da die Europäer damals nur Erfahrung in der Küstenschifffahrt besaßen, die weniger Wissen erforderte, unternahmen sie kaum Fahrten oder gar Expeditionen zu anderen Kontinenten. Brauchbare Seekarten waren deshalb selten vorhanden. Erfahrungen, die man bei den wenigen Expeditionen gesammelt hatte, wurden entweder geheim gehalten oder überhaupt nicht aufgezeichnet. Dieses überaus wertvolle Wissen wurde also nur selten weitergegeben. Ohne Wissenstransfer auf der Basis zuverlässiger schriftlicher Aufzeichnungen kann es jedoch keinen Fortschritt geben.

Die besten Seefahrer der Antike waren die von den Römern vernichteten Karthager (auch: Phönizier oder Punier), die um 470 v. Chr. unter dem Kommando von Hanno dem Seefahrer mit sechzig riesigen Ruderschiffen aufbrachen, um Afrika zu erkunden. An dieser Expedition nahmen etwa 30 000 Männer teil. Sie durchquerten die Straße von Gibraltar und segelten dann entlang der Küste nach Süden bis hin zum Äquator. Dies war die vielleicht größte Seefahrerexpedition überhaupt, die in der Antike unternommen wurde. Die Karthager gründeten fünf koloniale Handelsstädte, die jedoch im Verlauf weniger Jahrhunderte eingingen, da alle Ressourcen zur Festigung des Reiches benötigt wurden.

Eine der größten technischen Leistungen der Antike waren die Brücken, die Xerxes I. über den Hellespont bauen ließ. Außerdem gab es damals im griechischen Korinth einen besonderen Schiffkarrenweg, auf dem Schiffe über eine kurze Strecke an Land gezogen wurden, um den Seeleuten einen großen Umweg zu ersparen.

Alle diese Bauwerke erwiesen sich jedoch nur als flüchtige technische Abenteuer, die nicht von Dauer waren. China hingegen betrat zu dieser Zeit gerade erst den Pfad der technischen Entwicklung, setzte sich aber mithilfe seiner Technik weit von den anderen Reichen ab. Während diese nur versuchten, eine Umverteilung des »Kuchens« zu erreichen (was meist durch Krieg geschah), vergrößerten die Chinesen den »Kuchen« Jahr für Jahr. In China wurden Neuheiten nicht nur entdeckt, sondern auch verbreitet. So entstanden neue Industriezweige und Manufakturen, die wesentlich zur Entwicklung des Reiches beitrugen. In Europa gab es zwar auch kluge Menschen, aber ihre Erfindungen erleichterten das tägliche Leben nicht und verbreiteten sich daher auch nicht. Ein Beispiel dafür ist der Mechanismus von Antikythera.

Der Mechanismus von Antikythera

Zweifellos war eine der größten intellektuellen Errungenschaften der antiken Mittelmeerwelt eine Art Uhrwerk, der Mechanismus von Antikythera. Dieses wundersame, präzise Uhrwerk wurde in der Ladung eines noch vor unserer Zeitrechnung nordwestlich der Insel Kreta gesunkenen Schiffes gefunden.
Vor mehr als 100 Jahren fanden griechischen Schwammfischer vor der Küste der kleinen griechischen Insel Antikythera die Überreste eines großen, antiken Schiffswracks. Kurz darauf bargen Taucher Tonscherben, Fragmente von Statuen und drei zunächst unkenntliche Bronzeteile. Nachdem alle Bruchstücke gesäubert waren, stellte man fest, dass irgendwann einmal Zahlen auf ihnen gestanden

hatten. War es vielleicht ein nautisches Instrument? Nach einer längeren Trockenzeit trennten sich die Fragmente voneinander und es stellte sich heraus, dass die Metallteile durch ein Stück verwittertes Holz zusammengehalten worden waren. Den Zeitpunkt des Untergangs datierte man auf etwa 65 v. Chr., denn das Instrument war ungefähr zu dieser Zeit gefertigt worden. Die Inschriften verrieten, dass diese ausgeklügelte Zahnradmaschine auf dem Kalender eines griechischen Astronomen namens Geminos von Rhodos basierte, der seinen Kalender im Jahr 77 v. Chr. angefertigt hatte. Nach der Entdeckung der Fragmente geschah fast 50 Jahre lang nichts mit ihnen, bis es endlich einem Professor der Yale University, Derek John de Solla Price, gelang, die Teile zusammenzusetzten. Dieser verbrachte weitere 20 Jahre damit, den ursprünglichen Mechanismus zu rekonstruieren – und hauchte einer alten Uhr wieder neues Leben ein.

Dieses äußerst raffinierte Uhrwerk konnte sowohl Kalenderberechnungen durchführen als auch die Bewegungen von Sonne und Mond simulieren. Das zentrale innere Rad veranschaulichte das Vergehen eines Sonnenjahres (365,25 Tage), während kleinere, miteinander verbundene Räder die Bewegungen der großen Sterne und des Mondes modellierten. Das Zifferblatt des Instruments zeigte die Tierkreiszeichen, die scheinbare jährliche Bewegung der Sonne sowie den Auf- und Untergang der bekannteren Sterne. Es war ein sehr präzises, kleines Gerät. Ein Bogenstück weist eine Einteilung in 45 Grad auf, wobei die Abweichung nur ein Viertel eines Grades beträgt. Der Zustand und die Einstellung der Uhr lassen darauf schließen, dass diese nach ihrer letzten Einstellung noch mindestens 30 Jahre lang in Gebrauch war.

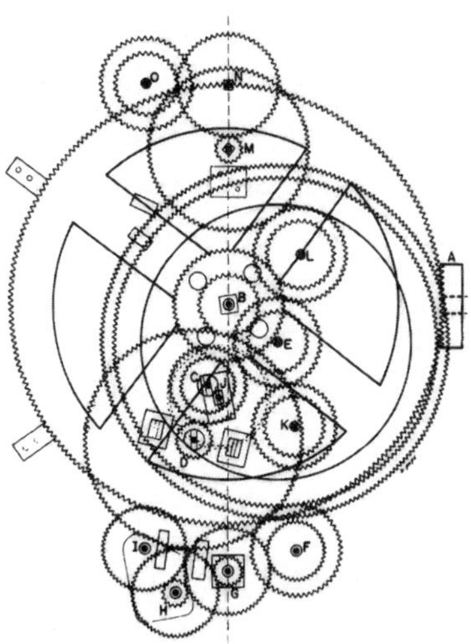

Die Krönung der altgriechischen Mechanik (Rekonstruktion der in Antikythera gefundenen astronomischen Uhr)

Aus der römischen Antike sind zahlreiche Schriftfragmente erhalten, in denen ähnliche

Maschinen erwähnt werden. Der berühmte römische Anwalt und Philosoph Marcus Tullius Cicero (106–43 v. Chr.) schrieb über seinen Freund, den Philosophen und Lehrer Poseidonios, dass dieser eine Kugel herstellte, die bei ihrer Drehung die Tag- und Nachtbewegungen der Sonne und der Planeten simuliere. Er berichtet auch, dass der großartige Archimedes eine Maschine gebaut habe, die die Bewegungen der Himmelskörper nachahme. Dieses Gerät war zweifelsohne eine der größten technischen Errungenschaften der gesamten antiken Welt, sowohl im Osten als auch im Westen.

Der Mechanismus von Antikythera zeigt auch exakt die Grenzen der Hochtechnologie des antiken Griechenlands auf. Es handelte sich zweifellos um eine astronomische Uhr mit komplizierten Zahnrädern, vielleicht auch mit Federn oder einem Gewicht. Nur wenige Menschen mit relativ guten mathematischen und astronomischen Kenntnissen konnten eine derart fortschrittliche Maschine entwickeln. Aber diese Erfindung beeinflusste die Gesellschaft nicht im Mindesten, sie trug nicht dazu bei, das Leben der einfachen Menschen zu verbessern. Das vorhandene Wissen und die Technologie waren nutzlos, da sie nicht verbreitet und somit auch *nicht zum Gemeineigentum wurden*. Werkzeugmaschinen, die eine Massenproduktion ermöglicht hätten, konnte man damals wahrscheinlich noch nicht bauen. Es handelte sich wohl um den geheimen Mechanismus einer ausgewählten intellektuellen Elite, die nicht vorhatte, dieses Wissen mit der breiten Masse zu teilen. Und überhaupt: An wen hätte sie es auch weitergeben können? An die Bauern oder an die Soldaten, die selbst einmal Bauern gewesen waren? Oder an die breite Masse der Sklaven? Wahrscheinlich kam es ihnen gar nicht in den Sinn, dass man mit Zahnrädern und Kettenantrieben Fahrräder, Nähmaschinen, Dreh-, Fräs- und Werkzeugmaschinen für die Massenproduktion hätte herstellen können. Das Problem der antiken Gesellschaften war nicht das Niveau des Denkens, sondern seine soziale Grundlage und Qualität. *Es bestand kein Bedürfnis, Wissen praktisch zu nutzen oder zu verbreiten.*

Die Artefakte könnten die irrtümliche Vorstellung vermitteln, dass sich im damaligen Europa eine fortschrittliche technische Zivilisation entwickelt hatte. Dies wäre aber ein großer Irrtum. Eine technische Zivilisation könnte man als eine Zivilisation beschreiben, in der Maschinen die schweren und gefährlichen

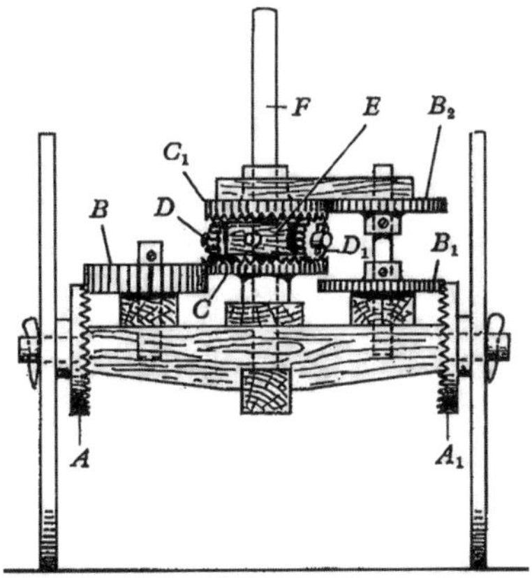

Die Krönung der chinesischen Mechanik: Ein Differentialgetriebe, mit dem man sich auch im Dunkeln orientieren konnte. Der Arm an der Stange zeigte immer in dieselbe Richtung – unabhängig davon, in welche Richtung der Wagen gedreht wurde. Der Wagen wurde bei nächtlichen Truppenbewegungen eingesetzt.

Arbeiten erledigen und die Menschen sie lediglich beaufsichtigen; eine Zivilisation, die nicht auf endlichen, erschöpflichen Ressourcen basiert und deren Errungenschaften allen zugänglich sind. In diesem Sinne zeigt uns dieses wunderbare Uhrwerk nur Gelegenheiten, die verpasst wurden.

Während im alten China und im Nahen Osten Wind- und Wasserräder weitverbreitet waren, wurden im alten Rom die Ressourcen der Natur wenig genutzt. Deshalb stand kaum menschliche Arbeitskraft für nützlichere Zwecke zur Verfügung. Erst kurz vor dem Zusammenbruch des Byzantinischen Reiches und auch dann nur außerhalb Italiens wurden Maschinen, etwa Wassermühlen, eingesetzt. In Gallien, an den Hängen von Barbegal, in der Nähe des heutigen Arles, wurde die damals größte Mühle mit sechzehn Mühlwerken und einer Gesamtleistung von etwa 30 Pferdestärken gebaut – dies entspricht der Leistung eines Trabants. Heute verfügt selbst ein kleiner Hof über mehr maschinelle Leistung als das größte Reich Europas zu dieser Zeit.

Nach dem Kollaps des Reiches blieb dieses Niveau noch rund 1000 Jahre lang unerreicht. In China jedoch begegneten Reisende häufig Wind- und Wasserrädern. Irgendwo hier, also *bei der Verbreitung der strömungstechnischen Kraftmaschinen, beginnt die technische Kultur*. Ihre Verbreitung ist eine Grundvoraussetzung für den Aufstieg über das »tierische Sein«. *Nur eine Zivilisation, die Energie möglichst billig und mit geringer Umweltzerstörung produzieren kann, ist lebensfähig*. Der Energiepreis und die Grenzen der Energieerzeugung sind ein klarer Indikator für die Entwicklung und die Zukunftsaussichten einer Kultur. *Die Fähigkeit, Energie billig zu produzieren, ist das vielleicht wichtigste Wissen*, das eine Gesellschaft besitzen kann. Gesellschaften kann man eindeutig nach ihrem Entwicklungsstand kategorisieren. Auch in dieser Hinsicht war China Europa weit voraus: Überall im Land waren Wind- und Wassermühlen mit für uns ungewöhnlichen vertikalen Achsen im Einsatz.

Der Vorteil der Chinesen

Die alten griechischen, römischen und ägyptischen Zivilisationen sind verschwunden. Sie waren erschöpft, hatten ihre Vorräte aufgebraucht und brachen unter den militärischen Angriffen der von ihnen als barbarisch bezeichneten Völker zusammen. Nur eine immer produktivere technische Zivilisation kann sich weiterentwickeln. Stagnierende Gesellschaften, in denen sich Erfindungen nicht verbreiten können, werden früher oder später ihre *natürlichen und menschlichen Ressourcen erschöpfen* und untergehen. Eine solche technische »Entwicklungszivilisation«

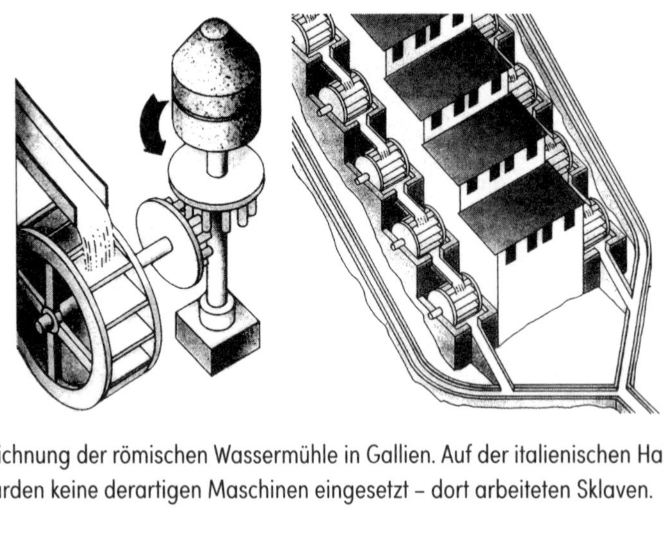

Zeichnung der römischen Wassermühle in Gallien. Auf der italienischen Halbinsel wurden keine derartigen Maschinen eingesetzt – dort arbeiteten Sklaven.

kann nur in einer humanen, demokratischen Gesellschaft funktionieren, in der der Schutz der Natur und des Lebens zu den wichtigsten Werten gehört. Vergleicht man die Gesellschaft mit dem Menschen, müsste sie auf den Füßen der Moral stehen, ihre Hände wären die Technik, ihr Kopf das Wissen und die Weitergabe desselben. Die antiken westlichen Gesellschaften waren jedoch von Grund auf unmoralisch und brutal zerstörerisch gegenüber Mensch und Natur. Deshalb war ihr schneller und endgültiger Zusammenbruch in historischem Ausmaß unvermeidlich.

Wir sollten aber nicht denken, dass man aus diesen groben Fehlern längst gelernt hat und wir uns jetzt in einer sich ständig weiterentwickelnden Gesellschaft auf dem Weg zu einer immer komfortableren technischen Zivilisation für alle

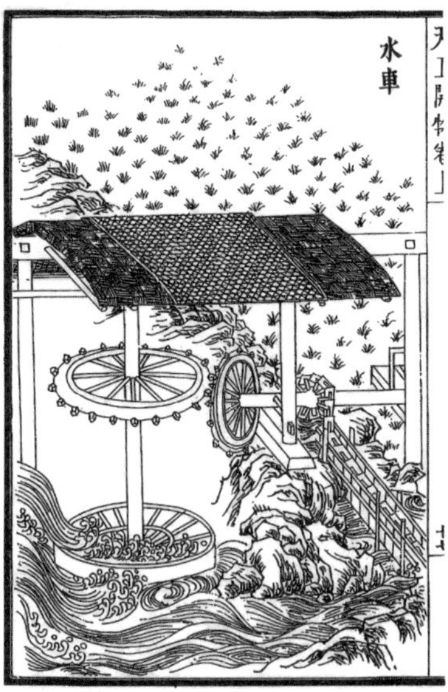

Ein typisches halbaxiales, oberschlächtiges Wasserrad, das über ein rechtwinkliges Getriebe eine kettengetriebene Bewässerungsanlage mit Behältern antreibt

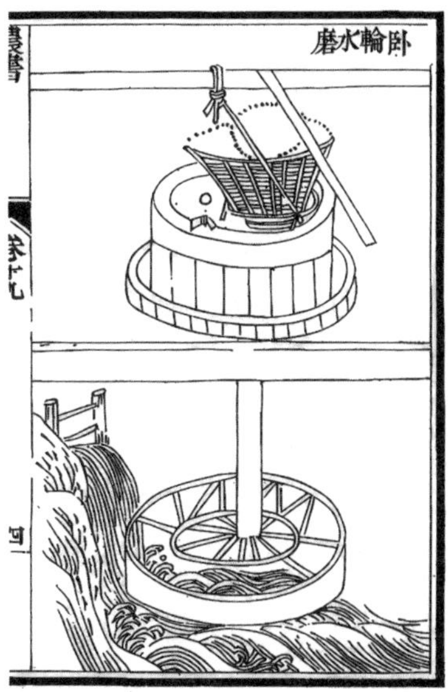

Eine Wassermühle mit einem halbaxialen, oberschlächtigen Rad. Es war kein Getriebe erforderlich; das Schaufelrad trieb den Mühlstein direkt an. Durch die einfachere Struktur war es billiger zu bauen und somit auch einfacher und billiger zu betreiben. Zeichnung aus dem Jahr 1313.

befinden. Das ist ein ebenso großer Irrtum wie die Zufriedenheit der Bürger antiker Reiche, die sie verspürten, wenn sie die schönen Paläste von Rom, Hangzhou oder Konstantinopel betrachteten und feststellten, dass sich ihr Reich entwickelt. *Es ist ein Mythos, dass wir uns heute auf dem Weg zu einer nachhaltigen technischen Zivilisation befinden und eines Tages sicherlich dort ankommen werden.* Ganz im Gegenteil: *Auch unsere halb technische Zivilisation basiert auf endlichen Vorräten,*

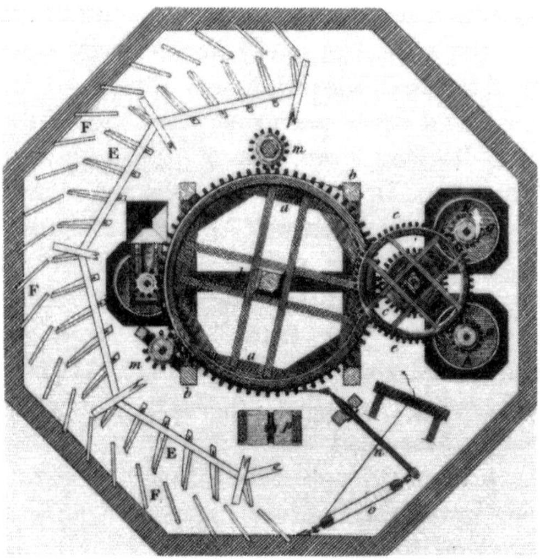

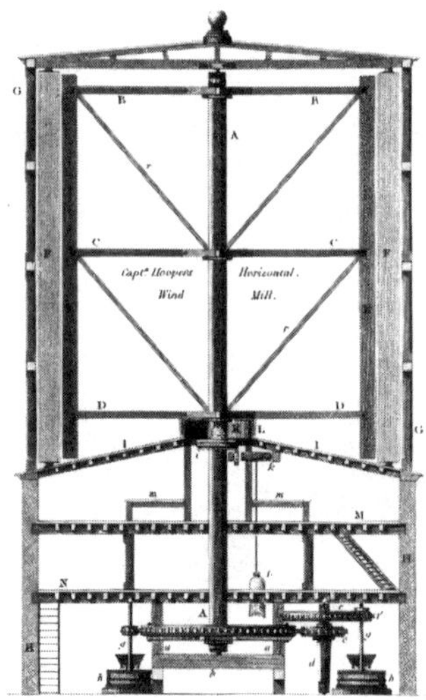

Stephen Hoopers Windmühle mit vertikaler Achse. Von der 1789 patentierten Windmühle wurden nur wenige Exemplare hergestellt; in Europa konnte sie sich nie durchsetzen. In Asien wurde schon seit Jahrhunderten ausschließlich dieser Typus verwendet – von den kleinsten bis zu den größten Windmühlen. Der Vorteil dieser Lösung ist, dass sie unabhängig von der Windrichtung funktioniert und die Mühlräder ohne Kegelrad angetrieben werden können. Trotzdem wurde sie in Europa gemieden; die europäische Technik blieb in der Entwicklung bei der uns heute wohlbekannten Windmühle stehen.

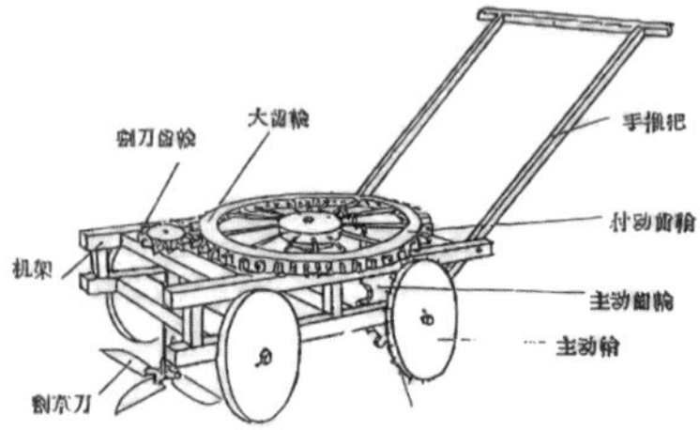

Ein chinesisches Werkzeug zum Schneiden von Getreide und Gras

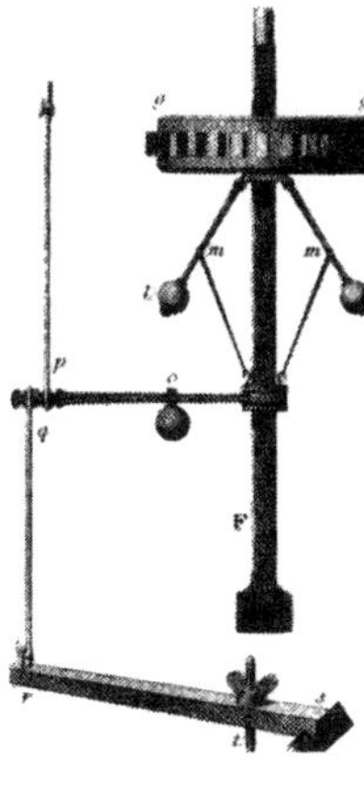

Automatischer Drehzahlregler der Windmühlen. James Watt (1736–1819) benutzte das Patent von Thomas Mead aus dem Jahr 1783 für die Leistungsregelung der Dampfmaschine. Dies zeigt einmal mehr, dass eine Erfindung zu weiteren Erfindungen auf ihrem Gebiet führen kann. Ohne Dampfmaschinen wären Verbrennungsmotoren vielleicht nie gebaut worden.

Segelschubkarre: Das am weitesten verbreitete Transportmittel in China. Sie war ein grundlegendes Fahrzeug des Kleinhandels sowie des Gemüse- und Obsthandels. Zudem konnte sie auf schlechten Straßen benutzt werden.

Plan einer vertikalachsigen europäischen Windmühle vom Typ Tornado. Sie wurde erst im 20. Jahrhundert im Moskauer Kurtschatow-Institut gebaut. Ihr Wirkungsgrad ist sehr hoch.

die bald erschöpft sein werden. Damit eine erfolgreiche technische Zivilisation wenigstens in Ansätzen entstehen kann, braucht es weitgehende Arbeitsteilung, Wissenstransfer und eine Art *elementare Gedankenfreiheit.* Glück spielt allerdings auch eine Rolle; es sollten genügend Erze, Wälder, Flüsse und Seen auf dem Gebiet eines Landes vorhanden sein.

Die Griechen beispielsweise kannten kein Eisen und besaßen auch keine Eisenminen. Sie konnten nur Kupfer und Zinn abbauen, weshalb ihre Waffen größtenteils aus Bronze gefertigt waren. Die Römer dagegen kannten und schätzten Eisen, welches nur bei viel höheren Temperaturen gewonnen werden konnte. Anfangs wurden sogar die Eheringe aus Eisen gefertigt. Die römische Kriegsindustrie stürzte sich gierig auf die Eisenerzvorkommen der Insel Elba und die dortigen Hüttenwerke. Die Römer verwendeten Holzkohle zum Schmelzen, doch nachdem sie alle Wälder von Elba gerodet hatten, mussten sie die Eisenproduktion aufgeben, da der Transport großer Mengen an Eisenerz vom Festland zu teuer gewesen wäre. Sie kamen nicht einmal auf die Idee, den Wald wieder aufzuforsten (die Insel ist noch heute sehr kahl), gaben das gesamte Gebiet auf und suchten mit ihrer Heuschreckenmentalität einfach andere Minen in ihrem Reich. Infolgedessen wurden in der Antike riesige Landstriche zerstört. Die gesamte dalmatinische Küste und Nordafrika wurden zu unfruchtbaren Wüsten, obwohl Nordafrika Rom lange Zeit als Kornkammer diente. Die Gier der antiken Völker hat der Natur unermesslichen Schaden zugefügt. Da die natürlichen Ressourcen dieser Völker erschöpft waren und das Land ausgelaugt war, konnten diese Völker nur noch eine schrumpfende Bevölkerung ernähren, die aber nicht mehr in der Lage war, sich gegen die Angriffe der nomadischen Reitervölker zu verteidigen.

Die Geschichte hat uns gezeigt, dass eine technologische Entwicklung, wenn sie überhaupt stattfindet, entweder von dem Wunsch nach Luxus oder durch Kriege angetrieben wird. Es stimmt nicht, dass etwas sehr bald erfunden wird, wenn nur genügend Nachfrage bei einer betuchten Mittelschicht danach besteht. Wir wissen beispielsweise, dass Kugellager schon den Römern bekannt waren, denn die Statuen, die Caligulas Schiffe schmückten, drehten sich auf einem der Urlaubsschiffe, die aus dem Nemisee gehoben wurden, auf einem Kugellager. Auf diesem Schiff wurde auch ein Mechanismus mit einem Eimer an einer Kette gefunden, mit dem das eingedrungene Wasser abgeschöpft werden konnte. Die Idee der hier verwendeten Kette aber wurde nicht weitergegeben, um sich als Wissen zu verbreiten.

Die Chinesen waren den antiken Mittelmeerkulturen insofern überlegen, als dass sie in der Lage waren, ihre *Erfindungen zu verbreiten*, sodass ihr Land weniger anfällig und schwieriger zu erobern war. China konnte sich von anderen Reichen absetzen, weil es im Gegensatz zu anderen, ähnlich begabten Bewässerungskulturen, ein Wissensmanagement aufgebaut und institutionelle Mittel zur Wissensvermittlung wie Bücher und Bildung zur Verfügung stehen hatte.

Es ist bekannt, dass von allen Produkten der menschlichen Kultur vielleicht Erfindungen die höchste »Säuglingssterblichkeit« aufweisen; die meisten Ideen gehen wohl verloren, bevor sie sich überhaupt entfalten können. Sicher sind auch wundervolle Gedichte, Theaterstücke, Gemälde und Musikwerke abhandengekommen, aber es gibt viele andere, die vielleicht sogar gleichwertig sind. Dies ist bei Erfindungen nicht der Fall. Die Geschichte des Porzellans beispielsweise dokumentiert, wie schwierig es ist, selbst etwas relativ Einfaches *wieder zu erfinden oder zu kopieren*. Das zur Herstellung eines Produktes erforderliche Wissen ist sehr schwer zu erwerben und sehr leicht zu verlieren.

Tontöpfe wurden überall gefertigt. Diese waren eine einfache, weitverbreitete Erfindung der Antike. Aber die Zartheit, die Schönheit und die Zerbrechlichkeit des Porzellans waren es, die die Araber und die Europäer in Erstaunen versetzte. Rund 1500 Jahre lang versuchten sie vergeblich, das Porzellan neu zu erfinden. Alle Rohstoffe waren in Europa und in der arabischen Welt vorhanden. Was fehlte, war das Know-how.

Porzellan

Das erste chinesische Porzellan wurde laut Überlieferungen um das Jahr 300 produziert. Das Geheimnis des Porzellans liegt nicht nur in seinem Material, also der Zusammensetzung, *sondern auch in seinem Herstellungsprozess*. Während gewöhnliche Tonware bei 500–1100 °C gebrannt wird, benötigt Porzellan 1200–1300 °C. Deshalb ist es nicht egal, was für ein Ofen und was für Brennstoff verwendet werden. Zum richtigen Heizen benötigt man Holzkohle und Koks sowie eine gute Belüftung, zum Beispiel ein Gebläsesystem. Neben dem Mineral Kaolin braucht man außerdem noch Feldspat und Quarz, etwa aus Sand. Nach wiederholtem Waschen, Klären und dem Entziehen von Feuchtigkeit erhalten wir eine Masse, die bei einer genau vorgegebenen Temperatur gebrannt wird. So entsteht Porzellan. Die darauf gemalten künstlerischen Motive müssen bei einer anderen Temperatur und mit einer anderen Technik gebrannt werden.

Wahrscheinlich perfektionierten die Chinesen die Kunst der Porzellanherstellung Schritt für Schritt durch Tausende von Experimenten in der Zeit der Song-Dynastie (960–1279) bis zur Eroberung durch die Mongolen. Nach und nach wurde eine Reihe von Porzellanfabriken gegründet. Gruppen von besonders geschulten Handwerkern wuschen und bereiteten die Rohstoffe vor, andere bauten und betrieben die Öfen, und wieder andere stellten Holzkohle und Koks her. Natürlich wurde auch das Brennen selbst von einer Gruppe hoch qualifizierter und sehr erfahrener Technologen durchgeführt. Sie wussten, dass Porzellan in einem teils oxidierenden, teils reduzierenden Medium vorbereitet werden muss. Eine veränderte Konsistenz oder Farbe konnte durch ein anderes Verfahren erreicht werden. Wir können nur darüber staunen, wie die Chinesen dies alles ohne chemische Grundkenntnisse herausfinden konnten.

Die Portugiesen hatten bereits um 1520 einige Kaolinstücke ergattert, doch diese »industrielle Spionage« half ihnen nicht viel, denn die Kenntnis der so wichtigen technologischen Prozesse fehlte ihnen. Zu dieser Zeit begann sich in Europa die Alchemie, die »Forschung« der Goldherstellung, zu verbreiten, und allmählich eigneten sich die Alchemisten Wissen über die grundlegenden chemischen Konzepte und Verfahren an. Daraus entstand später der erste wissenschaftsbasierte »Industriezweig« Europas: die chemische Industrie.

In Europa erfand der deutsche Johann Friedrich Böttger (1682–1719), der sich zeitweise wie ein Scharlatan verhielt, eine relativ einfache Methode zur Herstellung von Porzellan. Er kaufte von einem Griechen namens Laskaris, einem anderen Betrüger, den »Stein der Weisen« und behauptete, mit diesem Stein Gold herstellen zu können. König Friedrich I. von Preußen, der gerne betonte, dass die Erlösung Gottes Sache sei, alles andere aber seine, wollte Böttger gefangen nehmen, um die durch seine Kriege geleerte Staatskasse mithilfe der Goldherstellung wieder zu füllen. Daraufhin floh Böttger nach Wittenberg, wo er jedoch vom sächsischen König arrestiert und unter strenger Bewachung nach Dresden gebracht wurde. Während seiner erfolglosen Versuche, Gold herzustellen, gab er am sächsischen Königshof rund 40 000 Taler aus. Der Herrscher wies daraufhin Ehrenfried Walther von Tschirnhaus, einen vertrauenswürdigen Physiker des Hofes, an, mit Böttger zusammenzuarbeiten. Dabei entdeckten die beiden ganz zufällig das Geheimnis der Porzellanproduktion, das später ähnlich viel Geld einbrachte – als hätten sie einen Weg gefunden, Gold herzustellen.

Eine ihrer Werkstätten richteten die beiden in einem Residenzschloss ein und führten dort ab 1707 eine Reihe von Experimenten durch. Durch das Erhitzen und Brennen verschiedener Materialien gelang es ihnen schließlich, Kaolin herzustellen. 1708 starb Tschirnhaus an der Ruhr. Zu diesem Zeitpunkt waren die Grundlagen der Porzellanherstellung bereits gelegt. Obwohl das Geheimnis streng gehütet wurde, hatten die Franzosen es bereits nach rund 20 Jahren gestohlen. Die Engländer stahlen das Geheimnis weitere 10 Jahre später und die Dänen nach weiteren 20 Jahren. Von da an war Porzellan nichts Besonderes mehr. Nun also konnte auch in Europa Porzellan produziert werden. Den chinesischen Qualitätsstandard von vor rund 1000 Jahren hatte man damals allerdings noch nicht erreicht. Die Geschichte der Porzellanherstellung zeigt, wie langsam und qualvoll Europa der chinesischen Industrie hinterherhinkte.

Sehen wir uns jetzt einmal an, wie Erfindungen in China überhaupt gemacht wurden, wie sie mit der chinesischen Geschichte und der chinesischen Wirtschaft zusammenhängen und wie sie das Schicksal und den Wohlstand der Bevölkerung eines ganzen Kontinents beeinflusst haben.

Chinesische Erfindungen

In China hat sich eine bedeutend größere Zahl Erfindungen und über größere Distanzen verbreitet als in Europa. Diese Situation änderte sich erst mit der Dampfmaschine.

In China produzierten große staatliche und private Manufakturen Stahl, Seide, Porzellan und lackierte Produkte, aber der Staat besaß auch ein Monopol im Schiffbau, in der Salzdestillation sowie im Silber- und Kupferbergbau. Die Handwerkerschicht glich einer Kaste. Ihr Wissen gab sie nicht nur mündlich, sondern auch in gedruckten Büchern an die Kinder weiter. Dies führte nicht nur zu einer Spezialisierung, sondern in einem gewissen Maße auch zu der für die

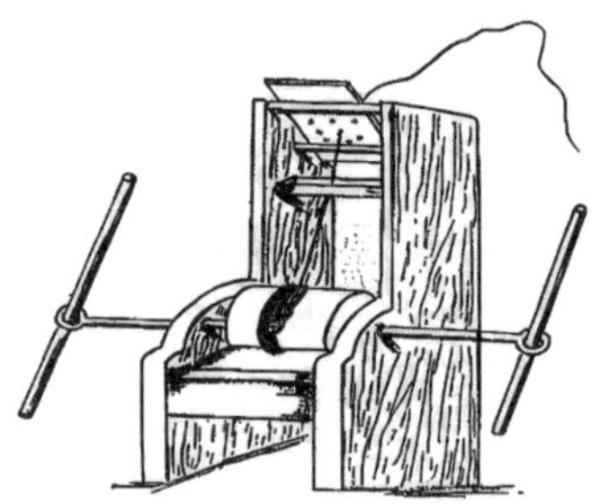

Drahtziehmaschine. Sie hätten Kupferdraht mit Lackisolierung herstellen können, aber zu der Zeit, als Morse den Telegrafen mit Kupferdraht entwickelt hatte, war die Entwicklung Chinas bereits zum Stillstand gekommen.

Abb. (links): Chinesische kaiserliche Waffenfabrik. Hier sind Waffenschmiede und Streitwagenbauer zu sehen.

moderne Schwerindustrie charakteristische Standardisierung und Qualitätssicherung. Während die arabische Welt sich auf dem Gebiet der Technologie nur durch die Damaszenerklinge von anderen abhob, waren die chinesischen Handwerker in der Lage, große Mengen an Gusseisen und später auch größere Mengen an hochwertigem legiertem Stahl zu produzieren. Dadurch waren sie in der Lage, Eisenklingen, Metallwerkzeuge und Werkzeuge zur Bearbeitung von Steinen sowie Kettenantriebe in großer Zahl herzustellen.

Industrie und Kunst waren eng miteinander verbunden. So wurden beispielsweise nach der Erfindung der Papierherstellung schöne Bücher und Bilder gedruckt; die Seidenherstellung brachte schöne, bunte Kleider hervor – ganz zu schweigen vom Porzellan. In Europa wurden Technik und Kunst erst viel später miteinander verbunden. Es liegt auf der Hand, dass schöne Musik nur mit guten Instrumenten gespielt werden kann. Es braucht eine gute Geige, eine schön klingende Orgel oder ein gutes Klavier, damit die Werke von Bach, Händel, Vivaldi oder Mozart wirklich herrlich klingen. Solange es diese hochwertigen Instrumente nicht gab, sind sicherlich Hunderte von musikalischen Talenten verloren gegangen, weil es ihnen an Möglichkeiten und Instrumenten mangelte. Es ist vielleicht kein Zufall, dass erst ab dem 18. Jahrhundert talentierte Musiker in Europa in großer Zahl auftauchten; etwa zu dieser Zeit wurde nämlich das technische Mindestniveau für den Bau guter Musikinstrumente erreicht. Natürlich gingen die Geheimnisse des Geigenbaus von Meister Stradivari verloren, andere Meister gaben ihr Wissen jedoch weiter (Leinwand und Farbe wurden schon vor dem 18. Jahrhundert hergestellt, sodass talentierte Maler schon früher in Europa auftauchten). Aber was Größe und Entwicklungsstand angeht, war das Niveau der mechanischen Kenntnisse in China sogar noch höher.

Das Land des Eisens und des Stahls

Der Eisenguss entwickelte sich zu einem so großen Geschäft, dass die Han-Dynastie die Eisenproduktion im Jahr 119 v. Chr. zum Staatsmonopol erklärte. Im ganzen Reich gab es 46 staatliche Hochöfen, die Eisengefäße und -werkzeuge wie Meißel, Hobel, Sägen und Waffen herstellten. Sie waren so versiert im Eisenguss, dass sie um das Jahr 1000 eine etwa 20 Meter hohe Pagode aus Gusseisen in der Provinz Schantung errichten konnten. Im Jahr 695 wurde auf Wunsch der Kaiserin Wu Zetian eine riesige, eiserne Säule errichtet, um die glorreiche Erinnerung an die große Zhou-Dynastie in Form einer »himmlischen Säule« zu bewahren. Auf der Spitze der Säule, die einen Durchmesser von etwa 4 Metern hatte, standen in einer Höhe von etwa 30 Metern vier bronzene Drachen, die jeweils etwa 4 Meter hoch waren und ein Gewicht von ca. 1325 Tonnen hatten.

Die wahre Stärke der Chinesen, die der europäischen Technologie weit voraus waren, lag in der Verbreitung der Stahlproduktion. Stahl enthält viel weniger

Kohlenstoff als Gusseisen, ist also weniger spröde und hat eine höhere Zug- und Torsionsfestigkeit. Die Chinesen erfanden die Massenproduktion von Eisen und Stahl viel früher, sodass sie auch die Erzeugnisse entsprechend früher nutzen konnten. Bereits im 4. Jahrhundert v. Chr. waren sie in der Lage, Gusseisen zu fertigen, weil sie reichlich hochwertigen Ton abbauten, aus dem sie die notwendigen hitzebeständigen Öfen bauten. Sie wussten auch, dass es ein Mineral gab – sie nannten es Schwarzerde –, welches aufgrund seines Eisenphosphatgehalts die Schmelztemperatur von Eisen senkte. Dieses Mineral wurde etwa 1000 Jahre lang zur Eisenherstellung benutzt. Die Chinesen stellten viele Eisenpflüge her, und dank der Verwendung des Brustblattgeschirrs, das die Tiere nicht beim Atmen behinderte, konnte man mit weniger Menschen größere Flächen pflügen. Dies verschaffte den Chinesen einen großen Vorteil gegenüber Europa.

Sie konnten Stahl herstellen, indem sie Roh- und Schmiedeeisen mischten, aber auch, indem sie mithilfe eines Diffusionsverfahrens Kohlenstoff aus Gusseisen extrahierten, was allerdings länger dauerte. All dies war nur bei hohen Temperaturen möglich, doch die Chinesen hatten auch die dafür notwendigen Belüftungs- und Gebläsemaschinen erfunden und eingesetzt. Im 11. Jahrhundert betrug die Eisenproduktion bereits 125 000 Tonnen pro Jahr. Die enorme Nachfrage der eine Million Mann starken Armee, der Landwirtschaft, des Baugewerbes und der Betreiber von Steinbrüchen nach Stahl sorgte für ausreichend Arbeit in der Eisen- und Stahlproduktion. Im Jahr 1736, als die Eisenhütte des Unternehmers Abraham Darby in Coalbrookdale, im damals noch unterentwickelten und eher armen England, gerade begann, ihre Arbeit aufzunehmen, stellten die Chinesen ihre Produktion schon ein. Die Schließung der großen Hütten in den Provinzen Henan und Hebei war für China der ***Anfang vom Ende***, auch wenn man sich damals dessen wohl nicht bewusst war. Die Gründe hierfür werden wir später noch genauer betrachten.

Es gibt nur wenige so grundlegende Erfindungen wie das Rad, das Feuer oder die Eisenverhüttung. Andere, weniger relevante Erfindungen, gewinnen oft erst dann einen entscheidenden Einfluss, wenn die Menschen bereits viele andere nützliche Erfindungen kennen und gebrauchen. Es ist wie mit dem Telefon: Das Telefon ist nur dann wirklich nützlich, wenn auch möglichst viele andere Leute einen

Anschluss haben. Erfindungen haben auch eine kumulative Wirkung; eine Erfindung kann zu einer weiteren führen. *Wenn das Nacheinander der Erfindungen unterbrochen wird, führt dies zum Sterben neuer, vielleicht sogar noch wichtigerer Ideen und Ergebnisse.*

Die Chinesen hatten drei weitere wichtige Gruppen von Erfindungen. Eine davon war der bereits erwähnte Papier- und Buchdruck, der sie noch weit vor Europa zu einer Art »informationstechnischer Supermacht« machte. Die andere waren strömungstechnische Maschinen: kleine, für uns ungewohnte Windmühlen mit vertikaler Achse, die Schaufelräder zur Bewässerung oder Mühlsteine zum Mahlen von Reis oder Getreide antrieben. Ihre dritte und vielleicht wichtigste Erfindung war die Herstellung von fantastischen Schiffen. Doch dazu später mehr.

Papierland

Ein Leben ohne Papier ist heute kaum mehr vorstellbar, und die Tatsache, dass wir Informationen über Radio, Fernsehen oder das Internet erhalten können, bedeutet nicht, dass wir weniger Papier benötigen als vorher. Papier war über Jahrhunderte das billigste Mittel zur Übermittlung von Informationen, und seine Erfindung und Verwendung sind so grundlegend wie das Wissen von Feuer oder Stahl. Die Ägypter benutzten eine Seite des Papyrus zum Schreiben, aber dieses Papier war bei Weitem nicht so gut wie das von den Chinesen erfundene, das durch ein spezielles Trocknungs- und Klebeverfahren aus getrockneten Pflanzenfasern hergestellt wurde. Durch die Zugabe von Leim erreichte man, dass das Papier besser zum Schreiben geeignet war. Das älteste erhaltene Stück Papier stammt aus China und wurde irgendwann zwischen 140 und 87 v. Chr. hergestellt (Papier wurde im Laufe seiner Geschichte nicht immer aus pflanzlichen Fasern gefertigt; in Europa wurden zum Beispiel zerkleinerte Lappen verwendet, die sich ebenfalls als sehr hochwertiges und haltbares Material erwiesen).

Lange Zeit verwendeten die Chinesen Papier aus Hanffasern, das stärker ist als das heute verwendete Papier – es diente auch zur *Herstellung von Kleidung*. Sie war billiger als Kleidung aus Seide, war aber sehr warm und ungewöhnlich lange haltbar. In den Gräbern von Turpan wurden Papierhüte, -gürtel und -schuhe aus der Zeit um 418 gefunden. Aber auch Decken und Vorhänge stellte man aus Papier her – aus dünnem Papier sogar »Fensterscheiben«. Sogar der frühe Vorläufer der *kugelsicheren Weste* bestand aus Papier. Durch das Stapeln mehrerer dicker, starker Papierschichten konnte man sehr gute »Panzerhemden« produzieren, die ihre Träger vor scharfen Stahlpfeilen schützten. Stählerne oder bronzene Schuppenpanzer hielten den gehärteten Stahlpfeilspitzen nicht stand. Sie brachen oder rissen. Die Papierpanzer hingegen absorbierten die Energie der Pfeile, die so in der Rüstung stecken blieben (man kann sich vorstellen, wie ein chinesischer Krieger nach einem heftigen Beschuss aussah ...).

Bei der Beschlagnahmung ihres Schiffes übergaben Piraten im 12. Jahrhundert den Behörden 110 »Panzerhemden« aus Papier. Ein weiterer Vorteil dieser »Rüstung«, die aus mehreren Schichten Papier und Seide bestand, war, dass sie nicht rostete und auch bei langen Märschen über schwieriges Gelände leicht zu tragen war. Diese dicke, kugelsichere Papierweste bot sogar Schutz vor den Gewehrkugeln japanischer Piraten.

Natürlich waren die Chinesen auch die Ersten, die Papiertapeten mit vorgedruckten Mustern verwendeten. Sie stellten sogar Toilettenpapier her. Aufzeichnungen belegen, dass das kaiserliche Versorgungsamt im Jahr 1393 720 000 Stücke von großem Toilettenpapier herstellte, die jeweils etwa 60 Zentimeter mal 1 Meter groß waren. Die kaiserliche Familie erhielt eine spezielle, weichere und parfümierte Version. Toilettenpapier wurde in der Regel aus einem Brei aus Reisstrohfasern hergestellt. Hierfür wendete man ein billigeres und einfacheres Verfahren an, das sogenannte Absetzverfahren. Die Chinesen produzierten riesige Mengen an Papier zu einer Zeit, als dies im mittelalterlichen Europa ein extrem teures und seltenes Material war. Toilettenpapier war vollkommen unbekannt. (Weder das antike Rom noch das mittelalterliche Europa kann man als besonders fortschrittlich auf dem Gebiet der Körperpflege bezeichnen. Als Toilettenpapier benutzte man Lappen, Maiskolben oder gar nichts; in den schmutzigen, stinkenden Städten konnten sich Krankheiten leicht ausbreiten und zu Epidemien anwachsen, die ganze Länder dezimierten.)

Auch die Technologie der Papierherstellung blieb nicht geheim. Indien erreichte dieses Wissen rund 1000 Jahre nach seiner Entdeckung im 8. Jahrhundert. Anschließend wurde es an die Araber weitergegeben, die das Herstellungsverfahren rund 500 Jahre lang geheim hielten und das fertige Papier mit großem Gewinn nach Europa verkauften. Es ist nicht bekannt, wie die Europäer lernten, Papier zu fertigen, aber im 13. Jahrhundert begann die Papierherstellung endlich auch in Europa, nämlich in Italien. Obwohl Kopistenmönche schon seit Hunderten von Jahren mit Papier arbeiteten, dauerte es etwa 1500 Jahre, bis dieser wichtige Industriezweig auch in Europa auftauchte.

Papier war nicht nur als Strukturmaterial wichtig, sondern auch als Informationsträger. Natürlich haben die Chinesen auch die Tinte erfunden. Der Farbstoff wurde aus Ruß hergestellt, dem Leim, Alkohol oder Wasser beigemischt wurden. Die erste Informationsexplosion wurde durch die Tinte und die chinesische Bilderschrift ausgelöst, die für uns Europäer fremd und schwer zu erlernen ist. Die Komplexität der chinesischen Schrift war es aber auch, die die Entwicklung des Drucks unter Verwendung der uns gut bekannten, austauschbaren Standardbuchstaben verlangsamte. Natürlich waren es auch die Chinesen, die als Erste bedrucktes Papier, Bücher und Zeitungen herstellten und später in Massen produzierten. Dies brachte allerdings auch das Drucken von Falschgeld und das Glücksspiel mit sich.

Die Buddhisten waren bei der Entwicklung und Verbreitung von Kopiertechniken an vorderster Front tätig, denn sie wollten so viele ihrer heiligen Texte wie möglich vervielfältigen, und sie waren zu wenige, um Texte effektiv von Hand zu kopieren – das Ganze war ein sehr mühsamer Prozess. Die Idee des Drucks beruhte auf Symbolen und Bildern, die zuerst in harten Stein gemeißelt und dann durch Schattierung auf weiches Papier übertragen wurden. Sie kopierten ihre heiligen Texte also, indem sie ein Blatt Papier auf einen Stein legten und es dann mit einem Stück Metall (Blei oder Zink) fest andrückten. So erhielten sie recht gute, manchmal sogar fotoähnliche Kopien. Aus dieser Technik entwickelte sich allmählich der Holztafeldruck. So war es möglich, einzelne Blätter und später ganze Schriftrollen mit Illustrationen und Texten von hoher künstlerischer Qualität in sehr großen Stückzahlen herzustellen. Die ältesten derartigen Drucke sind aus dem Gebiet des heutigen Koreas erhalten und stammen aus der Zeit um 700 n. Chr. Im 8. Jahrhundert wurden Hunderttausende dieser Holztafeldrucke produziert. Viele von können wir auch heute noch bewundern. Das erste vollständig erhaltene Buch beziehungsweise die erste vollständig erhaltene Schriftrolle ist das buddhistische »Diamant-Sutra« von 868, die 1907 von Marc Aurel Stein, einem ungarischen Orientalisten, gefunden wurde.

Im 10. Jahrhundert wurde auf Befehl von Premier Feng Dao der Druck von elf klassischen Werken (130 Bände) mit konfuzianischen Lehren abgeschlossen und zwei Bücher mit Kommentaren hinzugefügt. Nach 22 Jahren Arbeit war der Druck im Jahr 953 abgeschlossen. Dies waren die weltweit ersten offiziell gedruckten Bücher, herausgegeben von der damaligen Chinesischen Nationalakademie. Zu dieser Zeit war der Buchdruck bereits eine weitverbreitete Technik, und von dem im 10. Jahrhundert gedruckten buddhistischen Lehrbuch existieren heute noch rund *400 000* Exemplare. Aus der gleichen Zeit sind etwa *20 000* Exemplare eines auf Seide gedruckten Bildes einer buddhistischen Göttin erhalten. Dies zeigt uns den damaligen kulturellen Unterschied zwischen China und Europa einmal mehr. Im ganzen Reich konnte man damals Bücher beinahe in ihrer heutigen Form mit nummerierten Seiten finden. Sobald die Technik verfügbar und weitverbreitet war, erschienen auch immer mehr Dichter und Schriftsteller auf der Bildfläche. Während in Europa die Mönche die wenigen Bücher, die sie besaßen, von Hand auf sehr teurem Importpapier oder auf Ziegenhaut-Pergament geschrieben hatten, gab es in China bereits um 1200 einen Ort im Haeinsa-Tempel im heutigen Südkorea, an dem über 80 000 Klischees zum Drucken verwendet wurden. Um 1600 druckte die kaiserliche Buchdruckerei eine Reichsenzyklopädie mit rund 5000 Bänden. Mehrere vollständige Sätze davon sind bis heute erhalten geblieben. Auch der Mehrfarbendruck wurde natürlich von den Chinesen erfunden. Für den Farbdruck verwendeten sie wasserlösliche Farben. Die Bände sind in sehr schönen Farben und guter Qualität erhalten.

Der chinesische Druck erforderte besondere Fähigkeiten, da viele Schriftzeichen nur selten verwendet wurden und sie nur wenigen bekannt waren. Bi Sheng (990–1051) war der Erste, der austauschbare Schriftzeichen anfertigte. Wenn er von einem Schriftzeichen keinen Holz- oder Bronzeabdruck hatte, brannte er schnell einen aus Keramik. Es gibt Theorien, die besagen, dass chinesische bedruckte Papierstücke mit den mongolischen Eroberern nach Europa gelangt sind, da die Mongolen 1259 im heutigen Polen und 1283 in Ungarn auftauchten.

Die hervorragende Drucktechnik ermöglichte auch die Verbreitung von Papiergeld. Während der Ming-Dynastie wurde nur ein Nennwert gedruckt, doch die Menschen trauten dem Papiergeld nicht. Sie hielten sich lieber ans Silber, da dessen Wert durch seinen Metallgehalt gegeben war. Außerdem war es auch leicht, Papiergeld zu fälschen. Es dauerte nur etwa 10 Tage, um den dafür benötigten Druckblock herzustellen. Für dieses Problem gab es keine zufriedenstellende Lösung, weshalb sich das Papiergeld in China auch nicht halten konnte.

Kreative Erfindungen

Die Chinesen sind für eine Reihe von Erfindungen verantwortlich, die wir heute für europäisch halten, darunter die Nockenwelle, den Kettenradantrieb und die kardanische Aufhängung. Auch Bambusrohre und Spulen verwendeten sie schon zum Fischen. Sie erfanden auch den Whisky aus geröstetem Getreide und mehrere Arten von Obstbrand.

Wie bereits erwähnt, wurde die erste wirklich gute Uhr, die wahrscheinlich mit einer Feder funktionierte, um 100 v. Chr. von den Griechen hergestellt. Auch die Chinesen hatten mechanische Uhren erfunden, allerdings aus ganz anderen Gründen als die Griechen. Für die Chinesen hatte Astrologie nämlich eine große Bedeutung. Für sie war die Uhr wichtig, um den richtigen Zeitpunkt für die Empfängnis der Prinzen, der zukünftigen Thronfolger, festzustellen. Eine Befruchtung zur falschen Zeit oder zur falschen Stunde konnte eine Nachfolge ausschließen – egal, wie talentiert oder fähig der Kandidat war. Nach dem chinesischen Volksglauben war der Kaiser der Sohn des Himmels und die Verkörperung der Männlichkeit, die Yang-Energie. Seine erste Frau, die Kaiserin, war die Verkörperung der Weiblichkeit, die Yin-Energie. Bei Vollmond, wenn die Weiblichkeit am stärksten war, durfte nur die Kaiserin zum Kaiser. Ihre Aufgabe bestand darin, die Yang-Energie des Kaisers mit ihrer Yin-Energie zu nähren. Von Kindern, die während dieser Zeit gezeugt wurden, erwartete man, dass sie positive Dinge tun. Zu anderen Zeiten, wenn der Mond ab- oder zunahm, übernahmen rangniedrigere Haremsfrauen (Konkubinen) diese Rolle. Es wurden jeweils neun von ihnen benötigt, um die Kaiserin zu ersetzen. Nach einer jahrhundertealten Tradition musste der Kaiser nämlich jede Nacht von neun Frauen begleitet werden, was natürlich zu entsprechend vielen Nachkommen führte.

Die Uhr wurde also gebaut, um den richtigen Zeitpunkt für die Empfängnis des kaiserlichen Nachwuchses bestimmen zu können. Aus diesem Grund benötigte man auch nur ein Exemplar für das gesamte Reich. Die Zeit wurde aus politischen Gründen gemessen. Europa dagegen benötigte die Zeitmessung für den Handel oder die Navigation. Das Wissen zur Herstellung einer mechanischen Uhr war vorhanden, aber es bestand keine gesellschaftliche Nachfrage.

Die chinesische Uhr war ein mehrere Etagen hohes, von Wasser angetriebenes Bauwerk. Diese erste mechanische Uhr mit Wasserkraftantrieb war jedoch nicht lange haltbar, da ihre Eisen- und Bronzeteile schnell rosteten. Deshalb baute man 976 mit der Hilfe von Meister Zhang Sixun eine bessere Uhr. Sie wurde von Meister Su Song weiter perfektioniert. Es ist die Beschreibung seiner Uhr, die in chinesischen Texten überliefert ist. In Kaifeng, der ehemaligen Hauptstadt des Reiches, war diese Maschine von 1092–1126 in Gebrauch, bis sie von den mongolischen Eroberern in Besitz genommen wurde. Die Uhr wurde nach Peking gebracht, wo sie nach einigen Herrscherwechseln zerstört wurde. Danach lebte die Uhrmacherei in Europa aus völlig anderen Gründen wieder auf. In China dagegen gingen das Wissen und vielleicht auch das Bedürfnis der Zeitmessung verloren.

Etwas mehr als 200 Jahre vor unserer Zeitrechnung lebte der Kaiser Qin Shihuangdi, der als Erster das Reich vereinigte. Er lebte bereits in einem Palast mit rund 10 000 Zimmern und hatte etwa 13 140 Konkubinen, von denen nur einige wenige echte Ehefrauen waren. Aus diesen Beziehungen gingen rund 2800 Kinder hervor, was ein hervorragendes Zeugnis für die Stärke und Männlichkeit des Kaisers war, ohne die er nicht als guter Herrscher anerkannt worden wäre. Die gleiche Mentalität herrschte in ganz Asien, im islamischen Reich und unter den Hindu-Maharadschas. Für sie wäre es einfach undenkbar gewesen, einen Anführer zu haben, der nicht mit der nötigen Männlichkeit gesegnet war, eine ausreichende Zahl an

Nachfahren zu zeugen. Die chinesische Delegation, die das antike Rom besuchte, muss sehr überrascht darüber gewesen sein, dass der römische Kaiser nur eine Frau und höchstens ein paar inoffizielle Konkubinen oder Sklavinnen hatte. In ihren Augen war dies ein sicheres Zeichen von Schwäche und Impotenz. Für sie waren solche Männer schlechte Führer.

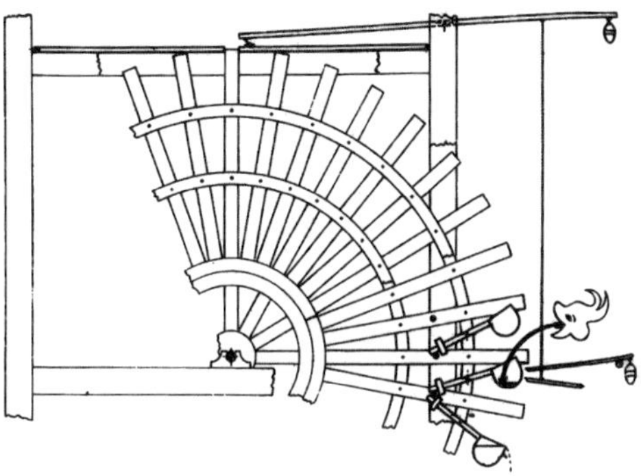

Ausschnitt der kaiserlichen Wasseruhr. Sie wurde nur einmal gebaut.

In China hatte die Sexualität ihre eigene Literatur und Kultur. Es wurden detaillierte Techniken entwickelt, um möglichst vielen Frauen in einer Nacht Vergnügen bereiten zu können. Einmal sagte Kaiser Huang-Ti einer Beraterin namens Su Nü: »Ich bin müde und finde meinen Platz nicht. Ich bin traurig und habe keine Ruhe. Was soll ich nur tun?« Su Nü antwortete: »Alle Schwächen eines Menschen sind darauf zurückzuführen, dass er falsch liebt. Der Körper der Frau ist stärker als der des Mannes, stärker in der Liebe, so wie Wasser stärker ist als Feuer. Diejenigen, die das Tao der Liebe kennen, können Yin und Yang in Einklang bringen. Diejenigen jedoch, die es nicht kennen, werden früh sterben, ohne jemals wirklich die Liebe genossen zu haben. Ist es nicht dies, worum sich Eure Hoheit kümmern sollte?« Diese Schriften über das Tao der Liebe haben die Jahre ebenfalls überdauert, allerdings nur teilweise (noch eine Art von Wissen, die sich in der christlichen und islamischen Welt nicht verbreitet hat).

Die Chinesen müssen von der blutrünstigen römischen Kultur, in der sich Gladiatoren vor den Augen der Massen gegenseitig umbrachten, und in der Sklaven anstelle von freien Menschen und ihren Maschinen auf den Feldern und in den Minen arbeiteten, schockiert gewesen sein. In den Augen der Chinesen und der Asiaten im Allgemeinen war dies eine brutale und barbarische Denkweise. Strebten sie doch in allen Situationen nach der Liebe des Lebens und der möglichst großen Freude.

Die Chinesen erfanden auch den Drachen. Mit Papierstücken, die mit dünnen Schnüren an leichten Bambusstäben befestigt waren, konnte man bei gutem Wind stundenlang eine Vielzahl interessanter, bunter Drachen steigen

Tragbare, sehr genaue Uhr von John Harrison (1693–1776). Der Spiralfederchronometer erlaubte eine exakte Bestimmung der Position eines Schiffes auf See und so auch das Erstellen präziser Karten. Diese Erfindung verschaffte den Engländern einen bedeutenden Vorteil auf dem Gebiet der Seefahrt gegenüber ihren europäischen Konkurrenten. Harrison, der Sohn eines ungebildeten Zimmermanns, war (zusammen mit Bessler) der wohl begabteste Mechaniker seiner Zeit. Die Admiralität zahlte ihm 20 000 Pfund für seine Erfindung (wenn auch nur nach langem Zögern). Auch die Chinesen haben den Wert dieser Erfindung nicht erkannt. Diese Erfindung rief später eine ganze Industrie (die Uhrenindustrie) ins Leben. Doch die Briten verloren später den Anschluss.

lassen. Gao Yang (550–559), Kaiser der Nördlichen Qi-Dynastie, ließ seine besiegten Gegner regelmäßig durch Drachenflüge hinrichten. Er ließ sie auf einen rund 30 Meter hohen Turm bringen und einen Drachen aus Papier oder Seide an ihrem Rücken befestigen. Dann wurden sie hinuntergestoßen. Seine unglücklichen Gegner starben bei den Experimenten auf grausame Weise, und der Kaiser hatte Spaß daran. Der halb wahnsinnige Gao Yang ließ die Drachen perfektionieren, um seine Opfer länger leiden sehen zu können. Im Jahr 559, dem letzten Jahr seiner Herrschaft, wurde ein Drachen gebaut, mit dem ein Fürst, nachdem er vom Turm des goldenen Phönix geworfen worden war, mehr als 3 Kilometer weit flog und lebendig landete. Später perfektionierten die Taoisten das Drachenfliegen und flogen bei geheimen Ritualen selbst mit den Drachen von den Gipfeln hoher Berge. Dieses heute kindlich anmutende Spiel lieferte den Chinesen später die Grundlage für ihr Wissen über die Strömungstechnik. In Europa wurde der Drachenflug erst vor einigen Jahrzehnten wiederbelebt.

Auch das Streichholz ist eine chinesische Erfindung, die in einem belagerten Palast von zwei hungernden Hofdamen gemacht wurde, um Essen kochen zu können. Es sind keine Einzelheiten des Vorfalls überliefert, außer dass schwefelhaltige Substanzen auf die Enden von Kiefernstöcken gestrichen wurden und sich diese Stöcke nach kurzem Reiben entzündeten. Die Höflinge nannten sie »lichtbringende Diener«. Später wurden sie »Feuerstöcke« genannt und im ganzen Land verkauft. In Europa wurden die Streichhölzer erst in den 1830er-Jahren wiederentdeckt, teils in Deutschland, teils in Ungarn. Damals wurde die Beschichtung aus Phosphor, Schwefel und Natriumchlorat hergestellt.

Auch die Lackherstellung stammt aus chinesischer Erfinderhand. Sie machte sich einen Vorteil zunutze, den die Europäer nie besaßen: den Lackbaum. Der in China heimische Baum wächst in Höhen von über 1000 Metern. Wenn man die

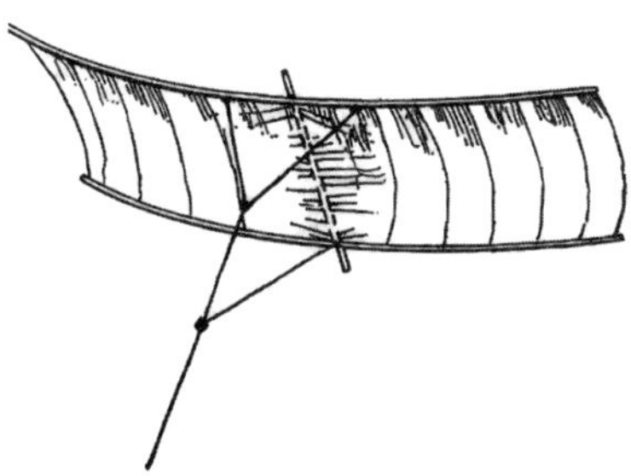

Drachen (ein Spielzeug). Gut sichtbar ist die gekrümmte Tragfläche mit Versteifungen.

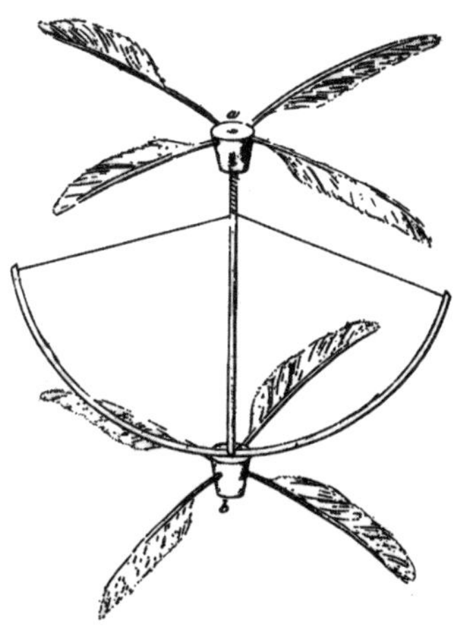

Eine weitere Errungenschaft der chinesischen Strömungstechnik in Form eines Spielzeugs: ein kleiner Hubschrauber. Die Zeichnung entstand Ende des 18. Jahrhunderts.

Rinde anschneidet, tritt eine harzähnliche Substanz aus, die bald aushärtet. Dieses Material ergibt, wenn es gefärbt und mehrmals aufgetragen wird, eine sehr schöne Beschichtung, die säure-, laugen- und bis mindestens 200 °C hitzebeständig ist. Erst wenn ein Baum 15 Jahre alt war, konnte er zum ersten Mal angezapft werden. Danach musste er 5–6 Jahre ruhen, bevor er erneut angezapft werden konnte. Aus einem Baum konnten nur etwa 50 Gramm Lack gewonnen werden, der schnell verbraucht werden musste. Man stellte bald fest, dass, wenn man ein Stück Krebsschere in den noch flüssigen Lack legte, dieser länger flüssig blieb und nicht so leicht eintrocknete (ob man dies bei einer zielgerichteten Suche herausfand oder es das Ergebnis einer zufälligen Entdeckung war, ist nicht bekannt, doch auch hier zeigt sich der Einfallsreichtum und der Fleiß der Chinesen). Nach einiger Zeit wurden Lackbaum-Pflanzungen angelegt, um noch mehr Lack zu erhalten. Mit verschiedenen Farbstoffen gemischt, entstanden verschiedenfarbige Lacke. Manchmal wurden den mit Lack behandelten Gegenständen Goldstaub oder Perlmuttintarsien hinzugefügt. Winzige Einrichtungsgegenstände dieser Art waren auch auf dem europäischen Markt ein beliebtes Luxusgut. Sie stellten einen eigenen Zweig im chinesischen Exporthandel dar (wenn auch keinen allzu wichtigen).

Medizinische Erfahrungen

Schon Jahrhunderte vor den Europäern erkannten die Chinesen, dass Blut im menschlichen Körper fließt und dass das Herz der Motor ist. Bis heute kann die europäische Medizin nichts mit der »inneren Kraft« der chinesischen Kampfkünste, den Qigong-Übungen oder dem Wushu anfangen. Einige Wushu-Meister, die lange Zeit in Klöstern gelebt haben, können Teile ihres Körpers so verhärten, dass keine Klinge sie durchdringen kann. So können wir uns erklären, dass ein aus der Höhe geworfener Ziegelstein am Kopf des Meisters zerbricht, während er bei einem »normalen« Menschen Schädelbruch oder Tod verursachen würde. Noch heute zeigen die Mönche öffentlich, wie sie auf scharfen Schwertklingen laufen, auf ihnen liegen oder dicke Stöcke auf Armen und Beinen zerschlagen, ohne sich dabei zu verletzen. So eine Art der Kampfkunst hat sich in Europa nie entwickelt. In China werden diese Fähigkeiten auf den Fluss der Yin- und Yang-Energien zurückgeführt. Der Überlieferung nach zirkulieren diese Energien entlang der sogenannten Meridiane in jedem Menschen. Wenn das gesunde Gleichgewicht dieser Energien gestört ist, entstehen Krankheiten. Dass es sich dabei nicht um einen rein psychischen Effekt handelt, zeigt die Tatsache, dass dieser Vorgang in einer einfacheren, elementaren Form auch bei Pflanzen und Tieren beobachtet werden kann. Die heutige Wissenschaft versteht die Physik, Physiologie und Biologie dieses Phänomens jedoch noch nicht und leugnet es daher lieber ganz.

Den Chinesen waren die biologischen Rhythmen der Lebewesen, der an den Mond gebundene weibliche Zyklus und der menschliche Tagesrhythmus, also wann welche Hormondrüsen aktiv sind, bekannt, und sie verabreichten ihre Medikamente dementsprechend. Sie wussten beispielsweise auch, dass bestimmte Krankheiten durch einen Mangel an Spurenelementen oder Vitaminen verursacht wurden. Während auf europäischen Schiffen jahrhundertelang Tausende von Seeleuten an Skorbut, also Vitamin-C-Mangel starben, kam dies auf den viel größeren chinesischen Schiffen nie vor, weil man wusste, wie dies verhindert werden konnte.

Die vielleicht wichtigste medizinische Leistung der Chinesen liegt im Bereich der Immunologie. In der Antike waren die Pocken weitverbreitet. Es gibt Berichte über schwere Epidemien in Griechenland, Rom und Ägypten. Die Chinesen entdeckten, dass Menschen, die noch nicht an der Krankheit erkrankt waren, immun gegen sie wurden, wenn die Pocken (Hautbläschen) der wenigen Menschen, die die Krankheit überlebt und dadurch Immunität erworben hatten, an ihre Nasen gerieben wurden. Diese Methode wurde erstmals von Minister Wang Dan (957–1017) angewandt. Seine Kinder erkrankten eins nach dem anderen an den Pocken und starben. Daher wollte er unbedingt ein Mittel gegen diese Krankheit finden. Es heißt, dass ein alter taoistischer Einsiedler, der die Methode von Geistern gelernt hatte, den Minister in sein Geheimnis einweihte. Von da an verbreitete sich dieses Wissen in ganz China. In Europa verloren viele Millionen Menschen durch die Pestwellen ihr Leben, bevor endlich, Hunderte von Jahren später, mithilfe der Türken eine Lösung gefunden wurde.

Die Chinesen wussten wahrscheinlich nicht, dass die Krankheit durch ein Virus verursacht wird, aber sie hatten eine Möglichkeit gefunden, das Gegenmittel zu lagern, ohne seine Wirkung zu beeinträchtigen. Es wurden Behandlungen mit Hitze entwickelt, die etwa 80 Prozent der Viren abtöteten, sodass diese für den Patienten nicht mehr gefährlich waren. Eine Immunreaktion wurde aber trotzdem ausgelöst. Obwohl die Pocken auch in China Todesopfer forderten, dauerte es etwa 500 Jahre, bis sich die Schutzmethode ausreichend verbreitet hatte. Ende der 1500er-Jahre wurde sie aber laut Yu Tienchi bereits im ganzen Reich angewandt. Im 17. Jahrhundert verbreitete sich die Methode auch in muslimischen und türkischen Gebieten und fand von hier ihren Weg nach Europa. Es war Lady Mary Wortley Montagu (1689–1762), die Frau des britischen Botschafters in Istanbul, die die Anwendung dieser Methode beobachtete und 1718 ihre gesamte Familie immunisieren ließ. 1721 war die Methode auch in Europa schon relativ weitverbreitet.

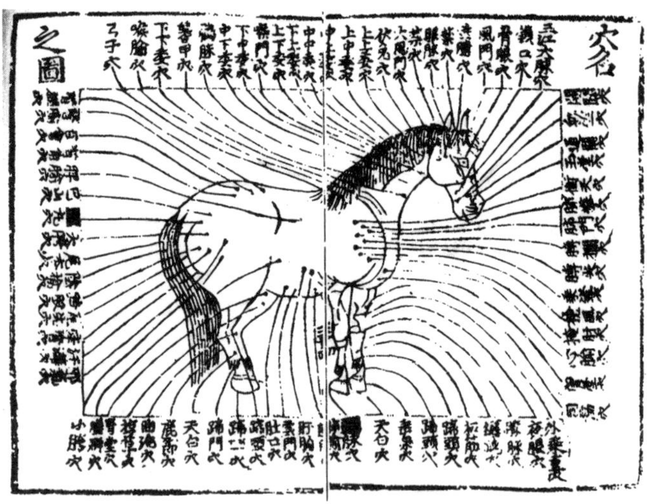

Chinesische Zeichnung von Akupunkturpunkten bei Pferden

Auch der Kompass wurde erstmals von Chinesen in großen Mengen eingesetzt, zunächst jedoch nur von Feng-Shui-Meistern, die das Gerät zur idealen Ausrichtung von Gebäuden benutzten. Der erste primitive Kompass bestand aus winzigen

Magnetiten, die auf Wasser schwammen. Später wurden Magnetstücke verwendet, die auf einer dünnen Nadel gelagert wurden. Diese Kompasse können als Vorläufer des modernen Kompasses betrachtet werden. Die Griechen kannten zwar magnetische Erze, aber sie nutzten sie nicht, obwohl auch für sie ein Kompass von großem Nutzen gewesen wäre. Sie hätten sich überall problemlos orientieren können, anstatt an der Küste entlangsegeln zu müssen. Der Kompass war das erste Gerät in der Menschheitsgeschichte, bei dem Magnetfelder eingesetzt wurden. Ein Kraftfeld hat grundlegend andere Eigenschaften als Kontaktkräfte, bei denen sich Körper berühren. Die Chinesen verstanden und nutzten die Eigenschaften des schwachen Dauermagnetfeldes der Erde und erkannten seine Bedeutung. Damit waren sie den Griechen und Römern um vieles voraus. Der Begriff des Feldes, einer kontinuierlich verteilten Kraft, war in der Yin-Yang-Weltanschauung akzeptabel. In Europa konnte sich diese Vorstellung nicht durchsetzen.

Erst nach vielen Schwierigkeiten wurde Ende des 19. Jahrhunderts der Begriff des Feldes in der europäischen Wissenschaft angenommen, obwohl das Gravitationsfeld und das elektrische Feld schon lange vorher bekannt waren. Dies ist ein weiteres Beispiel dafür, wie schwierig es ist, ein neuartiges Konzept oder eine ungewohnte Sichtweise zu akzeptieren und zu verdauen, selbst wenn es bereits alltägliche Instrumente gibt, die nach diesem Prinzip funktionieren. Wissen entsteht und verbreitet sich nicht automatisch, sondern langsam und mühsam, und es gibt keine Garantie dafür, dass es überlebt. Der Kompass wurde also zunächst von den Chinesen verbreitet und später von Seefahrern der italienischen Stadt Amalfi nach Europa gebracht. Das Wissen von den ersten Voltasäulen dagegen, die Gleichstrom erzeugen konnten, ging für lange Zeit verloren. Diese Säulen wurden erst vor Kurzem in mesopotamischen Gräbern aus der Zeit um 600 v. Chr. entdeckt.

Die Schifffahrt

Die Technik der Schifffahrt ist es wert, ausführlicher behandelt zu werden, da der Transport von Waren von einem Ort zum anderen, der Handel und Wissensaustausch zwischen den Völkern ohne die Schifffahrt nicht möglich gewesen wären. Die

Schifffahrt war lange Zeit für viele Völker die *Spitzentechnologie*, weil sie fast alle handwerklichen Fähigkeiten in sich vereint: Kartografie, Kompassnutzung, Strömungslehre, Holz- und Metallverarbeitung und Navigation. Gute Schiffe sind für das Funktionieren der gesamten Wirtschaft unerlässlich. Auch auf diesem Gebiet übertrafen die Chinesen die Europäer bei Weitem, und hier *begann auch ihr Untergang*. Schon vor der Eroberung durch die Mongolen hatten die Chinesen ein riesiges System von Binnenwasserstraßen gebaut und nutzten dieses für den Transport von Getreide, das sie als Steuern eintrieben, für den Transport von Kohle, Eisenerz, Tee und Seide sowie für den öffentlichen Verkehr. Es dauerte etwa 1000 Jahre, bis dieses ausgedehnte Kanalsystem ausgebaut war. Dieses war so breit, dass zwei große Schiffe aneinander vorbeifahren konnten. Um 2000 v. Chr. waren die chinesischen Wasserbauer bereits in der Lage, mehrstöckige Flusskreuzungen zu bauen. Ein solches Kanalsystem wurde auch für den Transport und die Versorgung des Militärs genutzt. Schiffe mit mehreren Rudern waren selten, da sie auf den Kanälen von Tieren gezogen und auf den Meeren mithilfe von ausgezeichneten Segeln angetrieben wurden. Die strömungstechnischen Kenntnisse der Chinesen waren so gut, dass sie bald die Vorteile eines Ruders am Heck erkannten. Auch die Segel der Dschunke, ein großes chinesisches Seefrachtschiff, waren den in Europa verwendeten Kreuz- und Focksegeln weit überlegen.

Die Chinesen benutzten auch Schaufelräder auf ihren Schiffen, die von Hand oder von Tieren angetrieben wurden. Während bei europäischen Schiffen zwei große Ruder am Heck zur Steuerung verwendet wurden – mit eher niedriger Effizienz –, erreichten die Chinesen mit ihrem größeren, durchlöcherten Heckruder eine viel bessere Manövrierfähigkeit. Die Segel der chinesischen Dschunken ähnelten eher einem echten gebogenen *Flügelprofil* als einem europäischen Segel. Mithilfe von Bambusversteifungen und aus Bambus- oder Schilffasern gewebten Netzen konnten sie Segel mit sehr guten aerodynamischen Eigenschaften herstellen. Der große Nachteil der in Europa gebräuchlichen Marssegel war, dass sie keine ausreichend große, gleichmäßige »Flügelfläche« bilden konnten und die Stagsegel die Strömung durch die Bildung von *parasitären Strömungen* stark beeinträchtigten. Die Flügeloberfläche funktioniert gut, wenn bei dem konvexen und dem konkaven Teil ein unterschiedlicher Druck herrscht. Wird diese gleichmäßige Oberfläche jedoch durch ein anderes Segel unterbrochen, kann es vorkommen, dass der Druckunterschied ausgeglichen wird, was zu einer *drastischen Abnahme des Flügeleffekts* führt. Ein weiterer großer Vorteil der Segel mit Bambusversteifung war, dass sie viel weniger und einfachere Takelage erforderte, sodass sie leicht auf- und abbewegt werden konnte. Ein Segel konnten weniger Seeleute mit weniger Kraftaufwand handhaben als auf europäischen Schiffen, gleichzeitig aber viel mehr Schub erzeugen. Die chinesischen Schiffe konnten aufgrund der höheren Schubkraft viel größer gebaut werden als die europäischen, weshalb sie auch mehr Passagiere oder Soldaten befördern konnten.

Kleine Dschunke. Gut sichtbar ist die einfache Takelage.

Die charakteristischen faltrolloartigen Dschunkensegel aus Schilf konnten bei starkem Wind schnell gefaltet werden. So konnte der ideale Schub leicht eingestellt werden. Wenn ein Segel in der Schlacht durchstochen wurde, funktionierten die intakten Teile immer noch ausreichend; bei europäischen Segeln machte ein größerer Riss das ganze Segel unbrauchbar. Chinesische Dschunken waren oft mit mehreren Segeln hintereinander ausgerüstet, manchmal sogar auf fünf Masten, während in Europa meistens nur ein oder zwei Masten auf einem Schiff vorhanden waren. Die chinesischen mehrmastigen Dschunken konnten *gegen den Wind segeln* und waren damit den europäischen Seefahrern um etwa

2000 Jahre voraus. Selbst im 17. Jahrhundert, als die Segelschifffahrt in Europa weitverbreitet war, stellte das Segeln gegen den Wind immer noch ein großes Problem dar, denn die einzige Möglichkeit, sich fortzubewegen, war zickzackförmig und langsam zu manövrieren.

Das Schicksal Europas hing oft vom Ausgang der Seeschlachten ab. Manchmal entschieden diese auch über Aufstieg oder Fall eines Landes. Die Errungenschaften der Schifffahrt und des mit ihr eng verbundenen Handels verhalfen dem kleinen und armen England, den Niederlanden und den Hansestädten zur Blüte. Der Untergang des türkischen Reiches begann mit der Seeschlacht von Lepanto, das Schicksal des prächtigen spanischen Reiches wurde durch den Verlust der *Armada* besiegelt, und Napoleons Stern begann nach der Niederlage von Trafalgar zu sinken.

Zeichnung einer Dschunke mit fünf Masten. Die Segel wurden nicht in einer Linie angeordnet, um die Strömung zwischen den Segeln zu verbessern. Bis zu ihrem Verbot wurden große Schiffe in Massenproduktion hergestellt.

Diese Schlachten wurden durch winzige Details entschieden. Beide Seiten hätten hier gewinnen können. Hätte eine der europäischen Mächte das weit überlegene Design der Dschunke kopiert, hätte sie ihren Gegner sicher zu Fall gebracht. Dies zeigte sich beispielsweise deutlich bei der Schlacht von Trafalgar, wo die zahlenmäßig und qualitativ etwa gleich starke spanisch-französische Flotte bei sehr schwachem Wind auf die englische Flotte traf. Diese konnte

Chinesisches Kriegsschiff mit Schaufelrädern, die von Menschen oder Tieren angetrieben wurden. Solche Schiffe wurden hauptsächlich auf Flüssen eingesetzt.

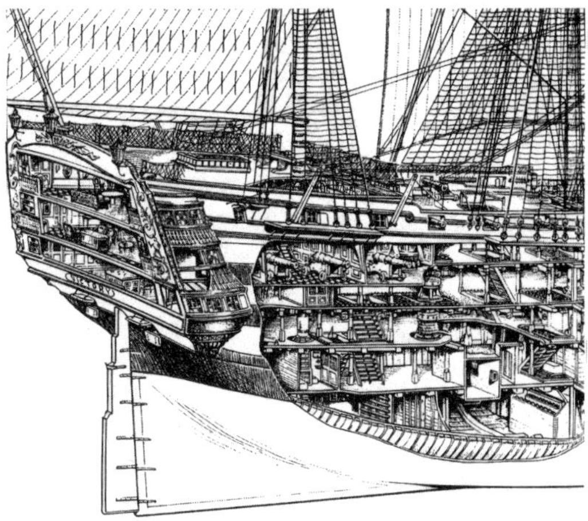

Ausschnitt des Schiffes von Admiral Nelson: Eine regelrechte schwimmende Stadt. Zum Bau eines solchen Schiffes musste ein halber Berg abgeholzt werden.

sich der französisch-spanischen Flotte, die sich in einer einzigen Linie formiert hatte, in zwei Reihen nähern. Wegen des schwachen Windes ging dies jedoch nur im Schneckentempo voran. Unter den französischen Schiffen, die in einer T-Formation fuhren, waren diejenigen besser positioniert, die den gegnerischen Schiffen seitlich gegenüberstanden, da sich die meisten Kanonen hier und nicht am Bug befanden. Um die gesamte Flotte mit voller Feuerkraft gegen die Briten einsetzen zu können, wäre es notwendig gewesen, zu manövrieren und zu wenden. Für die französischen Schiffe war dies aber bei den ungünstigen Winden mit ihren wenig Schub bringenden Segeln unmöglich, und so konnten sie nur die wenigen Kanonen einsetzen, die sich am Bug befanden. Hätten die Franzosen die *chinesischen Segel kopiert*, hätten sie selbst bei geringen

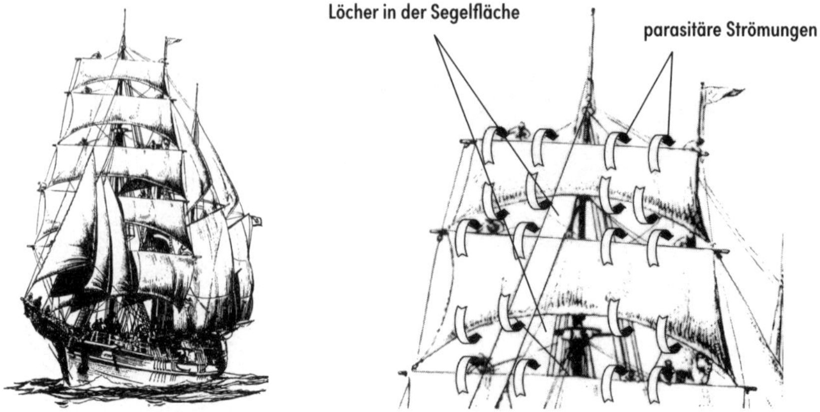

Typisches europäisches Segel. Statt einer einzigen großen Segelfläche wird eine Segelfläche mit vielen »Löchern« voller parasitärer Strömungen und geringem Schub erzeugt, die außerdem noch schwer zu handhaben ist.

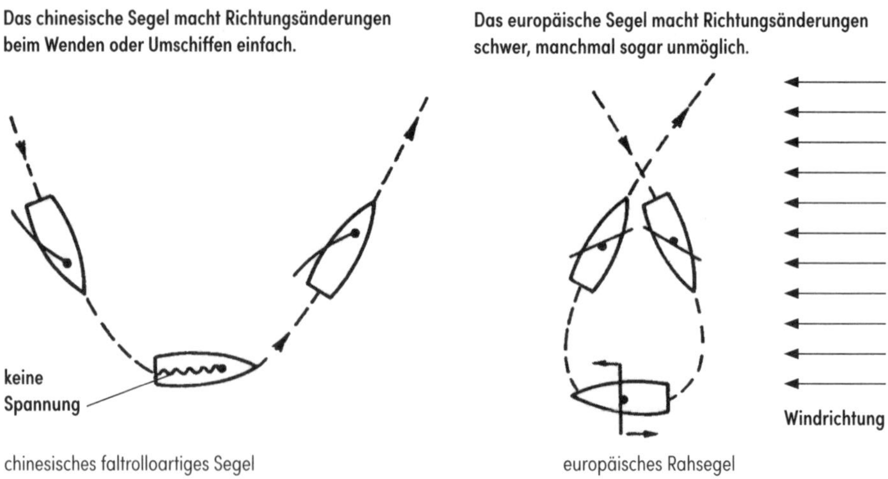

Vergleich der europäischen und chinesischen Segel bei Manövern

Windgeschwindigkeiten leicht manövrieren können. Stattdessen aber mussten die Männer auf ihren Schiffen hilflos zusehen, wie sich die britische Flotte näherte.

Dieser Fall ist ein weiteres Beispiel dafür, dass Menschen selbst dann, wenn eine nützliche Erfindung direkt vor ihrer Nase ist, das enorme Potenzial dieser Erfindung ***möglicherweise gar nicht erkennen***.

Auch wenn es übertrieben vereinfacht erscheinen mag: *Die Nachahmung des chinesischen Segels hätte in vielen Fällen den Lauf der Geschichte ändern können*. Es ist kein Zufall, dass Nationen mit guten Kenntnissen der Schifffahrtstechnik einen Aufstieg erlebten; diejenigen, die nicht über diese Kenntnisse verfügten, gerieten in *Rückstand*. Sowohl in wirtschaftlicher Hinsicht als auch bei militärischen Expansionen war der Bau von guten und schnellen Schiffen für alle Nationen von entscheidender Bedeutung. Es ist erstaunlich, wie wenige Grundkenntnisse, die doch

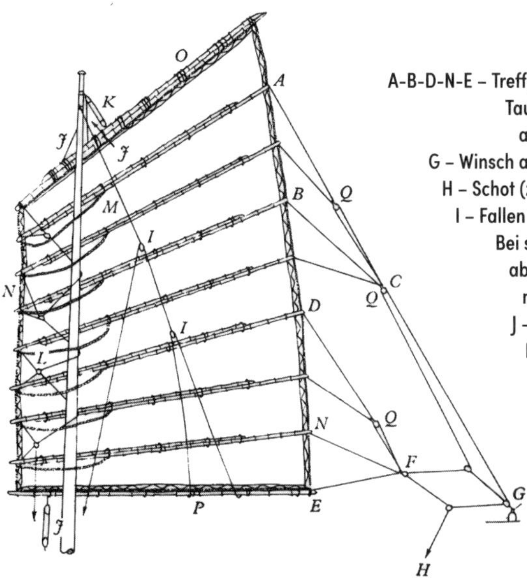

A-B-D-N-E – Treffpunkte der Versteifungen und des Tauwerks – viel einfacher und durchdachter als bei europäischen Segeln
G – Winsch auf dem Deck
H – Schot (zum Bedienen des Segels)
I – Fallen (zum Setzen und Einholen der Segel) Bei starkem Wind konnte das Segel einfach abschnittsweise gerefft werden, damit es nicht beschädigt wurde
J – Spanntrosse des Segels
L – Spanntrosse des Hauptsegels
M – Wanten (zur Befestigung des Mastes)
O – oberer Versteifungsstab
P – unterer Versteifungsstab
Q – Seilrolle

Das charakteristisch geschwungene, faltrolloartige chinesische Dschunkensegel mit »Flügelquerschnitt« war das beste Segel der damaligen Zeit. Das Verbot der auf diese Weise gebauten Segelschiffe führte indirekt zum Untergang des chinesischen Kaiserreiches.

für den Bau von effektiven Segeln nötig sind, die Europäer in Strömungstechnik besaßen. Die europäischen Segel hatten wenig Ähnlichkeit mit dem Flügelprofil, und selbst im 19. Jahrhundert wurden noch die gleichen schlechten Segel hergestellt. Nur die Schiffsrümpfe hatten sich weiterentwickelt.

Die Tatsache, dass die Europäer mit ihrer weitaus schlechteren Segeltechnik schließlich auch Asien erobern konnten, zeugt nicht von ihrer Stärke, sondern von der inneren sozialen Schwäche und Spaltung Asiens. Wie konnte diese Gesellschaft so schwach sein, obwohl sie technisch so fortschrittlich war? Nach einem Überblick über den technischen Hintergrund wollen wir einen kurzen Blick auf die chinesische Geschichte werfen. Wir werden sehen, dass eine Erfindung an sich nicht ausreicht; ihre Verwertung hängt von der Funktionsfähigkeit der Gesellschaft und der Qualität ihrer Führungskräfte ab.

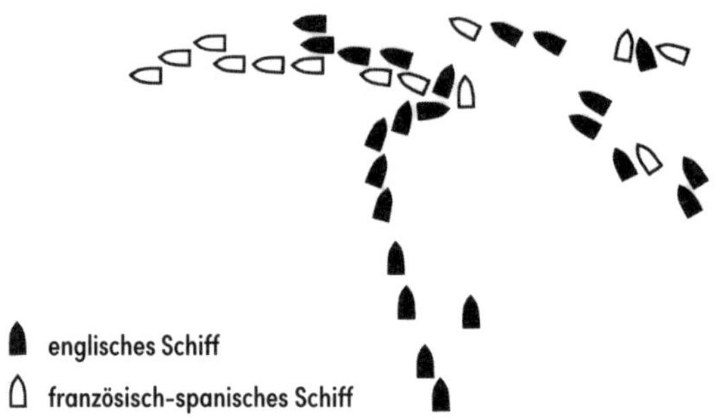

Ein Moment der Schlacht von Trafalgar. Hier entschied sich Europas Zukunft. Der Hauptgrund für die französisch-spanische Niederlage waren die ungeeigneten Segel.

Kluge Untertanen, dumme Kaiser

Als sich Chongzhen, der letzte Kaiser chinesischer Abstammung, am Morgen des 25. Februar 1644 auf dem Kohlehügel erhängte, bezahlte er nicht nur für seine eigenen Fehler, sondern auch für die seiner Vorgänger, die diese Hunderte von Jahren zuvor begangen hatten. Aus kleinen, lokalen Gruppierungen von rebellischen Bauern, die sich infolge von Hungersnöten gebildet hatten, war eine mächtige Armee geworden, die eine kaiserliche Truppe nach der anderen vernichtete.

Auf den inneren Aufstand folgte die Eroberung von außen; sobald nämlich dieses große Reich geschwächt war, strömten nomadische Eroberer aus dem Norden ins Land. Chongzhen beging Selbstmord, als er die Zerstörung seines Reiches sah. Kein Chinese würde jemals wieder auf dem chinesischen Thron sitzen. Die neue Dynastie war eine Jurchen-Dynastie, die bis zum Ersten Weltkrieg in China herrschte. Die unmittelbare Ursache für den Niedergang Chinas waren der Autoritarismus und die Unflexibilität der Ming-Ära, ihre grobe Gefühllosigkeit gegenüber der Bauernschaft und die weitverbreitete Korruption. Indirekt gab es jedoch viel tiefere und schleichendere, aber wichtigere Ursachen.

Das Wichtigste beim Lesen und Lernen der Geschichte ist nicht das Auswendiglernen von Jahreszahlen und Herrschernamen (wie es heute in den Schulen üblich ist), sondern dass man *Tendenzen versteht* und *seine Lehren* aus den Geschehnissen *zieht*. Nur dann können wir die richtigen Schlüsse ziehen, wenn wir auch auf die weniger sichtbaren, aber trotzdem starken Tendenzen achten, die sich unter der Oberfläche verbergen. Die wichtigste ist vielleicht, dass während der gesamten Ming-Dynastie (1368–1644) keine einzige neue Erfindung gemacht wurde. Die letzte wichtige chinesische Erfindung war das Schießpulver, das am Vorabend der Eroberung durch die Mongolen entdeckt und bald in Raketen, Kanonen und primitiven Gewehren verwendet wurde. Doch schon um 1100 fanden die mongolischen Eroberer ein Land vor, dessen Entwicklung stehen geblieben und dessen Staatsapparat korrupt war. Als sich der letzte chinesische Kaiser auf dem Kohlehügel erhängte, war China ***noch immer*** eine potenzielle Großmacht, doch einfache interne ***Führungsfehler*** und ein hohes Maß an Unwissenheit, die sich darin manifestierten, dass bereits erzielte technische Fortschritte nicht genutzt wurden, besiegelten Chinas Schicksal. Etwa 200 Jahre vor der mongolischen Eroberung waren Chinas *technischer Fortschritt gestoppt und die Dynamik der Wissensakkumulation unterbrochen* worden. Im folgenden Jahrhundert verlor das riesige Reich seine Überlegenheit aufgrund der *Unfähigkeit seiner Herrscher*.

Als der Kaiser sich das Leben nahm, zeichneten sich auch in anderen Ländern der Welt *wichtige Veränderungen* ab. Zuerst schloss Japan im Jahr 1639 für den Rest der Welt seine Häfen. Ein Jahr später begann die englische Revolution, die für Europa eine neue Ära einläutete. Dieser erste Impuls der Entwicklung der englischen parlamentarischen Demokratie führte zu langsamen, aber umso grundlegenderen Veränderungen in der Entwicklung der Gesellschaften.

In der damals unbedeutenden kleinen Kolonie Nordamerika, in einer Stadt namens Cambridge, wurde die erste Druckerpresse der Kolonie in Betrieb genommen. Und, was vielleicht noch wichtiger ist: Ein Mann namens Galileo Galilei schrieb in Italien das erste halbwegs moderne Physiklehrbuch.

Im Jahr 1641 nahm der englische König den Titel des Königs von Irland an. Damit begann der lange irische Volksaufstand gegen die englische Herrschaft. In Frankreich markierte der Tod von Kardinal Richelieu das Ende einer Ära und den Beginn einer neuen. 1642 brach der englische Bürgerkrieg aus, und der italienische Physiker Evangelista Torricelli erfand ein Instrument zur Messung des Luftdrucks: das Quecksilberbarometer. Ein Jahr später schrieb Marco Aurelio Severino das erste Buch über vergleichende Anatomie, und die Republik Venedig begann, die Seemacht des Osmanischen Reiches zu übernehmen. Einige Jahre später endete in Europa der Dreißigjährige Krieg mit dem Westfälischen Frieden. In Ungarn nahmen die Kämpfe an den Grenzburgen zu; die Tage des Osmanischen Reiches waren gezählt. 1651 erließ Oliver Cromwell seine Schifffahrtsgesetze (»Navigationsakten«), nach denen nur noch Schiffe, die ihre eigenen Waren transportierten, in englische Häfen einlaufen durften. Dieses Gesetz galt den holländischen Händlern, die als erste Station auf ihrer Reise nach Indien eine Kolonie im heutigen Südafrika, das spätere Kapstadt, gründeten. Das bis dahin eher verschlafene Europa begann sich jetzt mithilfe der *chinesischen Erfindungen* zu entwickeln – gerade zu einer Zeit, als die chinesische Ming-Dynastie einen Fehler nach dem anderen beging und das Reich in den Kollaps führte. Der Untergang des unabhängigen chinesischen Staates fand also etwa zur selben Zeit statt wie das langsame wirtschaftliche und intellektuelle Erwachen Europas.

Als der Kaiser sich auf dem Kohlehügel erhängte, brach China als unabhängige Macht nach einer langen Zeit der Stagnation zusammen. Von jetzt an herrschten nur noch Ausländer in diesem Land, doch der endgültige Kollaps kam erst später. Wenn wir die Geschichte betrachten, können wir den Einfluss und das Talent (oder dessen Fehlen) eines jeden Herrschers nachverfolgen. Es ist eindeutig erkennbar, dass die *Glanzzeiten des Reiches immer mit Innovationen verbunden waren* und die wirtschaftliche Entwicklung des Landes immer eine Folge der Entstehung und Verbreitung von Erfindungen war. Innovation muss nicht unbedingt eine technische Erfindung sein, sondern kann auch eine Reihe von stimulierenden wirtschaftlichen Maßnahmen sein, wie etwa Steuerreformen. Die Innovation selbst, die Idee, ist wertlos, wenn die daraus resultierenden Erfindungen oder neue, gerechtere öffentliche Verwaltungs- und Besteuerungsverfahren nicht genutzt werden. Selbst die Vereinigung von Ländern, was in der Geschichte häufig infolge von Eroberungsfeldzügen geschah, kann interessanterweise auch als Innovation betrachtet werden, denn ein vereinigtes Land, in dem die verschiedenen Provinzen sich nicht ständig bekriegen, bietet seinen Bewohnern bessere Möglichkeiten – sowohl wegen des größeren Marktes als auch wegen des Friedens. Historikern zufolge ist eine gewisse Herausforderung der Entwicklung eines Landes durchaus förderlich. So bot beispielsweise ein zersplittertes Europa, das in Bezug auf Sprachen und Religionen große Unterschiede aufwies, einen Anreiz für Entwicklungen, weil es eine Art Wettbewerb zwischen den Ländern und Provinzen gab. Damit aber Wettbewerb und Entwicklung stattfinden können, ist in erster Linie Frieden erforderlich, und dieser herrschte in China länger als in seiner Umgebung.

Vom ersten bis zum letzten Kaiser

Qin Shihuangdi (259–210 v. Chr.) verfügte nach der Vereinigung des Reiches über unbegrenzte Macht und war der erste große Kaiser Chinas. Er war es auch, der das Heer der Tonsoldaten zusammen mit sich begraben ließ.

Der Kaiser hatte zuerst alle feudalen Institutionen abgeschafft und war so zum einzigen Grundbesitzer geworden. Außerdem hatte er aus den Königreichen Provinzen gemacht, die seine eigenen Männer verwalteten. Bald wurde die Wehrpflicht eingeführt und die Migration in bestimmte Provinzen erzwungen. Er hasste Intellektuelle und ließ die Werke von Konfuzius, Mozi und vielen anderen Philosophen sammeln und verbrennen. Nur in der kaiserlichen Bibliothek durften verbotene Bücher gelagert werden. Selbstverständlich hielt er sie unter

Verschluss, ebenso wie die Bücher über Landwirtschaft, Wissenschaft, Medizin und Wahrsagerei. Diese großen Bücher, die damals auf Bambusrohrstücke geschrieben und gebunden wurden, waren nicht leicht zu verstecken. Bei einem Verstoß gegen das Verbot, sie zu lesen, drohte die Todesstrafe.

Er erließ einheitliche Gesetze für das ganze Land und normte Gewichte, Längenmaße, Geld und sogar die Abmessungen von Kutschenachsen, was bei einem Radbruch den schnellen Ersatz des defekten Teils ermöglichte. ***Dies war die weltweit erste Normung***. Außerdem wurden die staatlichen Zeremonien vereinfacht und die Schrift standardisiert. Er ließ auch die erste Mauer gegen die Hunnen errichten, die oft von Norden her einfielen. Möglicherweise war die Fertigstellung der Großen Mauer der Grund, warum die Hunnen sich nach Westen in Richtung Römisches Reich wandten. Diese riesige Mauer war das bedeutendste Werk der antiken Architektur und von seiner Masse her viel größer als die ägyptischen Pyramiden. Ihre Länge betrug mehr als 2000 Kilometer, sie war 10–15 Meter hoch und an einigen Stellen mit Wachtürmen und Toren aus Stein, Ziegeln oder Lehm versehen. Rund eine Million Menschen starben während des 10 Jahre dauernden Baus. Es waren Kriminelle und Zehntausende von Kaufleuten, die wie Kriminelle behandelt wurden, die sich hier zu Tode arbeiteten. Auch viele Gelehrte wurden vom Kaiser zur Arbeit gezwungen, und mehr als hundert ließ er während des Baus lebendig begraben. Die Errichtung der Mauer kostete also unvorstellbar viele Menschenleben – es gab kaum eine Familie, die nicht um jemanden trauerte, der bei dem Bau ums Leben gekommen war. Immer wieder wurde versucht, den Kaiser zu töten, weshalb er Tag und Nacht ein Schwert bei sich hatte – sogar, wenn er seinen Harem besuchte.

Der riesige Palast des Kaisers Qin Shihuangdi hatte etwa 10 000 Zimmer, aber seine etwa 13 140 Frauen und 2800 Kinder mussten ja auch irgendwo wohnen. Er reiste häufig durchs Land, um die Provinzen seines Reiches selbst zu inspizieren. Als er älter wurde, suchte er nach dem Elixier des ewigen Lebens und gab ein Vermögen für einschlägige Forschungen aus. Am Ende starb er während einer seiner Reisen durch sein Reich. Um seinen Tod möglichst lange geheim zu halten, waren seine Diener nur nachts mit dem Leichnam unterwegs und führten eine Wagenladung toter Fische mit sich, um den Verwesungsgeruch des

Leichnams zu überdecken. Der Kaiser wurde in einem riesigen Grab beigesetzt – angeblich mit seiner engsten Familie, seinen Verwandten und einigen hundert Konkubinen, die alle lebendig mit ihm begraben wurden. Der Legende nach wurden sogar die Arbeiter, die die notwendigen Tätigkeiten an der Grabstätte ausgeführt hatten, getötet, weil sie die riesige Menge an Schätzen gesehen hatten, die dem Kaiser mit ins Grab gelegt worden waren.

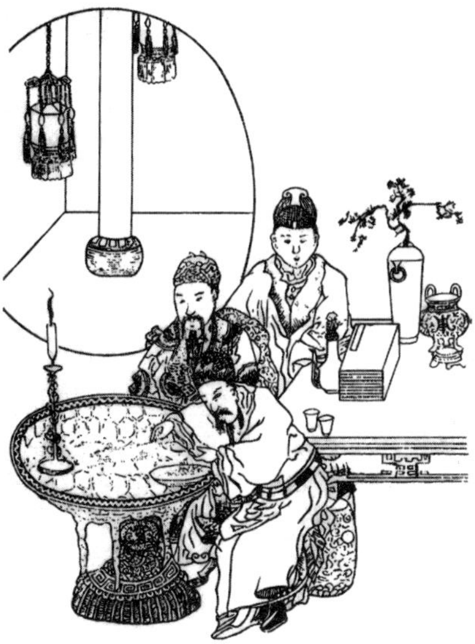

Kaiser Qin Shihuangdi plant die Große Mauer. Sein Staatssekretär streut Sand entlang der geplanten Route.

Nach einigen Jahrzehnten der Unruhe folgte die Han-Dynastie, deren Mitglieder etwa 400 Jahre lang herrschten. Grundlage der neuen Dynastie waren die Lehren des Konfuzius. Das Verbot des eigenständigen Denkens wurde gelockert, freie Meinungsäußerung und freie Schrift waren jetzt erlaubt, die Wirtschaft entwickelte sich gut. Auch die ersten großen, mit Seide beladenen Kamelkarawanen brachen unter der Han-Dynastie nach Rom auf. Die erste große Karawane, die Seide, Tee, Papier, Porzellan und Karten nach Rom brachte, kam 36 v. Chr. dort an. Solch eine Reise dauerte 2–3 Jahre. Das alte Rom hatte wenige bis gar keine Industrieprodukte als Gegenwert für diese Waren zu bieten und zahlte deshalb mit Silber und Gold.

Rom und die Chinesen

Historikern zufolge erblickten die Römer Seide erstmals während des unglückseligen Partherfeldzuges. Damals zog Marcus Licinius Crassus, ein Zeitgenosse von Gaius Julius Caesar und Gnaeus Pompeius Magnus, mit sieben Legionen über den Euphrat, um die Parther zu bekämpfen. Vor dem Feldzug hatte sich eine Reihe von unglücklichen Dingen ereignet: Der Sohn von Crassus war gestolpert und gestürzt und sein Vater auf ihn gefallen, als sie den Tempel in Hierapolis verließen, wo sie ein Opfer für den Erfolg der Schlacht dargebracht hatten. Die Parther, die Nachfahren der Perser waren, zerschlugen die römischen Legionen nach und nach. Die Parther hatten sie aus der Ferne mit ihren mächtigen Pfeilen angegriffen, die auch über große Entfernungen noch tödlich waren. Sie taten dies nicht im Nahkampf, sondern aus der Ferne, mit mächtigen Pfeilen. Die kurzen Infanterieschwerter und die Lanzen konnten die Römer nicht gebrauchen; ihr Militärwissen erwies sich als nutzlos.

Der ungleiche Kampf hatte schon einige Zeit lang gedauert, als die Parther gegen Mittag plötzlich ihre glänzenden Seidenfahnen ausrollten und – so berichtet es die Legende – die römischen Soldaten so sehr blendeten, dass die durstigen und erschöpften römischen Krieger aufgaben und flüchteten. Der Feldzug endete wenige Stunden später, Crassus wurde gefangen genommen und hingerichtet. Sein Sohn ließ sich von seinen Getreuen töten, bevor der Feind ihn erreichten konnte. Etwa 20 000 Römer wurden mit Pfeil und Bogen erschossen, weitere 10 000 gefangen genommen. So endete die Schlacht bei Carrhae, in der die gewaltige römische Armee zu Boden ging, der aber nur wenige Parther zum Opfer fielen.

Doch woher kam die Seide? Angeblich fand die erste Konkubine des bücherverbrennenden Kaisers Qin Shihuangdi, der auch die Terrakottaarmee in Auftrag gegeben hatte, einen Weg, den langen, starken Seidenfaden aus dem Seidenkokon zu gewinnen, indem sie die Puppe zerstörte (sie erhitzte den Kokon). Obwohl sich die Technologie über Jahrhunderte entwickelt und vielen bekannt war, blieb die Herstellung lange Zeit ein chinesisches Geheimnis. Es bedurfte nicht nur der Massenzucht von Seidenraupen, sondern auch neuer Maschinen,

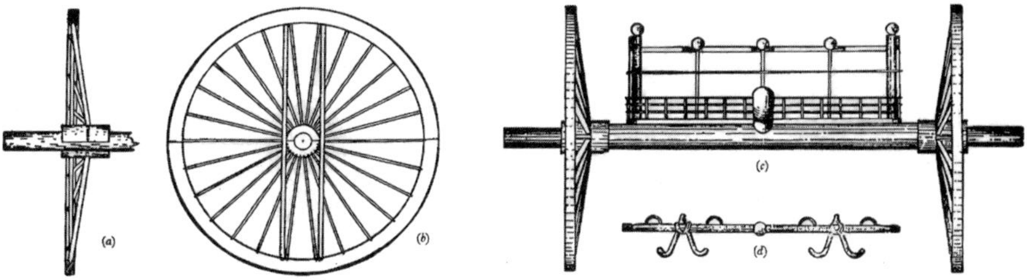

Teile von Streitwagen, die in chinesischen Gräbern gefunden wurden. Es handelte sich hierbei um leichte, genormte und in Serienproduktion hergestellte Fahrzeuge.

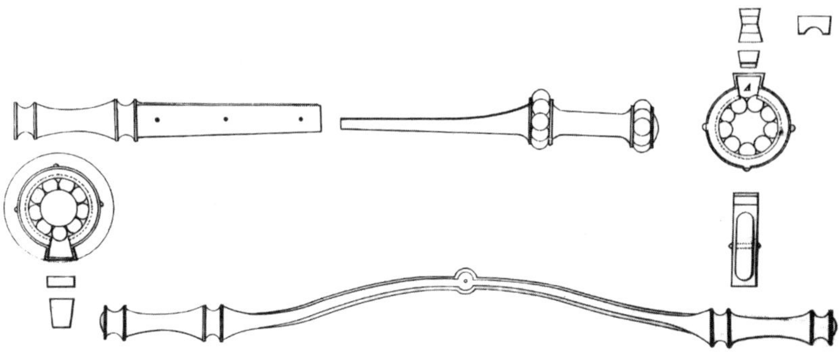

Kugellager von Philip Vaughan. Obwohl bereits die Römer das Kugellager kannten (es wurde aus Holz geschnitzt) und es auch auf da Vincis Zeichnungen zu finden ist, verbreitete es sich aufgrund der hohen Anforderungen, die an die Präzision gestellt wurden, erst viel später. 1794 erhielt Vaughan zwar ein Patent für ein Kugellager für Kutschräder, doch erst in den 1860er-Jahren war die Technologie ausgereift genug, um ein Kugellager auch sinnvoll einsetzen zu können – und zwar in Fahrrädern. Die Massenproduktion ermöglichte eine billigere Herstellung von Kugellagern. Auch in chinesischen Gräbern wurden Rollen und Zahnräder gefunden, sie waren jedoch handgefertigt und konnten deshalb nicht genau bemessen werden, sodass sie in der Praxis kaum einsetzbar waren.

um den Seidenfaden aus dem Kokon zu spinnen, die Seidenfäden zu verflechten und aus dem Garn ein Seidengewebe herzustellen. Die Seidenweberei entwickelte sich zu einem wichtigen Industriezweig, der Hunderttausende von Frauen und Kindern beschäftigte und viele Kaufleute reich machte. Wie schon beim

Lack nutzten die Chinesen auch hier ihren lokalen Vorteil aus. Auch die nördlichen Nomaden wurden lange Zeit durch solche Geschenke oder »Steuern« versöhnlich gestimmt; solange sie die jährlichen Zahlungen für ihre Armee erhielten, griffen sie nicht an. Man bot den Nomaden aber nicht nur Seide, sondern auch Bronze und Eisen im Tausch gegen ihre schnellen, widerstandsfähigen Pferde an. Schon damals hatte das chinesische Reich nicht genug Platz für die Pferdezucht – auf den freien Flächen wurde Landwirtschaft betrieben.

Die Chinesen konnten ihre Überlegenheit in Wissen und Technik gegenüber den Römern immer aufrechterhalten. Später, nach der Herrschaft des Kaisers Augustus, besiegten die Römer unter Kaiser Trajan zwar die Parther und eroberten ihre Hauptstadt Ktesiphon, Seide und orientalische Gewürze konnten sie aber weiterhin nur über die Parther beziehen. Seide, Tee und Porzellan waren »unerschöpfliche« Exportprodukte. Die Römer hingegen konnten nur mit Edelmetallen bezahlen, die aus Minen mit *endlichen* Vorräten gewonnen wurden und die in ihrem Reich ohnehin knapp waren. Marcus Aurelius, ein Philosophenkaiser, der hauptsächlich in Pannonien lebte und ständig gegen Barbaren kämpfte, versuchte, um die Zwischenhändler herumzukommen und entsandte deshalb eine eigene Handelsdelegation ins Himmlische Reich, doch alles, was sie mitnehmen konnten, waren Nashornhörner, Schildkrötenpanzer und geschnitztes Elfenbein, was für die Chinesen nicht wirklich interessant war.

Zur Regierungszeit von Kaiser Vespasian (69–79) hatte der ständige *Geldabfluss* für die Einfuhr indischer Gewürze und chinesischer Luxusgüter die Wirtschaft Roms bereits stark geschwächt. Wir sprechen hier von etwa 25 Millionen Denaren jährlich – in heutigen Zahlen etwa 40 Millionen Dollar. Das entsprach den gesamten jährlichen Steuereinnahmen des Römischen Reiches. Die Römer konnten sich nur auf eine begrenzte Produktion der Goldminen in Spanien und Asien (vorwiegend in der heutigen Türkei) stützen. Das dort abgebaute Edelmetall brachte ein Einkommen von rund 50 Millionen Denare pro Jahr, also das Doppelte der in derselben Zeit nach Asien abfließenden Menge. Gleichzeitig häufte Kaiser Wang Mang in dieser Zeit rund 156 Tonnen Gold an. Der Preis für Seide in Rom war etwa hundertmal so hoch wie bei ihrer Verladung auf Schiffe in China. Dies zeigt uns, wie groß die Gewinnspanne war. Der Grund dafür waren nicht die hohen Transportkosten, sondern die unzähligen Gefahren, die auf dem Weg nach Rom zu überwinden waren (die Transportkosten pro Tonnenmeile entsprachen etwa denen in England, als die Dampflok aufkam: der Tageslohn eines ungelernten Arbeiters).

Einige Seiden- und Porzellanmanufakturen machte der Kaiser zu seinem Monopol, denn Seide, Porzellan und Tee, deren Nachschub fast keine Grenzen kannte, gehörten zu den gefragtesten Produkten der antiken und mittelalterlichen Welt und brachten der chinesischen Staatskasse unermessliche Summen ein. Wie bereits erwähnt, mag einer der Gründe für den Zusammenbruch des Römischen Reiches in den kostspieligen Importen aus China liegen, die das Vermögen der Römer langsam aber sicher aufzehrten und die ohnehin schon langsame Entwicklung noch weiter bremsten. Als das Römische Reich bereits unter den Angriffen der Nomaden (Hunnen, Germanen, Goten, Gepiden und Vandalen) zusammengebrochen war, geriet auch China in Not. Die Wirtschaft kollabierte unter der Herrschaft einiger unfähigen Han-Kaiser. Zusätzlich wurde das Reich durch eine Reihe von Bauernaufständen geschwächt. Diese Situation wurde gnadenlos von den Tataren und anderen Völkern aus dem Norden ausgenutzt, die in das Land einfielen.

In diesen dunklen, wirren Zeiten fand der Buddhismus immer mehr Anhänger – so wie sich das Christentum in den letzten Tagen Roms immer mehr verbreitete.

Das dunkle Zeitalter in China war schnell vorbei. Im Jahr 589 herrschte eine kurzlebige Sui-Dynastie, die das Land wiedervereinigte. Damals begann man mit dem Bau eines riesigen Kanals, der den Gelben Fluss mit dem Jangtse verbinden sollte und der von den Mongolen fertiggestellt wurde. Millionen von Zwangsarbeitern wurden eingesetzt, Hunderttausende starben an Hunger und Krankheit. Der Kaiser und sein Hofstaat verfolgten den Bau von ihren luxuriösen Schiffen aus. Die etwa 160 Kilometer lange Schiffskarawane transportierte Diener, Hofdamen und Konkubinen. Dies erzürnte die Arbeiter am Kanal so sehr, dass ein Aufstand ausbrach, bei dem der Kaiser getötet wurde. Dann, im Jahr 618, begann die wahre Blütezeit Chinas: die Herrschaft der Tang-Kaiser.

Der vielleicht bedeutendste Kaiser Chinas war Tang Taizong, der zweite Tang-Kaiser, der etwa ab 627 regierte. Damals begann das Reich zu expandieren. Die *meisten Erfindungen stammen aus dieser Zeit.* Die Stahlproduktion war schon weitverbreitet, man baute eiserne *Kettenbrücken* und eine Reihe von geschwungenen, schön gestalteten Steinbrücken – das Land blühte auf. Von diesem Zeitpunkt an waren alle Posten an öffentlichen Ämtern vollständig an ein *Prüfungssystem* gebunden. Besonders wurden literarische, künstlerische und essayistische Fähigkeiten belohnt. Noch viele 100 Jahre später fanden sich in den Prüfungsarbeiten gelegentlich Aufgaben zu technischen Themen. Es musste zum Beispiel ein Aufsatz über die einzige kaiserliche Wasseruhr geschrieben werden. Schon um 1100, also vor der mongolischen Eroberung, war die Reihe der Erfindungen unterbrochen worden. Es ist sicher kein Zufall, dass sich gerade zu dieser Zeit ein Prüfungssystem etablierte, in dem die Lehren des Konfuzius als absolute Priorität betrachtet wurden.

Die scheinbar nebensächliche Entscheidung, dass nur die Lehren des Konfuzius wichtig seien und technisches, kaufmännisches oder organisatorisches Wissen vernachlässigt werden könnte, erwies sich als fataler Fehler: Sie war wie ein *langsam wirkendes, aber todsicheres Gift.* Diese Entscheidung führte dazu, dass die Intellektuellen sich ausschließlich auf die Geisteswissenschaften konzentrierten, was auf lange Sicht die Entwicklung des Reiches zum Stillstand brachte. Ohne neue Erfindungen fand die ständig wachsende Bevölkerung nicht mehr genug Arbeit und keine Gelegenheit sich weiterzuentwickeln. Für die Bauern, die am zahlreichsten vertreten waren, wurde die Armut zum Regelzustand. Für die Führung des Landes hatte das Wissen der Handwerker keinen Wert, umso mehr schätzte sie das Wissen der gebildeten Philosophen. (Die Definition von Wissen ist auch heute noch oft eine willkürliche. In dieser Frage entscheiden meist die aktuellen Machthaber. Die Fehler, die dabei begangen werden, werden oft erst später sichtbar, doch dann ist es meist schon zu spät.) Von da vollzog das Reich ständig eine Gratwanderung. Die wenigen Intellektuellen konzentrierten sich nur auf die Geisteswissenschaften und *verachteten* das Militär, technisches Wissen und den Handel, obwohl dieser großes Organisationstalent erforderte.

Zwar senkte die Tang-Regierung die Steuern für die Bauern ein wenig und versuchte, ein permanentes Heer aufzustellen, doch bei diesem handelte es sich um schlecht bezahlte Söldner und nicht um Soldaten, die für ihre Heimat kämpften.

Nach dem Kaiser genossen die *Gelehrten*, die durch Prüfungen ausgewählt wurden, *das größte Ansehen*. Auch wenn die Belohnung für eine bestandene Prüfung nicht immer ein Regierungsposten war, so verlieh sie doch einen unumstrittenen sozialen Status. Von diesem Zeitpunkt an lässt sich der Widerstreit zwischen den Kaufleuten, die ihren Reichtum der Technologie und ihrem Organisationstalent verdanken, und den ärmeren, aber viel angeseheneren Gelehrten (Mandarinen), die die Prüfungen bestanden hatten, gut nachvollziehen. Es gab eine Reihe von Vorschriften, welche die Bekleidung von Staatsbeamten, die die Prüfungen bestanden hatten, genau regelten. Hier wurden die Farben, Längen und Verzierungen der Kleidung, die Mandarine verschiedenen Ranges tragen durften, bis ins kleinste Detail vorgeschrieben. Über solche Rechte verfügten Kaufleute beispielsweise nicht. In der Kaiserstadt war die Mitte der Hauptstraße stets dem Kaiser und seinem unmittelbaren Gefolge, den Mandarinen und Eunuchen, vorbehalten. Eine rote oder schwarze Schranke trennte sie von der öffentlichen Straße, die dem gemeinen Volk vorbehalten war.

Die ständige Rivalität zwischen Beamten und Kaufleuten, der *Kampf zwischen Prestige und Reichtum*, untergrub mit der Zeit dieses mächtige und wohlhabende Reich. Hätten seine Herrscher die Bedeutung des technischen und wissenschaftlichen Fortschritts erkannt und wären *die Bildung und Prüfungen zumindest teilweise technischer Natur* gewesen, hätte nichts und niemand den Aufstieg dieses Reiches aufhalten können und China wäre schon lange die führende Weltmacht. Das chinesische Reich hatte fast immer einen Vorsprung von Hunderten, manchmal sogar Tausenden von Jahren vor Europa, und es hätte das Rennen sogar auch dann noch gewonnen, *wenn es der Technologie nur erlaubt hätte, sich spontan zu entwickeln*. Aber der kaiserliche Hof war der ständige Schauplatz von Intrigen zwischen Eunuchen und gebildeten Mandarinen und von Verrat und Rivalitäten der Konkubinen; man war weit mehr mit der Organisation von Festen, Feierlichkeiten und Opfergaben beschäftigt als mit der Lenkung der Wirtschaft. Diese schwerwiegenden Fehler wiederholen sich bis heute, denn wenn wir nicht aus unseren Fehlern lernen, begehen wir sie wahrscheinlich immer wieder.

Die Liebe des alten Kaisers

Im 8. Jahrhundert brach als Folge einer Geschichte, die für eine Oper verwendet werden könnte, ein weiterer Bürgerkrieg aus. Kaiser Tang Xuanzong, der sein Leben lang als General an der Vergrößerung seines Reiches gearbeitet hatte, daneben aber auch bekannte Dichter, Musiker und andere Künstler unterstützte, verliebte sich im Alter von 60 Jahren. Bis dahin hatte er ein puritanisches Leben geführt und seine Untertanen dazu angehalten, dasselbe zu tun. Er verliebte sich also in Yang Guifei, eine Konkubine seines Sohnes Li Mao, und verbrachte so viel Zeit mit ihr, dass er alle Staatsgeschäfte aufgab und sie der großen *Familie* seiner neuen Liebe überließ. Diese Verwandten waren jedoch äußerst arrogant und korrupt und hatten auch keine Prüfungen abgelegt, weshalb die Mandarinen sie hassten. Die Kaufleute waren ihnen wegen ihrer Habgier, die Eunuchen wegen ihrer Macht und die Soldaten wegen ihrer Verschwendungssucht feindlich gesinnt. Der Sohn des Himmels, verliebt und an der Nase herumgeführt, gab sich mehr und mehr der Liebe hin. An diesem Punkt nahm die Geschichte eine Wendung, wie sie nur in Opern geschieht: An Lushan, ein General des Kaisers, verliebte sich ebenfalls in die berühmte und wunderschöne Konkubine. Er zettelte einen Aufstand im Norden an und ernannte sich selbst zum Kaiser, um die Macht und den dazugehörigen Harem an sich zu reißen. Auch die bis dahin kaisertreuen Soldaten schlossen sich dem Aufstand an. Zuerst verhafteten und enthaupteten sie die Verwandten von Yang Guifei, dann enthaupteten sie in ihrer Wut auch die Konkubine des neuen Kaisers vor seinen Augen. Der Kaiser zog sich gebrochenen Herzens von der Macht zurück. Damit begann ein weiterer Bürgerkrieg, der wieder Millionen von Menschen das Leben kostete.

Erst 762 konnte die Ordnung wiederhergestellt werden. Der alte Kaiser kehrte auf den Thron zurück, starb jedoch wenige Monate später. Den Tang-Kaisern gelang es nie mehr, den früheren Ruhm und die Macht des Reiches wiederherzustellen. In China folgte erneut eine Periode des Bürgerkrieges, infolgedessen das Reich in mehrere Teile zerfiel.

Die nächste Dynastie, die Song-Dynastie (960–1279), soll ihren Anfang genommen haben, als betrunkene Soldaten das gelbe Gewand, das die kaiserliche Macht symbolisierte, ergriffen und auf einen ihrer Generäle warfen. Die einzigen beiden bedeutenden technischen Erfindungen dieser Zeit waren das Schießpulver und die Feuerwaffen, aber auch diese wurden nicht nutzbringend eingesetzt. Zur Zeit der Songs brachte das bis dahin völlig erstarrte Prüfungssystem keine intellektuelle Innovation, weshalb die Songs nicht in der Lage waren, ihr Land gegen die eindringenden Mongolen und Tataren zu verteidigen.

Sesshaft gewordene Gesellschaften mit fortgeschrittenem Handel und Industrie waren schon immer in einer Art zivilisatorischem Nachteil gegenüber den schnell angreifenden Nomaden, die ihr ganzes Leben mit Kämpfen verbrachten. Wirklich gefährlich wurden die Nomadenvölker aber erst, wenn sie einen Anführer fanden, der die Stämme, die sich auch untereinander bekämpften, mit starker Hand vereinigen konnte, wie zum Beispiel Dschingis Khan. Unter seiner schrecklichen Herrschaft erreichten die Mongolen die Grenzen Ungarns, Deutschlands und Polens, und es begann die langsame, aber stetige Aushöhlung des chinesischen Reiches. Die Songs standen der schrittweisen Invasion und der langsamen Annexion ihres Landes hilflos gegenüber, obwohl sie nicht von vornherein zur Niederlage verurteilt waren – sie hätten auf das mächtige und reiche Hinterland zählen können.

Während der Herrschaft der Song-Dynastie, noch vor der Eroberung durch die Mongolen im Jahr 1012, war eine früh reifende Reissorte aus Vietnam eingeführt worden, die es ermöglichte, in Südchina zweimal pro Jahr Reis zu ernten. Dies bedeutete im Wesentlichen eine Verdoppelung der Anbaufläche. Die Chinesen legten einen See und einen Sumpf nach dem anderen trocken und vergrößerten so die Anbaufläche. Dies führte auch zu einer beispiellosen Entwicklung von Handwerk und Handel, was sich an der Bevölkerungszahl bemerkbar machte: von 50 Millionen im 8. Jahrhundert wuchs sie auf 100 Millionen an; eine Bevölkerungszahl, die auch im heutigen Europa als gewaltig gilt. Nicht mehr nur der Kaiser und sein unmittelbares Gefolge lebten im Luxus, sondern auch eine Schicht von Beamten und eine breite Schicht von Handwerkern und Kaufleuten. Zu dieser Zeit wurde chinesisches Porzellan bereits in so großen Mengen nach Ostasien und Afrika, vor allem Japan und Borneo exportiert, dass sich anhand der zahlreichen erhaltenen Exemplare die Entwicklung der chinesischen Keramiktechnologie nachvollziehen lässt. Dies war die letzte Periode in der Geschichte

Chinas, in der noch schöpferische Neugier herrschte und sich Mathematik und die Naturwissenschaften entwickelten (ein Beispiel dafür ist die Erforschung des Magnetismus). Die Karten wurden zusehends genauer, Navigation war auch fernab der Küste möglich, und der Fortschritt setzte sich, wenn auch etwas langsam, bis zur Eroberung durch die Mongolen fort.

Die Chinesen waren vielleicht die Ersten, die das Schießpulver entdeckten. 1044 beschrieben sie die genaue Zusammensetzung des Sprengstoffs, der aus Kohle, Salpeter und Schwefel bestand. Schießpulver war das Ergebnis geheimer alchemistischer Experimente taoistischer Gruppen in der Tang-Zeit. Bald darauf wurden verschiedene Arten von Feuerwaffen und die als »fliegendes Feuer« bezeichnete Brandbombe erfunden. Im Jahr 1161 wurden Katapulte eingesetzt, um diese Sprengbomben zum Feind zu befördern. Mithilfe dieser Waffen gelang es, den Angriff der Jurchen, ein Nomadenvolk, abzuwehren. Die nomadischen Mongolen kopierten diese Technik von den Chinesen; ihre eisenbeschlagenen Sprengladungen wurden »Blitzschlag, der den Himmel erschüttert« genannt. Im Jahr 1132 benutzten sie bereits Mörser mit Holzrohren, später gingen sie zu Eisen-, dann zu Kupferkanonen über. Die Chinesen entdeckten auch das Prinzip des Raketenantriebs: sie steckten einfach mit Schießpulver gefüllte Pfeile in eine Reihe von Abschussrohren aus Bambus. Um 1280, während des Krieges zwischen den Chinesen und den Mongolen, wurden auch Eisenkanonen eingesetzt. Sie wurden schnell von den Mongolen übernommen und von chinesischen Handwerkern in den eroberten Gebieten hergestellt. Es wird erzählt, dass die Mongolen in der Schlacht bei Muhi im Jahr 1241 ebenfalls Schusswaffen einsetzten. Wahrscheinlich taten sie dies jedoch eher, um ihre Gegner zu erschrecken. Ein genaues Zielen war mit den damaligen Waffen unmöglich.

Die mongolische Eroberung

Jahr für Jahr drangen Dschingis Khans Armeen weiter in das Reich vor. Zunächst eroberten die Mongolen ihre Nachbarn, die ebenfalls nomadischen Jurchen und die Küstenregion Mandschurei. 1215 erreichten sie Peking. 23 Jahre nach der ersten Invasion eroberten die Mongolen Nordchina. Die Eroberung der etwas weiter südlich gelegenen Provinz Sichuan dauerte weitere 13 Jahre, und die Besetzung des Jangtse-Tals sowie der südlichen Gebiete nahm weitere 40 Jahre in Anspruch. Später fielen sie auch in Vietnam und Burma ein, aber ihre dortige Herrschaft dauerte aufgrund der schwierigen Geländeverhältnisse nicht lange an. Zwischen 1221 und 1224 fielen Dschingis Khans Truppen auch in den Nordkaukasus, die Krim und Südpolen ein. Die Unterwerfung der westlichen Teile Asiens und der Gebiete um Kasan und Moskau ging schneller voran als die Eroberung Chinas. Vielleicht waren die Chinesen geschickter in der Verteidigung und technisch überlegen, doch sie zeigten nicht genug Einfallsreichtum. In einigen Schlachten verteidigten sich die Chinesen mit mobilen Festungen, die mit Eisenplatten bedeckt waren – die Panzer der damaligen Zeit – erfolgreich gegen die Nomaden. Diese »Panzer« waren viel effektiver als die riesigen Mauern oder Grabensysteme, die sie mit großem Aufwand errichtet hatten.

Die Mongolen erkannten schnell, dass ein Reich dieser Größe nur mit einer fortschrittlichen Verwaltung zusammengehalten werden konnte. Da sie nicht über ausreichend Leute aus den eigenen Reihen verfügten, den Chinesen aber nicht trauten, rekrutierten sie Beamte in den übrigen Teilen Asiens, in Persien und sogar in dem eroberten Russland. Noch bevor die Mongolen die Eroberung des Landes beendet hatten, hielten sie 1237 die ersten Beamtenprüfungen ab und eröffneten im darauffolgenden Jahr die kaiserliche Bibliothek in Peking (1321 bestand ein Russe in Peking die höchsten Prüfungen mit den besten Noten. Rund 20 Jahre später bekam dieser »importierte« Beamte einen hohen Posten in einer chinesischen Provinz zugewiesen). Zu dieser Zeit bereiste Marco Polo das Mongolische Reich, das inzwischen bereits einige lokale Bräuche übernommen hatte.

Ihr Analphabetismus brachte die Mongolen in eine schwierige Lage: Sie selbst konnten keine Prüfungen ablegen, das Land musste aber verwaltet werden. Um dieses Dilemma zu lösen, führten sie 1315 ein neues Prüfungssystem ein. Ein Viertel der etwa 300 Regierungsposten wurden mit Mongolen besetzt – das Bestehen einer Prüfung war dafür nicht erforderlich. Ein weiteres Viertel wurde an »Farbäugige« (Ausländer) vergeben, der Rest stand den Chinesen offen.

Chinesische Kanone. Auch Geschosse mit Giftgas wurden eingesetzt.

Das Einzige, worauf es den Mongolen ankam, war die Erhöhung des Steuerdrucks. So begann das Reich nach der Herrschaft von Kublai Khan, der von Marco Polo als begabt beschrieben worden war, infolge der unvermeidlichen Hungersnöte und Überschwemmungen zu zerbrechen. Zwar wurde zweimal im Jahr geerntet, doch auch die Bevölkerung wuchs. Bald konnten die Ernten das Land nicht mehr versorgen. Das führte zu Verarmung und Rebellionen. Fast 100 Jahre hatten die Mongolen gebraucht, um das Land zu erobern. Etwa 100 Jahre konnten sie sich an der Macht halten, bis sie das Reich aufgrund der immer besser organisierten Bauernaufstände wieder verloren.

Auch am mongolischen Kaiserhof waren innere Streitigkeiten und Verschwörungen an der Tagesordnung; wegen der zahlreichen Morde und Entthronungen übernahm manchmal alle paar Jahre ein neuer Kaiser die Macht. Die vielen Geheimgesellschaften, die damals entstanden, verbreiteten sich wie ein Lauffeuer im ganzen Land. Die »Roten Turbane« (Rebellen, die sich 1351 während einer großen Überschwemmung bei der Reparatur eines Damms trafen und zusammentaten) wurden schließlich zur treibenden Kraft und zum Sieger des Aufstands.

Die Außenpolitik der Mongolen war von einer Art Öffnung gegenüber dem Ausland gekennzeichnet. Die Reiseberichte von Marco Polo verbreiteten sich in Europa in Form von Manuskripten, da die Drucktechnik noch unbekannt war. Von da an verloren sich Europa und das chinesische Reich nie mehr aus den Augen. Ihre Beziehung war allerdings lange Zeit sehr locker und unregelmäßig.

Interessanterweise litten die Entwicklung der Wissenschaft und der Industrie kaum unter der mongolischen Invasion. Die Nomaden ließen die Handwerker meist am Leben und respektierten auch die Priester. So beauftragte Kublai Khan 1271 den Mathematiker, Astronomen und Ingenieur Guo Shoujing (1231–1316) mit der Regulierung der Flüsse und der Bewässerung des Landes. Während der Mongolenherrschaft durften sogar chinesische Mathematikbücher, Reiseberichte und Karten veröffentlicht werden. Mit dem Staatsapparat und der regelmäßigen Arbeit standen die Mongolen jedoch auf Kriegsfuß. Ihre Untertanen versäumten keine Gelegenheit, ihnen immer wieder ihre intellektuelle Überlegenheit zu demonstrieren.

Nachdem die Rebellen gesiegt hatten und die Mongolen vertrieben waren, wurde einer der Rebellenführer zum Kaiser gekrönt. Damit begann die relativ lange Herrschaft der Ming-Dynastie. Diese Periode zwischen 1368 und 1644, die mit dem Selbstmord des letzten Ming-Kaisers auf dem Kohlehügel endete, bestand aus verschiedenen Phasen. Die erste Phase war vom wirtschaftlichen Wiederaufbau des zerstörten Landes gekennzeichnet, einschließlich der Aufnahme diplomatischer und militärischer Expansionsziele. Ziel war es, die Macht der Nomaden ein für alle Mal zu zerstören, doch ab der Mitte des 15. Jahrhunderts erlitt die chinesische Armee oft Niederlagen.

Ab 1520 setzte zwar wieder ein wirtschaftlicher und intellektueller Aufschwung ein, doch viele der letzten genussliebenden Mitglieder der Ming-Dynastie glaubten, dass schon *alles erfunden war, was erfunden werden kann.* Man müsse nur die bereits vorhandene Technik nutzen. Es war während der Ming-Dynastie, dass die wichtigste Hochtechnologie des Mittelalters, der Bau mehrmastiger Dschunken, *verboten* wurde – eine Schande und ein schwerwiegender Fehler.

Die Geschichte der Ming

Im Jahr 1365 bestieg Timur Lenk den Thron von Samarkand und begann bald darauf seine Raubzüge durch Innerasien. Vielleicht war es ein großes Glück für die Chinesen, dass er zunächst deren ewige Feinde, die nomadischen Reiterstämme, angriff und entweder unter seine Herrschaft brachte oder vernichtete und China so eine Atempause verschaffte.

Im Jahr 1368 eroberte der ehemalige buddhistische Mönch Hongwu (auch: Zhu Yuanzhang) Peking. Damit war die Herrschaft der Mongolen beendet und er wurde Kaiser. Als der ehemalige Mönch den Thron bestieg, richtete er sich entgegen seinem Gelübde einen riesigen Harem ein und zeugte eine Vielzahl von Nachkommen (die Nomaden ließen die Chinesen in Ruhe, weil sie mit dem Kampf gegen die Armee von Timur Lenk beschäftigt waren).

In Europa nahm König Karl V. (der Weise) von Frankreich 1369, also ein Jahr später, den Krieg gegen die Engländer wieder auf und leitete damit die zweite Phase des Hundertjährigen Krieges ein. In Mitteleuropa kämpften die deutschen Ritter gegen die Litauer, und König Ludwig dem Großen (von Ungarn) wurde auch die polnische Krone verliehen, was das Königreich Ungarn zur größten Macht in Mitteleuropa machte. Zu dieser Zeit wurden in Nürnberg die ersten Stahlwerkzeuge in großen Mengen hergestellt, und die Hanse, in der sich rund 200 Städte zusammengeschlossen hatten, erlebte ihre Blütezeit. Im Rest Europas herrschte jedoch geistige Finsternis. Zu dieser Zeit erlaubte man Ärzten im Rahmen des Konzils von Venedig, einmal im Jahr eine Autopsie durchzuführen. Europa konnte sich noch immer nicht frei entwickeln; die Araber hatten Spanien noch immer unter ihrer Kontrolle, und die Technologie hatte noch nicht einmal das Niveau der Griechen und Römer von rund 1000 Jahren zuvor wieder erreicht. Und es zeichnete sich bereits eine neue Bedrohung ab: Die Türken standen vor den Toren Europas. 1371 überschritten die türkischen Truppen die ungarische Grenze.

Doch China, das sich gerade erst von der blutigen und korrupten Herrschaft der Mongolen befreit hatte, befand sich im Fieber der Nationenbildung. Auf den Flächen, die wegen der Zerstörung der Bewässerungsanlagen brach gelegen hatten, konnte endlich wieder Landwirtschaft betrieben werden. Im Jahr 1371 verfügte China nur über eine halbe Million Hektar Ackerland; 8 Jahre später waren es bereits eineinhalb Millionen Hektar. Dafür war die Sanierung beziehungsweise die Einrichtung von rund 50 000 Stauseen und Kanälen erforderlich gewesen. Flächen, von denen die Bevölkerung verschwunden war, wurden durch Binnenwanderung neu besiedelt.

Mit der Vergrößerung der Landflächen und dem Wiedererstarken der Bevölkerung verdreifachte sich die besteuerbare Getreidemenge innerhalb weniger Jahre. Der kühnste Plan war jedoch der Bau einer riesigen *Handelsflotte*, die es China ermöglichen sollte, seine Produkte wieder zu exportieren und so aus seiner noch immer enormen technologischen Überlegenheit Profit zu schlagen (die Routen über das Festland hatten die Armeen Timur Lenks unpassierbar gemacht, sodass den Chinesen nur der Seeweg blieb). Für den Bau einer Flotte wäre jedoch viel Holz erforderlich gewesen und die Wälder waren zu diesem Zeitpunkt bereits weitgehend abgeholzt. Daher wurde jeder Einwohner verpflichtet, je 200 Maulbeerbäume und Jujubebäume auf dem Land zu pflanzen, das er vom Staat zugeteilt bekam. Maulbeerbäume wurden für die Seidenherstellung benötigt, Jujubebäume für den Schiffbau. Unter dem ersten Ming-Kaiser Hongwu wurden mehr als eine Milliarde Setzlinge gepflanzt – eine Aufforstungsaktion, die wahrscheinlich auch heute noch unübertroffen ist.

Nach dem Tod des ersten Ming-Kaisers wurde sein Nachfolger sofort entthront. Einer der Onkel des Kaisers, Yongle (auch: Prinz Zhu Di), organisierte einen Aufstand und eroberte die Hauptstadt mithilfe von Eunuchen. Seine Regierungszeit war die glorreichste Epoche der gesamten Dynastie (1403–1424). Unter ihm expandierte China und besiegte die wiedererstarkten Mongolen in fünf Schlachten. Der blutrünstige Timur Lenk, der bis dahin schier unaufhaltsam gewesen war, starb 1405 – ein großes Glück für China. Er hatte nämlich gerade einen Feldzug gegen das Reich vorbereitet. Ohne diesen Zufall wäre das noch nicht vollkommen wiedererstarkte China entweder bedeutend geschwächt oder sogar völlig vernichtet worden. Da der zweite Ming-Kaiser mithilfe der Eunuchen an die Macht gekommen war, spielten diese während seiner Herrschaft eine mindestens ebenso wichtige Rolle wie die gebildeten Mandarine. Die Ming-Zeit war daher durchweg von Intrigen und Machtkämpfen zwischen Mandarinen und Eunuchen geprägt. Die Eunuchen waren für den internen Spionagedienst zuständig, der dazu diente, Verrat und Rebellion aufzudecken.

Man sollte meinen, dass die gebildeten Mandarine, die den Geist und die Traditionen Chinas hochhalten sollten, aus ihren Fehlern gelernt hätten. Nun, dem war nicht so. Sie ließen sich weiterhin lange Fingernägel wachsen, mieden körperliche Arbeit und verachteten Technik und Handel. In dieser Zeit wurde die größte maritime Entdeckungsreise des Mittelalters unternommen – eine Reise, die in jeder Hinsicht die Errungenschaften und Möglichkeiten des damaligen Europas übertraf. Admiral Zheng He, ein sehr unternehmungslustiger muslimischer Eunuch, unternahm mit seiner riesigen Schiffsflotte Expeditionen über Entfernungen, die damals in Europa unvorstellbar gewesen wären. Zu dieser Zeit (nach Timur Lenks Tod) war China die einzige militärische und technische Macht der Welt, die wahrscheinlich Europa hätte erobern können. Zumindest aber hätte es über den Handel Europas gesamte Edelmetallreserven an sich reißen können. Doch die Chinesen dachten anders. Sie gaben sich damit zufrieden, ihre Macht durch das Einlaufen ihrer riesigen Flotte in die Häfen der Nachbarländer zu demonstrieren. Die einheimischen Herrscher überreichten ihnen symbolische Geschenke und erkannten damit die Überlegenheit des Himmlischen Reiches an.

Der talentierte Eunuch Admiral Cheng-Ho hatte seine Karriere als Aufseher der Konkubinenquartiere des Herrschers begonnen und später eine Reihe wichtiger militärischer Posten inne. Nach seinen erfolgreichen Militäreinsätzen wurde er mit der Leitung verschiedener Expeditionen betraut. Politisch gesehen war es ein kluger Schachzug, diese Expeditionen durch den Muslim Zheng He leiten zu lassen, da sich der Islam in vielen der besuchten Gebiete gerade verbreitete und den Expeditionen somit ein freundlicher Empfang gesichert wurde. Später wurde zu Ehren des Admirals ein Tempel errichtet. Mancherorts wird er noch heute als Heiliger verehrt.

Die längste Seereise des Admirals dauerte von 1417 bis 1419 und führte ihn bis nach Hormus im südlichen Persischen Golf. Einige Schiffe seiner Flotte segelten bis nach Mekka und sogar noch weiter bis zur Ostküste von Afrika. Technisch gesehen hatten die Chinesen die nötigen Mittel, um den afrikanischen Kontinent sogar zu umsegeln und nach Europa zu fahren – den größeren Teil des Weges hatten sie ja bereits hinter sich. Sie waren Europa damals sowohl technisch als auch zahlenmäßig überlegen, und das Militär hätte ihre wirtschaftliche Vormachtstellung unterstützt. Hätte sich eine der europäischen Mächte gegen das chinesische Exportdumping gewehrt, hätten die Kanonen der chinesischen Marine die widerspenstigen Herrscher leicht überzeugen können. Die Expeditionen erreichten sogar den amerikanischen Kontinent, sodass die Chinesen, wenn sie so aggressiv wie die Europäer gewesen wären, Südamerika hätten erobern und seine Silber- und Goldminen erschließen können. Aber die Chinesen waren der Meinung, dass es außerhalb des Himmlischen Reiches nur primitive Barbaren gab, die nichts anderes zu tun hatten, als das Reich zu verehren und dass diese Völker sowieso keine ernsthafte Bedrohung für sie seien.

Im Jahr 1415, als Admiral Zheng He sich in Hormus aufhielt, gründete der portugiesische Prinz Heinrich der Seefahrer in Sagres eine Seefahrtschule. Hier wurden die besten Seeleute Europas ausgebildet, zudem organisierte Prinz Heinrich Entdeckungsreisen. Erst zu dieser Zeit entstand der neue europäische Schiffstyp, die kleine Karavelle, die auch für längere Reisen geeignet war. An die exzellenten Eigenschaften der chinesischen Dschunken konnte sie allerdings auch Jahrhunderte später nicht herankommen. Die Überlegenheit Chinas auf dem Gebiet der Wirtschaft und des Wissens war immer noch überwältigend und unbestritten.

Das Auftauchen der Schiffsflotte von Admiral Zheng He hätte in Europa wahrscheinlich Überraschung und Panik zugleich ausgelöst. Seine Flotte bestand aus etwa 300 Schiffen, von denen 62 riesige Schiffe von mehr als 100 Metern Länge und 60 Metern Breite waren, mit einer großen Verdrängung, neun Masten und zwölf Segeln. Ausgestattet mit vielen luxuriösen Kabinen, sauberen Trinkwassertanks und Einrichtungen zum Waschen und Baden waren die Schiffe ihren europäischen Pendants noch 300 Jahre später überlegen. An den Expeditionen nahmen neben Dolmetschern, Soldaten, Kaufleuten und Seeleuten auch Ärzte und Astronomen sowie Mandarine teil, die die Ergebnisse der Expeditionen aufzeichneten. Die Reihe seiner Reiseberichte wie »Beschreibung der fremden Länder des westlichen Ozeans« und »Wunderschöne Eindrücke an Bord eines von Sternen geleiteten Schiffs« war in China ebenso populär wie die Bücher über Marco Polos Reisen aus dem Jahr 1298.

Zenit und Nadir

Es besteht kein Zweifel daran, dass China während der Expedition großes Ansehen in den umliegenden Ländern erlangte. Man nahm zur Kenntnis, dass die mongolische Bedrohung vorüber war und erkannte China als Herrscher der Region an. Diese Reisen verfolgten auch wirtschaftliche Ziele: Man brachte hochwertige Schwerter aus Japan und große Mengen an Gewürzen von den indonesischen Inseln mit. Grundsätzlich handelte es sich jedoch um diplomatische und militärische Expeditionen. Die Reisen brachten keine direkten nennenswerten finanziellen Vorteile mit sich.

Im Jahr 1433 wurde Zheng Hes nächste geplante Reise jedoch ***nicht mehr genehmigt*** und bald darauf starb der Admiral. Von da an ging es mit der chinesischen Schifffahrt und der Hochtechnologie bergab. Der Niedergang war hauptsächlich die Folge des ständigen Kampfes zwischen den Eunuchen und den Mandarinen. Schon der erste Herrscher der Ming-Dynastie hatte den Eunuchen verboten, lesen zu lernen und sich an der Politik zu beteiligen, doch sie waren diejenigen, die am besten über den Klatsch am Hofe Bescheid wussten und die die verschiedenen Abteilungen des internen Geheimdienstes und dessen Netz von Spionen steuerten. Ihre Informationen nutzten sie für ihre eigenen Geschäfte. Die Eunuchen wollten möglichst viel Einfluss auf Wirtschaft und Politik ausüben. Die durch Prüfungen ausgewählten Gelehrten versuchten natürlich, die Absichten der Eunuchen auf jede erdenkliche Art und Weise zu vereiteln, selbst wenn diese gut waren. Deshalb wurde nach dem Tod von Zheng He der Bau von Schiffen mit mehr als zwei Masten verboten. Das Misstrauen der Gelehrten gegenüber den Eunuchen und den von ihnen verachteten wohlhabenden Industriellen und Kaufleuten war so groß, dass sie das Tagebuch von Admiral Zheng He *verbrannten*.

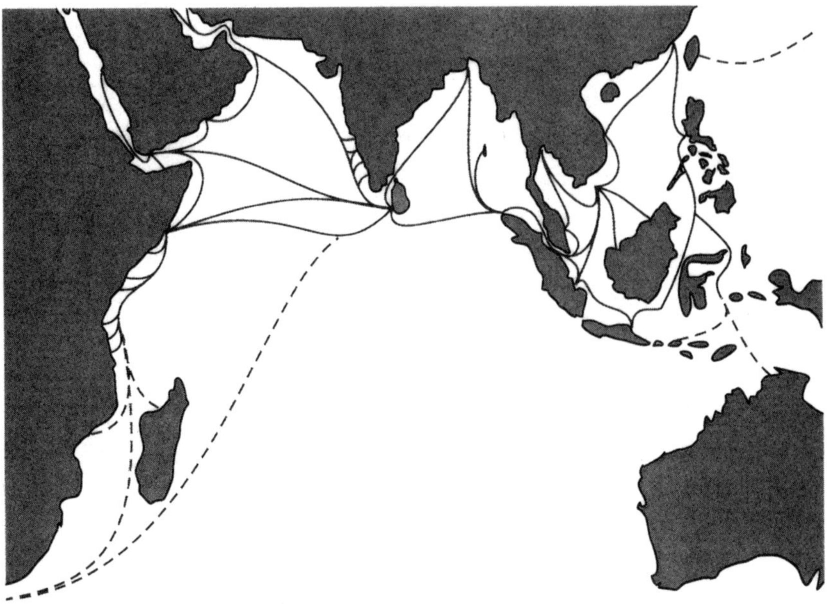

Die Expeditionen von Admiral Zheng He. Die durchgezogenen Linien zeigen die tatsächlich zurückgelegten Strecken, die gestrichelten Linien die vermuteten. 2 Jahrtausende vor Kolumbus und den Portugiesen hatte Zheng He schon unermessliche Entfernungen auf See zurückgelegt. Seine Reiseberichte wurden von den Mandarinen verbrannt.

Gleichzeitig sah sich das Reich mit neuen Herausforderungen konfrontiert: Die nomadischen Reitervölker im Norden gingen wieder auf Eroberungszüge. Offiziell wurde der Bau großer Schiffe verboten, weil man es für wichtiger hielt, Geld für die Armee auszugeben; Entdeckungsreisen, meinte man, kosteten nur Geld und bescherten keine Einnahmen. Dieser Schritt zeugt von einer tragischen Kurzsichtigkeit, von einer Missachtung der historischen Erfahrung. Um die Nomaden erfolgreich bekämpfen zu können, wäre eine fortschrittlichere Kriegstechnologie erforderlich gewesen. Gerade der Handel und die damit verbundene Schifffahrt hätten das dafür benötige Geld aufbringen können. *Auf diese Herausforderung hätte es eine technische Antwort gegeben*: eine hochmobile Armee, die mit einer den Nomaden weit überlegenen Technologie ausgerüstet ist. Dazu wäre es aber notwendig gewesen, die Entwicklung besserer Waffen voranzutreiben, was wiederum kreative, unabhängige, technisch visierte Denker erfordert hätte. Dies wiederum war nicht im Interesse der Personen, die die Machtpositionen innehatten; weder die Eunuchen noch die Gelehrten, noch der Kaiser selbst wünschten sich kluge Köpfe in ihrem Reich. Nur den wohlhabenden, aber nicht sehr zahlreichen Kaufmännern hätte dies einen Vorteil gebracht. Sie hatten aber kein Interesse an der Entwicklung von Waffen, da dies die Aufgabe des Staates war.

Um die Bedrohung durch die Barbaren zu verringern, verbot China den Verkauf von Eisen, Waffen und anderen strategischen Gütern an sie. Außerdem wurde der Außenhandel eingeschränkt, um die Macht der Kaufmannsschicht zu verringern. Die Situation war paradox, denn Chinas Reichtum stammte hauptsächlich aus dem Außenhandel. Chinesische Luxusgüter wurden in Europa, auf den Philippinen oder in Indien gegen Edelmetalle getauscht, und China nahm unweigerlich an der Weltwirtschaft teil. Eine Hälfte der Silberproduktion aus den südamerikanischen Minen gelangte über Japan ins Reich, die andere Hälfte aber über Europa. Die anhaltende Nachfrage nach Seide, Porzellan und Tee hielt diesen Prozess am Leben (auch der Schmuggel blühte, denn die Gewinne, die durch die Umgehung der staatlichen Besteuerung gemacht werden konnten, waren so groß, dass kleine chinesische Privatdschunken selbst in den schlimmsten Stürmen in See stachen). Der Staat erkannte die wirtschaftliche Bedeutung dieses Handels nicht und versuchte, ihn einzuschränken und sogar *zu verbieten*. Die Beschränkungen in der Schifffahrt und beim Schiffbau, wie zum Beispiel das Verbot des Verkaufs von Schiffen an Ausländer, führten jedoch zu einem auf lange Sicht nicht wiedergutzumachenden Nachteil für das Himmlische Reich.

Der Jesuitengelehrte Matteo Ricci, der zu dieser Zeit in China lebte, zeichnete ein ziemlich genaues Bild der damaligen Verhältnisse. Er beschrieb Fälle von Amtsmissbrauch durch die Eunuchen und zeigte auf, was für eine Belastung die vielen Fürsten, die der kaiserlichen Familie angehörten, durch ihren verschwenderischen Lebensstil, ihre eigenen kleinen Höfe und ihre großen Privatarmeen für den Staat darstellten. Ein großer Teil der Steuern wurde lieber zur Aufrechterhaltung des luxuriösen Lebensstils verwendet, anstatt ihn in den Bau von Dämmen, in die Bildung oder in die industrielle Entwicklung zu investieren. Es war einfacher,

Kaufleute und Bauern zu besteuern, als über Reformen und *neue Möglichkeiten* nachzudenken. Das Geld, das in den Zollhäusern entlang des Jangtse und des Großen Kanals eingenommen wurde, verschwand, und die Eunuchen, die die örtlichen Silberminen betrieben, stahlen ebenfalls schamlos. Irgendwann konnten die Kaufleute die Steuerlast nicht mehr tragen. So gingen viele langjährige, ehrliche Unternehmen zugrunde. Die Bauern, die ebenfalls den Steuerdruck nicht mehr verkraften konnten, verließen ihre Ländereien und fanden sich in Räuberbanden zusammen. Der Untergang war nicht mehr aufzuhalten – aber die Mandarine, die in Intrigen verstrickt waren, bemerkten nichts davon.

Zwischen 1621 und 1644 nahm die Zahl der Aufstände kontinuierlich zu. Es handelte sich um typische Hungerrevolten, die durch eine Weiterentwicklung von Industrie, Handel, Fischerei und Landwirtschaft hätten vermieden werden können – man hätte die Kaufleute und Industriellen einfach in Ruhe lassen müssen. Aber Prestige war mehr wert als das Leben der Untertanen. Als sich also 1644 der letzte Kaiser der Dynastie am Kohlehügel erhängte, bezahlte er für Fehler und Vernachlässigungen, die andere vor ihm über die Jahrhunderte begangen hatten. Doch damit endete die Odyssee des chinesischen Volkes noch nicht. Die Hunger- und Bauernaufstände schwächten das Land so sehr, dass die Nomaden, diesmal die Jurchen, das Reich erfolgreich angriffen und über 300 Jahre den Thron Chinas besetzt hielten.

Unter dem letzten Ming-Kaiser kam es in dem aufgewühlten Reich inmitten des Niedergangs der Technologie zu einer interessanten Wiederbelebung der chinesischen Literatur. Damals, im Jahr 1610, erschien der weltweit erste große Roman mit dem Titel *Jin Ping Mei* (zu Deutsch etwa: *Schöne Frauen in einem reichen Haus*). Das Buch beschreibt mit viel Humor das Leben eines reichen Kaufmanns und den Wandel der gesellschaftlichen Sitten und ist auch heute noch eine interessante Lektüre. Zwischen 1623 und 1632 erschienen umfangreiche Sammlungen von Geschichten wie *Geschichten, die den Zuhörer in Erstaunen versetzen und den Tisch erschüttern* und *Drei Sammlungen von Geschichten*. Diese wurden in gedruckter Form und in großer Zahl veröffentlicht. In Europa war der Buchdruck zu dieser Zeit bereits bekannt. Der Zweck des Buchdrucks war hier jedoch ein ganz anderer: Die Lehren der Reformation sollten auf diese

Weise verbreitet werden. Es sollte noch Hunderte von Jahren dauern, bis in Europa Belletristik gedruckt wurde.

Unter den Ming versorgte China Europa nicht nur mit Luxusgütern und sammelte die im Tausch dafür erhaltenen Edelmetalle Europas. Die Kaufleute brachten auch viele technische Erfindungen von China nach Europa – und das ist das Wichtigste. Hierzu gehörten nicht nur der bekannte *Kompass* oder die Idee einer Kettenbrücke, sondern durch arabische Vermittlung auch das Schießpulver, welches Europäer dann weiterentwickelten.

Es ist interessant, die Unternehmungen und die Mentalität von Zheng He mit der des Italieners Kolumbus zu vergleichen. Die chinesischen Expeditionen erkundeten eine für sie interessante Welt mit einer noch nie da gewesenen Flotte guter und leistungsfähiger Schiffe, erkannten jedoch das enorme wirtschaftliche und entwicklungspolitische Potenzial ihrer Entdeckungen nicht. Sie verfügten über alle materiellen und personellen Ressourcen, um die Ausbreitung und Wirtschaftskraft des Himmlischen Reiches zu vergrößern. Die Mandarine fürchteten jedoch einen weiteren Machtgewinn der Eunuchen. Was, wenn Eunuchen die Führungspositionen in den neuen Kolonien und Handelsvertretungen übernehmen? Was, wenn die unverschämten Kaufleute auf den Handelsfahrten ihr Vermögen noch weiter vergrößern? Was, wenn das Ansehen der Soldaten vor dem Kaiser nach einem Sieg steigt? Was wird dann aus ihrer Position, ihrem Rang und ihrem Einfluss? Eher soll alles zerstört werden – und das wurde es auch. Zwar nicht sofort, doch das Ende war schon abzusehen.

Etwa 60 Jahre später fand ein genuesischer Phantast namens Kolumbus, ein armer Schlucker, der mit der Idee einer Segelexpedition nach Westen von Hof zu Hof gezogen war, endlich Gehör am Hof des spanischen Königs. Verarmt und ausgehungert vom Krieg mit den muslimischen Mauren stellte ihm das Land drei kleine Schiffe mit weniger als hundert Mann für die gefährliche Reise zur Verfügung. Aber es war genug, um Europas Glücksstern zum Leuchten zu bringen. Auf einem durchschnittlichen Schiff von Zheng He befanden sich etwa dreißigmal so viele Passagiere wie auf der *Santa Maria*. Aber es sind nicht immer die Zahlen, die entscheidend sind, sondern die Absichten des Kapitäns: Wohin soll man fahren? China machte einen großen Schritt zurück und das kleine Europa einen großen Schritt nach vorne.

Die Herrschaft der Mandschuren

Die Mongolen brauchten fast 100 Jahre, um ganz China zu erobern. Die Jurchen, die Reiternomaden waren, benötigten nur etwa 30 Jahre, bis sie das zu dem Zeitpunkt nicht mehr Himmlische Reich vollständig unter ihre Kontrolle gebracht hatten. Die reiche Handelsstadt Yangzhou beispielsweise wurde nach einer nur 7-tägigen Belagerung eingenommen. Die Bevölkerung versuchte, die eindringenden Truppen in Straßenkämpfen zurückzuschlagen. Hunderttausende starben bei dem 10-tägigen Massaker. Ähnliches ereignete sich in der Handelsstadt Jiangyin, wo es den Eroberern allerdings nur mit der Hilfe von Kanonen gelang, die Festungsmauern zu durchbrechen. Die Kanonen wurden von Jesuitenmissionaren gegossen. Diese Belagerung dauerte 81 Tage. Im Süden des Landes hielt eine Armee von Nachfahren und Anhängern der alten Ming-Dynastie noch einige Jahrzehnte länger durch, aber auch diese wurde schließlich besiegt. Die

Das Verfahren von Gowin Knight (1713–1772) zur Herstellung von Magneten. Die Magneten besserer Qualität wurden in erster Linie zur Herstellung von Kompassen verwendet, spielten aber auch bei Faradays Experimenten eine wichtige Rolle. Knight arbeitete als Arzt und wurde für seine Forschungen mit Magneten 1747 von der Royal Society mit der Copley-Medaille ausgezeichnet. Auch die britischen Kompasse für die Navigation wurden auf diese Weise hergestellt.

Chinesische Manufaktur aus der Zeit der Mandschu-Dynastie

jahrzehntelangen Kämpfe haben das Land in einem unvorstellbaren Ausmaß *verwüstet* und die Bevölkerung von 51 Millionen auf 19 Millionen reduziert – teils durch Massaker, teils durch Hungersnöte. Die *Verantwortung dafür tragen die Ming-Kaiser und natürlich die Eunuchen und Mandarine, die ihnen dienten.*

Ein weiterer ausländischer Eroberer ließ sich also in China nieder und brachte eine Art Regierungswechsel, aber keinen Systemwechsel. Das Denken, der Zeitgeist, blieb unverändert. Die Nomaden wandten geschickt das Prinzip »teile und herrsche!« an: Chinesische Generäle konnten mit Rängen, Titeln und Geld gekauft werden, und wenn das nicht gelang, wurde Gewalt angewandt. Die Minderheit verschmolz allmählich mit der Mehrheit; China assimilierte die reitenden, nomadischen Eroberer, die die chinesischen Sitten, ihre Sprache und ihre Kultur übernahmen. Innerhalb weniger Jahrzehnte schrieben die Mandschu-Herrscher so gut Chinesisch, dass sogar die besten Gelehrten sie um ihre Schreibkünste beneideten.

Die Mandschus führten das Prüfungssystem wieder ein. Damit kam wieder die alphabetisierte Schicht an die Macht, die da weitermachte, wo sie aufgehört hatte: Ihre handels- und technikfeindliche Haltung erstickte jegliche innovativen Ideen. Trotzdem erlebte China einen Aufschwung. Die Gründe dafür waren, dass in China eine von den Unterdrückern diktierte Ordnung und ***Frieden*** herrschte und Ernten wieder ausreichten, um die Bauern zu ernähren. Außerdem wurde der Handel mit Europa wieder erlaubt. Zu diesem Zeitpunkt hatte sich jedoch *seit mehr als 500 Jahren keine neue Erfindung mehr verbreitet*, und es ist fraglich, ob es danach überhaupt noch neue Errungenschaften gab, da die Erinnerung an die Generation der Erfinder bereits verblasst war. Viele Porzellanfabriken waren bei den Kämpfen zerstört worden, die Arbeiter und ihr Wissen waren verschwunden. Die Mandschus nahmen den Namen Qing an, und damit nahm eine relativ friedliche Periode in der Geschichte des Landes ihren Anfang. Die gebildeten Einwohner wurden gekauft, indem sie im Auftrag des Staates Enzyklopädien und große Geschichtsbücher schreiben mussten. So waren alle zufrieden. In den Friedensjahren erlebte die wirtschaftliche Entwicklung einen Aufschwung und innerhalb weniger Jahrzehnte hatte China wieder seine alte Produktionskapazität und Bevölkerungszahl erreicht.

Der Mandschu-Kaiser Kangxi, der 1662 im Alter von 8 Jahren den Thron bestieg und mit 13 die Regierungsgeschäfte übernahm, regierte das Himmlische Reich 55 Jahre lang. Durch seine Eroberungsfeldzüge vergrößerte sich das Territorium des Landes und umfasste bald auch Teile Zentralasiens und der Mongolei. Zwischen 1700 und 1770 verdoppelte sich die Bevölkerung dank des Friedens und sie verdoppelte sich abermals bis 1840. So sahen sich die Mandschus wieder mit dem alten Problem, dass *das Land seine Bevölkerung nicht ernähren konnte*, konfrontiert.

Europa hatte sich in der Zwischenzeit verändert. Die entscheidende Wende war mit der Ausbreitung der Reformation und der damit einhergehenden protestantischen Arbeitsethik gekommen. In den protestantischen Ländern entlang der Atlantikküste (zum Beispiel in England, Schweden, den Niederlanden, Deutschland und Teilen Frankreichs) wurde Arbeit nun nicht mehr als niedrige Tätigkeit betrachtet, sondern als gottgefällig. Durch ein puritanisches, ehrliches Leben, in dem man konstant über Neues nachdachte, offen für Neues war und sich für Neues interessierte, begann sich der Lebensstandard in den protestantischen Ländern allmählich zu verbessern. Der Lebensstandard war zwar immer noch niedriger als der eines Durchschnittschinesen in Friedenszeiten, die Kaufleute waren immer noch ärmer als die chinesischen und China importierte immer noch weit mehr Edelmetalle als die europäischen Länder, aber der Trend begann sich *umzukehren.*

Kleidung der chinesischen Mandarine zur Zeit der Mandschu-Dynastie. Aufgewachsen mit literarischen Essays, unterdrückten die oftmals korrupten Beamten stets die Kaufleute und Handwerker und ruinierten so das wohlhabende Reich.

Zumindest in England konnten wohlhabende Bürger schon seit einiger Zeit über ihr eigenes Schicksal mitbestimmen, während in China die Besteuerung eine Pflicht *ohne jegliche Rechte* war. Vielleicht ist dies ein wichtiger Faktor, der zum *Aufstieg* Europas und indirekt auch zum *Niedergang* Chinas beitrug. Im Himmlischen Reich hat man nie das enorme Potenzial der Idee erkannt, dass die Menschen *ihre Herrscher selbst wählen dürfen*. In Europa dagegen hat sich dieser Gedanke im Laufe der Jahrhunderte langsam durchgesetzt. In wissenschaftlichen Institutionen, in China und anderen Teilen der Welt ist dies allerdings bis heute nicht der Fall.

In Europa verbreitete sich ein weiteres ungewöhnliches Phänomen, welches in Ansätzen in China bereits existierte: die exakte Naturwissenschaft. Die Arbeiten

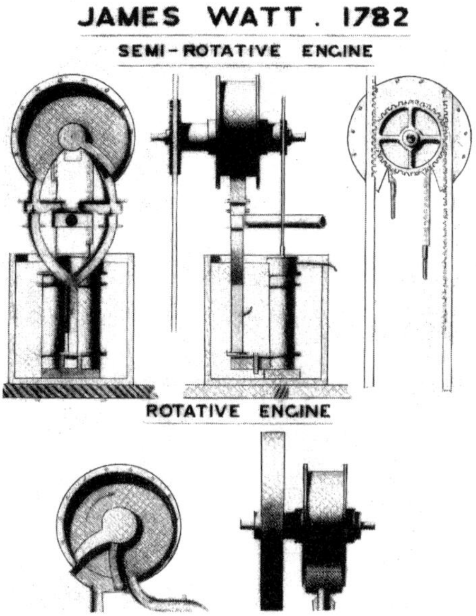

Drehkolbendampfmaschine nach Watt. Um die durch die sich abwechselnden Kolben verursachten Vibrationen zu beseitigen, entwickelte Watt die Drehkolbendampfmaschine (1774), die mit höherer Geschwindigkeit und geringerem Gewicht als die herkömmlichen Maschinen arbeitete. Mit ihrer höheren spezifischen Leistung wäre sie für Dampfwagen und Dampflokomotiven geeignet gewesen, aber Watt konnte das Dichtungsproblem nur mit Quecksilber lösen, was teuer (und gefährlich) war, weshalb er die Verbesserung seiner Erfindung schließlich aufgab. Als die Technologie endlich geeignete Dichtungen herstellen konnte, hatte sich der Verbrennungsmotor bereits verbreitet. Ähnlich verhielt es sich beim Wankelmotor, der sich ebenfalls nicht durchsetzen konnte.

Bohrmaschine von John Wilkinson (1728–1808). Diese Maschine, die das Bohren von Kanonen- und Dampfmaschinenkolben ermöglichte, war der Schlüssel zum Aufstieg eines Landes und die Grundlage für die Entstehung mehrerer Industriezweige. Die Kanonen waren unzuverlässig, wenn die Innenbohrung und die Geschossgröße nicht präzise abgestimmt waren. In China fehlte es völlig an der Bereitschaft der Machthaber, die im kleinen Rahmen bereits existierende Werkzeugmaschinenindustrie zu unterstützen. Dabei war alles, was sie gebraucht hätte, eine kleine Starthilfe.

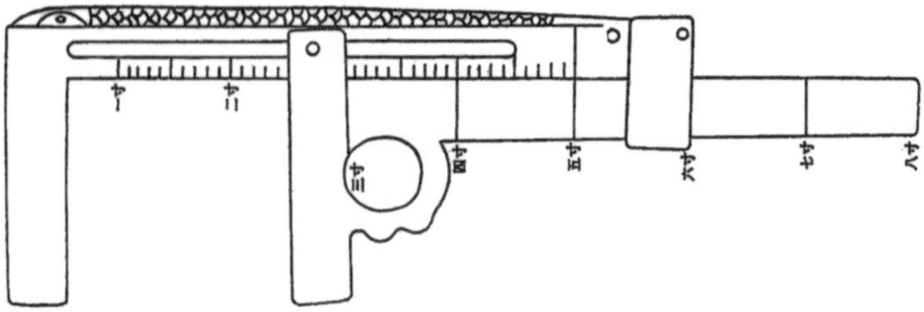

Chinesischer Messschieber aus dem Jahr 9. Damals galt er als genaues Messinstrument.

Verzahnungsmaschine von Henry Hindley (1710–1771). Die Herstellung solch präziser Werkzeugmaschinen war die Voraussetzung für die Entstehung der Uhren- und Werkzeugmaschinenindustrie. Diese Geschichte ist ein typisches Beispiel dafür, wie kleine Länder, die arm an natürlichen Ressourcen sind, aufsteigen können.

von Galilei, Leibniz, Newton und anderen waren die Geburtsstunde der exakten, auf ***Experimenten und Mathematik*** basierenden Wissenschaft. Jahrhundertelang war dies, außer in der chemischen Industrie, von keiner praktischen Bedeutung gewesen. Die newtonschen Gesetze wurden nicht einmal zur Berechnung

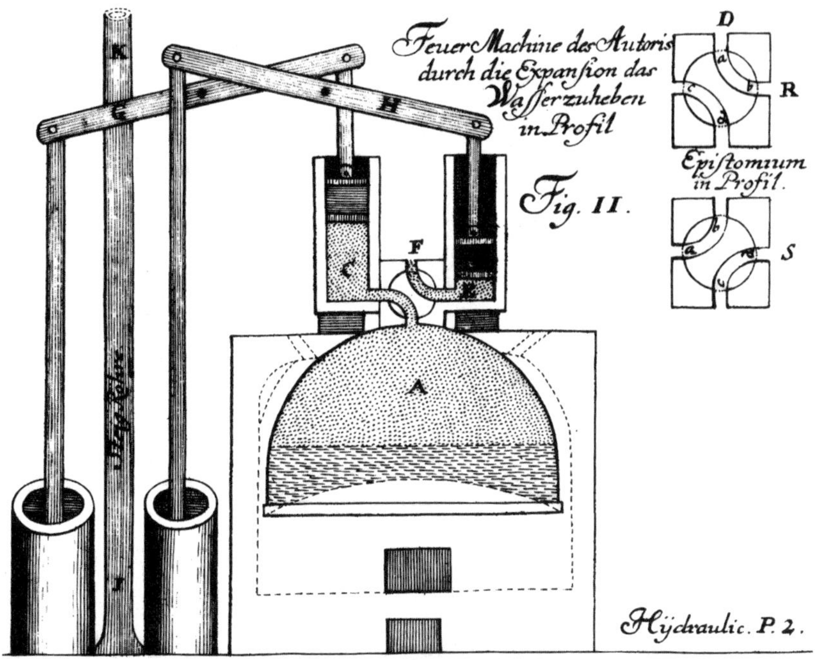

Die deutsche Dampfmaschine. Zeichnung der von dem Deutschen Jacob Leupold (1674–1727) erdachten, aber nie gebauten Dampfmaschine. Der wichtigste Teil dieser zweifellos genialen Dampfmaschine, die für das Pumpen in Bergwerken bestimmt ist, ist das verdrehbare Ventil (zu sehen rechts oben). Dieses konnte mit dem damaligen technischen Wissen noch nicht hergestellt werden, da es ohne ausreichend präzise Messgeräte und Werkzeugmaschinen nicht möglich war, die richtigen Dichtungen herzustellen. Außerdem gab es extrem hitzebeständigen Stahl nur in China. Die Stahlteile hätte man noch in China produzieren können, aber ihre Bearbeitung wäre auch dort unmöglich gewesen. Ein ähnliches Schicksal ereilte die russische Polsunow-Dampfmaschine. Iwan Polsunow baute seine Maschine in mühevoller Handarbeit. Sie funktionierte auch, aber nach seinem Tod konnte niemand seine Arbeit fortsetzen.

der Flugbahnen von Kanonenkugeln verwendet, da in der Praxis vieles die Ergebnisse verfälschte. Doch der Grundgedanke, dass die Natur vorhersehbar, berechenbar und rational ist und nicht nur das Ergebnis eines Kampfes zwischen Yin und Yang, *regte die Europäer zum Nachdenken an.*

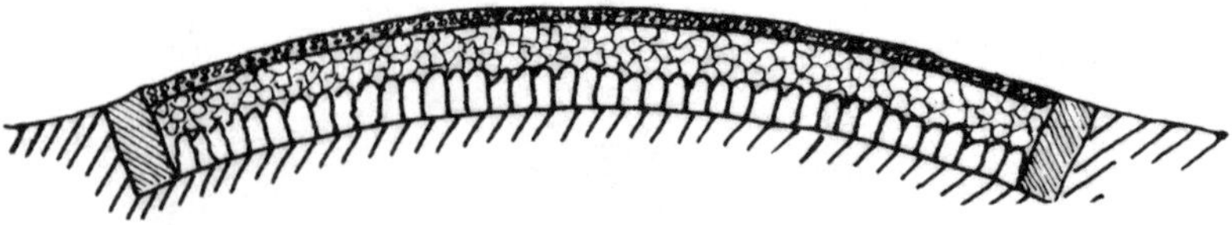

Methode für den Straßenbau von Pierre-Marie-Jérôme Trésaguet (1716–1796). Die französischen Militäringenieure waren die Ersten, die seit den Römern in Europa Straßen bauten. 40 Jahre später folgten die Briten. So konnten Napoleons Armeen schneller vorankommen und die Kaufleute ihre Waren billiger transportieren. Die Chinesen bauten zwar keine guten Straßen, aber sie verfügten über ein ausgedehntes Netz von Kanälen.

Reibungselektrizitätsmaschine von Edward Nairne (1726–1806). Nairne benutzte Leidener Flaschen, um Funken von etwa 30 Zentimeter Länge zu erzeugen und Eisendrähte zusammenzulöten. Auch eine solche Maschine hatte man nach China mitgenommen, aber am chinesischen Hof diente sie nur als Spielzeug.

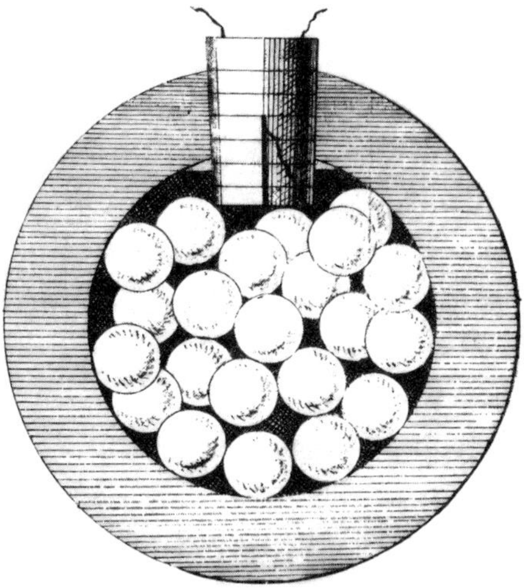

Granatkartätsche (auch: Schrapnell) von Henry Shrapnel (1761–1842). Obwohl es die Chinesen waren, die das Schießpulver und die Kanone erfunden hatten, waren es die Europäer, die diese weiterentwickelten. Die erste echte Massenvernichtungswaffe war die Granatkartätsche. Diese Waffe wurde zuerst in Spanien und bei Waterloo eingesetzt, später dann auch im chinesischen Opiumkrieg. Wellington bedankte sich bei dem Erfinder für diese nützliche Waffe in einem Brief.

Die Cutty Sark, das schnellste Segelschiff des 19. Jahrhunderts, weist eine Reihe von strömungstechnischen Fehlern auf. Die Briten nutzten sie im chinesischen Teehandel, um den Tee so schnell wie möglich nach London zu befördern.

Als sich die Mandschu-Dynastie konsolidierte, waren in England bereits die ersten primitiven Dampfmaschinen im Einsatz. Wenn auch mit jahrhundertelanger Verzögerung, so begann man doch 1709 auch in England Koks zum Schmelzen von Eisen zu verwenden. Außerdem wurde nach dem Konzept des Patentrechts auch das Konzept des Urheberrechts (Copyright) eingeführt. In China und anderen Teilen Asiens wären diese Kleinigkeiten unvorstellbar und unverständlich gewesen, denn diese Rechte tragen zur Verbreitung neuer Ideen bei und schützen ihre Urheber. Zu dieser Zeit verbreitete sich in Europa auch die Seife. Die wohlhabenderen Menschen wuschen sich, und schon diese elementare Hygiene hatte einen Anstieg des Durchschnittsalters zur Folge. Eine andere wichtige Erfindung trug ebenfalls zur Innovation in Europa bei: Die Perfektionierung des Glasschliffs führte zur weitverbreiteten Verwendung von Brillen. Die europäischen Intellektuellen waren so länger in der Lage zu forschen (und zu lesen) als die chinesischen. Zusammen mit der Experimentierfreudigkeit verschaffte dies Europa einen immer größer werdenden Vorsprung. Der französische Arzt Denis Papin entwickelte die erste experimentelle Dampfmaschine.

Ein kardanisch aufgehängter Kompass, der auch Azimutalbewegungen messen kann

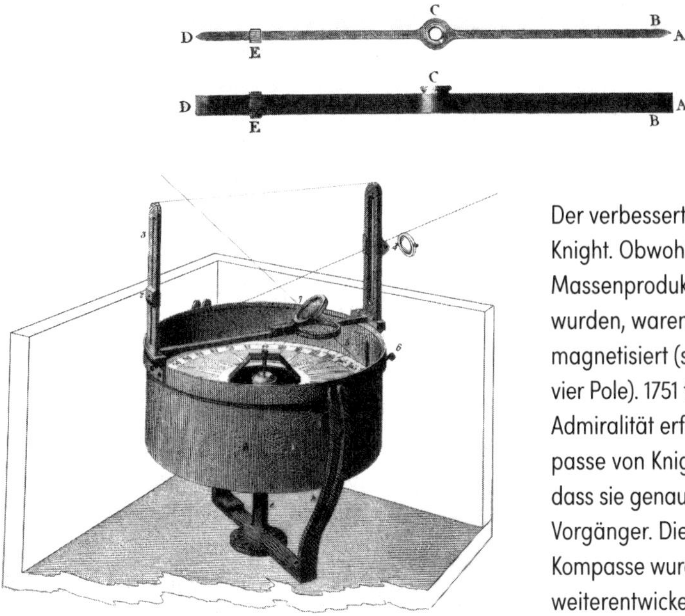

Der verbesserte Kompass von Knight. Obwohl Kompasse in Massenproduktion hergestellt wurden, waren sie oft schlecht magnetisiert (sie hatten dann vier Pole). 1751 testete die britische Admiralität erfolgreich die Kompasse von Knight und stellte fest, dass sie genauer waren als ihre Vorgänger. Die chinesischen Kompasse wurden jedoch nicht weiterentwickelt.

Auch im Himmlischen Reich waren alle Voraussetzungen für den Bau einer Dampfmaschine gegeben, doch hier wurde sie nicht gebaut. Es waren die damals noch nicht sehr zahlreichen englischen protestantischen Händler und Industriellen, die durch den Sklavenhandel, die Wollproduktion und den Kohlebergbau reich geworden waren, die sich diese Erfindung zu eigen machten, um Tausende von Arbeiterhänden billig und zuverlässig zu ersetzen.

Oberflächlich betrachtet schien zu dieser Zeit in China noch alles in Ordnung zu sein. Die Mandschu-Kaiser hoben das Dekret auf, das die Anzahl der Webstühle in den Textilfabriken beschränkte. Auch das Seeembargo nahmen sie bald zurück und erlaubten die Wiederaufnahme des Handels. Allerdings wurden nur lächerlich kleine Schiffe von weniger als 30 Tonnen für den Handel zugelassen. Das Wissen, das den Bau riesiger Schiffe, wie sie Admiral Zheng He auf seinen Expeditionen gedient hatten, ermöglicht hatte, war *in Vergessenheit geraten*. Trotzdem blieb das Himmlische Reich weiterhin arrogant und überheblich. Seine Herrscher nahmen die sehr langsamen Veränderungen in der Welt der

Barbaren nicht wahr. Einige chinesische Mathematiker und Astronomen hatten erfahren, dass die Europäer schöne, nützliche Uhren bauen konnten, aber die Herrscherklasse erkannte das Potenzial der Talente ihres Volkes noch immer nicht. In Europa wurde die genaue Uhr zu einer gemeinen Handelsware und einer treibenden Kraft der Industrie. In China wurde sie nur im kaiserlichen Schlafzimmer benötigt, um die Nachkommen zu dokumentieren und genaue Aufzeichnungen über sie zu führen. Die Schifffahrt generierte einen Bedarf an neuer Technik und wissenschaftlichen Erkenntnissen. Insbesondere die Verbesserung der Uhr und die Entwicklung einer präzisen Bestimmung der Längengrade ermöglichten eine immer exaktere Navigation. Das Himmlische Reich aber lebte von den Erfolgen der Vergangenheit – im Moment noch recht gut.

In den späten 1720er-Jahren komponierte Johann Sebastian Bach seine Matthäus-Passion, und das chinesische Kaiserreich verbot das damals bereits sporadisch existente Rauchen von Opium. 1728 wurde in Ungarn in Segedin (Szeged) der letzten Hexe der Prozess gemacht. Dies war das Ende des Zeitalters der Inquisition, auch im Herzen Europas. Von da an wurden nur noch selten Menschen wegen Hexerei verurteilt, während man in China noch jahrhundertelang an die Existenz von Teufeln und Feen glaubte. In Europa war die Schifffahrt zum Motor der Technologie geworden. Die Abholzung der englischen Wälder und die Tatsache, dass die Stahlwerke nicht mehr mit Holzkohle betrieben werden konnten, führten zur Entdeckung von Koks, einem aus Kohle hergestellten Material. Nach jahrzehntelanger Entwicklungsarbeit wurde in Europa mindestens genauso viel Stahl produziert wie in China, und zwar in der gleichen Qualität. Dort wurde aber immer weniger Stahl benötigt, da er kaum mehr Verwendung fand; es gab keine Bauvorhaben mehr und es bestand keine Notwendigkeit, die Mandschu-Armee zu vergrößern. Stahl wurde zur Herstellung von Porzellan, Tee und Seide kaum bis gar nicht benötigt. So legte man die Hochöfen wegen der mangelnden Nachfrage nacheinander still. Dabei ging gleichzeitig auch *das Wissen über die Stahlerzeugung verloren.*

Die Mandschus hatten Angst vor Ausländern (sie wollten nur ihr Geld). Diese durften nur in einem einzigen Hafen, nämlich in Kanton (auch: Guangzhou), mit dem Reich Handel treiben, denn so konnte man sie besser kontrollieren. Die

Engländer hatten sich an chinesische Seide und das Teetrinken gewöhnt. Dies bedrohte aber ihre Silbervorräte und somit ihre Wirtschaft, wie es schon im Römischen Reich der Fall gewesen war. Deshalb schickten sie eine große Delegation zum Kaiser, um über dieses Thema zu verhandeln. Zu dieser Zeit, in den späten 1700er-Jahren, sah sich das chinesische Reich wieder einmal mit der üblichen Überbevölkerungskrise konfrontiert. Seine fortschrittlichen landwirtschaftlichen Methoden reichten nicht mehr aus, um eine Bevölkerung von 100 Millionen Menschen satt zu bekommen. Die Seiden- und die Porzellanindustrie sowie die schrumpfende Stahlindustrie konnten den Überschuss an Arbeitskräften nicht aufnehmen. Und wo Kreativität verboten oder zumindest verdächtig ist, werden keine neuen Erfindungen gemacht, weshalb freie Arbeitskräfte keine Beschäftigung finden. So kann jedoch auch kein neuer Markt geschaffen werden und der Lebensstandard verbessert sich nicht; die Vorräte schwinden, das Volk verarmt, Unzufriedenheit macht sich breit und es kommt zu Aufständen.

Gratwanderung

Als die britische Delegation 1793 unter der Leitung von George Macartney in China eintraf, waren bereits neue Aufstände angezettelt worden, und in dem großen Reich tobte immer irgendwo ein Bürgerkrieg. Zwischen 1795 und 1840 kam es zu fünfzehn größeren Aufständen. Allein die Bekämpfung der unter dem Namen »Weißer Lotus« bekannt gewordenen Geheimorganisation kostete mehr Geld als die gesamten jährlichen Steuereinnahmen der Zentralregierung einbrachten. Die *inneren Reserven Chinas waren bald endgültig erschöpft.* Die Mandschus lernten weder aus den Fehlern der Ming noch aus denen der Mongolen oder der Tang. Wer aber nicht aus Fehlern lernt, begeht diese oft wieder und muss die Konsequenzen tragen.

Es war vor allem die protestantische Arbeitsmoral, die die Entwicklung Europas weiter vorantrieb. Der Fortschritt zeigte sich besonders auf den Gebieten der Schifffahrt, der Landwirtschaft und des Bergbaus. (Und natürlich beim ganz und

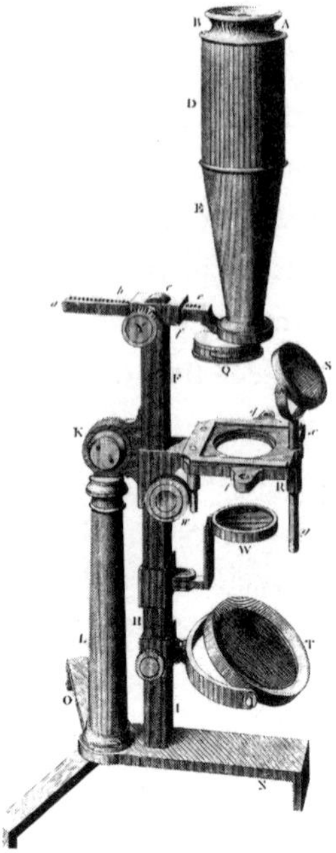

Benjamin Martins Verbundmikroskop, welches nach 1750 gebaut wurde. Die sorgfältige Verarbeitung lässt sich bei diesem Instrument bereits erkennen – je nach Aufgabe konnte es eine Vielzahl von Funktionen erfüllen. Auch ein solches optisches Gerät wurde von der britischen Delegation an den kaiserlichen Hof der Mandschu gebracht, aber die Chinesen erkannten seine enorme praktische Bedeutung nicht. Das Mikroskop (und das Fernrohr) wurden zu einem unverzichtbaren Werkzeug der Stahlherstellung und waren später auch aus der biologischen Forschung nicht mehr wegzudenken.

gar nicht ethischen Sklavenhandel. Wenigstens hatten die Engländer die offiziell unterstützte staatliche Piraterie inzwischen aufgegeben.) Dieser Aufschwung stützte sich jedoch keineswegs auf wissenschaftliche Erkenntnisse. Die wissenschaftlichen Akademien waren zu dieser Zeit eher eine Art Gesprächsforum für ein paar kluge Leute. Auch die Industrie war noch nicht an den Ergebnissen der Wissenschaft interessiert. Die einzige »Errungenschaft« der damaligen institutionellen Wissenschaft war die Ablehnung der Maschine von Bessler.

Als die Macartney-Delegation in der Hauptstadt Peking ankam, gingen die Mandschu-Herrscher davon aus, dass sie es mit Menschen aus einem gefährlichen, primitiven, abgelegenen, armen Kleinstaat zu tun hätten, die armselige Produkte mit sich führten und nur gekommen waren, um die Überlegenheit des glorreichen kaiserlichen Hofes anzuerkennen. Die Mandarine schrieben ans englische Schiff der Gäste: *Überbringer von Ehrerbietungsgegenständen aus dem Land der Engländer.*

Der Unterschied zwischen dem chinesischen Reich, das damals 300 Millionen Menschen zählte, und Europa, das nur halb so viele Einwohner hatte, war noch immer riesig. Vor den Briten war der kaiserliche Hof in Peking häufig von Russen, Niederländern und Portugiesen und manchmal sogar von einer Delegation aus dem Vatikan besucht worden, aber nur die britische Gesandtschaft kam aus wirtschaftlichen Gründen. Sie verfolgte den Wunsch, enge Handelsbeziehungen aufzubauen. Als Geschenk hatten die Briten unter anderem ein präzise gefertigtes, hochmodernes Planetarium mit Teleskopen und anderen optischen Instrumenten mitgebracht, weil sie davon ausgegangen waren, dass die Chinesen sehr daran interessiert sein würden.

Die britischen Gäste wollten die Errungenschaften ihrer Wissenschaft und Technik präsentieren: Modelle von britischen Segelkriegsschiffen, feinste Stoffe und nützliche Feuerwaffen. Sie hatten erwartet, dass diese Gegenstände den kaiserlichen Hof faszinieren und beeindrucken würden, doch der Mandschu-Kaiser Qianlong verstand gar nicht, wofür diese Geschenke benutzt werden konnten.

Ebenso wenig war dem britischen Botschafter Macartney die Bedeutung des goldenen Zepters klar, das der Kaiser seinen Gästen als Symbol des Friedens, der Freundschaft und des Wohlstands überreichte. Er hielt es für wertlos. Hier waren zwei Kulturen mit völlig *unterschiedlichen Denkweisen* aufeinandergetroffen und verstanden sich trotz bester Absichten nicht.

Der britische Botschafter weigerte sich, vor dem chinesischen Kaiser niederzuknien, da er der Meinung war, dass die diplomatische Mission nach dem in Europa üblichen Prinzip der Ebenbürtigkeit durchgeführt werden sollte; die Chinesen wiederum, die sich ihrer eigenen Größe und Macht extrem bewusst waren, erwarteten größtmögliche Ehrbezeugung vonseiten der Gäste. Am Ende genehmigte der Kaiser des Himmlischen Reiches die Einrichtung einer ständigen Botschaft in Peking nicht, da er der Meinung war, dass dies nur zu Problemen führen würde – man würde zum Beispiel viel mehr Geheimpolizei benötigen, um die britischen Diplomaten in Peking zu überwachen. Mit folgendem, seither viel zitierten Brief an den britischen König Georg III. schickte der Kaiser die Botschafter heim: »Oh Herrscher, Ihr wohnt weit weg, jenseits vieler Meere, und doch habt Ihr, geleitet von dem bescheidenen Wunsch, am Wohl unserer

Zivilisation teilzuhaben, Botschafter geschickt, die uns gehorsam Eure Botschaft überbracht haben. Was Ihre Bitte betrifft, einen Untertanen von Ihnen an meinen himmlischen Hof zu entsenden, um den Handel Ihres Landes mit China zu überwachen, so widerspricht eine solche Bitte allen Gepflogenheiten meiner

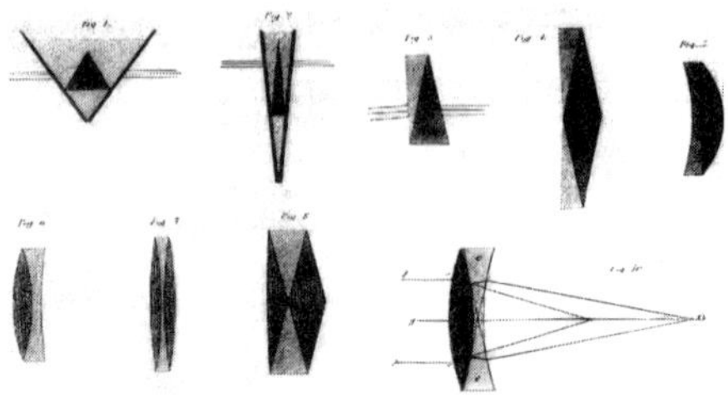

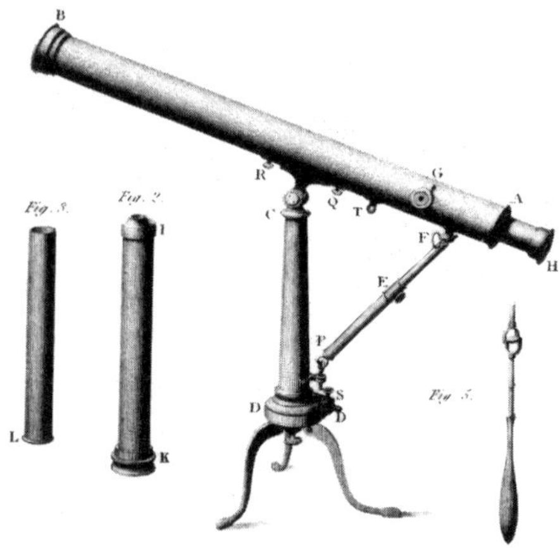

Das achromatische Fernrohr von John Dolland (1706–1761). Alle frühen Teleskope hatten Farbfehler, die erst nach vielen Experimenten korrigiert werden konnten. Dolland, der seine Karriere als Seidenweber begann, löste das Problem der chromatischen Aberration durch die Verwendung von Verbundlinsen mit verschiedenen Glassorten. Auch solche Ferngläser brachte man dem Kaiser mit.

Dynastie und kann in keinster Weise akzeptiert werden. Wenn ich angeordnet habe, dass die von Dir, oh Herrscher, gesandten Tributgeschenke angenommen werden, dann nur, weil wir das Gefühl berücksichtigt haben, das Dich dazu veranlasst hat, sie zu senden. Die Nachricht von den großen Siegen unserer Dynastie hat jedes Land unter dem Himmel erreicht und die Herrscher aller Völker auf dem Land und im Meer haben ihre kostbaren Geschenke dargebracht ...«. Am Ende des Briefes warnte er noch: »Zittert, gehorcht und seid nicht unhöflich.«

Die Essenz enthält jedoch folgender Satz: »Wie Ihre Abgesandten selbst sehen können, haben wir alles. Für mich haben seltsame oder raffiniert hergestellte Gegenstände keinen Wert und ich habe keinen Bedarf an den Produkten Ihres Landes.«

Der chinesische Kaiser hatte keine Ahnung, dass Mikroskope, Fernrohre oder Brillen für den industriellen Aufstieg eines Landes unerlässlich waren. Hinter seiner scheinbaren Gleichgültigkeit verbarg der chinesische Kaiser sein Interesse, doch es waren vor allem Jesuitenmissionare, die er über die Angelegenheiten Europas befragte. Eine der wichtigsten Fragen (sie beschäftigte die chinesischen Philosophen schon lange) lautete: *Was war zuerst da: das Huhn oder das Ei*?

Die Unwissenheit und Gleichgültigkeit des Kaisers wurde der Nachwelt mit diesem Schreiben überliefert. Selbst mit viel gutem Willen reichte diese arrogante Haltung nicht mehr aus, um das Schicksal des überbevölkerten Landes zum Guten zu wenden. Wie so oft in der Geschichte wäre nur eine Hinwendung zu Industrie und Wissenschaft und die *Nutzung des Wissens ein Ausweg gewesen.* Doch der dekadente Zeitgeist verweigerte sich diesem Weg.

Im Jahr 1793, dem Jahr der Macartney-Mission, erfand Eli Whitney Jr. (der auch eine wichtige Rolle bei der Entstehung austauschbarer Teile und der Massenproduktion spielte) in den USA die Baumwollentkörnungsmaschine. Dadurch konnte das bis dahin extrem mühsame und zeitaufwendige Verfahren mechanisiert und die in Amerika heimischen kurzen, aber starken Baumwollfasern leichter verarbeitet werden. Dies machte die Herstellung von Baumwollfasern und den daraus produzierten Textilien viel billiger und löste eine regelrechte Revolution in der Textilindustrie aus. Der Preis für Baumwolle war jetzt niedriger als der für Wolle. Da es sich um eine viel praktischere Faser handelte, stand der Baumwolle der Markt offen. Sie entwickelte sich schnell zu einem ernsthaften Konkurrenten der Seide. Doch wieder erkannten die Kaiser die grundlegenden Veränderungen, die im Gange waren, nicht. Zu diesem Zeitpunkt hielten sich mindestens 200 ausländische Spione in China auf, *jedoch kein einziger chinesischer in Europa.*

Die zweite britische Delegation, die 1816 nach China aufbrach, scheiterte ebenfalls, weil der britische Gesandte Robert Morrison sich weigerte, vor dem Kaiser niederzuknien.

Die Briten fanden jedoch einen Weg, ihr großes Handelsdefizit auszugleichen. Sie versuchten es nicht mehr mit Hochtechnologie, sondern mit einer anderen, viel besser verkäuflichen Ware: Opium. Im Jahr 1773 beschloss die Britische Ostindien-Kompanie, nachdem sie eine regelrechte Marktforschung betrieben hatte, chinesische Luxusgüter und Tee mit billigem Opium zu bezahlen. Der Konsum von Opium war in China seit Jahrzehnten verboten. Die Briten schmuggelten also Opium auf ihren Schiffen, die dann in der Nähe von Kanton anlegten und das Opium verkauften. Bald waren viele Chinesen süchtig geworden und verlangten nach mehr Opium. Die Fließrichtung der teuren Edelmetalle begann sich langsam umzukehren. Während 1729 nur 200 Kisten Opium verschifft worden waren, waren es 1823 bereits 9000. Bis 1873 hatten die Chinesen schon 96 000 Kisten Opium gekauft; man kann sich vorstellen, wie viele Familien dadurch zerstört wurden und wie viele Tragödien dies verursacht hatte. Erst 1917 wurde der Opiumimport eingestellt. Damals begannen die Chinesen nämlich selbst, Opium anzubauen. Erst die Kommunisten unter Mao Tse-tung verboten das Opiumrauchen wieder – bei Todesstrafe. Der Export von Tee, Seide und Porzellan konnte die Opiumimporte nicht ausgleichen und China verlor immer mehr Silber durch diesen Handel.

Im Himmlischen Reich ging es von jetzt an nur noch bergab. Der Hof ernannte einen Mandarin namens Lin Zexu zum Oberhaupt des Kampfes gegen das Opium. Dieser traf 1839 in Kanton ein und zwang die ausländischen Unternehmen, ihm ihre rund 20 000 Kisten Opium zu überlassen. Dies löste den ersten chinesisch-britischen Opiumkrieg aus. Bald traf die britische Kriegsflotte ein und begann, die Mauern von Kanton zu beschießen. Da diese dem Beschuss aber standhielten, mussten die Briten das Feuer unverrichteter Dinge einstellen. Sie entschieden sich für eine einfachere Methode: *Die 4000 Mann, die mit der britischen Flotte gekommen waren, überfielen wehrlose Städte*. Hier zeigten die britischen Geschütze Wirkung; wer überlebte, floh und ließ alles zurück. Von da an diktierten die Briten das Geschehen, zwangen China einen nachteiligen Vertrag nach dem anderen auf und verlangten eine enorme *Kriegsentschädigung*. Außerdem verhängten sie Strafen – all dies war möglich, weil sie bessere Waffen besaßen. Das ganze Jahrhundert war erfüllt vom Lärm britischer, französischer, deutscher und amerikanischer Waffen. China rutschte in den Halbkolonialismus ab. Die Europäer griffen mit ihren Kanonen mehr und mehr Häfen an. Allmählich lernten die Chinesen, was globale Wirtschaft bedeutet und dass, wer die stärkeren Waffen hat, auch das Recht auf seiner Seite hat.

Heute gäbe es sicherlich einen Aufschrei in den USA oder in Europa, wenn Kriegsschiffe der kolumbianischen Kokainmafia Los Angeles oder London beschießen würden, um ihr Produkt auf den Markt bringen zu dürfen. Doch genau dies war vor über 150 Jahren in China geschehen; nicht die Moral, sondern die Gewalt war entscheidend. Die Briten konnten nur so vorgehen, weil das chinesische Reich, das schon vor Jahrhunderten stagniert hatte, wirtschaftlich am Ausbluten war. Dies war das Ergebnis einer langen Politik der Unterdrückung von Technik und Wissenschaft. Aus diesen Ereignissen können wir folgende Lektion lernen: Die *Förderung und Unterstützung von Erfindungen ist keine nutzlose oder eigennützige Sache, sondern ein Faktor, der die nationale Sicherheit grundlegend beeinflusst.*

Die Strafe für die verlorenen Opiumkriege und die schwindenden Silbervorräte ließen den Silberpreis in die Höhe schnellen, und die Bauern konnten sich das teure Metall, mit dem die Steuern beglichen werden mussten, nicht mehr leisten. China wurde von einer Reihe brutaler Bauernaufstände erschüttert, von denen der Kampf um die Errichtung des »Himmlischen Reiches des Großen Friedens« (auch: Taiping-Aufstand) von 1851 vielleicht der größte war. Ziel der Bewegung war es, eine Art egalitäre »Bauernrepublik« zu errichten und die Mandschus aus dem Reich zu vertreiben. Der Aufstand, der etwa 20 Jahre dauerte, und eine Reihe ethnischer und religiöser Säuberungen, die fast gleichzeitig im Süden und Westen des Reiches begannen, ließen dieses förmlich ausbluten. Allein bei diesem einen Aufstand starben rund 20 Millionen Menschen; doppelt so viele wie in den Schützengräben des Ersten Weltkrieges. Jahrhunderte der Stagnation hatten zu dieser Situation geführt; ein Ausweg war nicht in Sicht. Doch es gab eine Lösung, die die Chinesen allerdings nicht umsetzen konnten. Die Japaner dagegen schon.

Untergang und Aufstieg der Japaner

Wenn ein Politiker sagt, dass wir uns auf einem Zwangskurs befinden, es also keine Alternative zu dem von ihm vorgezeichneten Weg gibt, beweist er damit nur seine eigene Unwissenheit. Die von Chinas Entwicklung abweichende Geschichte Japans ist ein sehr gutes Beispiel dafür. Japan wurde 1542 von den Portugiesen »entdeckt«, als sie sich auf einer Seereise verirrten. Bald kamen Jesuiten auf die Insel und begannen mit der Bekehrung, doch Toyotomi Hideyoshi jagte die Missionare aus dem Land. 1616 wurde das Christentum verboten und einige Jahre später wurden etwa 280 000 japanische Christen hingerichtet. Kurz nach dem Fall der Ming-Dynastie schloss Japan für 200 Jahre seine Tore für Ausländer. Nur auf einer kleinen Insel durften die Portugiesen ein paar Monate im Jahr Handel betreiben. Es entstand ein überaus starker Feudalstaat, der jahrhundertelang vom Stillstand gekennzeichnet war. Bis sich 1854 alles änderte.

Da tauchten nämlich plötzlich vier schwarz lackierte amerikanische Kriegsschiffe im Hafen des heutigen Tokios auf. Kapitän Matthew Calbraith Perry befahl den Japanern, ihre Tore zu öffnen, erteilte aber zu diesem Zeitpunkt noch keinen Schießbefehl. Beim Anblick der feuerspeienden amerikanischen Schiffe gaben die Japaner nach und unterzeichneten einen Vertrag, der es den Amerikanern erlaubte, Handelsposten einzurichten und ihre Schiffe in japanischen Häfen zu ankern. Es war nur eine Frage der Zeit, bis ein offener Konflikt ausbrechen würde – 1862 war es dann so weit.

In diesem Jahr betrachtete ein britischer Kaufmann namens Charles Lennox Richardson in der Provinz Musashi wahrscheinlich gerade verächtlich einen Samurai-Reiter. Wir werden nie erfahren, was er vielleicht getan hatte, denn der Samurai schlug Richardson ohne zu zögern einfach den Kopf ab. So verlangte es der Kodex der Samurai. Die britische Regierung aber forderte, dass der Mörder bestraft und eine beträchtliche Entschädigung gezahlt werden solle. Der Daimyo von Satsuma weigerte sich jedoch, ihre Forderungen zu erfüllen. Daraufhin erschien plötzlich die britische Kriegsflotte vor der Hafenstadt Kagoshima, der Provinzhauptstadt von Satsuma. Admiral Sir Augustus Leopold Kuper versenkte umgehend die drei alten Kriegsschiffe, die den Hafen verteidigten, und eröffnete das Feuer auf die Stadt, weil diese sich weigerte, sich sofort und bedingungslos zu ergeben. Nach einer Reihe von Kanonenschüssen wurde ein Teil der Stadt sofort in Brand gesteckt, die restlichen Gebäude stürzten von selbst ein.

Die Samurai, die die Stadt verteidigten, waren hilflos. Sie forderten die Briten vergeblich auf, wie Männer zu kämpfen: Schwert gegen Schwert. Das japanische Gegenfeuer erwies sich als wirkungslos. Elf britische Soldaten kamen ums Leben. Ob es auf der japanischen Seite 1000 oder 10 000 Tote gab, wurde nie gezählt. Diese Niederlage war eine große Schande für die japanische Armee. Der einzige Ausweg bestand darin, auch solche Schiffe und Kanonen zu bauen, wie die Briten sie besaßen. Man war sich dessen bewusst, dass drastische und weitreichende Veränderungen erforderlich waren. Japan begann sich in einem Ausmaß zu *wandeln*, wie es in der Geschichte der Menschheit noch nie vorgekommen war. Jahrzehntelang besuchten japanische Delegationen Europa und die USA, und gut bezahlte ausländische Experten brachten den Japanern alles bei, was die Europäer wussten.

Zähneknirschend wurde des Samurai-System beendet (die Samurai-Aufstände wurden niedergeschlagen) und die kaiserliche Autorität wiederhergestellt. In der Landwirtschaft blieb der Feudalismus zwar weitgehend erhalten, doch überall sonst wurden radikale, revolutionäre Veränderungen vorgenommen: Das alte Japan war ein für alle Mal verschwunden. *Bis dahin hatten die Japaner nie wirklich etwas Neues schaffen können. Aber jetzt hatten sie gelernt, nachzuahmen.*

Die Europäer öffneten den fleißigen Japanern ihre Banken und mithilfe eines britischen Kredits von 1 Million Pfund wurden Telegrafenkabel verlegt und Eisenbahnstrecken gebaut, ohne die die Wirtschaft sich nicht entwickeln konnte. In 20 Jahren hatte sich das Land so rigoros verändert, dass es kaum wiederzuerkennen war. Erst besiegte Japan nur die koreanische, später auch die chinesische Flotte in mehreren Schlachten. Die Japaner hatten nicht nur gelernt, mit europäischen Waffen umzugehen, sondern auch ihre Kriegsführungskenntnisse übernommen. Sie gingen ebenso aggressiv vor wie die Europäer gegen die Chinesen.

1904 griffen die Japaner die russische Flotte im fernen Osten an und belagerten Port Arthur. Der Hafen wurde vermint. Das Flaggschiff der russischen Flotte sank, als es auf eine dieser Minen auflief. Der wütende russische Zar beschloss, die »Makaken«, wie er die Japaner nannte, zu bestrafen, und schickte fast die gesamte baltische Flotte los. Ihre Reise, bei der Afrika umfahren werden musste, dauerte mehr als 6 Monate. Auf dem Weg nach Japan gab es eines Nachts einen peinlichen Zwischenfall. Die Mannschaft, die reichlich Wodka genossen hatte, hielt einige vorbeifahrende britische Fischerboote für feindliche Torpedoboote. Sofort eröffneten die russischen Schiffe das Feuer. Sie feuerten 12 Minuten lang, bevor sie ihren Irrtum bemerkten. Mehrere englische Fischer waren dabei ums Leben gekommen; die russischen Diplomaten mussten sich lange für diesen Unfall rechtfertigen.

Vor der afrikanischen Küste hielt man eine eintägige Schießübung ab. Das Ziel war ein altes, kleines Fischerboot, welches von einem Torpedozerstörer geschleppt wurde. Nach Tausenden von Schüssen erzielten die russischen Kanonenboote endlich einen einzigen Treffer – dieser versenkte jedoch den Torpedozerstörer, nicht das dahinter fahrende, alte Boot …

In diesem Sinne setzte die Flotte ihre Reise fort, bis sie an einem nebligen Morgen, dem 16. Mai 1905, bei der Tsushimastraße (auch: Koreastraße) die japanischen Gewässer erreichte. Der russische Befehlshaber ordnete eine totale Verdunkelung an, damit die Schiffe im Nebel nicht bemerkt würden (zu dieser Zeit hätte höchstens Tesla ein Radar bauen können), aber in der üblichen Nachlässigkeit war vergessen worden, die Positionslichter eines kleinen Begleitschiffes auszuschalten. So entdeckten die japanischen Patrouillenboote die Russen im Morgengrauen. Die japanische Flotte war zwar kleiner, aber auch schneller, besser ausgerüstet und sie besaß mehr Feuerkraft. Die russische Flotte, bestehend aus vier Schlachtschiffen, acht schweren Kreuzern, sechzehn leichten Kreuzern, 21 Zerstörern und 75 Torpedowerfern wurde nach etwa einer Stunde japanischen Feuers versenkt. Zu diesem Zeitpunkt hatten die Japaner schon alle ihre Schiffe mit Marconi-Funkgeräten ausgestattet, während die Russen nur mit Licht- oder Tonsignalen kommunizieren konnten, obwohl der Erfinder Popow seine Experimente ursprünglich auf Schiffen der Schwarzmeerflotte begonnen hatte. Die russische Führung war jedoch nicht an seiner Erfindung interessiert. Die Japaner zerstörten ihre Gegner mit einer etwa dreimal so hohen Feuerrate wie die der Russen. Der Ausgang der Schlacht war nicht eine Minute lang ungewiss, und die Russen erlitten eine vollkommene und demütigende Niederlage gegen die erste technisch fortgeschrittene Macht Asiens. Damit wurde Japan eindeutig zur führenden militärischen und wirtschaftlichen Macht im Fernen Osten. *Japan gelang es, seinen Entwicklungsrückstand innerhalb einer Generation aufzuholen*, obwohl es über weitaus weniger Ressourcen verfügte als China jederzeit zur Verfügung standen.

Das Beispiel der Japaner zeigt, dass es *immer einen Ausweg gibt*, man muss nur das Wissen nutzen, das bereits vorliegt, und man muss nachdenken und arbeiten. Wenn wir nicht nachdenken, führt das zu mehr Leid, wie das Beispiel von China gezeigt hat. Nach ihrem Sieg schloss sich die japanische Armee den Plünderern Chinas an und zwang das Kaiserreich, einen höheren Kriegstribut zu zahlen als je zuvor.

Das Untertauchen

China wurde eigentlich von einer ehemaligen Konkubine des Kaisers regiert, die damals im Hintergrund mithilfe ihrer Lieblingseunuchen ständig Intrigen schmiedete und andere sogar tötete, um ihre Macht zu erhalten. Die chinesische Bevölkerung hasste die Ausländer und wollte sie loswerden – einschließlich ihrer eigenen ausländischen Herrscher. Die Mentalität der meisten »gebildeten« Mandarine machte selbst eine Entwicklung, wie sie in Japan vor sich gegangen war, unmöglich. Diese »Herrscherklasse« war nicht einmal in der Lage, die Nachahmung der Japaner zu kopieren. Die unzähligen beispiellosen Misserfolge sowie die spektakulären, rasch aufeinanderfolgenden Gebietseinbußen des einst so riesigen Reiches lähmte die Intellektuellen, die nicht wussten, was sie tun sollten. Die Lehren des Konfuzius waren da eher ein Hindernis als eine Hilfe. Das einfache Volk sah keinen anderen Ausweg als den offenen Aufstand und die Vertreibung der wenigen Ausländer. In seiner größten Verzweiflung wandte sich das Volk gegen die Ausländer. Dieser berühmt-berüchtigte Boxeraufstand kann als der erste Aufstand gegen die Globalisierung verstanden werden.

Sobald der Aufruhr niedergeschlagen worden war, versuchten Dutzende von geheimen Bewegungen offene Aufstände, Palastrevolten oder Staatsstreiche zu organisieren. Aber die Mandschus hielten sich unter der Anwendung des Prinzips »teile und herrsche« noch bis 1912.

Auch hier wiederholt sich die Geschichte: Nach dem Sturz der Mandschu zerfiel China in mehrere Teile und in der Folge stritten sich die Kriegsherren um die lokale Macht. Erneut kam es zu Bauernaufständen – diesmal angeführt von den Kommunisten. Auch der obligatorische ausländische Eroberer fehlte nicht – diesmal in der Gestalt der Japaner. Und vielleicht wären die Japaner heute noch dort, wenn sie nicht gegen die USA in den Krieg gezogen wären. In diesem Krieg fand Japan jedoch einen würdigen Gegner, und der Industrieriese machte den Inselstaat innerhalb weniger Jahre dem Erdboden gleich.

Was lehrt uns die Vergangenheit?

Die chinesischen Gelehrten hatten sich stets von den Lehren des Meisters Konfuzius leiten lassen, die weit vor dem Industriezeitalter mit seinen Erfindungen entstanden waren. Lehren werden jedoch leicht verzerrt, und es kann auch geschehen, dass sie ihre Gültigkeit verlieren. Die frühen Christen, die sich in den Katakomben versteckten, dachten dabei wohl kaum an den Massenmord, der später von den katholischen Inquisitoren begangen werden sollte. Genauso wenig konnte sich wohl auch Meister Konfuzius vorstellen, wie eine Gesellschaft, die auf industrieller Entwicklung und wissenschaftlichem Fortschritt beruht, aussehen könnte und bot daher keine Anweisungen für diesen Fall an. Die Tatsache, dass man dem Meister über so lange Zeit unkritisch gefolgt war (allerdings wurden seine Anweisungen gerade da, wo er recht hatte, nicht befolgt) zerstörte letztlich die älteste und größte Kultur der Erde. Die Stagnation und Starrheit, die die dogmatische Übernahme der Lehren des Meisters zur Folge hatte, verursachte direkt oder indirekt den Tod von Millionen von Menschen

Aber die Geschichte Chinas ist damit noch ***nicht zu Ende***; der Riese, der 200 Jahre lang geschlafen hatte, ist erwacht und beginnt erneut, die Welt mit seinen relativ hochwertigen, billigen Massenprodukten zu überschwemmen und versucht, mit seinen hart arbeitenden, schlecht entlohnten und scheinbar anspruchslosen Bürgern ein Motor der Entwicklung zu werden. China produziert jetzt nicht nur einfache, billige Baumwolltrikots, sondern auch überaus ausgefeilte Maschinen. Wenn sich dem Land niemand entgegenstellt, könnte es in wenigen Jahrzehnten wieder die führende Industriemacht der Welt sein. Die große Frage ist nur, ob China seinen Bürgern erlauben wird, kreativ zu sein (hier in Europa haben wir das Glück, jeweils einen Verbündeten in Japan und in China zu haben, nämlich die japanische und die chinesische Akademie der Wissenschaften, deren Mitglieder überwiegend 70–80-jährige Wissenschaftler sind, die eine respektable, jedoch unproduktive und reaktionäre Gruppe bilden). Wenn die Japaner und Chinesen sich entschließen, die Grundlagenforschung ernst zu nehmen und sich nicht nur auf die Verbesserung, Verfeinerung und den Feinschliff bestehender Erfindungen zu konzentrieren, könnten Europa und die USA wohl nicht mehr lange beim industriellen Wettbewerb mithalten.

Japan (und in den 1890er-Jahren auch Deutschland) hat bereits gezeigt, *wie viel Fortschritt während einer einzigen Generation möglich ist.* Wenn China mit seinen billigen, aber zusehends besser ausgebildeten Arbeitskräften den gleichen Entwicklungsweg einschlägt, dann werden wir in Europa unsere Beschäftigungsstrategie und unsere Zukunft als Ganzes grundlegend überdenken müssen. China ist in der Weltwirtschaft und -politik aufgrund seiner Fehler der letzten Jahrhunderte *zurzeit völlig fehl am Platz.* Man muss jedoch berücksichtigen, dass der Anteil der Privatwirtschaft in China jedes Jahr um etwa 5–10 Prozent wächst und bald den Anteil der weniger effizienten kommunistischen Staatsunternehmen übersteigen wird. Wenn kleine und mittlere Privatunternehmen die Führung vollständig übernehmen, wird China in etwa einer Generation wieder den ihm gebührenden Platz in der Weltwirtschaft einnehmen.

Ob wir es wollen oder nicht – China könnte dann wieder die führende Wirtschaftsmacht der Welt sein und eine noch größere Rolle im globalen Handel spielen als bisher. Das bedeutet, dass China, möglicherweise zusammen mit Indonesien und Indien, die auf billigen, ungelernten Arbeitskräften basierenden Montagearbeitsplätze besitzen wird und die einzige Chance für Europa und die

Vereinigten Staaten darin bestehen wird, *Produkte zu exportieren, die eine große Wissensbasis erfordern und das Ergebnis umfangreicher Forschung und Entwicklung sowie Kreativität sind.* In diesem Bereich könnten Europa und die USA ihren Vorsprung noch lange aufrechterhalten, denn *es dauert mindestens zwei Generationen, bis sich eine Kultur der Kreativität durchsetzt – oder verloren geht.* In der Geschichte finden sich Beispiele für beides; ich habe hier die Geschichte Chinas vorgestellt, weil sie ein gutes und gleichzeitig tragisches Beispiel für den Aufstieg, die Stagnation und den Niedergang der Kreativität ist. Warum aber dauert es zwei Generationen, etwas zu ändern? Weil der Großvater die Kultur des Denkens und des Fleißes auch dann noch an die Enkel weitergeben kann, wenn die Kreativität des Vaters schon erloschen ist. Intellektuelle der ersten Generation können Fleiß und Ehrlichkeit nur von ihren Eltern lernen, da nur selten Enzyklopädien im Bücherregal der Familie zu finden sind. Die Väter können ihren Kindern aber kreatives Denken weitergeben.

Die Parallelen, die zwischen unserem heutigen industrialisierten Leben und der Geschichte Chinas gezogen werden können, sind *kein Zufall.* Wir erleben die gleiche Stagnation in der Physik und im Ingenieurswesen, in vielen Zweigen der Technik und insbesondere in der Energetik und Elektrodynamik, die China seit der Eroberung durch die Mongolen plagte. Heute laufen die Dinge noch gut, aber es gibt nur noch einen *einzigen Sektor*, der sich dynamisch entwickelt: die Informationstechnologie. Zwar entwickeln sich auch die Feinmechanik, die Medikamentenherstellung und die Textilindustrie – doch sind diese Entwicklungen eher unspektakulär. Die Effizienzsteigerung im Baugewerbe beispielsweise ist chronisch langsam und die Situation im Energiesektor ist geradezu tragisch. So wie in der vormongolischen Zeit als Erstes die Dynamik der Innovationen gebrochen wurde – und zwar nicht nur in der Technik, sondern auch in der Regierung und der Wirtschaft –, so ist auch heute die Innovationskette in vielen Bereichen der klassischen Physik unterbrochen (wie wir bereits bei der Symmetriekarte gesehen haben und wie wir später noch ausführlich diskutieren werden). Die gleiche Stagnation und das gleiche »Einfrieren« der Theorie und des Denkens, die bereits bei den chinesischen Intellektuellen, die die Lehren des Konfuzius als Leitprinzip übernommen hatten, zu beobachten gewesen war, kann heute auch bei den Anhängern der klassischen Physik wahrgenommen werden. Hier war es ebenfalls der Dogmatismus, der schließlich das ganze Reich erdrückte, da man nicht in der Lage war, Veränderungen und neue Tatsachen zu verarbeiten. Das gleiche reaktionäre Denken ist heute für die theoretische Physik kennzeichnend; es ist beängstigend, mit welcher Ignoranz gewisse Fakten seit den 1890er-Jahren unter den Teppich gekehrt werden. Seit vier Generationen hat es in der klassischen Physik keine wirklichen Fortschritte mehr gegeben, und wer heute Physik studiert, lernt kein verständnisbasiertes Denken mehr. Lernen heißt heute, die »Klassiker« kritiklos auswendig zu lernen. Es ist eine beschämende Verdummung von intelligenten, aufgeschlossenen Studenten, was heute als Bildung bezeichnet wird – wie zu Zeiten der Ming und der Mandschus unter der Führung von Eunuchen und Mandarinen.

Mit dem Verbot des Schiffbaus und der Einstellung der großen Entdeckungsreisen sowie der Zerstörung von Landkarten und Reisebeschreibungen hat China merklich an Glück verloren. Damit war der Weg für die Entwicklung und den langsamen, jahrhundertelangen Aufstieg des damals noch unbedeutenden Europas frei. Es ist also zu erwarten, dass das Verbot von Maschinen, die uns mit billiger Energie versorgen könnten, ebenso tragische Folgen für unsere heutige Industrie haben wird. Dieses Mal müssen wir zwar keine Eroberungen von außen befürchten, doch die Natur lässt sich nicht täuschen: Die Erschöpfung der Ölvorkommen, ein Klimawandel aufgrund der Umweltverschmutzung sowie Wetter- und Klimaveränderungen aufgrund eines möglichen großen Vulkanausbruchs stellen eine extreme Bedrohung der Menschheit dar – in der Geschichte gibt es zahlreiche Beispiele dafür. Ein weiteres wohlbekanntes Problem, das jedoch nur mit einem Schulterzucken abgetan wird, sind Armut, Umweltzerstörung und soziale Unzufriedenheit, die durch teure Energie verursacht werden.

Wenn wir heute von einer seriösen Erfindung sprechen, denken wir, dass sie in den USA, Deutschland, Skandinavien, den Niederlanden oder vielleicht Frankreich erfunden wurde. Dies ist kein Zufall; es sind allesamt protestantische Länder. Wir denken fast nie, dass etwas Bedeutendes in Ägypten oder Brasilien, Spanien, Indonesien, China oder Indien erfunden wurde. Diese kulturellen Traditionen sind grundlegend für unser Denken und unsere Mentalität. Heute sind sie auch noch zu unserem Vorteil. Es ist aber nicht unmöglich und es ist sogar zu hoffen, dass die Kreativität eines Tages nach China zurückkehrt, so wie sie es schon vor rund 2000 Jahren getan hat. Angesichts seines riesigen Binnenmarktes und seiner billigen Arbeitskräfte ist dies eine große Herausforderung für uns. Wir sollten nicht glauben, dass die Expansion der Wirtschaft eine Einbahnstraße sei, die von den heute entwickelten Ländern zu den weniger entwickelten Ländern führt. So wie sich chinesische Restaurants und die Restauranttechnologie im gesamten Osten und Westen verbreiten, ist es möglich, dass sich andere neue Technologien von China aus in den entwickelten Westen ausbreiten werden.

In Teil I haben wir eine Reihe von Beispielen dafür gesehen, wie technologische Innovation ins Stocken gerät und das »Einfrieren« vor sich geht. China ist das größte und traurigste Beispiel für diesen Prozess, und wir *scheinen nichts aus den Ursachen für den Zusammenbruch des einst so reichen und mächtigen Reiches gelernt zu haben.* (Dieser hinterlistige »Einfrierungsprozess« ist auch in der Natur zu beobachten. Im Schatten der Dinosaurier konnten sich keine Säugetiere entwickeln, sondern ausschließlich winzige Nagetiere, die sich nur nachts ins Freie trauten. Ein anderes Beispiel: Im dichten Urwald wächst im Schatten großer Bäume kaum etwas auf dem Boden – Produkte, die bereits den Lebensraum und den »Markt« erobert haben, können also ein Hindernis für die Verbreitung künftiger, möglicherweise besserer Techniken sein.)

Die Geschichte Chinas ist ebenso ein gutes Beispiel dafür, wie eine *wissensbasierte Gesellschaft, die mit guten Absichten geschaffen wurde, scheitern und untergehen kann.* Vieles hängt von den Führungskräften, der Führungskultur und der Art und Weise ab, wie die Führungskräfte ausgewählt werden. Ein grundlegendes Kriterium für die Entwicklung einer Gesellschaft besteht darin, dass (einschließlich der Wissenschaft) die Anführer auf allen Ebenen *unter den talentiertesten Personen ausgewählt werden können.* Denken Sie einmal darüber nach: Würden Sie sich von ihrem Nachbarn, einem Gärtner oder ihrem Schwager, der im Bergbau arbeitet, am Herzen operieren lassen – nur, weil sie gute Menschen sind? Sicherlich nicht, weil diese nämlich nicht wissen, wie man so eine Operation durchführt. Würden Sie Ihr Kind von einem kaum gebildeten

Packer unterrichten lassen, nur weil er ein anständiger Mensch ist? Würden Sie Ihr Geld einem sympathischen Betrüger anvertrauen? Sicherlich nicht. Nun, unseren Politikern und Führungskräften vertrauen wir unsere Gesundheit, die Zukunft unserer Kinder und unser Geld an. Es ist also äußerst wichtig, wie und auf welcher Grundlage wir sie wählen, denn ihre Kompetenz, ihre Mentalität und ihre Wertvorstellungen sind überaus wichtig. Und es braucht ein System, in dem Inkompetenz schnell bemerkt wird.

Marktwirtschaft und Demokratie sind die beiden grundlegenden Konzepte, die mit der Möglichkeit des Wettbewerbs und der Auswahl der besten Waren und Dienstleistungen verbunden sind. Je weiter sich China von der Marktwirtschaft entfernte – Handelsverbote, Schifffahrtsverbote, Unterdrückung von Industrie und Handel –, desto mehr verlangsamte sich die Entwicklung des Landes. Von Demokratie war keine Spur: *Das Zahlen der Steuern war eine Pflicht ohne jegliche Rechte*. Niemand hatte ein Mitspracherecht bei der Verwendung des ihm entzogenen Geldes und niemand konnte für Misswirtschaft und Korruption zur Rechenschaft gezogen werden.

Wenn der Leser einige Parallelen zwischen dieser und unserer heutigen Welt erkennt, so ist das kein Zufall. Was wir aus der Geschichte lernen können ist, dass Wissen, Fleiß und Talent ohne Demokratie, Marktwirtschaft und gute Absichten wenig wert sind. Es wäre naiv zu glauben, dass man all dies nur in einem Dokument festhalten müsse und sich dann alles von selbst regele. Selbst in Ländern, die als entwickelt gelten, werden Marktwirtschaft und Demokratie nur teilweise gelebt (mehr dazu in den folgenden Abschnitten).

China ist ein gutes Beispiel dafür, wie die gebildeten Mandarine aus Angst um ihre Macht Generationen von Kaufleuten und den von diesen unterstützten und geförderten Erfindern nicht erlaubten, »erwachsen zu werden«. Es gibt starke Parallelen zur Mentalität der heutigen Physiker, die ihre führende Rolle in der Wissenschaft auf monopolistische Weise *an sich reißen* und die Leistungen von Ingenieuren und Erfindern blockieren und zerstören wollen. Das Ausmaß ist tragisch. Theoretische Physiker präsentieren sich als allwissende Fachleute – wie chinesische Mandarine, die schwierige Prüfungen bestanden haben. Diese »Mandarinenmentalität« zerstörte, wie wir gesehen haben, in Kombination mit den Intrigen der Eunuchen (den Politikern der damaligen Zeit) ein wohlhabendes Reich.

Die Geschichte Chinas ist auch ein gutes Beispiel für die Unvereinbarkeit von langfristigen und kurzfristigen Interessen. Wir haben gesehen, dass die Kaiser ihre Steuereinnahmen häufig für den Bau von Palästen und die Vergrößerung ihres Harems ausgaben, jedoch nicht für den Bau von Dämmen oder die Entwicklung ihrer Armee. Die Beispiele zeigen, dass sich langfristige Investitionen auch dann lohnen, wenn sie sich nicht innerhalb eines Quartals rentieren. In China haben die Entwicklung der Stahlproduktion, die Perfektionierung des Porzellans, die Entwicklung hervorragender Schiffe, Wasser- und Windmühlen sowie die Versuche zur Pockenbekämpfung den Menschen über Generationen hinweg gedient. Damals waren sich jedoch nur wenige Menschen über den *langfristigen* Nutzen und die Vorzüge dieser Bemühungen im Klaren.

Auf lange Zeit gesehen gibt es keinen anderen Weg, den Fortschritt aufrechtzuerhalten, als verantwortungsbewusste Bürger aktiv zu beteiligen und die richtigen, *technisch gebildeten Führungspersönlichkeiten zu wählen*. Diese könnten in der Zukunft eine deutliche Erhöhung des Lebensstandards bewirken. In der chinesischen Geschichte gibt es genügend Beispiele für korrupte und inkompetente Führungspersönlichkeiten, das Schlimmste aber war die *gutmütige Inkompetenz*, denn sie kann extrem trügerisch sein und ist am schwersten zu erkennen. Sie steht für das, was wir heute am häufigsten in unserer Welt sehen.

Ein gutes Beispiel aus jüngerer Zeit ist Indiens Kampf um die Unabhängigkeit und das Denken Mahatma Gandhis. Gandhi, den wir in vielerlei Hinsicht immer noch als große moralische Autorität ansehen, beging einige *sehr grobe wirtschaftliche Fehler*. Er war der Meinung, man müsse nur Indien von der britischen Unterdrückung befreien, dann würde sich schon alles von selbst zum Guten wenden. Ansicht nach könne dies am besten durch den Boykott britischer Spitzentechnologie und die Wiederbelebung der charakteristischen indischen Hausindustrie erreicht werden. Diese Denkweise setzte sich in der indischen Widerstandsbewegung ab den 1930er-Jahren vollständig durch, und als die Unabhängigkeit errungen wurde, hatte diese fortschrittsfeindliche Haltung die gerade erst aufkeimende indische Industrie völlig zurückgeworfen. Infolgedessen blieb Hunger eine Konstante und die Armut hielt über Jahrzehnte an. Der Respekt vor Gandhi ist nach wie vor ungebrochen; *bis heute hört man keine Kritik an seiner unabhängigkeitsfreundlichen, jedoch innovationsfeindlichen Haltung*. Diese fortschrittsfeindliche Haltung ist nach wie vor ein großes *Hindernis* für die Entwicklung Indiens. In vielerlei Hinsicht ist China, das aus einer noch schlechteren Position heraus gestartet ist, sich aber schneller entwickelt hat, Indien noch immer voraus.

Aus der tragischen Geschichte Chinas und in geringerem Maße auch aus der Indiens können wir viele Lehren ziehen. Wir täten gut daran, aus den von ihnen begangenen Fehlern zu lernen und den Millionen von kleinen und größeren Irrtümern, die bei der Innovation, bei der Auswahl von Führungskräften oder bei der Unterdrückung der wissensbasierten Wirtschaft auftauchen, nicht immer wieder zu verfallen – die Spuren dieser falschen Wege sind das Elend und der Tod von Milliarden von Menschen.

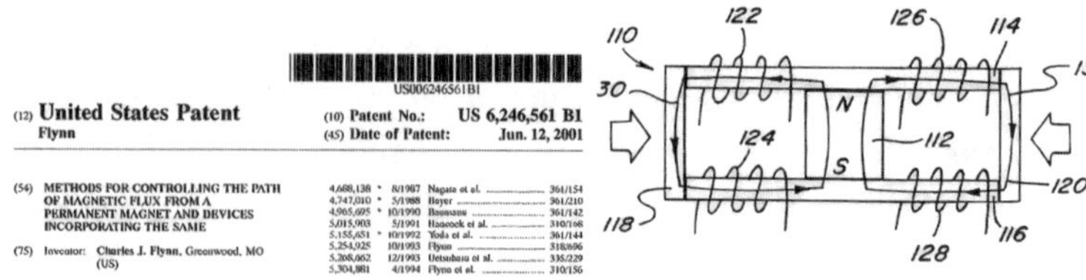

Flynn, 1999

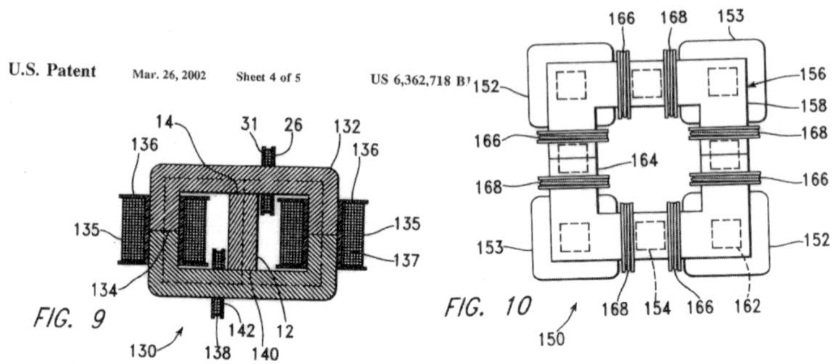

Bearden, 2002

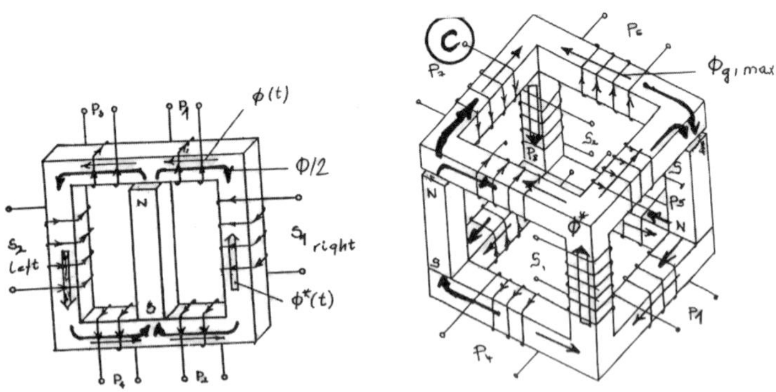

Egely, 1993

TEIL III

Von Magneten angezogen

• • •

Die klassische Physik, das nützlichste Gebiet der Naturwissenschaften, ist bereits seit vier Generationen tot. Die letzte allgemein anerkannte und weitverbreitete experimentelle Errungenschaft war die Entdeckung der transversalen elektromagnetischen Wellen durch Hertz. In jenen Jahren wurden andere, scheinbar spannendere Richtungen in der Forschung gewählt. Die Erforschung der Wärmestrahlung, der Radioaktivität und der Struktur der Materie war in der Tat wichtig und nützlich, aber die Entwicklung der klassischen Physik wurde durch diese Schwerpunkt- und Richtungsverschiebungen *gestoppt* – wo doch im Jahr 1879, dem Todesjahr Maxwells, eine Entdeckung gemacht worden war (für die auch ein Patent vergeben worden war), die genauso bedeutend ist, wie die Arbeiten von Alessandro Volta, André-Marie Ampère, Michael Faraday oder Joseph Henry.

Es handelt sich um Wesley W. Garys Magnetmotor und -generator, der nachweislich Überschussenergie erzeugte. Während über das Innere vom Besslerrad keine Informationen erhalten sind und wir nicht einmal dessen Grundidee kennen, hat Garys Patent überlebt, zudem hat er uns eine Fülle nützlicher Hintergrundinformationen hinterlassen. Während Besslers Ergebnisse von niemandem reproduziert werden konnten, sind die Prinzipien von Garys Maschine (unabhängig von ihm) mindestens ein Dutzend Mal verwendet worden – trotz alldem konnten sich diese Geräte nicht verbreiten. Die heutige Situation erinnert also stark an den Moment vor dem Zusammenbruch des Ming-Reiches.

Der Gary-Motor

Zwei Quellen liegen uns vor, die Garys Erfindung behandeln. Über diese Erfindung wurde in der Märzausgabe des *Harper's New Monthly Magazine* von 1879 (Seite 601–605) ausführlich berichtet. Die andere Quelle (eine handgeschriebene Patentschrift, wie es damals üblich war) stammt aus einem kanadischen Patentamt und ist eine Kopie mit Abbildungen. Den Quellen zufolge entwickelte Gary zwei verschiedene Geräte. Das Gerät, das er oft vorstellte, war ein regelrechtes *magnetisches Perpetuum mobile*, das nur aus wenigen mechanischen Teilen und

Hufeisenmagneten bestand. Dieses patentierte Gerät enthielt auch eine Spule. Es ist überaus interessant, weil sein Aufbau einfach ist und das Grundprinzip verständlich macht.

Zunächst nur so viel: Zu Beginn bestand Garys mechanischer Apparat nur aus einigen hufeisenförmigen Dauermagneten, ein paar Weicheisenteilen und einigen kleinen zweiarmigen Hebeln und Blattfedern. Es kostete den Erfinder viele Jahre Arbeit, bis sein Gerät wenigstens die Reibung überwinden konnte. Es konnte ohne äußeren Eingriff permanent wackeln und so Tag und Nacht *ohne Unterbrechung* operieren. Gary führte die Maschine mehrmals an verschiedenen Orten vor. Das kanadische Patent beruht auf demselben Prinzip, soll aber angeblich eine höhere Leistung erbringen können. Bevor wir auf die Details der Maschine eingehen, wollen wir uns anhand des bereits erwähnten Artikels im *Harper's New Monthly Magazine* ansehen, wer dieser Gary war und wie er zu seiner Entdeckung kam.

Gary wurde 1837 in den USA (wie Tesla) als Sohn eines Pfarrers geboren und war somit einer der wenigen Intellektuellen der damaligen Zeit. Garys Vater war wie alle seine Zeitgenossen fasziniert vom Telegrafen und der Elektrizität. Seinem 9-jährigen Sohn erzählte er oft von Elektromagnetismus und versuchte ihm zu erklären, wie ein Telegraf funktioniert. Wie schon in Teil I erwähnt, war der Telegraf die erste Erfindung, die sich sehr schnell verbreitete und die Informationsübermittlung maßgeblich beschleunigte. Dadurch konnten auch Geschäftsangelegenheiten viel schneller abgewickelt werden. Garys Vater kaufte einige elektromagnetische Geräte und demonstrierte seinem Sohn und seinen Freunden die neuen Wunder der Technik.

Wie er später Journalisten erzählte, wurde seine Vorstellungskraft von den geheimnisvollen neuen Phänomenen angeregt, und er hatte das Gefühl, einer der größten und aufregendsten Kräfte der Erde begegnet zu sein. Der junge Gary hatte ursprünglich Künstler werden wollen, aber seine Freunde rieten ihm davon ab, da dies so nutzlos und sinnlos sei wie der Bau eines Perpetuum mobile. Da er so schnell wie möglich Geld verdienen wollte, wurde er Holzfäller.

Zu seiner Zeit war die Motorsäge noch unbekannt. Die Holzfäller arbeiteten mit Äxten und Sägen. Alle Männer, die im Winter in den Wäldern arbeiteten, trugen ein ganz besonderes Kleidungsstück: die »Lumberjack-Jacke« (zu Deutsch: Holzfällerjacke), die warm war und ausreichend Bewegungsfreiheit bot. Unser Held besaß jedoch keine Lumberjack-Jacke, und so erkrankte er nach jahrelanger Arbeit an Rheuma, was es ihm für den Rest seines Lebens unmöglich machte, schwere körperliche Arbeit zu verrichten. Diese Krankheit markierte einen Wendepunkt in seinem Leben. Sein Arzt riet ihm, sich einen anderen Beruf zu suchen; vielleicht Pfarrer, wie sein Vater und sein Bruder. Doch das wollte Gary nicht, da er ein praktisch veranlagter Mensch und kein Mann großer Worte war. Der Arzt schlug daraufhin vor, er solle doch etwas erfinden, denn er glaubte, dass Gary wie geschaffen dafür war.

Nach langem Drängen erinnerte er sich wieder an die Träume, die er als Kind begraben hatte, und bekam immer mehr das Gefühl, das Problem lösen zu können, das ihn als Kind so sehr beschäftigt hatte. Er war sich sicher, dass die großen Energien, die in Magneten gefangen waren, irgendwie freigesetzt werden konnten und dass diese dann »alle Arbeit der Welt« verrichten würden. Seiner Meinung nach war er in der Lage, die »in Magneten gefangene Kraft« zu befreien. Er arbeitete und experimentierte jahrelang, bis er im September 1874 in Huntingdon, Pennsylvania, sein erstes Perpetuum mobile vorführte. Was aber waren seine Gedanken, was hat ihn bei seinen Experimenten geleitet?

Wären uns der Ausgangspunkt und der Denkprozess von Bessler oder Moray bekannt, könnten wir beide Experimente reproduzieren. Glücklicherweise kennen wir den Ausgangspunkt von Garys magnetischem Perpetuum mobile, sodass *die Hoffnung besteht, dieses Gerät in naher Zukunft reproduzieren zu können.* Gary sah die Hauptaufgabe darin, die Anziehungskraft eines Dauermagneten irgendwie zu »neutralisieren«, indem er mithilfe eines ein- oder zweiarmigen Hebels einen zweiten Magneten mit derselben Ausrichtung auf dem ersten Magneten platzierte. Die Abstoßung musste die Anziehung überwinden. Dieses Prinzip konnte dann mit einem ausbalancierten Magneten zyklisch beliebig oft wiederholt werden.

Dieses Ziel verlor Gary nicht aus den Augen und nach etwa 4 Jahren hatte er die grundlegende Eingebung, die der Schlüssel zur Lösung war. Beim Experimentieren mit Weicheisen hatte er beobachtet, wie eine *Umpolung* stattfand und

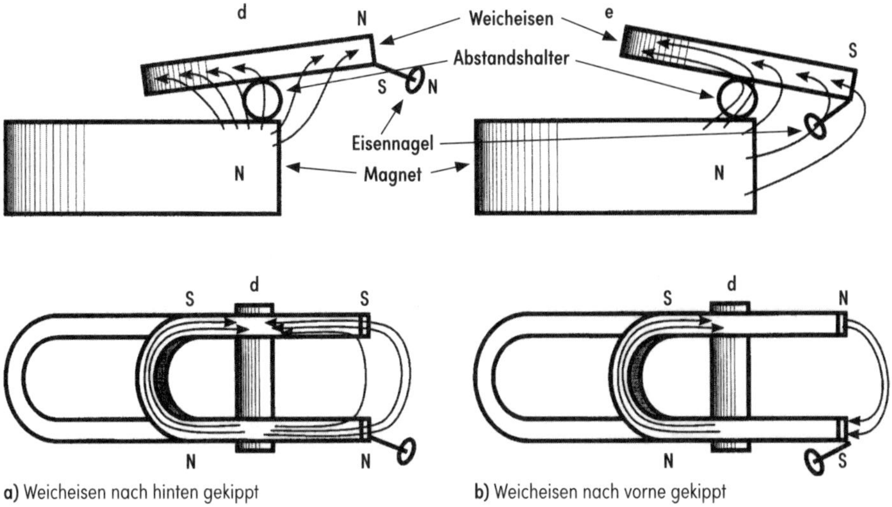

Abb. 1: Umpolung beim Kippen eines hufeisenförmigen Weicheisenstücks. Zwischen diesen beiden Endpositionen gibt es eine Position des Weicheisenstücks, bei der sein Ende nicht polarisiert ist. Dann fällt der Nagel vom Weicheisenstück ab (weil die Anziehungskraft hier verschwindet). N: Nordpol, S: Südpol.

wie ein Effekt entsteht, den er »Neutralitätslinie« nannte. Diese sehr schmale neutrale Zone spielt eine überaus wichtige Rolle bei der Umpolung. Zunächst war er vollkommen mit dieser neutralen Linie beschäftigt und schenkte der Umpolung des Weicheisens nicht genügend Aufmerksamkeit. Genau diese Umpolung aber brachte schließlich die Lösung. Seine Experimente waren so erfolgreich, dass er seine frühere Forschungslinie, bei der er noch Akkus für die Elektromagneten verwendete, aufgab. Bis zum September 1874 hatte er sein Verfahren so verfeinert, dass keine Elektromagneten mehr benötigt wurden. Abbildung 1 zeigt die Einfachheit der grundlegenden Anordnung.

Ein Stück Weicheisen bewegt sich auf einem hufeisenförmigen Dauermagneten. Wichtig ist, dass der Magnet das Weicheisen nicht direkt berührt. Als Abstandshalter kann ein Stück Holz oder ein Papierstreifen verwendet werden. Wenn das äußere Ende des Weicheisens mit einem kleinen Nagel berührt wird,

wird das kleine Weicheisen zu einem Südpol und daraufhin vom Dauermagneten angezogen. Kippt man das Weicheisen aber nach unten, wie in Abbildung 1b gezeigt, kehrt sich die Polarität um; das kann man auch sehen, weil der Nagel dann nämlich nach oben zeigt.

Dazwischen gibt es jedoch einen schmalen Bereich, in dem das Weicheisenende neutral ist und der Nagel vom Weicheisen abfällt. Dies bezeichnet Gary als Neutralitätslinie.

Abbildung 1 zeigt Garys Anordnung. Wir sehen ein kleines Holzstück (mit einem »d«), welches die Rotationsachse eines zweiarmigen Hebels ist. Außerdem gibt es ein u-förmiges Weicheisenteil (also kein Dauermagnet, gekennzeichnet mit einem »e«), dessen Wackeln die *Verzerrung* des magnetischen Flusses des Dauermagneten verursacht. *Dieser Effekt ist der Schlüssel zur Lösung.*

Seit Gary haben Dutzende von Erfindern diesen Effekt entdeckt, mit dem es möglich ist, die Natur auszutricksen, um Überschussenergie zu erzeugen, indem man die Felder von Magneten zeitlich veränderlich *verformt*. Was genau ist aber dieser Verzerrungseffekt von Kraftfeldern und warum tritt er immer wieder bei magnetischen Geräten auf, die Überschussenergie erzeugen? Meistens ist nur erkennbar, dass ungewöhnliche, grundlegend asymmetrische, verzerrte Felder erzeugt werden. All dies lässt sich nur mit ausreichend großen Luftspalten bewerkstelligen, weshalb diese Geräte einem Elektrofachmann schon auf den ersten Blick seltsam und ineffizient erscheinen.

Dieser Effekt taucht aber nicht nur bei Maschinen mit beweglichen Teilen auf, sondern auch bei solchen ohne bewegliche Teile, die wir auch noch behandeln werden. Um dieses Phänomen zu verstehen, müssen wir jedoch zu dem Begriff der Symmetrie zurückkehren; wir müssen sogar bei der »Königin« der klassischen Physik, also der Mechanik beginnen, da die Begriffe der klassischen Physik – Kraftfeld, Fluss, Arbeit, Energie, Kraft, Leistung, Strom, Geschwindigkeit, Zeit usw. – von den Begriffen der Mechanik abgeleitet sind und alle grundlegenden Maßeinheiten der Elektrodynamik ebenfalls an die Begriffe der Mechanik gebunden sind. Leider sind diese wichtigsten Konzepte wie bereits erwähnt auch die *unklarsten* und bis heute wird nicht viel unternommen, um den Nebel zu lichten.

Das Wesen der Symmetrie

In *Verbotene Erfindungen* habe ich ausführlich über die Entwicklung des Symmetriebegriffs berichtet und bestimmte Fehler aufgezeigt. Wir müssen immer wieder auf diese Begriffsgruppe zurückkommen, denn ohne sie werden wir *nichts von der »inneren Welt« der magnetischen Maschinen*, die Überschussenergie erzeugen, *verstehen*. Im Folgenden werden daher kurz die Bedingungen erläutert, unter denen bei mechanischen Prozessen ein Energieüberschuss (oder ein Energiedefizit) auftritt. Dazu konzentrieren wir uns auf die Bewegung eines Massenschwerpunktes, weil wir hier am leichtesten erkennen können, welche Rolle die Symmetrie überhaupt spielt und wann welche Veränderungen durch das Auftreten oder Verschwinden einer Symmetrie hervorgerufen werden.

Wenn sich ein Massepunkt mit konstanter Geschwindigkeit bewegt oder stillsteht – dies ist nur eine Frage des Bezugssystems, es gibt keinen wirklichen Unterschied zwischen den beiden Arten von Bewegung –, heißt das, dass keine resultierende Kraft auf den Körper einwirkt. In einem solchen Fall sagen wir, dass der Impuls des Massepunktes konstant ist, und wir können die Geschwindigkeit oder den Impuls des Körpers wie in Abbildung 2a dargestellt in einem Koordinatensystem gegen die Zeit auftragen. Nehmen wir dann einen beliebigen Ausschnitt aus der Abbildung und verschieben ihn, ändert sich der Graph nicht – der Prozess besitzt also die Zeittranslationssymmetrie. Damit ist gemeint, dass wir den ausgewählten Graphteil entlang der Zeitachse beliebig in beide Richtungen (nach links oder nach rechts, also in der Zeit rückwärts beziehungsweise vorwärts) verschieben können und immer denselben Graphen zurückerhalten.

Hier ist die Transformation die *zeitliche Verschiebung* nach vorne oder nach hinten. Ein System kann aber auch etwa durch Spiegelsymmetrie gekennzeichnet sein (wenn auch nur in einigen Abschnitten – sie ist nicht immer unbegrenzt periodisch). Die kontinuierliche Verschiebungssymmetrie ist deutlich erkennbar; nach der Symmetrietransformation (in diesem Fall der kontinuierlichen Verschiebung) erhalten wir wieder die ursprüngliche Abbildung, als ob nichts geschehen wäre. Wir sagen dann: Das System ist *invariant* unter der zeitlichen Verschiebung.

Diese invarianten Systeme werden als *symmetrisch* bezeichnet. Solche einfachen Prozesse verfügen meist über mehrere kontinuierliche Symmetrien.

All dies könnte völlig irrelevant sein, aber jetzt kommt das Entscheidende: Wenn eine Kraft auf den Massepunkt einwirkt, wird er beschleunigt. Abbildung 2b zeigt den Impuls beziehungsweise die Geschwindigkeit eines Körpers mit einer allgemeinen Beschleunigung (die also zeitlich nicht unbedingt konstant ist) als Funktion der Zeit.

Man erkennt, dass die Zeittranslationssymmetrie hier nicht mehr vorhanden ist, da ein beliebig ausgeschnittener Teil des Diagramms nicht mehr beliebig nach vorne oder hinten verschoben werden kann, ohne das Diagramm damit zu ändern,

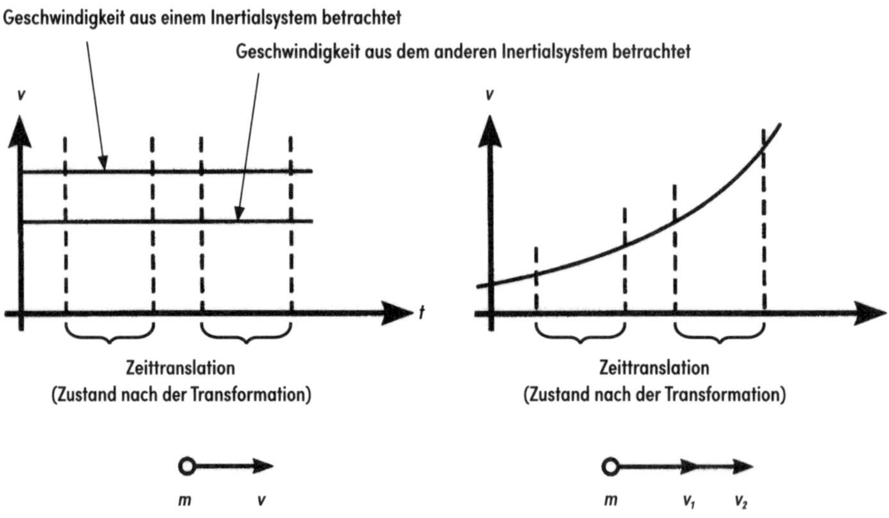

a) Konstante Geschwindigkeit (oder Impuls) nach einer Zeittranslation

b) Veränderliche Geschwindigkeit (oder Impuls) nach einer Zeittranslation

Abb. 2: Symmetrie der geradlinigen Bewegung. v: Geschwindigkeit, t: Zeit, m: Masse

a) Es wirkt keine Kraft auf den Massepunkt – das 1. newtonsche Axiom ist erfüllt.

b) Es wirkt eine Kraft auf den Massepunkt. Die Geschwindigkeit nimmt zu. Die einfache Translationssymmetrie ist verschwunden, aber die Skalensymmetrie bleibt. Das 2. newtonsche Axiom ist erfüllt.

da der Funktionsverlauf vor und nach dem ausgewählten Abschnitt unterschiedlich ist. Wenn wir also eine Kraft auf unseren Massepunkt ausüben, *haben wir eine Symmetrie verloren.* Wir können diese Aussage aber auch anders formulieren: Wenn wir die Symmetrie der Bewegung reduzieren, tritt eine Kraft auf.

Während der in Abbildung 2a dargestellte Fall ein Beispiel für Newtons 1. Axiom ist (ein Körper bewahrt seinen ursprünglichen Bewegungszustand, wenn keine Kraft auf ihn einwirkt), ist in Abbildung 2b ein allgemeines Beispiel für Newtons 2. Axiom zu sehen, das in der Form $F = ma$ weitläufig bekannt ist. Weniger bekannt, aber ebenso wichtig, ist die Form $F = \dot{p}$ (dies bedeutet, dass die zeitliche Änderung des Impulses gleich der einwirkenden Kraft ist). Es ist also klar, dass sich der Bewegungszustand eines Körpers unter Krafteinwirkung ändert. Damit haben wir bereits eine Verschiebungssymmetrie verloren. Dies bedeutet jedoch nicht, dass die Energie- und Impulserhaltung nicht erfüllt sind. Denn wenn bei einer geradlinigen Bewegung die Richtung der Kraft und der Geschwindigkeit (beziehungsweise des Impulses) übereinstimmen, *gibt es noch eine weniger bekannte Symmetrie im Hintergrund: die Skalensymmetrie.* Was aber bedeutet das?

Das bedeutet, dass eine Kraft, die vielleicht sogar zeitlich veränderlich ist, in ihrem physikalischen Wesen unverändert bleibt, wenn nur das Maßsystem, also die Skala geändert wird. Wie lässt sich dies veranschaulichen? Nehmen wir als Beispiel eine schwarze Scheibe auf weißem Hintergrund. Wir können den Durchmesser der Scheibe nicht bestimmen, es sei denn, wir legen ein Objekt bekannter Größe wie zum Beispiel eine Münze, eine Streichholzschachtel oder ein Lineal daneben. Der Durchmesser der Scheibe lässt sich nicht aus dem Bild der Scheibe selbst ableiten. Ähnlich muss der Wert einer Kraft auf einen Standard, eine willkürlich gewählte Maßeinheit bezogen werden. Für die Einheiten von Entfernung und Zeit haben wir – ebenfalls willkürlich – die Phänomene und Daten der Astronomie gewählt. Diese Maßeinheiten sind also *nicht von der Natur vorgegeben* – wie wir wissen, kann die Einheit der Länge oder der Zeit von Land zu Land verschieden sein. Diese wenig bekannte Skalensymmetrie ist der Grund dafür, dass unsere Vorstellungen von Symmetrie und Erhaltungssätzen auch heute noch sehr vage sind. Doch gehen wir jetzt von der geradlinigen

Bewegung zur krummlinigen Bewegung über, die in vielerlei Hinsicht ähnlich wie die gradlinige ist.

Der Fall der einfachsten Kreisbewegung ist in Abbildung 3a dargestellt.

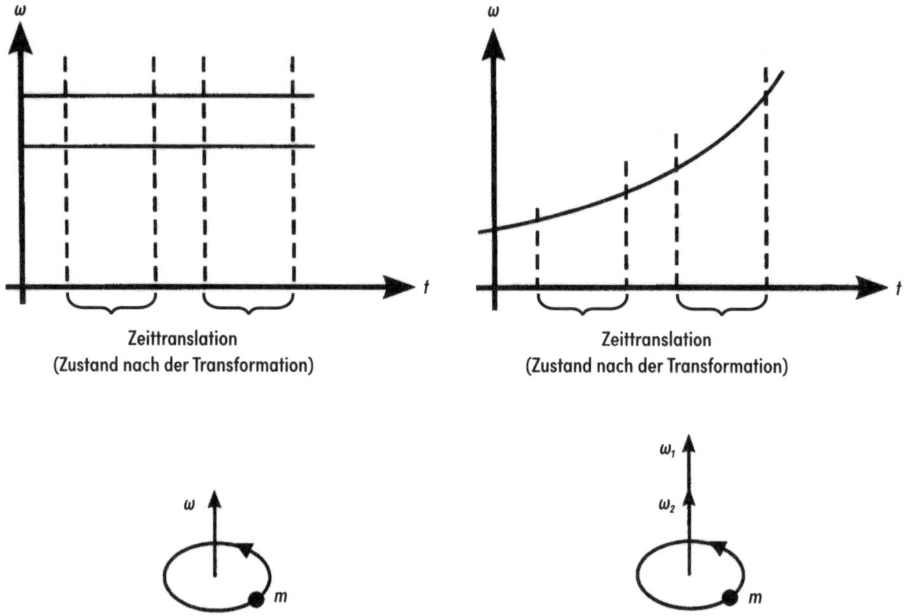

a) Konstante Winkelgeschwindigkeit nach einer Zeittranslation

b) Veränderliche Winkelgeschwindigkeit nach einer Zeittranslation

Abb. 3: Symmetrie einer Kreisbewegung. w: Winkelgeschwindigkeit, t: Zeit, m: Masse
a) Es wirkt kein Drehmoment auf den Massepunkt.
b) Es wirkt ein Drehmoment auf den Massepunkt. Die Winkelgeschwindigkeit nimmt zu. Die einfache Translationssymmetrie ist verschwunden, aber die Skalensymmetrie bleibt.

Bei einer Kreisbewegung übernimmt die Winkelgeschwindigkeit die Rolle der Geschwindigkeit und der Drehimpuls die Rolle des Impulses, sodass es sinnvoll ist, den Drehimpuls als Funktion der Zeit darzustellen. Für eine gleichförmige Kreisbewegung erhalten wir Abbildung 3a, und je nach Winkelgeschwindigkeit, mit der wir uns relativ zum rotierenden Körper bewegen, messen wir unterschiedliche Drehimpulse (Abbildung 2a). Die geradlinige Bewegung und die Kreisbewegung sind also analog. Abbildung 3b zeigt den Fall, dass wir unseren Massepunkt mit einem (zeitlich nicht unbedingt konstanten) Drehmoment beschleunigen.

In diesem Fall ist unser Drehimpuls nicht mehr verschiebungssymmetrisch, was aber nicht bedeutet, dass der Impuls oder die Gesamtenergie des Körpers nicht erhalten bleiben. Wie bei der geradlinigen Bewegung ist hier noch *eine Skalensymmetrie vorhanden*. Der Drehimpuls- und der Winkelgeschwindigkeitsvektor sind nach wie vor parallel. Unabhängig von der Wahl des Maßstabs erhalten wir immer wieder das gleiche, unveränderte Bild – wir haben es also tatsächlich wieder mit der Skalensymmetrie zu tun. Solange es mindestens eine *kontinuierliche Symmetrie* im System gibt, bleiben die Energie, der Impuls und der Drehimpuls *erhalten*. In diesen Fällen gilt auch das Gegenwirkungsprinzip, welches das 3. newtonsche Axiom ist – dieses führt unweigerlich zum Impulserhaltungssatz. Während das 2. newtonsche Axiom implizit die Erhaltung der Energie beinhaltet, bedeutet das Gegenwirkungsprinzip im Wesentlichen die Erhaltung des Impulses.

Die newtonschen Regeln werden mal als Axiome, mal als Gesetze bezeichnet. Axiome sind Aussagen, die ohne Beweis akzeptiert werden, durch Erfahrung gerechtfertigt sind und nicht aus anderen Regeln abgeleitet werden können. Ein Axiom ist also eine Regel, die eine allgemeine Schlussfolgerung aus einer Beobachtung darstellt. Aus einem Axiom können Gesetze *ohne innere Widersprüche* hergeleitet werden. Untersuchen wir nun, wie verallgemeinbar diese »Regeln« sind.

Würden wir einen Prozess finden, bei dem zum Beispiel das Gegenwirkungsprinzip oder die Beziehung (wobei m die Masse und a die Beschleunigung bezeichnet) nicht erfüllt sind, könnten wir natürlich vermuten, dass bei dem Prozess Energie, Impuls und Drehimpuls nicht erhalten sind. Wo und wie kann aber solch ein Prozess in der Mechanik gefunden werden? Die Antwort können Sie in meinen Büchern *Verbotene Erfindungen* und den Bänden 1–3 von *Einführung in die Raumzeittechnologie* nachlesen. Wir müssen Bewegungen finden, die *keinerlei Symmetrien besitzen*. Dies bedeutet, dass keine kontinuierliche oder diskrete Symmetrie (wie zum Beispiel die Verschiebungs- oder die Skalensymmetrie) im System bleiben darf.

So ist beispielsweise bei einer Bewegung in einer Ebene, bei der der Drehimpuls immer senkrecht zur Ebene steht (wenn auch seine Größe variieren kann) keine Abweichung von der Energieerhaltung zu erwarten. Der Drehimpuls variiert dann immer entlang der gleichen Linie, sodass eine Skalensymmetrie gegeben ist. Um diesen Zustand zu ändern, ist es notwendig, dass die äußeren Kräfte sich ständig ändern und eine *völlig allgemeine* räumliche Bewegung verursachen, die eine allgemeine Bewegung und Änderung des Impulsvektors des Massepunktes bewirkt. In dieser Bewegung finden wir *keine Symmetrie mehr*.

Erfinder sind meist gescheitert, weil sie sich damit begnügten, Massen zwar auf einer komplizierten Bahn, aber in einer Ebene zu bewegen. Sie dachten, sie könnten das Gesetz der Drehimpulserhaltung durch trickreiche Mechanismen umgehen. Naiv versuchten sie, ein Rad mit mehr Gewicht (zum Beispiel mehr Kugeln) auf der einen Seite als auf der anderen zu bauen. Hier lauert aber die Skalensymmetrie. Um auch diese zu beseitigen, muss sich der Massepunkt *um mindestens zwei verschiedene Achsen* bewegen – dies ist bei einer ebenen Bewegung nicht möglich. Das Interessante an dieser Bewegung ist, dass sie nicht weiter abelsch ist. Dies bedeutet, dass die Umkehrung der Reihenfolge der Drehungen nicht zu dem gleichen Ergebnis führt. Dies ist ein signifikanter Unterschied zu einer ebenen Bewegung.

Diese ganz allgemeine Bewegung lässt sich am einfachsten mit einem sogenannten Doppelpendel erzielen, dessen Zeichnung in Abbildung 4 zu sehen ist (eine ausführlichere Beschreibung des Experiments findet sich in den Abhandlungen »Fehler der klassischen Physik« und »Spiraldynamik« in Band 3 von *Einführung in die Raumzeittechnologie*). Das Gleichungssystem der Spiraldynamik (ausgearbeitet von Csaba Csőkör), die eine Erweiterung der Mechanik ist, ist ebenfalls in dem Buch zu finden).

Wenn sich das Pendel gleichzeitig um zwei Achsen bewegt und nicht nur die Schwerkraft, sondern auch eine Feder dieses Pendel in einer komplexen Bewegung auslenken kann, ändert die auf den Massepunkt wirkende Kraft ständig ihre Richtung und der Drehimpuls des Massepunkts ändert sich ebenfalls fortwährend – es gibt also *keine kontinuierliche Symmetrie in diesem System*. In der Symmetriekarte ist dies ein »Niemandsland«, da die klassische Physik diesen wichtigen Bereich noch nicht behandelt hat. (Die auf den Massepunkt wirkende Kraft ist zeitabhängig und nicht wirbelfrei. Wenn das vertikale Pendel separat betrachtet wird, ergibt die darauf wirkende Kraft ebenfalls eine zeitabhängige, nicht wirbelfreie Kraft. Dieser Fall liegt außerhalb der theoretisch bekannten und experimentell untersuchten Bereiche der Mechanik.)

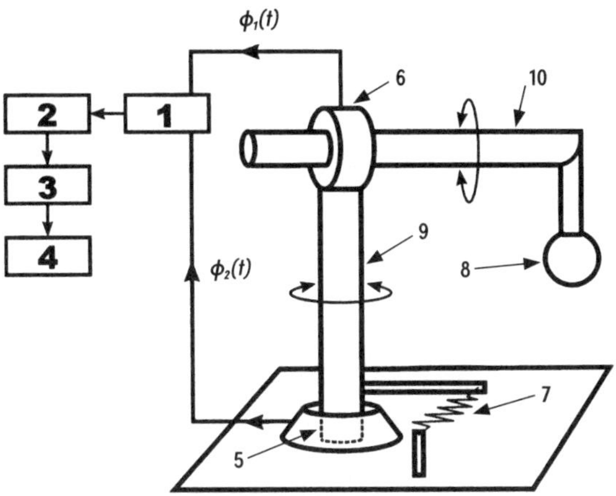

Abb. 4: Anordnung und Messvorgang des dreidimensionalen Doppelpendels $\phi_1(t)$ und $\phi_2(t)$: Drehwinkel der Pendelarme in Abhängigkeit der Zeit
1: Signalverarbeitungselektronik; 2: Messkarte; 3: PC zum Auswerten der Messdaten; 4: Display; 5: Lager; 6: Drehgeber; 7: Feder; 8: Masse; 9 und 10: Pendelarme

Was könnte also in diesen neuen Bereichen gemessen werden? Man könnte zu jedem Zeitpunkt sowohl die Kraft als auch die Beschleunigung messen, die auf einen Massepunkt wirkt beziehungsweise die er erfährt. Wenn $F = ma$ ist, dann hat Newton auch in diesem sehr allgemeinen Fall recht gehabt, aber wenn $F \neq ma$ ist, muss ein neues Gesetz aufgestellt werden! Diese Messung ist jedoch sehr kompliziert und wurde unseres Wissens bisher noch von niemandem durchgeführt (man müsste die wirkende Kraft entlang dreier Raumkomponenten sehr genau messen, und zwar ohne größere Hysterese- und Phasenfehler. Dies ist eine technisch sehr schwierige, vielleicht sogar unmögliche Messaufgabe).

Ob die Energie erhalten bleibt, kann allerdings auch einfacher geprüft werden. In diesem Fall muss nur die Geschwindigkeit des Massepunktes in Abhängigkeit von der Zeit gemessen werden – die Masse des Massepunktes ist ja konstant. Wenn wir die Gesamtenergie $E=\frac{mv^2}{2}+mgh$ (kinetische Energie + potenzielle Energie) zu jedem Zeitpunkt mithilfe der gemessenen Geschwindigkeiten berechnen, können wir feststellen, ob die Gesamtenergie zeitlich konstant ist. Diese Messung haben wir durchgeführt und wir haben festgestellt, dass die ***Energie für den sehr allgemeinen Fall einer Pendelbewegung um zwei verschiedene Achsen zeitlich nicht konstant ist***. Es stellt sich natürlich folgende Frage: Haben wir genau gemessen? Es wurden Kontrollmessungen durchgeführt, indem wir zuerst die eine, dann die andere Achse fixierten und nur Schwingungen um die andere Achse erlaubten. Wir stellten fest, dass unsere Messungen die von Newton durch $F=ma$ beschriebene Energieerhaltung ergaben, wenn wir eine Achse fixierten. Diese Fälle können gut von den anderen abgegrenzt werden, denn hier nimmt die Energie des bewegten Körpers aufgrund von Reibung exponentiell ab. Zwar ist die Reibungskraft aufgrund der Pendelbewegung zeitlich nicht ganz konstant, ihre periodische Veränderung ist in den Messungen aber deutlich zu erkennen (die Analyse der Messungen hat ergeben, dass unsere Messunsicherheit nur

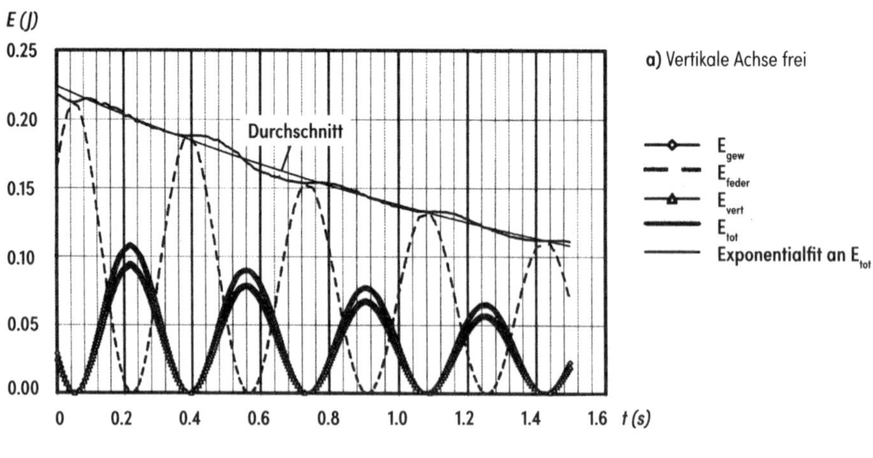

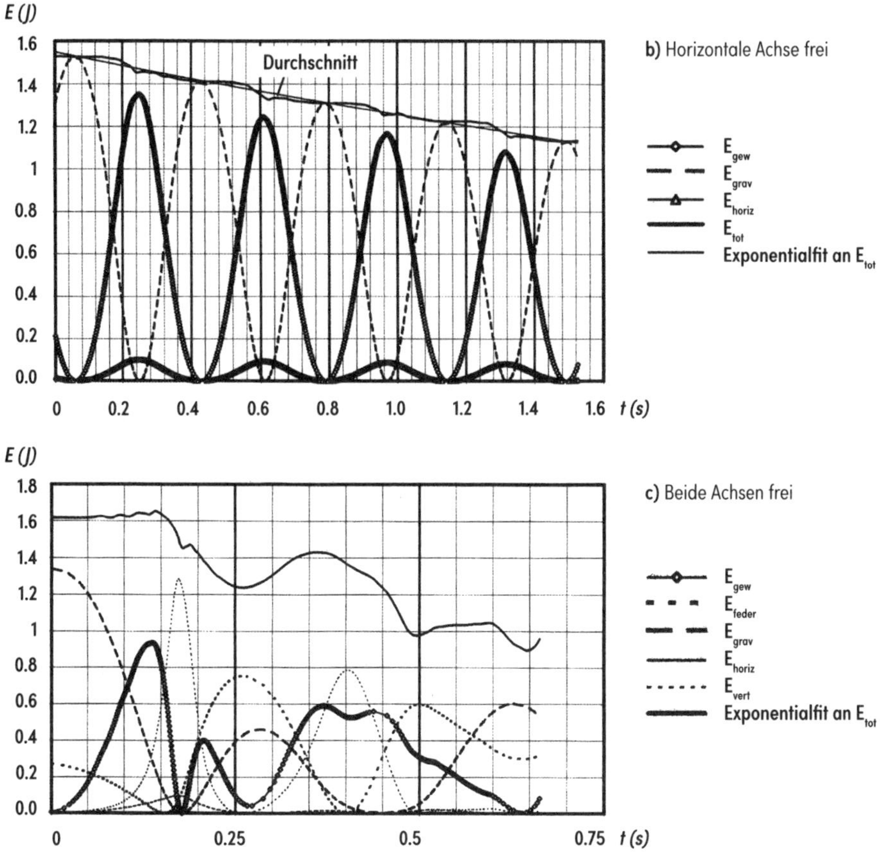

Abb. 5: Wenn ein Massepunkt um zwei Achsen rotiert, sind der Energie- und der Impulserhaltungssatz nicht immer erfüllt

wenige Prozent betrug). Wir haben dies für Rotationen um nur jeweils eine Achse beobachtet (Abbildung 5a).

Die Situation ändert sich dramatisch, wenn sich der Massepunkt um beide Achsen gleichzeitig dreht. Hier entsteht eine auf den ersten Blick völlig unregelmäßige Schwingung. Dies ist in Abbildung 5c dargestellt.

Es ist zu sehen, dass der Prozess in diesem Fall alles andere als ein exponentieller Abklang ist: *An einigen Stellen nimmt die Gesamtenergie drastisch ab, an anderen Stellen nimmt sie drastisch zu.* Man könnte sagen, dass die Reibung manchmal einen plötzlichen Energieabfall verursacht, doch man kann nicht behaupten, dass die Reibung dem System plötzlich Energie zuführt.

Die Energie wird in den elastischen Teilen des Systems verteilt und gespeichert. Mal wird sie absorbiert, mal wird sie wieder zurückgegeben. Die Elastizitätsmodule und die gespeicherte Energie können jedoch gut gemessen und berechnet werden. Der Messwert der elastisch gespeicherten Energie ist zwar auch mit Messunsicherheiten behaftet, aber diese liegen innerhalb der Linienbreite des Graphen der Gesamtenergiefunktion – diese Messunsicherheit ist also noch kleiner als die der variablen Reibung. Im Laufe der Messungen gab es einige glückliche Testläufe, bei denen die Überschussenergie die Feder *vom Ständer springen ließ*. Die Messungen waren reproduzierbar: Wenn das Pendel gegen ein festes Stativ gezogen wurde – wodurch sowohl die Feder gespannt als auch der Schwerpunkt auf eine vorgegebene Höhe angehoben wurde –, war der Bewegungsablauf immer gleich. Dies ist ein weiteres Indiz dafür, dass die Messung zuverlässig und genau war. Wenn dieser Effekt also so einfach zu erzielen ist, stellt sich die Frage, warum dieser Prozess nicht schon früher entdeckt wurde. Die Frage ist berechtigt, und die Antwort lautet: Doch, man ist schon auf diesen Effekt gestoßen, aber *man hat ihn nicht beachtet.*

Die Rätsel der Natur

In der Natur tritt der beschriebene Effekt an mindestens zwei Orten auf: Zum einen bei den Forellen, durch deren Beobachtung Viktor Schauberger seine Erfindung machte und zum anderen bei Tornados. Diese Themen wurden in *Verbotene Erfindungen* bereits behandelt. Wir müssen also beobachten, wo es in der Natur Vorgänge gibt, bei denen sich die Bewegung einer Masse oder eines Systems von Massen in der Zeit ständig auf eine Weise verändert, dass keinerlei Symmetrien vorhanden sind. Man sollte nach dreidimensionalen spiralförmigen Bewegungen suchen – in diesen Fällen hat man gute Chancen, den Effekt zu entdecken. Bei den beiden bereits erwähnten natürlichen Phänomenen (der Forellenfortbewegung und den Tornados) handelt es sich um strömungsmechanische Beispiele. Hier liegen sehr allgemeine, wirbelartige Bewegungen vor, die mathematisch nur sehr schwer nachzuverfolgen sind, und die experimentelle Untersuchung solch transienter Bewegungen (wenn zum Beispiel die Flugbahn und die Kräfte, die auf einen einzelnen Flüssigkeitstropfen oder ein Luftteilchen einwirken, untersucht werden sollen) ist praktisch unmöglich.

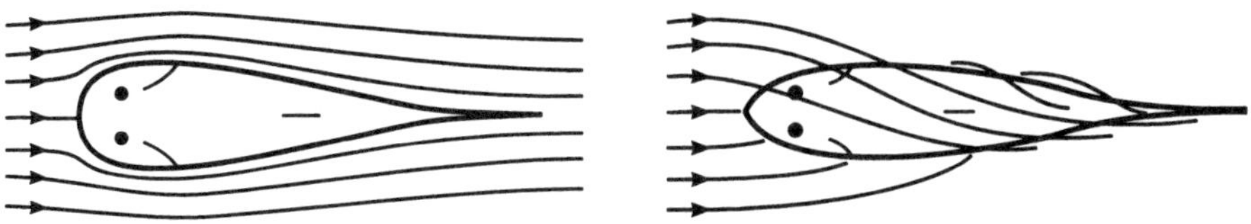

a) gewöhnlicher Fisch **b)** Forelle

Abb. 6: Strömung um Fische

a) Allgemeine, gewöhnliche Strömung. Der Strömungswiderstandskoeffizient einer kleinen Makrele beträgt ca. 0,0043, wenn die Reynoldszahl ≈100 000 ist. Die Strömung ist zweidimensional und die bestmögliche in dieser Anordnung.

b) Der »Trick« der Forelle ist die verwirbelte, dreidimensionale, symmetriefreie Strömung, die sie durch ihre speziellen Kiemen erreicht. Ihr Körper hat einen Strömungswiderstandskoeffizient von ca. 0,015. Ihr Strömungswiderstand bei gleichen Verhältnissen sollte also viermal größer sein als der der Makrele – und doch scheint die Forelle fast keinen Strömungswiderstand zu erfahren.

Forellen sind dafür bekannt, dass sie in reißenden Gebirgsbächen nahezu mühelos an einem Ort bleiben können, ihre Flossen kaum bewegen und sogar gegen die Strömung schwimmen können, ohne viel Nahrung aufzunehmen. Schauberger fiel auf, dass die Forellen nicht wie andere Fische mit den Flossen paddelten, sondern einen anderen »Trick« haben. Er stellte die Hypothese auf, dass die Flüssigkeit, die in einer korkenzieherartigen, räumlichen Spirale aus ihren Kiemen um ihren spindelförmigen Körper fließt, den Forellen bei der Fortbewegung hilft. Ein ähnlicher Effekt ist bei Tornados zu beobachten. Ein Tornado oder ein sich bewegender Staubteufel tritt recht häufig auf, dauert lange an und ist interessanterweise ein sich selbst erhaltender Prozess. Man kann beobachten, dass sich die Luft bei einem Tornado in einer trichterförmigen, immer schmaler werdenden Spirale auf den Boden des Wirbels hinbewegt und anschließend in einem schornsteinartigen Zylinder von etwa konstantem Durchmesser nach oben strömt. Abbildung 6 zeigt eine Forelle und Abbildung 7 die Struktur des Tornados.

Es ist leicht einzusehen, dass bei der Forelle etwas mit der Impuls- und Energieerhaltung nicht stimmen kann, da sie keine allzu großen Anstrengungen unternehmen muss, um gegen die Strömung schwimmen zu können. Die »Verdächtigung« des Tornados bedarf jedoch einer Erklärung. Es ist bekannt, dass Tornados fast überall auftreten können. Am häufigsten entstehen sie jedoch in den USA, und zwar im Frühjahr, wenn die Richtung Süden strömende kalte Luft aus Kanada auf die feuchte, warme Atlantikluft trifft, die aus dem Süden heraufströmt. Diese Vermischung führt interessanterweise dazu, dass die beiden Luftschichten anfangen zu rotieren, in unglücklichen Fällen aufsteigen und sich um

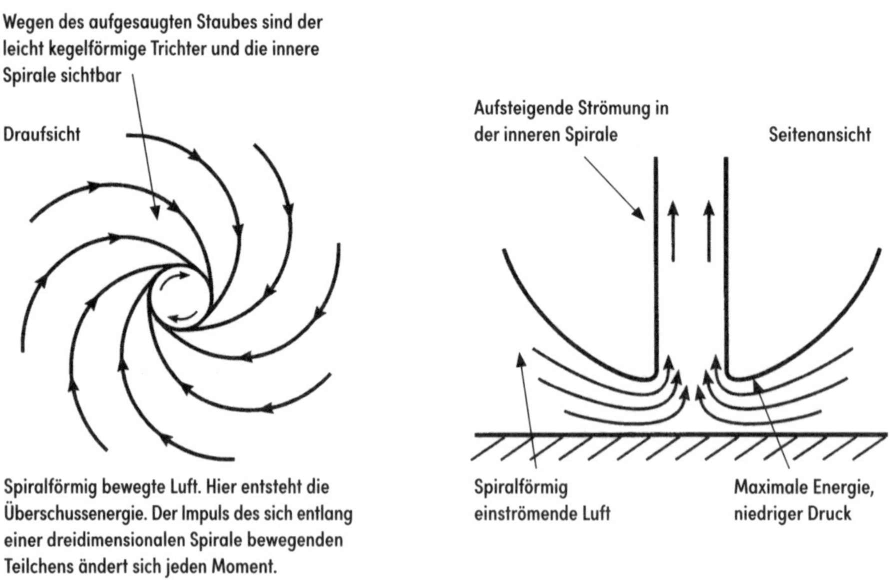

Abb. 7: Struktur der Strömung in einem Tornado. Sie besteht aus zwei Spiralen mit unterschiedlichen Steigungen. Nur in der äußeren entsteht Überschussenergie, in der besser sichtbaren inneren Spirale nicht.

eine vertikale Achse bewegen. Stärkere, größere Tornados geben manchmal sogar minuten- oder stundenlang über 1 Gigawatt Leistung ab – das ist mehr als die Leistung eines durchschnittlichen Wärmekraftwerks.

Die durch einen Tornado abgegebene Leistung lässt sich anhand des Ausmaßes der von ihm verursachten Zerstörung berechnen. Dies ermöglicht eine relativ genaue Schätzung. Ein Tornado setzt so viel Energie frei und beschleunigt die Luft so stark, dass zum Beispiel Strohhalme, die er wegbläst, *Bahngleise beschädigen können*. Auch können Möbel und schwere Gegenstände Dutzende von Kilometern weit geschleudert werden. Mit dem Dopplerradar kann man heute die Entstehung eines Tornados und die Geschwindigkeit der Gegenstände im Wirbel relativ genau beobachten. Diese Geschwindigkeit kann bis zu 350 Stundenkilometer betragen, was in der Größenordnung der Schallgeschwindigkeit liegt.

Selbst wenn alle bekannten Mechanismen berücksichtigt werden, kann der äußerst hohe Energiegehalt des Tornados *nicht erklärt werden*. Die bisher vorgestellten Mechanismen (zum Beispiel der Effekt der Verdampfungswärme von Wasserdampf) können diese enorme Energiemenge nicht erklären, sodass Arbeiten zur Simulation von Tornados und Berechnungen zu ihrer Energie immer nur das bescheidene Ergebnis liefern, dass mehr Energie aus dem System rauskommt, als in ihm enthalten sein dürfte und die Modelle weiter verbessert werden müssen. Das Problem ist jedoch, dass eine Weiterentwicklung innerhalb der heutigen Grenzen, die den enormen Energiegehalt, die Zerstörungskraft und das Selbsterhaltungsvermögen des Tornados erklären könnte, nicht mehr möglich ist. Sie entstehen aber tatsächlich und werden auch beobachtet.

In der Praxis kann dieser Effekt in ähnlichen Maschinen wie die von Schauberger ausgenutzt werden. Die von Juri Semenowitsch Potapov und V. Alexandrowitsch Gontar konstruierten Geräte, die in Band 2 von *Einführung in die Raumzeittechnologie* beschrieben wurden, bestätigen die Existenz der Überschussenergie. In Gontars Vorrichtung strömt Flüssigkeit auf einer dreidimensionalen Spiralbahn. Das Gerät arbeitet mit einem Wirkungsgrad von etwa 180 Prozent, liefert die Energie allerdings nur in Form von Wärme. Um die mechanische Überschussenergie direkt nutzen zu können, müsste zum Beispiel eine Francis-Turbine in das Gerät eingebaut werden (was zwar nicht unmöglich, aber sehr teuer wäre).

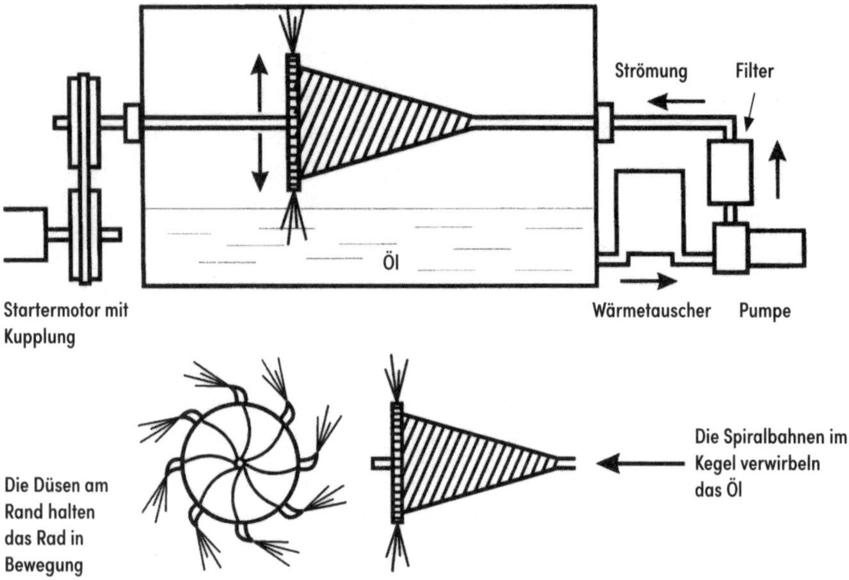

Abb. 8: Spiralrotationsmaschine von Richard Clem. Laut den Aufzeichnungen war sie selbstlaufend.

Der Effekt tritt auch hier nicht bei beliebigen Flüssigkeitsgeschwindigkeiten auf, sondern nur bei ganz bestimmten Werten, sodass die Dimensionierung dieser Geräte derzeit mehr Kunst als Wissenschaft ist. Es wären viel detailliertere Kenntnisse des Prozesses erforderlich, um die Geräte bei vordefinierten Parametern betreiben zu können. Auch ein amerikanischer Erfinder hat den Energieüberschusseffekt der spiralförmigen Wirbelströmung entdeckt (Abbildung 8). Diese Lösung unterscheidet sich von der Schauberger-Vorrichtung dadurch, dass auch die Spiralbahnen selbst rotieren und die austretende Flüssigkeit (Öl) das System antreibt. Wegen der fehlenden Erfahrungswerte zur Dimensionierung ist diese Beschreibung jedoch von geringem Wert – ein Kuriosum.

Der Energieüberschuss oder das Energiedefizit bei allgemeinen Bahnkurven mag beispielsweise auch die Erklärung für die ungewöhnlichen Eigenschaften der Turbulenz sein. Die Eigenschaften einer turbulenten Strömung sind seit Langem bekannt. Trotz unglaublich komplexer Experimente und jahrzehntelanger verzweifelter Bemühungen ist man aber noch immer nicht in der Lage, die grundlegenden Eigenschaften einer Turbulenz zu ergründen. Obwohl vieles auf die Nichtlinearität und die fraktalen Eigenschaften der Wirbel zurückzuführen ist, haben wir immer noch kein klares Bild von der Ursache des Phänomens; wir verstehen die Schwankungen von Energie und Impuls noch immer nicht. Wenn wir akzeptieren können, dass Energie in Bewegungen mit der richtigen Symmetrie erzeugt oder vernichtet werden kann, dann werden die Fluktuationen in der Turbulenz (Energieüberschuss und -defizit) verständlicher.

Es gibt ein weiteres (makroskopisches) Phänomen in der Natur, bei dem die Wirbelbewegung wahrscheinlich eine Rolle spielt: die Bewegung von Spiralgalaxien. Einige Astronomen, die sich mit der Bewegung des Universums befassen, sind zu dem Schluss gekommen, dass es ein ernsthaftes Problem mit der Urknalltheorie und dem derzeitigen vereinfachten Verständnis der allgemeinen Relativitätstheorie gibt. Wäre die einfache Form der allgemeinen Relativitätstheorie gültig, müsste sich das Universum viel schneller ausdehnen als es der Fall ist. Als Lösung dafür wird die Existenz der sogenannten dunklen Materie postuliert – einer mysteriösen Substanz, die dazu führt, dass die theoretischen Modelle die heutige Realität widerspiegeln.

Wenn aber eine Gruppe englischer und portugiesischer Physiker, die an der Kosmologie forschen, recht haben (sie behaupten, dass die Energie nicht immer erhalten bleibt), werden das mysteriöse Verhalten und die Stabilität des Universums plötzlich verständlich. Hierzu ist genau die Denkweise nötig, die wir besprochen haben; nämlich, dass Energie manchmal entsteht und manchmal verschwindet. Denn die langsame Expansion des Universums, wie wir sie uns heute vorstellen, ist Physiklehrbüchern zufolge ein völlig instabiler Prozess. Nach dem heutigen Stand der Physik sind nur zwei Extremzustände erlaubt: Entweder dehnt sich das Universum explosionsartig mit hoher Geschwindigkeit aus – oder es kollabiert. Dieser statische, gleichgewichtsnahe Zustand wäre mit der Energie- und Impulserhaltung nur schwer vereinbar.

Wenn Galaxien jedoch allgemeine Spiralbewegungen im Weltraum ausführen, bleibt meiner Meinung nach die Energie nicht erhalten. Es entsteht ein selbst erregendes System, das auf sich selbst einwirkt und dabei in einigen Fällen in kosmischem Maßstab Energie erzeugt und in anderen Energie vernichtet. Die einfache Messung eines räumlichen Pendels, die einen Grundsatz der Mechanik infrage stellt, kann Widersprüche auflösen, die zum Beispiel Kosmologen und Ingenieuren, die sich mit Strömungen befassen, schon seit Langem Kopfzerbrechen bereiten.

Welche Beweise gibt es für die Erhaltung der Energie?

Allein die Idee, dass Energie und Impuls in einigen Fällen nicht erhalten bleiben, wird von fast allen theoretischen Physikern als Sakrileg betrachtet. Daher halte ich es für sehr wichtig zu prüfen, welche Behauptungen zu diesem Thema zu finden sind – ob in Universitätslehrbüchern oder in anderen guten Lehrbüchern. Welche Logik, welche Messungen werden hier verwendet, um die Erhaltung von Energie und Impuls zu untermauern? Wir wissen, dass man nicht zum Patentamt gehen und erwarten kann, dass ein Patent erteilt wird, wenn man behauptet, ein Perpetuum mobile erfunden zu haben – es gibt keine bessere Methode, sich den Zorn des Patentamtes zuzuziehen. Die Erhaltungssätze sind nicht nur die *fundamentalen Eckpfeiler* der theoretischen und der Experimentalphysik, sondern auch die der *Industrie* und damit der gesamten Wirtschaft und des *politischen Systems* (die Frage des Besitzes von Minen oder Ölquellen führte in der Geschichte zu vielen Kriegen). Wir werden später noch untersuchen, welche Auswirkungen die Energie- und speziell die Ölpolitik auf unser Leben hat – wobei der Leser dies wahrscheinlich schon weiß und spürt.

Sowohl die newtonschen Axiome als auch die Erhaltungssätze werden von der Physik als Gesetze betrachtet, die *für die gesamte Natur gelten*. Der wissenschaftliche Fortschritt hat die Gültigkeit der newtonschen Axiome allerdings in gewisser Weise etwas eingeschränkt. Für sehr kleine, subatomare Bereiche und für Geschwindigkeiten nahe der Lichtgeschwindigkeit wurde bereits experimentell nachgewiesen, dass die newtonschen Axiome nicht allgemeingültig sind. Es ist also legitim zu fragen, ob weitere Untersuchungen zu *weiteren Einschränkungen* der Gültigkeit der newtonschen Axiome führen könnten.

Man könnte meinen, dass wegen der Wichtigkeit der Frage sowohl die newtonschen Axiome als auch die Erhaltungssätze sehr sorgfältig und so gründlich wie möglich für alle denkbaren Fälle durch Messungen verifiziert worden und diese Ergebnisse für jedermann frei zugänglich seien. Allgemein gilt der Grundsatz, dass *außergewöhnlich wichtige Aussagen und Gesetze außergewöhnlich gründliche Beweise erfordern*. Schaut man jedoch in Lehrbüchern und der Fachliteratur nach, erlebt man schnell eine peinliche Überraschung: Man kann sehr viele innere Widersprüche und Ungereimtheiten um die newtonschen Axiome und um die Erhaltungssätze finden. Um das Ende vorwegzunehmen: Man stellt fest, dass die grundlegendsten Behauptungen der Naturwissenschaft eher auf *Glauben* als auf *experimentellen Ergebnissen* beruhen. Man kann sagen, dass die Gesetze, die für unser Leben am wichtigsten sind, gleichzeitig die *Gesetze* sind, die *am wenigsten experimentell untermauert und am fragwürdigsten sind.* Ich behaupte dies als das Ergebnis einer Analyse von über hundert Lehr- und Fachbüchern (eine Liste der Lehrbücher findet sich im Literaturverzeichnis von Band 3 der Buchreihe *Einführung in die Raumzeittechnologie*). Doch sehen wir uns nun die Ergebnisse der Analyse im Detail an.

Die erste Überraschung bei der Durchsicht der Bücher und Fachzeitschriften war, dass es kaum Veranschaulichungen von Experimenten und Anordnungen gibt, die eine experimentelle Überprüfung der drei newtonschen Axiome oder des Energieerhaltungssatzes ermöglichen. In den Mechanikbüchern wird die Diskussion dieser wichtigen Gesetze zügig abgeschlossen. Es entsteht der Eindruck, dass es sich um ein »totes« Thema handelt, an dem es nichts mehr zu rütteln gibt. In Universitätslehrbüchern finden sich höchstens ein oder zwei Diagramme mit dem Aufbau möglicher theoretischer Experimente. Bei diesen fällt sofort auf, dass die Experimente in der Regel entweder mit einer geradlinigen oder einer Kreisbewegung durchgeführt werden. Abbildung 9 zeigt die möglichen Aufbauten für die experimentelle Überprüfung des 2. newtonschen Axioms, Abbildung 10 einen Aufbau zur Überprüfung des Gegenwirkungsprinzips. Bei *keinem einzigen* Experiment (weder bei denen mit festen Stoffen, noch bei solchen mit flüssigen) wird

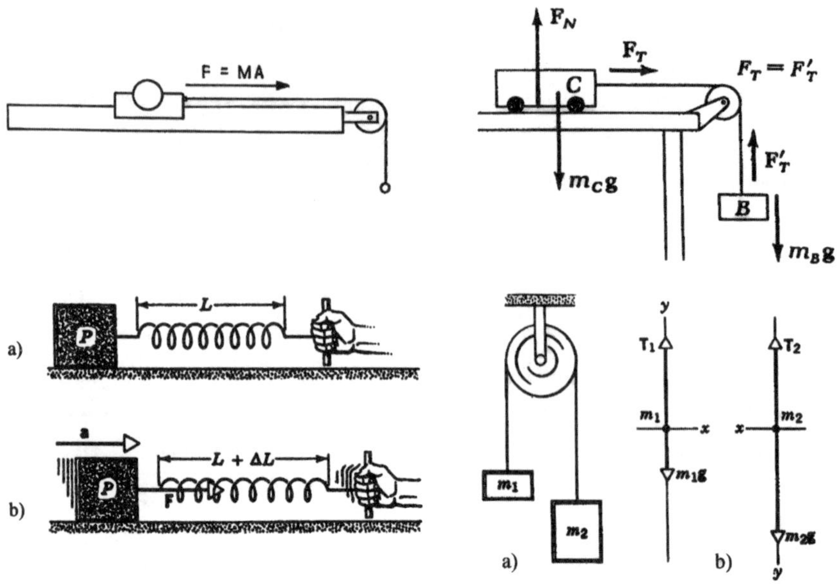

Abb. 9: Einige Skizzen aus Lehrbüchern zur Überprüfung des 2. newtonschen Axioms. Kraft und Weg sind überall parallel, weshalb diese Fälle nicht allgemein genug sind.

vorgeschlagen, dieses auch für eine *allgemeine Bewegung* durchzuführen und damit die Gleichung $F = \dot{p}$ auch für allgemeine Fälle zu überprüfen.

In den gezeigten Versuchsanordnungen liegen Kraft, Geschwindigkeit und Beschleunigung *auf einer Geraden*. In der Natur ist dies aber eher die Ausnahme; hier ist die geradlinige Bewegung ein *Sonderfall*. Nur auf diesen Fällen basierend sollte man die grundlegendsten Naturgesetze nicht verallgemeinern.

Genau das gleiche Problem tritt bei der Beschreibung des Gegenwirkungsprinzips auf – hier ist die Situation vielleicht sogar noch schlimmer. Es gibt auch Beispiele in Lehrbüchern, bei denen sich die beiden Körper überhaupt nicht bewegen, also nur statische Kräfte und Gegenkräfte wirken. Wenn es um die Gesetze der *Dynamik* geht, ist es aber ein grober Fehler, nur *statische* Fälle zu zeigen. In Abbildung 10 sehen wir, dass selbst in den Fällen, in denen es überhaupt eine Bewegung gibt (den dynamischen Fällen), Kraft und Geschwindigkeit

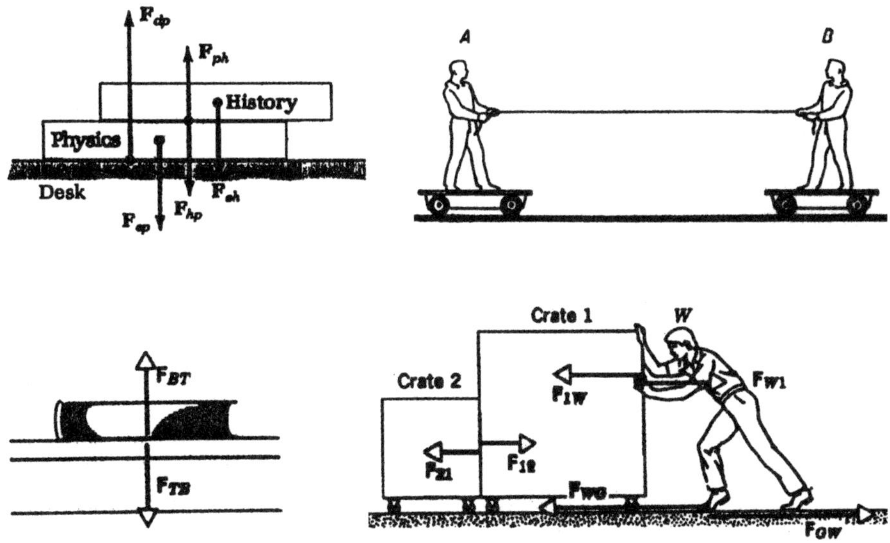

Abb. 10: Einige Lehrbuchvorschläge für die experimentelle Untersuchung des 3. newtonschen Axioms

wieder auf einer Geraden liegen, was wiederum ein absoluter Sonderfall und lediglich eine extrem kleine Gruppe aller möglichen Fälle ist. Auf der Grundlage dieser kleinen Gruppe sollte man lieber kein allgemeines, jederzeit gültiges Gegenwirkungsprinzip formulieren. Es ist nicht so, dass nur die in den Büchern gezeigten einfachen Fälle möglich sind; eine Kraft kann auf viele verschiedene Weisen auf eine Masse einwirken. Die Erfahrung einiger spezieller, einfacher Fälle wie der geradlinigen oder der Kreisbewegung lässt sich nicht zu einem allgemeingültigen Gesetz umformen.

So wird das Gegenwirkungsprinzip oder die Impulserhaltung gerne mit Massen auf Luftkissentischen mit geringer Reibung demonstriert. Luftkissentechnik ist aber ohnehin nur auf ebenen Gegenständen implementierbar. Auf Schienen mit einer allgemeinen Form kann die Technik wegen der veränderlichen Bahnkrümmung nicht benutzt werden. Die Demonstration soll die Impulserhaltung ganz allgemein und uneingeschränkt akzeptabel machen, auch wenn das Experiment nur auf einer geraden Strecke mit kontinuierlichen Symmetrien durchgeführt wurde.

Schon bei diesen Experimenten und Illustrationen drängt sich der Verdacht auf, dass denjenigen, die aus diesen Spezialfällen allgemeine Schlüsse gezogen haben, ein fataler Fehler unterlaufen ist. *Wir können ein Naturgesetz nur akzeptieren, wenn wir auch die Grenzen seiner Gültigkeit festlegen.* In der Naturwissenschaft ist dies ein allgemein akzeptierter, notwendiger Schritt, und wenn wir behaupten, dass ein Gesetz keine Gültigkeitsgrenzen hat – wie bei den newtonschen Axiomen –, muss dies durch experimentelle Ergebnisse untermauert werden. Es ist ersichtlich, dass in den Lehrbüchern die Notwendigkeit einer Kategorisierung nach Symmetrie übersehen wurde und die Fälle geradliniger, manchmal auch kreisförmiger Bewegungen mit guten Absichten, aber trotzdem *fehlerhaft verallgemeinert* wurden.

Die vielleicht einfachste Umsetzung eines sehr allgemeinen Falls ist das dreidimensionale Doppelpendel, das in Abbildung 4 skizziert ist. Hier variiert die aktive Kraft von Punkt zu Punkt, und daher ist der Impuls zu jedem Zeitpunkt unterschiedlich. Ein weiteres Manko der Lehrbücher ist, dass nur einige von ihnen den Zusammenhang zwischen den newtonschen Axiomen und den Erhaltungssätzen aufzeigen; vielleicht haben einige Autoren nicht bemerkt, dass die *newtonschen Axiome die Erhaltungssätze ausdrücken.* Nach der Durchsicht von mehr als hundert Lehr- und Fachbüchern ist klar, dass es nicht nur Widersprüche in der Struktur der Mechanik gibt, wie sie von den verschiedenen Autoren aufgebaut wird, sondern dass auch die *Verknüpfung des Geltungsbereichs der Gesetze und der Symmetrien* völlig fehlt – so wie oft auch die Beschreibung der Beziehung zwischen den newtonschen Axiomen und den Erhaltungssätzen.

Wir sind hier also mit zwei Arten von groben Fehlern konfrontiert: Zum einen ist das theoretische Fundament aufgrund des Ignorierens der Symmetrien schwach, und zum anderen gibt es keine experimentelle Grundlage für allgemeine Fälle. Bei keiner einzigen Messung findet man eine Angabe der Messunsicherheiten, mit denen das 2. oder das 3. newtonsche Axiom in einem gegebenen Versuchsaufbau verifiziert werden konnte. Nicht nur, dass dies nicht angegeben wird; es findet sich auch *kein Hinweis darauf, dass jemals irgendjemand eine solche Messung durchgeführt hat und wie die Ergebnisse aussahen, wenn solche Messungen durchgeführt worden waren. Es wird auch nicht erwähnt, wo Aufzeichnungen solcher Messungen zu finden wären.* Die einzige hochwertige Zeitschrift, die sich mit solch grundlegenden Fragen beschäftigt, ist das *American Journal of Physics*, das noch heute – vielleicht als Letzter – gelegentlich die wichtigsten Fragen der klassischen Physik diskutiert. Aber selbst diese exzellente Zeitschrift liefert keine zufriedenstellende Menge an Experimenten zu diesem Thema, und die dort beschriebenen Experimente sind nicht von ausreichender Tiefe. Es wurden lediglich ein paar Demonstrationen veröffentlicht. ***Die logische und experimentelle Grundlage unserer fundamentalen physikalischen Gesetze kann also als unzureichend bezeichnet werden.***

Unsere Zweifel wachsen, wenn wir die theoretischen und experimentellen Grundlagen der Energie-, Impuls- und Drehimpulserhaltung vertiefen und die Zusammenhänge verstehen wollen. Hier sehen wir uns mit der gleichen Oberflächlichkeit konfrontiert wie bei der Begründung der newtonschen Axiome. Die Erhaltungssätze werden meist mit der Erhaltung der Energie, genauer gesagt mit der Erhaltung der mechanischen Energie eingeführt. Dieser Aufbau ist auch logisch. Was jedoch in der Regel fehlt, ist die Herleitung der Erhaltungsgesetze aus den newtonschen Axiomen und der Hinweis, dass, wenn zum Beispiel das 2. und 3. newtonsche Axiom ungültig sind, auch die Energie- und Impulserhaltung nicht erfüllt werden. Eigentlich müsste es umgekehrt sein, denn *es sind die Erhaltungssätze, die fundamental sind*, da sie mit den Symmetrien zusammenhängen.

Das grundlegende Problem der Mechanik, wie sie heute unterrichtet wird, ist, dass sie nicht logisch aufgebaut wird, weil sie nicht symmetrieorientiert unterrichtet wird. Symmetrien sollten als *Supergesetze* verstanden werden. Es sind Gesetze, die den Gültigkeitsbereich anderer Gesetze festlegen. Die Symmetrien eines Prozesses entscheiden, welche Phänomene bei diesem Prozess auftreten können. In einem ganz allgemeinen Fall ohne Symmetrie sind die Bewegungsgesetze beispielsweise nicht durch die newtonschen Axiome gegeben, sondern durch viel allgemeinere Gleichungen, die noch nicht im Detail bekannt sind. Betrachtet man einfachere Bewegungen, bei denen sowohl für Kraft- als auch für Impulsänderungen kontinuierliche Symmetrien gelten, gehören die Bewegungen zu einer Untergruppe von Bewegungen, und in diesem Fall reichen newtonsche Axiome aus, um die Bewegung zu beschreiben. Es bleiben auch die Energie, der Impuls und der Drehimpuls erhalten.

In jedem Fall ist also die Kenntnis der Symmetrien der Bewegung das Wichtigste. Von diesen Symmetrien hängt es ab, welche physikalischen Gesetze die Bewegung beschreiben. ***Die Symmetrien sind also Gesetze, die über anderen Gesetzen stehen. Sie zeigen uns, welche Formeln und Gesetze für die Beschreibung der einzelnen Prozesse verwendet werden müssen***. Das Vergessen (Verwischen?) oder die Zurückweisung dieses Begriffssystems hat zu einer Reihe von Tragödien geführt, die zur offiziellen Ablehnung der Überschussenergiemaschinen und damit zum Elend von Millionen von Menschen geführt haben.

Was bedeutet das für die Praxis? In der Mechanik müssen die Gesetze, welche die Bewegung eines Massepunktes beschreiben, unter Berücksichtigung der Symmetrien der Bewegung gewählt werden. Für unbewegte Massen verwendet man statische Gesetze (dies sind die einfachsten Gesetze), wie zum Beispiel das newtonsche Gravitationsgesetz. Für Bewegungen mit kontinuierlichen Symmetrien (beispielsweise ebene Bewegungen) gelten die newtonschen Axiome. Für Fälle ohne kontinuierliche Symmetrie gelten die Erhaltungssätze nicht (beispielsweise bei einem Tornado). Auf diese Weise zeigen uns die Symmetrien (die Gesetze über Gesetzen) einer Bewegung, welches physikalische Gesetz zur Beschreibung des Phänomens verwendet werden muss.

Wenn eine Bewegung über mindestens eine kontinuierliche Symmetrie verfügt, ergibt sich eine interessante Situation: Die newtonschen Gesetze lassen sich aus den Erhaltungssätzen ableiten – dies ist aber auch in die andere Richtung möglich. Bleibt dagegen bei einer Bewegung keine Symmetrie übrig, ist die Situation ebenfalls eindeutig: Wir können nur von den »Supergesetzen«, also den Symmetrien ausgehen – so wird klar, dass es bei vollständiger Symmetriebrechung auch keine Energieerhaltung gibt, und natürlich verlieren in diesen Fällen auch die newtonschen Axiome ihre Gültigkeit.

Das Fehlen dieses Konzepts zeigt sich auch deutlich in der Art und Weise, wie Physikbücher geordnet sind: Sie folgen der historischen Reihenfolge der Entdeckungen. Es werden also zuerst die newtonschen Axiome behandelt und erst dann die Erhaltungssätze. Obwohl das Konzept der Symmetrie seit über

100 Jahren bekannt ist, wird die falsche historische Struktur immer wieder übernommen. Man hat nichts aus der Elementarteilchenphysik gelernt, in der die Bedeutung der Symmetrien und ihre Allgemeinheit bei allen Teilprozessen bereits bekannt ist. In der theoretischen Physik zeigt sich die Armut des Denkens und der Mangel an analytisch-kritischem Denken in den seit Jahrhunderten unveränderten Aspekten der Diskussion der klassischen Physik.

Die Erhaltungssätze

Es ist ein merkwürdiger Widerspruch, dass die Patentämter im Allgemeinen nicht zögern, Patente zu erteilen, die der Impulserhaltung widersprechen, obwohl es ihres Wissens nach keine experimentellen Beweise dafür gibt, dass diese nicht gelten würde. Gleichzeitig werden keine Patente für funktionierende Erfindungen erteilt, die der Energieerhaltung widersprechen (ich habe hier absichtlich nicht »Gesetz« geschrieben). Die »heilige Kuh« der Physik ist die Energieerhaltung. Sie ist sogar so heilig, dass nicht einmal elementare Überlegungen angestellt werden; dieser Bereich *ist von Vorurteilen* und nicht von Denken geprägt. Erst einmal sollte geklärt werden, was der Begriff der Energie überhaupt bedeutet. Energie wird gemeinhin (fälschlicherweise) mit der Fähigkeit der Arbeitsverrichtung gleichgesetzt. Energie wird zwar verwendet, um Arbeit zu verrichten, aber dies ist nicht ihr physikalisches Wesen. Es ist ein großer Fehler, nicht klar zwischen dem zu unterscheiden, woraus etwas besteht und wofür es eingesetzt wird. Wir wissen, dass ein Löffel zum Beispiel aus Metall besteht und wir ihn zum Essen benutzen – es gibt einen Unterschied zwischen Zusammensetzung und Verwendungszweck. Bei der Energie (und dem Impuls) wird diese Unterscheidung meist nicht gemacht. Ein Gesteinsbrocken mit einer Temperatur von minus 20 °C hat zwar auch Energie, aber es könnte schwer sein, Arbeit mit ihm zu verrichten. Dem Begriff der Energie müssen wir uns also aus einer anderen Richtung nähern.

Der Begriff der Energie ist ein viel abstrakteres und schwierigeres Konzept, als wir vielleicht vermuten würden. Er wird in erster Linie zur Beschreibung der Symmetrie der Bewegung eines Prozesses verwendet. Hier muss seine Definition gesucht werden. Es ist in erster Linie die Charakterisierung der kinetischen Energie, die von Interesse ist, da beispielsweise chemische oder statische, starre Phänomene durch potenzielle Energie gekennzeichnet sind. Bei Prozessen, die durch Bewegung und Veränderung beschrieben werden, ist es jedoch die *Zeittranslationssymmetrie* des Prozesses, die von Bedeutung ist und den Prozess charakterisiert. Dies gilt nicht nur in der Mechanik, sondern auch in der Elektrodynamik.

In den besseren Physikbüchern heißt es beispielsweise zum Satz von der Erhaltung der mechanischen Energie, dass dieser *gültig ist, wenn die resultierende der freien Kräfte, die auf die Masse wirken, eine konservative Kraft ist.* Dies ist die einzig genaue und gute Formulierung, die man in modernen Physikbüchern überhaupt findet. Diese Definition bringt uns aber kein Stück weiter. Konservative Kraftfelder werden nämlich als Kraftfelder definiert, in denen die Energieerhaltung für jeden Prozess gilt. Der Satz könnte also wie folgt zusammengefasst werden: Wo Energie erhalten bleibt, bleibt sie erhalten. Diese Definition ist daher in der Praxis völlig unbrauchbar. Es wird nicht gesagt, warum die Energie und der Impuls erhalten bleiben, sondern nur, dass sie erhalten bleiben. Es wird jedoch eine für uns äußerst wichtige »Gesetzeslücke« aufgezeigt, auf die die Physiklehrbücher nicht weiter eingehen.

Die Definition besagt, dass die Energie *nur in konservativen Kraftfeldern erhalten bleibt.* In nicht konservativen Kraftfeldern wie beispielsweise Wirbelfeldern oder geschwindigkeits- oder zeitabhängigen Feldern muss die Energieerhaltung nicht gelten. In Lehrbüchern wird bei dem Thema nicht konservative Kraftfelder oft kurz auf die Reibung eingegangen und erwähnt, dass in konservativen Kraftfeldern die Energieerhaltung für Bewegungen auf einer ruhenden Ebene oder einer Kurve gilt. Die Möglichkeit, mit nicht konservativen Kraftfeldern einen vollständigen Verlust der Symmetrien und damit die Nichterhaltung der Energie herbeizuführen, wird jedoch nicht beschrieben. Manchmal wird erwähnt, dass es sich hier um komplizierte Fälle handelt, aber nirgends wird eine tiefere Diskussion geführt oder darauf hingewiesen, dass die Gültigkeit der Erhaltungssätze für nicht konservative Kraftfelder mit beweglichen Randbedingungen noch ungeklärt ist.

Leider liest man nur in den seltensten Fällen eine vereinfachte, verständlichere Version des Noether-Theorems, die dem Leser das physikalische Wesen der Energie näherbringen würde. Die Autoren ignorieren trotz ihrer guten Absichten meist die wichtigste Tatsache. Diese ist aber die Grundlage für Wissenschaft, Technik und Technologie und damit auch für die Wirtschaft. So versteht der Leser das Wesen und die Bedeutung dieses Konzepts dann auch nur selten – wie auch, wenn die Autoren es oft wahrscheinlich selbst nicht verstehen? Das Patentamt befasst sich nicht mit Erfindungen, bei denen der Erfinder behauptet, er habe Überschussenergie erzeugt, weil das Gesetz der Energieerhaltung dies nicht zulässt. Das Verbot bezieht sich jedoch nur auf konservative Kraftfelder. Nicht konservative Kraftfelder, zeitlich veränderliche, bewegliche Randbedingungen – das wage ich offen zu behaupten – werden in Lehrbüchern und Fachartikeln nicht behandelt; dies ist ein Niemandsland. Alle Maschinen, die Überschussenergie erzeugen, arbeiten auf diesem Gebiet, das jenseits des Sichtfeldes und der Reichweite der modernen Wissenschaft liegt. Warum aber wird dieser Bereich nicht von der »offiziellen Wissenschaft« abgedeckt?

Dieser grobe Fehler lässt sich vielleicht auf zwei Gründe zurückführen. Erstens auf den enormen Dogmatismus und Traditionalismus, der schon immer in der Naturwissenschaft vorhanden war, und zweitens auf die Tatsache, dass es nie einen Hunger nach experimentellen Ergebnissen gegeben hat und das Wort eines angesehenen Forschers oft mehr wert ist als die Messergebnisse aus der Natur. Umstrittene Fragen sollten jedoch immer vom obersten Gerichtshof, also der Natur selbst, entschieden werden. Hier müssen die Fragen als Experimente formuliert werden. Das Verständnis des Symmetriekonzepts ist unerlässlich, wenn wir der Natur sinnvolle Fragen stellen wollen. Schlecht konzipierte Experimente, also sinnlose Fragen, führen schließlich zu sinnlosen oder irreführenden Antworten.

Die Grenzen der experimentellen Arbeit

Experimente spielen eine grundlegende Rolle beim Verständnis von Naturprozessen, unsere technischen Möglichkeiten sind aber stets begrenzt. An diesem Punkt müssen die Experimentalphysiker freigesprochen werden, denn bis vor Kurzem war es *nicht möglich, den Energieerhaltungssatz der Mechanik für einen allgemeinen Fall experimentell zu überprüfen.* Die Erhaltungssätze konnten bisher nur für einen sehr einfachen Spezialfall verlässlich getestet werden. Meistens geschah dies auf einer geraden oder einer Kreisbahn (Abbildung 11).

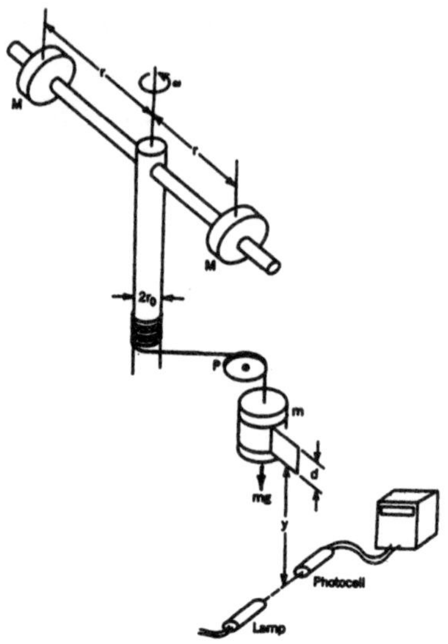

Abb. 11: Überprüfung der Energieerhaltung durch Messung einer beschleunigten Kreisbewegung. Auch dieser Fall ist nicht allgemein genug.

Um die Gesamtenergie eines Körpers zu messen, muss seine Position zu jedem Zeitpunkt bekannt sein, denn daraus lassen sich seine Geschwindigkeit, seine Winkelgeschwindigkeit und damit auch seine Lage- (potenzielle) und Bewegungsenergie (kinetische) berechnen. In der Praxis ist es natürlich nie möglich, die Position einer Masse zu jedem Zeitpunkt zu messen, aber bei niedrigen, »alltäglichen« Geschwindigkeiten reicht es aus, zum Beispiel nur jede Millisekunde eine Messung durchzuführen. Dies erfordert jedoch die Verarbeitung riesiger Datenmengen, was erst seit einigen Jahren präzise und relativ kostengünstig durchgeführt werden kann.

Die großen Wissenschaftler vergangener Zeiten wie Newton und Euler oder auch die Experimentalphysiker des frühen 20. Jahrhunderts hatten *keine Möglichkeit, die Energie von Massen zu messen, die sich auf allgemeinen Bahnen bewegen.* Dies ist erst seit dem Aufkommen von Datenverarbeitungssoftware und

Datenerfassungskarten möglich. *Ohne die Hilfe von Elektronik ist diese Aufgabe unlösbar*, weshalb ich den Experimentalphysikern verzeihen kann – nicht aber den Theoretikern, denn diese hätten die Bedeutung der Symmetrien und die Problematik der nicht konservativen Kraftfelder in der klassischen Physik schon lange erkennen müssen.

Die Entwicklung von Hochgeschwindigkeits-Mehrkanalmesskarten und der dazugehörigen Datenverarbeitungssoftware begann in der Militär- und Nukleartechnik. Schon vor etwa 25 Jahren hätten es die Geschwindigkeit und die Genauigkeit der Computer ermöglicht, in großen Forschungslabors Experimente durchzuführen, die vorher technisch unmöglich waren. Dies geschah jedoch mangels theoretischen Interesses nicht. Unseres Wissens nach waren wir (Csőkör und der Autor selbst) also die Ersten, die (wie bereits beschrieben) die Energieerhaltung einer Masse in einem recht allgemeinen Fall durch Messungen überprüft haben.

Beim Lesen der Fachliteratur wird deutlich, dass das Bedürfnis, solche Messungen durchzuführen, nicht bestand, und Ideologien erfunden wurden, um zu erklären, *warum diese gar nicht durchgeführt werden müssen*. Laut einem der wenigen Bücher, die sich überhaupt mit den experimentellen Grundlagen der Naturgesetze befassen, reicht es aus, nur die vier grundlegenden Wechselwirkungen (Gravitation, Elektromagnetismus, starke Wechselwirkung und schwache Wechselwirkung) zu untersuchen, da jede Art von Bewegung mithilfe dieser Wechselwirkungen beschrieben werden kann. Wenn wir also feststellen, dass zum Beispiel bei gravitativen oder elektrodynamischen Prozessen Energie und Impuls erhalten bleiben, lohnt es sich nicht, sich mit Maschinen zu beschäftigen, die versuchen, diese zu umgehen. Mehrere Autoren behaupten außerdem, dass sich nie ein Physiker mit einem Perpetuum mobile beschäftigen wird.

Es gibt jedoch einen erstaunlich groben Fehler in dieser Argumentation, der hätte vermieden werden können, wenn die Autoren jemals ein Buch über Mechanik aufmerksam gelesen hätten. Wie bereits erwähnt, steht in besseren Physiklehrbüchern, dass die Energieerhaltung *nur in konservativen Kraftfeldern gültig ist*, nicht aber in nicht konservativen wie Wirbelfeldern oder auch zeit- oder geschwindigkeitsabhängigen Kraftfeldern. Nun beruhen die vier grundlegenden Wechselwirkungen alle auf konservativen Kraftfeldern. Dies bedeutet aber nicht, dass sie nicht auch zur Erzeugung von nicht konservativen Kraftfeldern genutzt werden können. Ein Beispiel dafür ist die Lorentzkraft. Man könnte diesen Irrtum als schwindelerregenden Dilettantismus bezeichnen. Hat etwa noch kein theoretischer Physiker gemerkt, dass es nicht nur konservative Kraftfelder gibt? Mithilfe von Symmetrien kann man auch einen Prozess planen, bei dem mehrere nicht konservative Kraftfelder verwendet werden und ein resultierendes Kraftfeld entsteht, welches über keine kontinuierliche Symmetrie mehr verfügt. Dann wird weder die Energie noch der Impuls oder der Drehimpuls erhalten bleiben.

Milton A. Rothman schreibt auf Seite 205 seines Buches *Discovering the Natural Laws*: »... wir kommen also zu dem Schluss, dass das Verhalten aller Elementarteilchen durch die vier fundamentalen Wechselwirkungen zwischen Paaren von Objekten bestimmt wird.« Dies ist das grundlegende Paradigma der Physik des 20. Jahrhunderts. Ich bedaure, hinzufügen zu müssen, dass es völlig falsch ist. Rothman fährt fort: »Die Milliarden von Kollisionen, die in den Experimenten mit Teilchenbeschleunigern beobachtet wurden, beweisen das Standardmodell, das Grundprinzip der Teilchenphysik.« Jeder Ingenieur weiß jedoch, dass es in der Welt außerhalb des Teilchenbeschleunigers Wirbelfelder gibt, und selbst in Teilchenbeschleunigern gibt es eine Lorentzkraft, die geschwindigkeitsabhängig ist. Diese Vorstellung erscheint also wenig plausibel. Da alle Materie aus Elementarteilchen besteht, gibt es nach Ansicht der Physiker keinen Prozess, für den das Gesetz der Energieerhaltung nicht gelten würde. Es gibt jedoch kein Gesetz, das besagt, dass wir keine nicht konservativen Kraftfelder aus einer Kombination dieser fundamentalen Wechselwirkungen erzeugen könnten. Das ändert vieles.

Zusammenfassend sehen wir ein trauriges Bild. Die theoretischen Grundlagen der klassischen Mechanik sind teilweise unvollständig, wichtige Verallgemeinerungen sind falsch, experimentelle Grundlagen sind schwach oder gar nicht vorhanden. Selbst in der Physik auf Gymnasialniveau lässt sich ein systematisches Drumherumreden beobachten, das tragische Schäden und großes Elend verursacht hat. Solange wir die Ursache dieser Probleme nicht beseitigen, werden wir die Entwicklung der Wissenschaft und der Technologie und damit auch die der Wirtschaft blockieren.

Elektrodynamik und Symmetrie

Was gerade über die Mechanik gesagt wurde, mag etwas abstrakt und schwierig erscheinen, aber den schwersten Teil und die Hauptsache haben wir nun hinter uns. Vielleicht wird das alles klarer, wenn wir vom Standpunkt der Symmetrie aus den Weg in die andere Richtung gehen und versuchen, die Prozesse der *Elektrodynamik* auf die gleiche Weise zu verstehen. Es wird also darum gehen, dass wir die Symmetrien von Phänomenen und Prozessen verschwinden lassen. Man wird sehen, dass jede Reduktion mit dem Auftreten eines neuen Effekts oder Prozesses einhergeht. Wir werden versuchen, die Symmetrien so lange zu reduzieren, bis keine mehr übrig bleibt. Wir werden nun erneut die in Teil I eingeführte Symmetriekarte verwenden, um die klassische Physik zu erkunden.

Elektrizität wurde von der Menschheit zum ersten Mal in Form von Reibungselektrizität wahrgenommen – und zwar durch Zufall. Man muss lediglich ein gutes Isoliermaterial (beispielsweise Bernstein, Glas, Harz oder Teer) reiben und schon zeigen die von der Oberfläche gelösten Elektronen, dass die Materie nicht nur eine Masse, sondern auch elektrische Ladung haben kann. Abbildung 12 zeigt den einfachsten und schnellsten Weg zu einem vollständigen Symmetrieverlust.

Der Symmetrieverlust, der mit der Rotationsbewegung einhergeht, ist hier nicht aufgeführt, weil er in einem anderen Abschnitt behandelt wird. Wenn also die Ladungen auf einem Stab von einem Ort zu einem anderen übertragen werden, sind die Auswirkungen der Ladungen auf den bis dahin neutralen Körper sofort sichtbar. Dadurch haben wir eine *Spiegelsymmetrie verschwinden lassen*; ein Spiegel, der vor dem Reiben in der Mitte des Stabes platziert wurde, zeigte das gleiche Bild, wie die Realität hinter ihm. Wenn wir jedoch die Ladungen von einer Seite des Stabes auf die andere übertragen, verschwindet die Spiegelsymmetrie und durch die Ladungstrennung entsteht ein *elektrisches Feld*.

Der alten Denkweise zufolge, nach der es nur elektrisch neutrale Körper gibt, erscheint das Reiben sinnlos – es gibt demnach ja keine Ladungen, die dadurch übertragen werden könnten. Wenn man aber weiß, dass elektrische Ladungen existieren (und genau das hat uns dieses Experiment gezeigt), erscheint es sinnvoll, Ladungen zu übertragen, also die Spiegelsymmetrie aufzuheben. Natürlich hat die Erforschung der Elektrostatik nicht aus diesem

Grund begonnen, sondern hauptsächlich zur Unterhaltung des französischen Adels – damals war Elektrizität nur »Show«.

Die alten Griechen blieben an diesem Punkt stehen. Sie interessierten sich nicht sonderlich dafür, was wäre, wenn die Ladungen nicht stillstehen, sondern sich bewegen würden (archäologische Funde belegen, dass im alten Ägypten und Mesopotamien Voltasäulen bekannt waren, mit denen bewegte Ladungen erzeugt werden können. Dieses Wissen ist jedoch in Vergessenheit geraten). Tausende von Jahren später, wiederum durch Zufall, wurde in Italien durch die Arbeiten von Luigi Aloisio Galvani und Alessandro Volta entdeckt, dass das Eintauchen von Metallplatten mit unterschiedlichen chemischen Eigenschaften in saure oder basische Flüssigkeiten einen elektrischen Strom erzeugt, der mit der Elektrizität, die durch Reiben erzeugt wird, *identisch* ist. Die Ladungen können also unabhängig von ihrer Erzeugungsart auf die gleiche Weise in Kondensatoren gespeichert werden und Metalle leiten die Elektrizität auf die gleiche Weise. Es ist jedoch eine wichtige Erscheinung zu beachten: Um die Ladungen, die sich in einem Leiter bewegen, *entsteht ein Magnetfeld.*

Auch dies entdeckte der dänische Wissenschaftler Ørsted durch Zufall. Hätte er die Eigenschaften der Symmetrie gekannt, hätte er nicht jahrelang in Vorlesungen

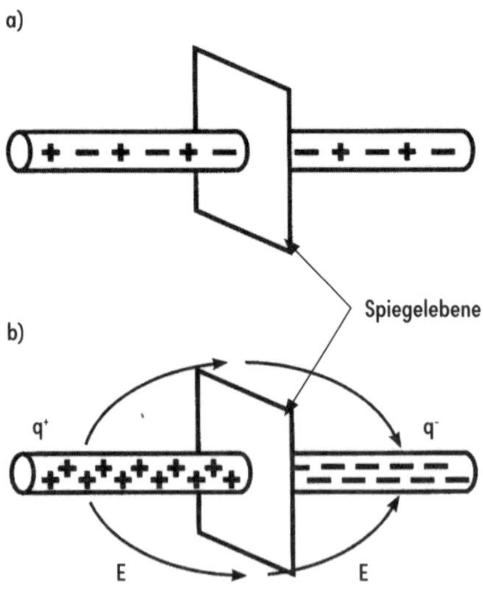

Ladungsneutraler Stab – spiegelsymmetrisch

Wegen der Brechung der Spiegelsymmetrie erscheint das (zeitlich unveränderliche) elektrische Feld ($\dot{q}=0$)

c)

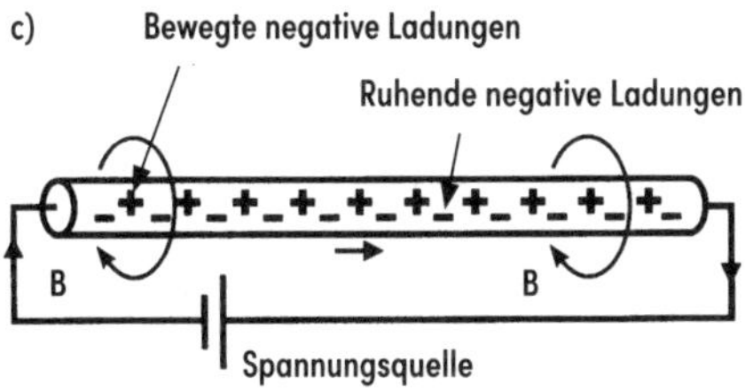

Zeitlich konstanter elektrischer Strom ($\dot{q} \neq 0$) führt ebenfalls zu Symmetrieverlust, es entsteht jedoch das zeitlich konstante Magnetfeld. Somit ist noch eine kontinuierliche räumliche Translationssymmetrie im System enthalten (bis hier gilt das Galileische Relativitätsprinzip).

d)

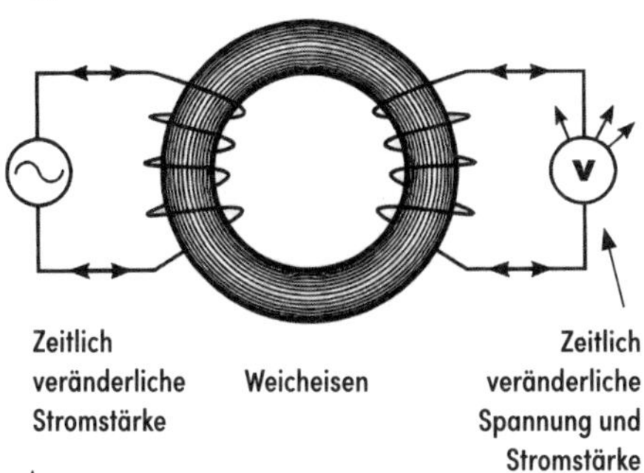

Bei der Brechung weiterer Symmetrien des elektrischen Stromflusses ($\ddot{q} \neq 0$) erscheint die elektromagnetische Induktion, die Wirbelströme verursacht. Bei harmonischer Anregung werden auch elektromagnetische Wellen erzeugt. Die entstehenden elektrischen und Magnetfelder haben noch kontinuierliche Symmetrien (bis hier gilt die spezielle Relativitätstheorie).

Grenze der heutigen Physik

Weitere Möglichkeiten

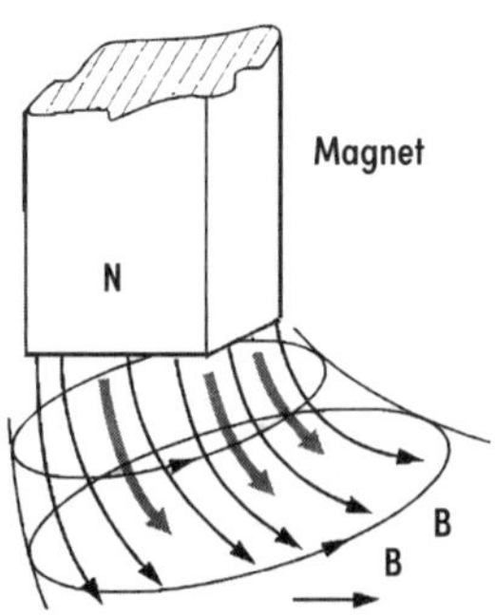

Brechung aller kontinuierlicher Symmetrien der Felder (auch der zeitlichen) durch Feldverzerrung. Dies verzerrt auch die Raumzeit. Die Erhaltungssätze sind dann nicht mehr gültig (bis hier gilt die Dobósche Relativitätstheorie).

Um eine, zwei oder drei Achsen rotierende elektrische Ladungen (Experimente von Ehrenhaft und Michajlow), Magnetstrom

Erzeugung von elektromagnetischen Longitudinal- und Torsionswellen

Abb. 12: Die bekannten und unbekannten Effekte der Elektrodynamik. Jeder Effekt erscheint nach einer Symmetriebrechung. E: elektrische Feldstärke, B: magnetische Flussdichte, q: elektrische Ladung, $\dot{q}$: Änderungsrate der elektrischen Ladung (elektrische Stromstärke), $\ddot{q}$: Änderungsrate des elektrischen Stroms, N: Nordpol.

vorführen müssen, dass elektrischer Strom und Magnetismus nichts miteinander zu tun haben. Welche Symmetrie muss also gebrochen werden, damit dieses Phänomen auftritt? Hier haben wir eine Zeittranslationssymmetrie eliminiert, denn in der Statik gibt es keine Ladungsströmung – sonst würde es sich ja nicht mehr um Statik handeln. Als wir begannen, die Ladungen zu verschieben, verschwand diese Invarianz. Dies bringt eine paradox erscheinende Tatsache mit sich. Wenn beispielsweise ein Eisenbahngleis elektrisch aufgeladen wird, wird ein Beobachter, der neben dem Gleis steht, nur ein elektrisches Feld messen können. Würde man diesen Vorgang jedoch von einem Auto aus beobachten, das an dem Gleis entlangfährt, hätte der Prozess für den Beobachter andere Symmetrien und man könnte zusätzlich ein Magnetfeld messen – obwohl kein Strom im Metall fließt (die Ladungen bewegen sich nicht entlang der Schiene). Nur der Beobachter bewegt sich, und auf diese Weise bewegen sich die Ladungen nur *relativ zu dem Beobachter*.

Die alte, statische Denkweise sagt uns, dass es sinnlos ist, die Ladungen zu bewegen. Diese müssen nur einmal durch mechanische Arbeit (durch Reiben) an einen anderen Ort gebracht werden – es ist ja nichts Neues zu erwarten. Der Ansatz der Symmetriereduktion hingegen sagt uns, dass, wenn wir die Ladungen bewegen (oder uns relativ zu ihnen bewegen), aufgrund der Symmetriereduktion wieder ein neues Phänomen auftritt – dies ist das Magnetfeld. Genauso würde es sich lohnen, die Ladungen zu rotieren, aber die klassische Physik ist noch nicht so weit ...

Gehen wir nun den Weg der Symmetriebrechungen weiter, denn es ist ja nicht zwingend erforderlich, dass sich die Ladungen mit konstanter Geschwindigkeit oder konstanter Flussdichte bewegen. Wenn die Ladungen in den Leitern *beschleunigt* werden, entsteht wieder ein neues Phänomen, das der Induktion, und es musste lediglich die *zeitliche Konstanz* des Prozesses aufgehoben werden, um dieses Phänomen auftreten zu lassen. Die Aufhebung der zeitlichen Symmetrie des bis dahin stationären Phänomens (konstanter, unveränderter Strom) zeigt also Ergebnisse. So ist man, leider *wieder nur durch Zufall*, durch die Beobachtung von Faraday und Henry zum Begriff der Induktion gekommen. Man hat nicht bemerkt, dass wieder einmal die Aufhebung einer Zeittranslationssymmetrie zu einem neuen Phänomen geführt hat. Die klassische Physik ist an diesem Punkt ***stehen geblieben*** und hat nicht bemerkt, dass alle bisher besprochenen

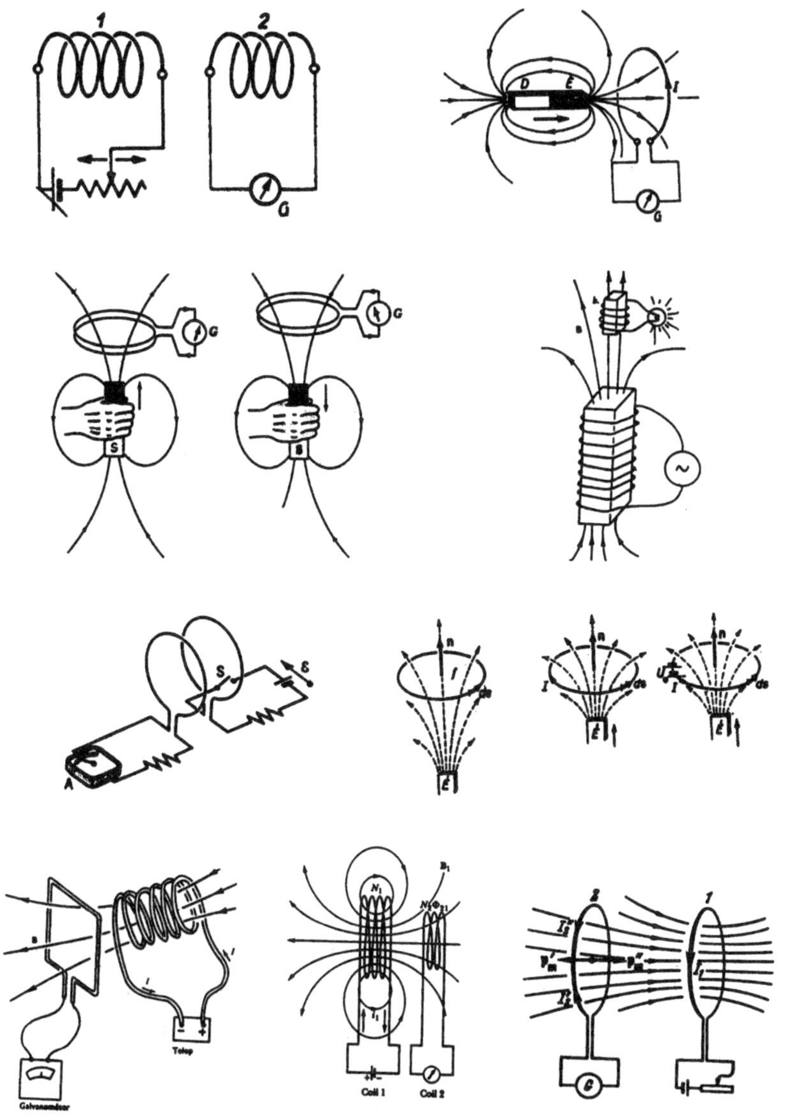

Abb. 13: Skizzen aus Lehrbüchern. Alle zeigen nur rotationssymmetrische Felder – fast, als könnten gar keine anderen Felder erzeugt werden.

Prozesse durch Symmetriereduktionen zustande gekommen sind und man in dieser Richtung weitersuchen sollte.

Als man entdeckte, dass um Leiter, die von Gleichstrom durchflossene sind, ein Magnetfeld entsteht, hätte man erkennen müssen, dass dies das Ergebnis einer Symmetriereduktion ist und es sich deshalb lohnen würde, die Stromstärke zeitlich zu ändern, also die Symmetrie noch weiter zu verringern, weil dann ein weiterer Effekt zu erwarten gewesen wäre. Es ist also gerechtfertigt anzunehmen, dass die Zerstörung aller räumlichen und zeitlichen Symmetrien ein weiteres nützliches Phänomen hervorrufen wird. Betrachtet man die in Abbildung 13 gesammelten Magnetfelder, so mag einem auf den ersten Blick nichts auffallen. Wenn wir jedoch in Symmetrien denken, sehen wir, dass sie alle eine Gemeinsamkeit haben: Sie enthalten eine Rotationssymmetrie, einige von ihnen sogar eine kontinuierliche Verschiebungssymmetrie. Hier wurden also noch nicht alle Symmetrien, die die Natur bietet, gebrochen.

Das bedeutet natürlich, dass wir eine sehr wichtige Gelegenheit (die Brechung der letzten Symmetrien der elektrischen oder Magnetfelder) noch nicht ausgenutzt haben. Diese Gelegenheit wurde allerdings *nur in den Lehrbüchern nicht erwähnt*; Erfinder bedienen sich dieser Möglichkeit seit Jahrzehnten immer wieder – leider unabhängig voneinander, zufällig und nicht von der Wissenschaft geleitet. Gary, dessen Geschichte dieses Kapitel eröffnet hat, *war der erste, der für seine Entdeckung auch Beweise brachte und sie sorgfältig dokumentierte.*

Eine Abweichung von der Energieerhaltung ist einfach zu erreichen: Man muss *alle kontinuierlichen räumlichen und zeitlichen Symmetrien brechen.* Dies kann auf die in Abbildung 14 gezeigte Art und Weise erreicht werden, beispielsweise mithilfe von Dauermagneten oder Spulen. Nimmt man einen Rechteckmagneten, einen stabförmigen Dauermagneten oder eine solche Spule, so wird das Magnetfeld in jedem Fall eine kontinuierliche Rotationssymmetrie enthalten. Bei einem Stab ist dies sehr deutlich, aber auch das Feld von quadratischen oder rechteckigen Dauermagneten kann als grob rotationssymmetrisch betrachtet werden. Nur für sehr flache und rechteckige Magneten ist diese Näherung nicht richtig. Wenn wir also auch diese Symmetrie brechen wollen, brauchen wir nichts weiter zu tun, als das Feld auf die eine oder andere Seite des Magneten zu

»biegen« – und zwar auch *zeitlich asymmetrisch*. Das »Biegen« und das »Zurückbiegen« müssen mit unterschiedlichen Geschwindigkeiten erfolgen, da sonst nicht alle Symmetrien gebrochen werden. *Diese Lösung findet sich in allen Geräten zur Erzeugung von Überschussenergie mithilfe von Magneten*. Natürlich ist dieser Prozess nur in der Theorie einfach. Die praktische Umsetzung ist viel schwieriger und erfordert viel mehr Wissen und Erfahrung als die Realisierung aller bisher bekannten elektromagnetischen Geräte.

Natürlich gilt auch hier die bereits bekannte Schlussfolgerung aus der Mechanik, dass bei einem Prozess nicht nur *Energiegewinn*, sondern auch *Energieverlust* auftreten kann. Nach der Analyse der existierenden Erfindungen scheint es, dass Energie gewonnen wird, wenn ein annähernd homogenes Magnetfeld seitlich *verzerrt*

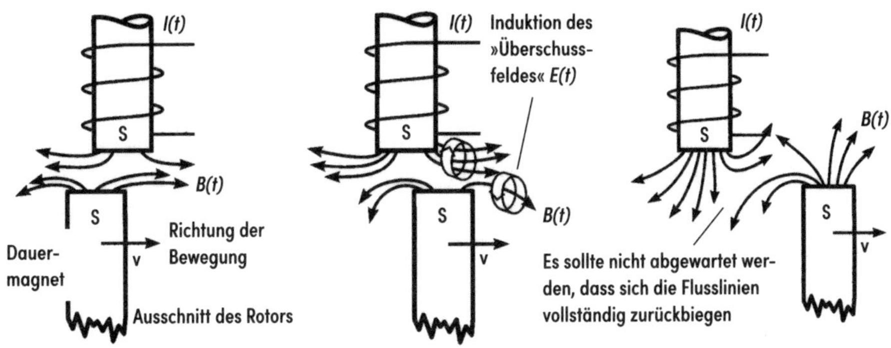

a) Anschaltung der Spule, Aufbau des Magnetfeldes. Die beiden Magnetfelder beginnen, einander zu verzerren.

b) Maximale Stromstärke – maximale Feldverzerrung

c) Der Moment vor der Ausschaltung der Spule

Abb. 14: Schematische Darstellung der Funktionsweise eines impulsbetriebenen Dauermagnetmotors (zum Beispiel Adams-Aspden, Kawai, Konzen, Minato, Bóday). Es sei darauf hingewiesen, dass sich die räumlichen und zeitlichen Symmetrien der Felder fortlaufend ändern. Außer den transienten elektrischen und magnetischen »Überschussfeldern« erscheint noch das aus dem Vakuum »herausgequetschte« elektromagnetische Rauschen, welches gewinnbringend eingesetzt werden kann. I(t): zeitabhängige Stromstärke, E(t): zeitabhängiges elektrisches Feld, B(t): zeitabhängiges Magnetfeld, v: Geschwindigkeit, S: Südpol.

wird, während Energie verloren geht, wenn dieses verzerrte Feld in den ursprünglichen Zustand *zurückkehrt*. Auch deshalb ist es notwendig, dass die Geschwindigkeiten der Verzerrung und der Rücksetzung unterschiedlich sind. Die Rücksetzung kann beispielsweise mit einer geringeren Geschwindigkeit erfolgen. In diesem Fall kann die *Differenz* der beiden Phasen bereits zu einem Gesamtgewinn führen.

Wie in der Mechanik wurde auch dieses Experiment noch nie präzise durchgeführt, was wahrscheinlich zum einen auf intellektuelle Anspruchslosigkeit und zum anderen auf technische Hindernisse zurückzuführen ist. Hier sind die technischen Hindernisse noch größer als in der Mechanik, da ein Magnetfeld mit Flussdichtevektoren an jedem Punkt im Raum beschrieben wird und diese zu jedem Zeitpunkt bekannt sein müssten. In der Praxis würde dies bedeuten, dass an jedem Punkt des Magnetfeldes mindestens drei senkrecht zueinanderstehende Hall-Sensoren angebracht werden müssten, die den zeitlichen Verlauf ihrer Magnetfeldkomponente messen würden. Für den Leser mit ein wenig technischem Hintergrundwissen ist klar, dass dies eine unmögliche Aufgabe ist. Das Beste, was man tun kann, ist, eine ungefähre Messmethode zu entwickeln.

Dies ist eine extrem teure und schwierige Messung, selbst wenn man, anstatt den Flussdichtevektor an unendlich vielen Punkten zu messen, nur an einer lächerlich kleinen Anzahl von Punkten, sagen wir zehn, messen möchte. Mit drei Hall-Zellen pro Raumpunkt müsste man also dreißig Messungen in Abhängigkeit der Zeit durchführen, aber selbst das würde eigentlich nicht ausreichen, da auch das elektrische Feld gemessen werden müsste, welches aufgrund des veränderlichen Magnetfeldes auftritt. Es gibt keine Sonde zur Messung der elektrischen Feldstärke mit hoher Genauigkeit. Es ist daher nicht verwunderlich, dass solche Messungen bisher nicht durchgeführt wurden. Selbst wenn es den Willen dazu gäbe, wäre es eine sehr schwierige Aufgabe, die Energieverhältnisse verzerrter Magnetfelder zu messen. Daher können wir nun den indirekten Weg wählen: die Messung der gesamten zugeführten Energie und die Messung der gesamten Energie, die entnommen werden kann. Dabei müssten dann auch noch irgendwie die Verluste berücksichtigt werden.

Offensichtlich ist der magnetische Flussdichtevektor *axialsymmetrisch*. Das bedeutet, dass man sich ihn als rotierenden Stab oder rotierenden Gummifaden vorstellen kann. Das elektrische Feld dagegen ist *polarsymmetrisch*, was wiederum bedeutet, dass man es sich als eine Flüssigkeit vorstellen kann, die in einem Rohr strömt. Es ist daher viel einfacher, einen vollständigen Symmetrieverlust des magnetischen Feldes als einen des elektrischen zu erreichen – im Fall des Magnetfeldes reicht es aus, das Feld räumlich und zeitlich veränderlich zu verformen.

In der Praxis treten jedoch große Hürden auf. Wenn wir diese dynamische Feldverzerrung in Luftspalten erreichen möchten – und bei Motoren wäre dies eine praktische Option –, brauchen wir eine viel größere Luftspalte als die bei konventionellen Motoren auftretenden, einige Zehntelmillimeter großen Spalten. Diese werden bei Motoren oder Dynamos klein gehalten, damit der magnetische Widerstand des Spalts möglichst gering ist. In den großen Luftspalten, wo wir die Verzerrung gut durchführen können, wo aber auch der magnetische Widerstand groß ist, ist es von großer Bedeutung, dass dieser Prozess optimal abläuft, also dass *die Verzerrung sehr stark und damit auch der Gewinn entsprechend hoch ist.*

Wenn man das nicht vermag, stellt man vielleicht fest, dass ein Gerät, das laut Papier mit einem tragisch schlechten Wirkungsgrad von 4 bis 5 Prozent arbeiten müsste, einen seltsam hohen Wirkungsgrad von 70 bis 80 Prozent hat. Nur, wenn man alle Parameter des Feldes kennt, die Transienten unter Kontrolle hat und die Prozesse in jeder Hinsicht ausgeklügelt und optimiert sind, kann ein Wirkungsgrad von mehr als 100 Prozent erwartet werden. Bei Motoren und Generatoren mit beweglichen Teilen haben wir es also mit zwei Gegnern zu tun: Zum einen ist aufgrund des großen Luftspalts eine sehr hohe Erregung erforderlich (was zu großen Verlusten führen kann), zum anderen müssen die Teilprozesse, die Verluste erzeugen, möglichst eliminiert werden. Nur sehr genau eingestellte, optimierte Prozesse können Überschussenergie erzeugen.

Während es bei herkömmlichen elektrodynamischen »Rotoren« mit homogenen Magnetfeldern relativ einfach ist, einen Wirkungsgrad von 40 bis 50 Prozent zu erreichen – kleine Motoren und Generatoren arbeiten mit ähnlichen Wirkungsgraden –, ist die *Optimierung von Maschinen, die überschüssige Energie erzeugen sollen, ein mühsamer und schwieriger Prozess, der viel Wissen und Erfahrung erfordert.* Die theoretischen Grundlagen sind zwar relativ einfach, die praktische Umsetzung bringt aber unzählige Probleme mit sich. Es ist vorteilhaft, Materialien mit sehr hoher magnetischer Permeabilität zu verwenden (zum Beispiel Eisen mit sehr niedrigem Kohlenstoffgehalt, lamellierte und isolierte Hypersil-Pakete oder neuerdings auch lamellierte und isolierte Metallglas-Pakete).

Die Optimierung ist ein langwieriger Prozess, der viele Jahre Arbeit erfordert und nur durch Tausende von Messungen erreicht werden kann, wenn wir uns dabei nicht auf die Erfahrungen anderer stützen können. Ein wesentlicher Parameter ist beispielsweise die Anordnung des Dauermagneten und des Elektromagneten zueinander, aber auch die Konstruktion der Spule (des Elektromagneten) und die Art und Weise, wie sie betrieben wird, sind von großer Wichtigkeit. Nur bei einer annähernd optimierten, an Perfektion grenzenden Spulen- und Magnetanordnung wird die maximale dynamische Verzerrung des Feldes erreicht, was zu einer signifikanten Freisetzung von Überschussenergie führt. Andernfalls wird man in einer Struktur, die aufgrund eines großen Luftspalts wenig effizient ist, nur eine Erhöhung des Wirkungsgrades erzielen können. Dieser wird die 100 Prozent aber nicht erzielen.

Es überrascht also nicht, dass sich diese Methode nicht verbreitet hat, obwohl Dutzende von Erfindern diesen Effekt entdeckt und ihre Anlagen so lange perfektioniert haben, bis ein selbst erhaltender oder gewinnbringender Prozess entstanden war. Die Bedeutung der Feinabstimmung Dutzender Parameter erlaubte es uns nicht, diese Maschinen einfach nachzubauen. Durch die Geheimniskrämerei der Erfinder und die Ablehnung der offiziellen Wissenschaft ist bereits ein signifikanter Teil der praktischen Erfahrungen für uns verloren gegangen. Es ist auch kein Zufall, dass der häufigste Typ von Maschinen zur Überschussenergieerzeugung Maschinen mit Dauermagneten sind, da es in diesem Bereich am einfachsten ist, eine vollständige Symmetriebrechung zu erreichen.

Garys geniales Verfahren

Nachdem wir uns angesehen haben, wo und wie man mithilfe von Magnetfeldern Überschussenergie erzeugen kann, kommen wir nun auf die Geschichte von Gary zurück. Vielleicht ist jetzt klarer, warum seine Erfindung funktioniert hat. Mit Dauermagneten und Weichmagneten baute Gary magnetische Kreise mit beweglichen Teilen, in denen in bestimmten, optimalen Fällen eine Umpolung im Weichmagneten stattfand. Diese *Umpolung* war für ihn das entscheidende Phänomen. Sie erfolgt natürlich, wenn sich die Magnetfelder verzerren, also ändern. Bei optimalen Anordnungen kann der glückliche Fall eintreten, dass die Überschussenergie des verzerrten Magnetfeldes in Form eines Magnetfeldes auftritt, welches immer gegen die Richtung des ursprünglichen Magnetfeldes wirkt. Natürlich induziert der so entstehende Energieüberschuss in einer richtig positionierten Spule elektrische Wirbelfelder. Die Überschussenergie kann also auch auf diese Weise extrahiert werden.

In Garys Geschichte waren wir an dem Punkt angelangt, wo er in der Lage war, mit einer bestimmten Anordnung von Magneten und Weicheisen (die in Abbildung 1 und Abbildung 2 dargestellt sind) in einem sehr engen Parameterbereich Überschussenergie mithilfe räumlich und zeitlich veränderlicher Magnetfelder zu erzeugen. Leider sind die Abbildungen in dem Artikel des *Harper's New Monthly Magazine* so klein, dass geometrische Details, die den Autoren vielleicht unwichtig erschienen, in Wirklichkeit aber überaus wichtig sind. Daher ist es nicht möglich, das ursprüngliche, selbst laufende Gerät einfach nachzubauen. Wir können uns die Struktur des Geräts nur grob vorstellen. Wenn jemand das Gerät nachbauen wollte, würde es wahrscheinlich Monate dauern, bis erste Ergebnisse sichtbar werden (eine ausführliche Beschreibung des Geräts findet sich in Band 3 der Buchreihe *Einführung in die Raumzeittechnologie* im Anhang des ersten Aufsatzes).

Gary verwendete fein abgestimmte Hebel, Federn und Magnete, um durch die Verzerrung des Feldes der Dauermagneten, die damals noch eine ziemlich geringe Flussdichte aufwiesen, ein wenig Überschussenergie zu gewinnen. Diese reichte gerade aus, um die Reibung zu überwinden. Er führte den Effekt auf die Umpolungen zurück, womit er indirekt auch richtig lag. Dieses Ergebnis erzielte er 1874. Im Juni 1875 zeigte er den Apparat mehreren Personen, wobei er das kleine, bewegliche Weicheisenstück, das Herzstück des Apparats, mit Kupfer ummantelte, damit es niemand kopieren konnte. Wahrscheinlich entschieden Zehntelmillimeter darüber, ob ein selbst erhaltender Betrieb möglich war, sodass niemand die Chance hatte, das Gerät einfach nachzubauen (mehrere Leute versuchten dies erfolglos).

Gary selbst hielt das Gerät für ein Spielzeug, denn obwohl es pausenlos lief, produzierte es keine industriell nutzbare Energiemenge.

Gary zog nach Boston um und entwickelte immer bessere Modelle. Zu der Zeit formulierte er seine grundlegende Entdeckung: »Ich habe herausgefunden, dass ein gerades Eisenstück, das nahe am Ende zwischen den Polen eines Magneten platziert wird, aber nicht mit ihm in Berührung kommt, magnetische Pole bildet, während es sich im Magnetfeld befindet; seine Polarität kehrt sich jedoch um, wenn es sehr nahe am Magneten platziert wird, ohne ihn zu berühren. Die Dicke des Eisens sollte proportional zur Stärke des Magneten sein und die Neutralitätslinie, also die Stelle, an der die Polarität des Eisens wechselt, wird näher oder weiter vom Magneten entfernt sein, je nachdem wie stark der Magnet und wie dick das Weicheisen ist. Meine Entdeckung basiert auf der Umpolung von Eisen, die mit oder ohne den Einsatz von Spulen und Akkus erreicht werden kann. Die Leistung kann durch Erhöhen oder Verringern der Anzahl der Magnete beliebig gesteigert oder verringert werden.«

Als Gary dieses Ergebnis erreichte, war er 41 Jahre alt. Nach der Veröffentlichung des Artikels im *Harper's New Monthly Magazine* hörte man kaum mehr etwas von ihm. Bis dahin hatte er sich mit anderen Erfindungen über Wasser gehalten, aber es ist nicht bekannt, ob er diese Erfindung nach der Erteilung seines Patents benutzen konnte; es scheint, als konnte er keine wirklich große Leistung aus seinem Gerät herausholen, weshalb es auch kein ernsthaftes kommerzielles Interesse daran gab (die verkürzte Version seiner Patentschrift findet sich im Anhang).

Gary präsentierte seine Erfindung zu einem Zeitpunkt, als elektrische Beleuchtung in den Privathaushalten aufkam. Ein Experte für Elektrotechnik, dessen Identität nicht überliefert ist, sah sich Garys Maschine an und fragte, ob man damit einen elektrischen Dynamo bauen könne, wenn das Gerät bei der Umpolung Funken erzeugte. Gary konnte diese Frage nicht beantworten, machte sich aber sofort an die Arbeit und baute innerhalb einer Woche eine Maschine, die ein Wunder der Einfachheit und Effizienz war. Während in allen damals bekannten Geräten Maschinen, bei denen Weicheisen vor Dauermagneten rotierten, die Elektrizität erzeugten, erreichte Gary dies in seiner Maschine durch alternierende Bewegung.

Für Ersteres waren große Leistungen erforderlich. Garys Maschine hingegen erzeugte Elektrizität, indem sie eine Spule auf einem Weicheisen in der Nähe der neutralen Linie bewegte. Jedes Mal, wenn das Weicheisen diese Linie passierte, kam es zu einer Umpolung und ein Funke wurde erzeugt. Die kleinste Bewegung reichte aus, und bei jeder Bewegung wurde wie bei den herkömmlichen Rotationsmethoden zweimal ein Funke erzeugt. Dieser Prozess war nicht selbst erhaltend, aber der Artikel behauptet, dass eine große Menge elektrischer Energie mit so wenig mechanischem Energiebedarf produziert wurde, dass die Maschine von einem Eichhörnchen in einem Laufrad hätte betrieben werden können. Wenn wir jedoch statt des Eichhörnchens einen kleinen Elektromotor verwenden, können wir einen Teil der entstehenden Energie für diesen Zweck nutzen und Strom erzeugen, ohne mehr als den Kaufpreis für die Maschine investieren zu müssen.

Dem Artikel zufolge rief die Demonstration des Magnetmotors natürlich weitgehend Unglauben hervor. Einige der Wissenschaftler, die den Motor untersuchten, glaubten, dass etwas an der Sache dran sein könnte, während andere unter Berufung auf die Gesetze des Magnetismus sagten, dass ein solches Gerät nicht existieren könne. Einige Professoren der Harvard University und des Massachusetts Institute of Technology (MIT) machten sich die Mühe, Garys Modell zu prüfen und änderten ihre Meinung dann zugunsten der Erfindung. Daraufhin boten verschiedene Geschäftsleute Gary Geld für die Rechte an. Der Artikel endet mit folgendem Satz: »Es ist zwar noch zu früh, um über die Folgen dieser Entdeckung zu spekulieren, aber es ist möglich, dass wir im Jahr 1880 einen Magnetmotor in unserer Tasche haben, der unsere Uhren antreibt, sodass wir sie nie wieder aufziehen müssen; oder wir werden in einem Eisenbahnwaggon über den Kontinent reisen, bei dem die gleiche Kraft in der Lokomotive arbeitet.« Nach dem vielversprechenden Anfang endet die Geschichte jedoch hier. Hatte der Erfinder einen zu hohen Preis verlangt? Oder schwieg er von da an aus einem anderen Grund? Über das weitere Schicksal von Gary ist nichts bekannt.

Beim Schreiben dieses Buches stieß ich auf die Beschreibung von Garys Erfindung. Ich halte es für äußerst wichtig, sie hier zu erläutern, weil sie die vielleicht einfachste und billigste Maschine in diesem Bereich ist. Der Erfinder hat nicht nur eine Erklärung der Konstruktion gegeben, sondern auch – und das ist einzigartig – das Verfahren zu ihrer Herstellung veröffentlicht. Die Beschreibung der praktischen Erfahrungen ist ein enormer Fortschritt im Vergleich zu anderen Patenten. An dieser

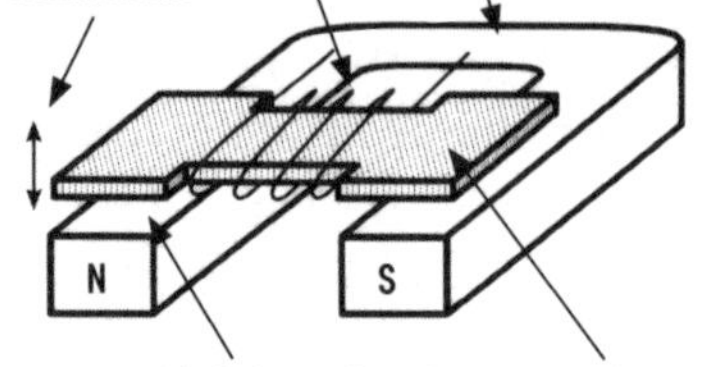

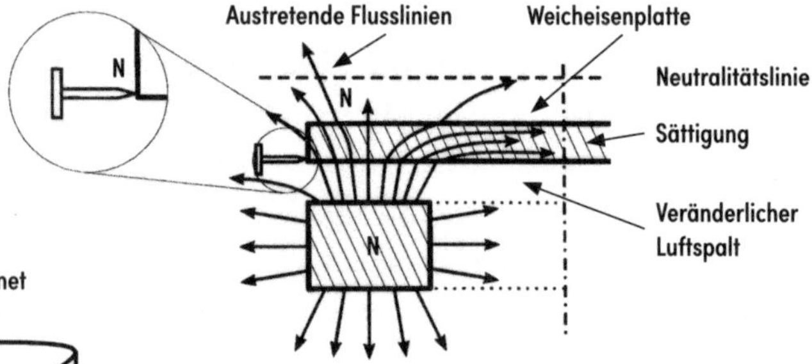

a) Der Nagel steht horizontal, weil er vom Dauermagneten abgestoßen wird. Das Material und die Form des Weicheisens sowie sein Abstand vom Dauermagneten beeinflusst die Form des Magnetfeldes stark

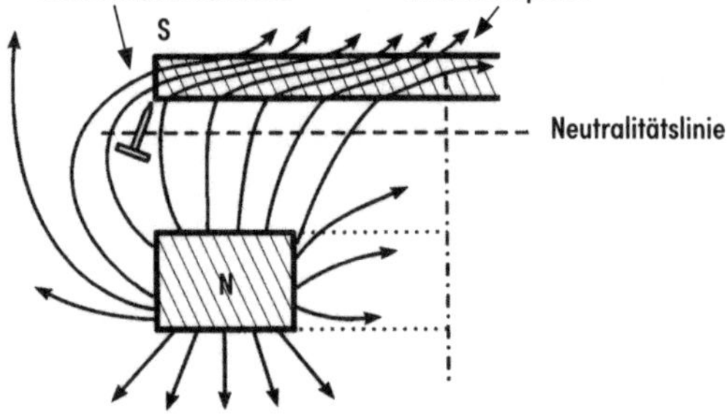

b) Der Nagel zeigt nach untern – der Dauermagnet zieht ihn an, weil sich die Polarisation des Weicheisens über der Neutralitätslinie umkehrt. Hier ist die Mitte des Weicheisens nicht mehr gesättigt. Es ist auch erkennbar, dass die Flusslinien in der Nähe der Neutralitätslinie erheblich verzerrt sind, weil sie die Richtung ändern müssen.

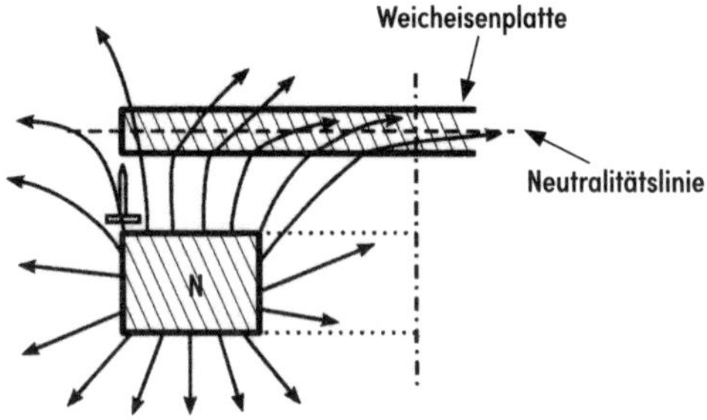

c) Der Nagel fällt von dem Weicheisen ab, weil das Ende der Weicheisenplatte hier (bei der Neutralitätslinie) nicht polarisiert ist. In der Nähe dieser instabilen Lage können die Flusslinien sogar eine 180-Grad-Verzerrung erfahren. In der engen Umgebung der Neutralitätslinie ist die Symmetriebrechung erheblich.

Am Ende des Weicheisens gibt es weder ein-, noch austretende Induktionslinien

Abb. 15: Wesley. In Garys Gerät ist die Instabilität der Feldlinien in einem engen Bereich erheblich. Die messbare Menge an Überschussenergie entsteht, wenn die dynamische Feldverzerrung ihr Maximum erreicht. Regionen, aus denen Feldlinien austreten, sind Nordpole und Regionen, in die Feldlinien eintreten, sind Südpole. N: Nordpol, S: Südpol.

Stelle möchte ich Unternehmungslustige noch einmal auf die Patentschrift im Anhang hinweisen. Nur jemand, der Angst vor dem Feilen und Schmirgeln hat, wird nicht in der Lage sein, eine Maschine zu bauen, die Überschussenergie liefert.

Abbildung 15 zeigt das Prinzip der Erfindung. Der Mechanismus nutzt auf sehr raffinierte Weise einen *Hilfseffekt*, ohne den die Maschine nicht funktionieren könnte. Bei diesem Hilfseffekt handelt es sich im Wesentlichen um eine magnetische Instabilität, also um eine Situation, in der die geringe Verschiebung eines Weicheisens eine *starke räumliche Verzerrung des Magnetfeldes* bewirkt.

Dies ist die »Seele« der Erfindung. Gary gibt uns sogar eine Methode an die Hand, um selbst diese Instabilität zu finden. Es ist leichter, das Phänomen zu verstehen, wenn der Leser mit der Funktionsweise und dem Verhalten von Magnetkreisen vertraut ist. Diese Instabilität ist vielleicht der cleverste Prozess, der in den vergangenen mehr als 120 Jahren entdeckt wurde.

Abbildung 15a zeigt, wie eine I-förmige Weicheisenplatte parallel zu einem Hufeisenmagneten die Flusslinien des Magnetfeldes verzerrt. Die I-Form bewirkt, dass der schmalere, mittlere Teil des Weicheisens vom Fluss gesättigt wird, wenn die Platte in der Nähe des Magneten platziert wird. Deshalb wird ein großer Teil des Flusses nicht mehr durch dieses dünne Stück hindurchgeführt und an den beiden Enden »zerstreut«. Der Fluss tritt hier also aus dem Inneren des Weicheisens aus. An den Enden des Weicheisens entstehen damit Magnetpole – das kann man am Verlauf der Flusslinien erkennen. Dieses Phänomen, das »magnetische Influenz« genannt wird, ist das magnetische Pendant zur elektrischen Ladungstrennung (auch: elektrische Influenz). Die Form und die Größe des Weicheisens sowie seine Anordnung im Verhältnis zum Magneten sind sehr wichtig, damit die Pole so induziert werden, dass ihre Ausrichtung der des induzierenden Magneten entspricht (In den Abbildungen zeigen die austretenden Flusslinien den Nordpol und die eintretenden Linien den Südpol an. Dies ist Konvention und beeinflusst den physikalischen Inhalt nicht.).

Im Prinzip könnte man ein ziemlich teures Messgerät, welches auf dem Hall-Effekt basiert, verwenden, um zu überprüfen, ob dieser Aufbau zu mit dem Dauermagneten ***identisch*** ausgerichteten induzierten Polen führt, aber Gary bietet eine geistreiche und einfachere Lösung an: Wenn man auf beiden Seiten der

Weicheisenplatte winzige Eisennägel anbringt, sieht man, dass die Köpfe der dünnen Nägel vom Dauermagneten abgestoßen werden (sie zeigen auf beiden Seiten der Platte weg vom Dauermagneten). Dies ist ein Zeichen für die identische Ausrichtung des induzierten und des Dauermagneten. Hebt man nun das Weicheisen in Richtung der neutralen Linie an (wie in Abbildung 15b dargestellt), erhält man eine Flusslinienverteilung mit einer grundlegend anderen Anordnung. Das Weicheisen bündelt weniger Flusslinien und ist nicht mehr gesättigt. Dadurch kehrt sich die Richtung der Flusslinien bei den Polen um – *die induzierten Pole tauschen ihre Plätze*. Die kleinen Eisennägel zeigen jetzt in Richtung der Dauermagnetpole – sie werden von dem Dauermagneten angezogen. Dies beweist, dass sich die Polarität des Weicheisenmagneten umgekehrt hat. Zwischen diesen beiden Zuständen gibt es natürlich in einem sehr schmalen Fenster einen Übergangszustand, in dem an den Enden des Weicheisens weder ein- noch austretende Flusslinien gebündelt werden. In diesem Zustand ist das Weicheisen magnetisch also nicht polarisiert (es ist nicht magnetisch). Dieser nicht polarisierte Fall ist in Abbildung 15c dargestellt. Gary nannte diese besondere Stelle »Neutralitätslinie«.

Jetzt kommt der springende Punkt: Die Erfahrung zeigt, dass bei dieser einfachen Anordnung die maximale *Feldverzerrung* beim Überschreiten der Neutralitätslinie erreicht wird. Hier liegt das Maximum (und damit für uns das Optimum) der räumlichen Symmetrieänderung. Aus diesem Grund ist es wichtig, die schmale Zone um die Neutralitätslinie zu finden. In diesem Bereich verursacht schon eine kleine Bewegung, die nur wenig Energie benötigt, eine sehr starke Verzerrung des Magnetfeldes. Die große Symmetriebrechung führt auch zu einer erheblichen Abweichung von der Energieerhaltung. Wenn diese Bewegung auch noch zeitlich sehr asymmetrisch verläuft, ist ein Nettoenergiegewinn am Ende des Zyklus möglich. Über die zeitliche Asymmetrie muss man sich keine großen Gedanken machen, denn die (zwar geringe, aber nicht verschwindende) Hysterese des Weicheisens führt automatisch zu zeitlicher Asymmetrie (zusätzlich kann natürlich jederzeit eine weitere zeitliche Asymmetrie herbeigeführt werden).

Gary erklärte die Überschussenergie mit der Umpolung. Diese Erklärung ist aber nur indirekt richtig. Sie ist nicht die eigentliche Ursache, sondern nur der Punkt, um den die Feldverzerrungsänderung maximal ist (ebenso ist es nicht die

Erwärmung eines Leiters, die das Magnetfeld um ihn herum entstehen lässt, es ist nur eine Begleiterscheinung des elektrischen Stroms, welche Verluste verursacht). Die Neutralitätslinie ist nicht etwas, das dem Magneten innewohnt und unveränderlich ist. Sie ist immer eine Eigenschaft einer bestimmten Anordnung von Magneten und Metallen und sie existiert auch nicht für alle erdenklichen Anordnungen.

Um das Verfahren für einen maximalen Energiegewinn zu optimieren, muss mit der Anordnung reichlich experimentiert werden. Die Position des Weicheisens muss gut fixiert werden, und es müssen verschiedene Formen ausprobiert werden, bis eine gefunden wird, bei der der Effekt groß genug ist. Dieser Prozess benötigt nicht viel Material, sondern jede Menge Geduld und Präzision. Die durch die Feldverzerrung erzeugte Überschussenergie kann auf verschiedene Weisen nutzbar gemacht werden: Eine Möglichkeit ist die Nutzung als elektrische Energie durch Induktion (wie es bei dem im Anhang beschriebenen Patent der Fall ist). Eine andere Möglichkeit ist die Nutzung als anziehende oder abstoßende Kraft. Diese Lösung wird hier aus Platzgründen nicht diskutiert. Eine ausführliche Beschreibung davon findet sich aber im Abschnitt »Geräte mit Dauermagneten« von Band 3 der Buchreihe *Einführung in die Raumzeittechnologie*.

Der von Gary entdeckte Hilfseffekt ist eine überaus einfache und elegante Methode zur erheblichen dynamischen Feldverzerrung und der daraus resultierenden Brechung vieler Symmetrien. Die Definition, Messung und Berechnung des Ausmaßes der Symmetriebrechung, die auch für die Optimierung erforderlich sind, müssen noch ausgearbeitet werden. Erste Schritte in diese Richtung wurden bereits in den Bänden 1–3 der Buchreihe *Einführung in die Raumzeittechnologie* unternommen.

Die mit der Umpolung verbundene Feldverzerrung taucht nicht nur bei dem von Gary angegebenen Aufbau auf. Abbildung 16 zeigt eine Methode, mit der eine gut sichtbare Umpolung und eine großräumige Feldverzerrung erreicht werden kann, doch handelt es sich um eine zylindersymmetrische Lösung, weshalb kein vollständiger Symmetrieverlust stattfindet (es ist ein Fall, bei dem der Magnet ein Weicheisenteil an einer bestimmten Stelle abstößt). Dies ist ein weiterer Hinweis darauf, dass es auf die Symmetrie und nicht auf die Umpolung ankommt.

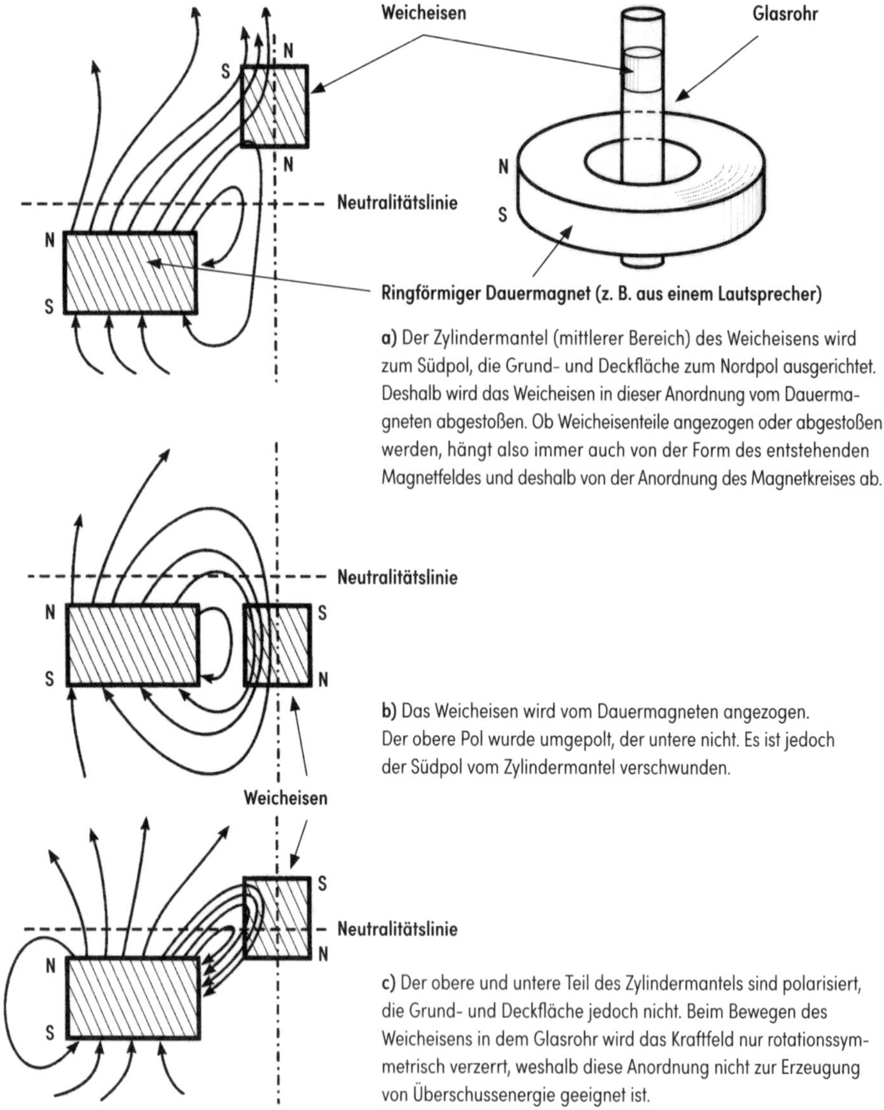

a) Der Zylindermantel (mittlerer Bereich) des Weicheisens wird zum Südpol, die Grund- und Deckfläche zum Nordpol ausgerichtet. Deshalb wird das Weicheisen in dieser Anordnung vom Dauermagneten abgestoßen. Ob Weicheisenteile angezogen oder abgestoßen werden, hängt also immer auch von der Form des entstehenden Magnetfeldes und deshalb von der Anordnung des Magnetkreises ab.

b) Das Weicheisen wird vom Dauermagneten angezogen. Der obere Pol wurde umgepolt, der untere nicht. Es ist jedoch der Südpol vom Zylindermantel verschwunden.

c) Der obere und untere Teil des Zylindermantels sind polarisiert, die Grund- und Deckfläche jedoch nicht. Beim Bewegen des Weicheisens in dem Glasrohr wird das Kraftfeld nur rotationssymmetrisch verzerrt, weshalb diese Anordnung nicht zur Erzeugung von Überschussenergie geeignet ist.

Abb. 16: Ringförmiger Magnet und zylindrisches Weicheisen in einer symmetrischen Anordnung. Auch hier kann der Umpolungseffekt beobachtet werden. Regionen, aus denen Feldlinien austreten, sind Nordpole, Regionen, in die Feldlinien eintreten, sind Südpole. N: Nordpol, S: Südpol.

Wir werden sehen, dass auch die anderen ähnlichen magnetischen Apparate die dynamische Feldverzerrung anwenden. Die Methode und das technische Verfahren mussten immer wieder neu erfunden werden. Es ist eine große Schande, dass diese Möglichkeit immer wieder ignoriert wurde. Alles wäre anders verlaufen, wenn wir saubere, billige Energie gehabt hätten, wenn wir das Wesen der Symmetrie begriffen hätten, wenn …

Wenn ... (3)

Professor Baker verließ begeistert das Zimmer des Erfinders Wesley Gary. Er sah, wie sich kleine Maschinen von selbst bewegten, ganz ohne äußere Energiezufuhr. »Wir leben in aufregenden Zeiten«, dachte er. »Dieser Wesley hat wirklich etwas vollbracht. Er hat mir ein Gerät gezeigt, das keine Energiequelle braucht – es läuft einfach von selbst. Und er bittet um Hilfe ... Und jetzt bin ich ... gerade ich der Auserwählte, der die Sache in die Hand nehmen kann. Hmm … Dieser Wesley ist sehr bemerkenswert. Und er vertraut mir. Er hat mir alles gesagt, was er wusste. Jetzt liegt also alles an mir.«

Als er in seine Gedanken vertieft in Richtung der erst kürzlich eingerichteten elektrotechnischen Fakultät des MIT schlenderte, begann er sich Sorgen zu machen. »Was ist aber, wenn die Sache nicht stimmt, wenn das alles nur ein Scherz oder ein Irrtum ist? Könnte es ein Betrug sein? Aber dieser Wesley hat mir alles gezeigt, ich konnte alles sehen, ich durfte das Gerät bewegen, und es lief immer weiter, es gab keine versteckten Drähte oder versteckten Elektromagneten. Und es bewegte sich einfach immer weiter. Ich habe es von einem Tisch auf einen anderen gestellt und es funktionierte immer noch ... Aber wer weiß? Ich konnte sicher nicht alles sehen ... Und der Erfinder wollte mir das Gerät nicht geben, weil er sagte, es sei das einzige, das er habe. Letztendlich habe ich nichts in der Hand, ich könnte höchstens eine Skizze der Maschine anfertigen. Wie soll ich bloß die Zweifler überzeugen? Und überhaupt: Ich bin mir ja selbst nicht sicher, dass das Gerät funktioniert ... Aber was, wenn es funktioniert ...? Was, wenn Wesley die Wahrheit sagt? Die Welt würde sich komplett verändern, und ich würde an der Gestaltung eines neuen Zeitalters mitwirken. Was soll, ja was kann ich nur für diesen Wesley tun?«

Professor Baker beschlich das Gefühl, vielleicht noch nie zuvor vor einer so wichtigen Entscheidung gestanden zu haben. Seit seiner Kindheit war er von den Wundern der Elektrizität fasziniert und hatte mit seinen beiden Brüdern in der Garage herumexperimentiert, wenn ihr Vater, ein Förster, nicht zu Hause war. Seine Brüder blieben bei ihrer verwitweten Mutter auf dem Hof und betrieben jetzt Landwirtschaft. Nur der jüngste Bakerspross hatte es geschafft, seinen Traum zu verwirklichen, und als er 2 Monate zuvor ein Büro in der elektrotechnischen Fakultät des neuen Flügels beziehen durfte, spürte er, dass der Lohn für seine Mühen zum Greifen nah war.

»Endlich habe ich eine fast sichere Stelle an der Fakultät. Es hat sehr lange gedauert, bis die Leitung erkannt hat, dass die Elektrotechnik die Technologie der Zukunft ist und dass nicht Architektur, Chemie und Maschinenbau allein die Welt beherrschen. Diese Lokomotivenbauer«, so bezeichnete er die Konstrukteure von Wärmekraftmaschinen spöttisch«, glauben, ihnen gehöre die Welt, weil sie die lukrativsten Aufträge von den Eisenbahngesellschaften erhalten. Aber jetzt, wo die Telegrafie so richtig in Schwung gekommen ist, bekommen wir immer mehr Aufträge von der Western Union. Seit einiger Zeit können wir die Aufträge kaum mehr abarbeiten.« Professor Baker wurde von einem seltsamen, beunruhigenden Gefühl ergriffen.

»Wesley war interessant, aber was ist er eigentlich? Nur ein Holzfäller. Er konnte nicht vernünftig erklären, wie und warum das Gerät funktionierte, sondern nur, wie er es zusammengebaut hatte und welche Schwierigkeiten er dabei überwinden musste. Und diese Theorie über die Neutralitätslinie – nun ja, mit der kann man doch nichts anfangen. Woher kommt wohl die Energie? Warum funktioniert diese Maschine? Was wäre, wenn ich der Bitte des Holzfällers nachgäbe und wir zusammenarbeiteten? Es würde Monate dauern, jedes Detail zu klären. Wer würde die Kollegen bezahlen? Wo soll ich das Geld nur auftreiben? Ich habe es gerade geschafft, ein anständiges Haus zu kaufen. Ich muss für meine Frau und meine Kinder sorgen, das ist meine Pflicht. Wenn ich mit Wesley arbeiten würde, hätte ich keine Zeit mehr, mich mit Telegrafen zu beschäftigen.

GASPÁR 2002

Wovon soll ich dann meine Familie ernähren?« Seine innere Stimme zählte die Argumente immer lauter auf, und Angst machte sich in ihm breit.

»Und was werden meine Kollegen sagen? Ich, der als Erster den Grundsatz der Energieerhaltung in die Elektrodynamik eingeführt und als Erster gezeigt habe, dass sich die Energie gar nicht im Draht, sondern in dem Raum um den Draht herum fortbewegt, soll jetzt sagen: Es tut mir leid, aber ich habe mich geirrt? Anfangs hielten mich alle für verrückt und es dauerte Jahre, meine Kollegen davon zu überzeugen, dass sich die Energie nicht im Draht, sondern um ihn herum ausbreitet. Sie hielten mich für einen mystischen Idioten, der die Grundlagen nicht verstanden hat. Diese Angelegenheit hat die Einrichtung meines Lehrstuhls um mindestens 3 Jahre verzögert und in der Zwischenzeit musste ich in bitterer Armut leben. Und die Sache mit diesem Holzfällerfall verspricht, noch holpriger zu werden. Was würde mein Kollege Smith sagen, mit dem ich immer Fischen gehe? Er würde den Fall dieses Holzfällers mit einer Handbewegung abtun. Und wie würde ich meinen Schülern gegenübertreten, von denen immer wieder einige die Prüfungen nicht bestehen, weil sie das Gesetz der Energieerhaltung nicht ausführlich genug studiert haben? Schließlich fangen sie gerade erst an, die Tatsache zu akzeptieren und zu verdauen, dass die Energie immer erhalten bleibt, nur manchmal umgewandelt wird. Und jetzt soll ich, ausgerechnet ich sagen, dass das alles ein Irrtum war? Aber wenn ich dies sage, was werden dann die anderen, meine europäischen Kollegen oder die in Philadelphia sagen? Würden sie, die dieses Gerät nicht gesehen haben, mir glauben, wenn ich nichts anderes sagen kann, als dass ich es gesehen und mir eine Meinung gebildet habe?« Jetzt war er nicht mehr annähernd so begeistert, wie er es gewesen war, als er Garys Zimmer verließ.

»Ich frage mich, wie ich mich aus dieser Situation befreien kann. Aber warum ist dieser Effekt nur bei diesem Holzfäller erschienen? Schließlich haben wir schon so viele Motoren und Magneten untersucht, aber dieses Phänomen ist uns noch nie begegnet. Und nicht nur wir haben sie untersucht – auch Hunderte meiner Kollegen auf dem alten Kontinent. Wir haben nichts Vergleichbares gefunden. Wie kommt es, dass ein Holzfäller mehr weiß als wir alle? Und selbst wenn dies der Fall wäre – was ich natürlich nicht glaube –, könnte ich meine Kollegen davon überzeugen? Würden sie meine Publikationen akzeptieren, wenn ich über dieses Thema schreiben würde? Das scheint mir eher unwahrscheinlich. Und was ist, wenn hinter der ganzen Sache doch ein raffinierter Trick steckt? Was ist, wenn dieser Wesley irgendwie Druckluft in die Magneten gebracht hat? Was ist, wenn ich mich für ihn einsetze, vielleicht sogar Geldgeber finde und sich die Sache doch als Betrug entpuppt? Ich würde meine Autorität nie wieder zurückgewinnen. Ich würde meinen Job verlieren. Warum geht nicht jemand anderes dieses Risiko ein? Manche Leute haben bereits einen sicheren Job als Professor, den kann man ihnen nicht wieder wegnehmen. Warum sollte gerade ich alles riskieren? Warum bekomme immer ich die schweren Aufgaben? Ich habe einen ehemaligen Mitschüler, der jetzt beim *Harper's New Monthly Magazine* arbeitet. Ich könnte ihm Bescheid sagen, damit er über die Sache berichtet. Wenn es wenigstens ein paar mehr von uns gäbe ...«

Diese Gedanken gingen ihm durch den Kopf, und als er das Institut erreichte, war er bedrückt. Im Treppenhaus stieß er auf einen Kollegen, der Wesleys Gerät gesehen hatte und neugierig auf Bakers Meinung war. »Was haben Sie gesehen, Professor? Glauben Sie, dass da etwas dran sein konnte?«, fragte er sichtbar neugierig. »Ich glaube«, murmelte der Professor, »dass hier etwas nicht stimmen kann. Es muss ein Fehler vorliegen. Mein lieber Kollege, ich glaube nicht, dass da etwas Sinnvolles dahintersteckt. Nein, ich glaube nicht, dass wir uns damit beschäftigen sollten. Mit den vielen Gleichstrommotoren, dem Telegrafen und Fotoapparaten haben wir ohnehin schon genügend spannende Aufgaben zu lösen ...« *Die Namen stammen von mir. Die Situation – wieder und wieder – von der Geschichte.*

Magnetische Apparate des 20. Jahrhunderts

Die Geschichte der Perpetua mobilia zeigt, dass etwas, das einfach ist, immer wieder neu entdeckt wird. In *Verbotene Erfindungen* haben wir bereits den US-Amerikaner Alfred Matthew Hubbard kennengelernt. In den 1910er-Jahren, eine Generation nach Garys in Vergessenheit geratener Arbeit, erfand Hubbard eine Art Transformator ohne bewegliche Teile, der Überschussenergie erzeugte. Ab den 1930er-Jahren kamen mehr und mehr magnetische Apparate auf, die

Überschussenergie erzeugten und auch patentiert wurden. Das erste erwähnenswerte Patent aus dieser Zeit stammt von Georges H. Bougon aus dem Jahr 1931. Bougon war Techniker in einem Bergwerk. Er kaufte Hufeisenmagneten von seinem bescheidenen Einkommen und experimentierte damit in einem Schuppen. Die Grundidee seiner Erfindung ist in Abbildung 17 dargestellt.

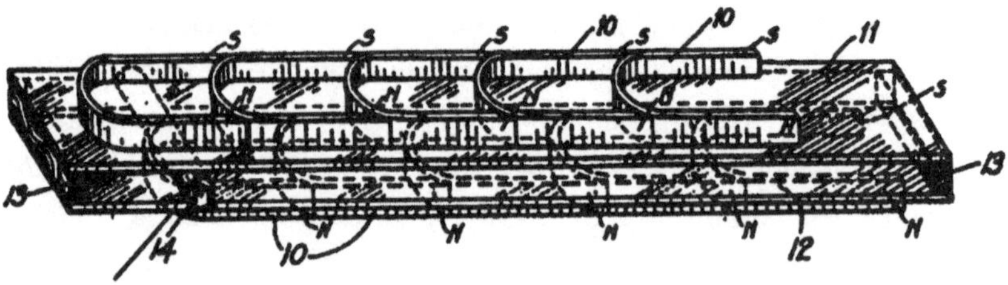

Eisenstange

Laut Bougon ist auch eine kreisförmige Anordnung der Magnete möglich

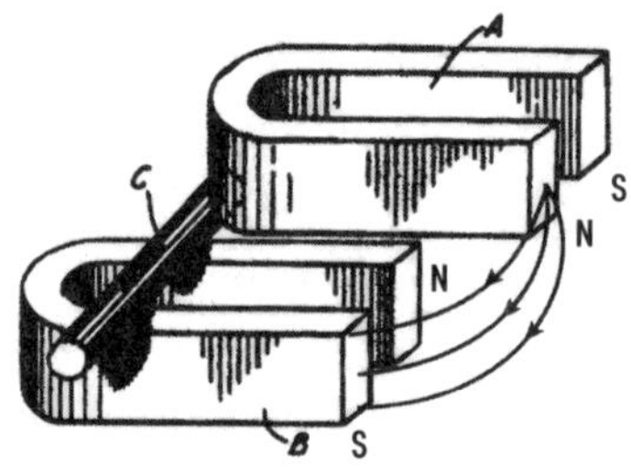

Im Feld von Magneten, die zueinander verschoben sind, kann Überschussenergie entstehen

Abb. 17: Anordnung von Bougon. N: Nordpol, S: Südpol.

Wenn man einen Eisenstab zwischen zwei Hufeisenmagneten legt, die versetzt übereinanderliegen, beginnt der Stabmagnet, sich zwischen den beiden zu bewegen. Wenn viele Magnete auf diese Weise schräg übereinander angeordnet werden, kann (nach einer mühsamen Suche nach der optimalen Anordnung) ein Zustand erreicht werden, bei dem der Weicheisenstab das Gerät mit höherer Energie verlässt als der, mit der er eingetreten ist. Bougon experimentierte auch mit einer Anordnung, bei der nicht ein Stab bewegt wurde, sondern eine Eisenkugel rollte. Diese

Erfindung blieb eher eine technische Kuriosität, da es ihm nicht gelang, daraus einen dauerhaft laufenden Motor zu erschaffen. Auf dem Bild ist aber gut sichtbar, dass nach dem Platzieren des Eisenstabs oder der Eisenkugel die schiefen, verzerrten Magnetfelder die Überschussenergie liefern (es wird vollständige Symmetrievernichtung erreicht). Bei einem Brand in der Mine wurde auch Bougons kleine Hütte vernichtet und alle seine Magnete wurden entmagnetisiert. Danach konnte er nicht mehr genug Geld aufbringen, um seine Experimente fortzusetzen.

Im Jahr 1931 wurde Arthur Powell ein Patent für einen Magnetmotor ähnlicher Bauart, der auch im Dauerbetrieb laufen konnte, erteilt, und im darauffolgenden Jahr, 1932, erhielt Harry L. Worthington ein Patent für ein ähnliches Gerät. Die meisten Geräte verwenden Elektromagneten, mit denen zeitlich asymmetrische Magnetfeldverzerrungen erreicht werden. Beide hier erwähnten Maschinen wurden mit großen Luftspalten gebaut. Sie sind erforderlich, um die notwendige Magnetfeldverzerrung zu erreichen. Powell wollte ursprünglich ein Unternehmen zur Herstellung von Magnetmotoren gründen, doch nachdem er das Patent erhalten hatte, verschwand er spurlos.

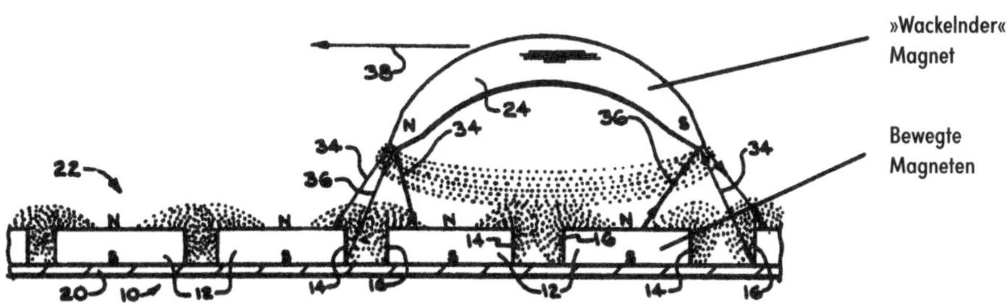

Abb. 18: Anordnung von Johnson. N: Nordpol, S: Südpol.

Das Prinzip der dynamischen Feldverzerrung ist auch in Johnsons Patent von 1979 deutlich zu erkennen, welches allerdings in der Praxis nicht sehr brauchbar ist (Abbildung 18): Ein bananenförmig gebogener Dauermagnet schwebt über einer Reihe von Magneten. Dabei verzerrt der wackelnde Magnet die Magnetfelder. Tatsächlich haben alle Patente in diesem Bereich, die mit Dauermagneten arbeiten, mit einem ernsten Problem zu kämpfen: Sie können die Magnetfelder nicht allzu stark verzerren. In mechanischen Maschinen mit beweglichen Teilen ist die zeitliche Änderungsrate durch die Trägheit der Massen stark begrenzt und das Magnetfeld wird auch stark durch die Materialstruktur eingeschränkt. Es ist viel einfacher, mindestens für ein Glied einen Elektromagneten zu verwenden, da ein schnelles Ein- und Ausschalten zu einer viel größeren Feldverzerrung pro Zeiteinheit führt als es der Fall wäre, wenn ausschließlich mit Dauermagneten gearbeitet würde.

Die dynamische Verformung des Feldes wird vielleicht am besten in dem Patent von John W. Ecklin aus dem Jahr 1975 veranschaulicht (Abbildung 19a).

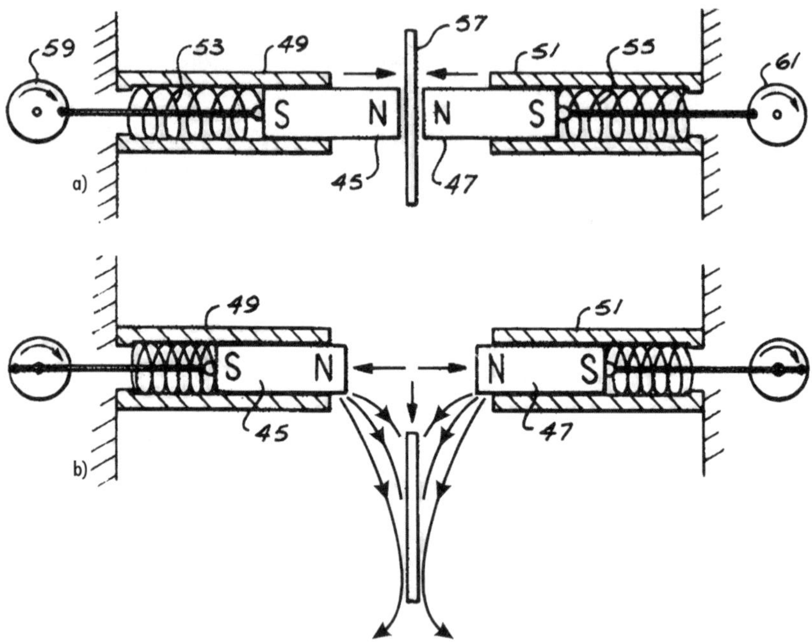

Abb. 19: Zwei Zeichnungen aus der Patentschrift. Die Verzerrung der Feldlinien und der Aufbau des Zyklus sind deutlich zu erkennen. N: Nordpol, S: Südpol.

Wenn zwei Dauermagneten, die sich gegenseitig abstoßen, aufeinander zugeschoben werden, sind ihre Magnetfelder immer noch symmetrisch. Wird ein Stück Weicheisen zwischen sie gelegt und zusammen mit den Dauermagneten bewegt, kann bei entsprechender Dimensionierung eine große Feldverzerrung erreicht werden. Dieses Prinzip wurde von Ecklin umgesetzt, indem er eine Spule auf das Weicheisen wickelte und entweder die darin auftretende Schwankung der magnetischen Flussdichte oder – in einer anderen Version – die Vergrößerung des Kraftfeldes durch die zusätzlich entstandene, überschüssige magnetische Flussdichte ausnutzte. Dies ist in Abbildung 19b dargestellt.

Ecklins Patent basiert nicht auf einem am Schreibtisch entwickelten Entwurf, sondern auf einem tatsächlich gebauten, funktionsfähigen Modell. Bei einer Eingangsleistung von 2 Kilowatt und einer Drehzahl von 3600 Umdrehungen pro Minute erzielte der Amateurentwickler eine Ausgangsleistung von 12 Kilowatt. Der einsame, mürrische Ecklin konnte sich jedoch nicht mit den Investoren einigen und so blieb ihm nur der Prototyp seiner Erfindung, der aber auch irgendwann von der Bildfläche verschwand.

Beide Arten von Vorrichtungen scheinen, oberflächlich betrachtet, einfach zu sein. In der Realität sind sie aber sehr schwierig herzustellen. Auch die Beschreibung der Erfindung enthält, wie üblich, keine wichtigen Details, die uns weiterhelfen könnten. Wir wissen nicht, welche Durchmesser, welche Größen, welche Materialien, welche Windungszahlen und welche Geometrie beim Bau eingeplant werden müssen. Bei diesen Erfindungen ist eine bloße Beschreibung des theoretischen Aufbaus wenig wert. Nur allein anhand der Patentbeschreibung lassen sie sich nicht nachbauen. Trotz dieser Schwierigkeiten gelang es dem kanadischen Entwickler Alan L. Francoeur nach jahrelangem Experimentieren, eines von den Geräten aus Ecklins Patenten nachzubauen. Er veröffentlichte es auch im Internet, achtete jedoch sehr darauf, dass das Gerät nicht anhand der Fotos kopiert werden konnte.

Natürlich werden nicht alle Patentanträge für solche Erfindungen auch erteilt. Wer weiß, wie viele Beschreibungen von sehr guten Entwürfen irgendwo herumliegen und nie an die Öffentlichkeit gelangten, weil sie nicht patentiert wurden. Eine weitere, ähnliche Erfindung stammt von Árpád Bóday, der diese in Band 3 von *Einführung in die Raumzeittechnologie* beschrieben hat. Der Vorteil dieser Anordnung gegenüber den vorherigen ist, dass Bóday die Eigenschaften von Weicheisen, Elektromagneten und Dauermagneten auf sehr kreative Weise ausnutzte. Er kannte sich wahrscheinlich gut mit der Theorie und Praxis von Magnetkreisen aus. Zudem war er in der Lage, in seinem rotierenden Apparat sehr große Feldverzerrungen zu erreichen – zum einen aufgrund der besonderen Spulenkonstruktion und zum anderen, weil er eine relativ kleine, aber variable Luftspalte verwendete, um sehr große Flüsse zu erzeugen und verzerren zu können (Abbildung 20).

Der Motorgenerator des neuseeländischen Elektroingenieurs Robert Adams scheint das einfachste Gerät zu sein. Die Grundkonstruktion wird Motorgenerator genannt, da der Motor auch als Generator verwendet werden kann (Abbildung 21). Die Überschussenergie kann an den ruhenden Spulen als mechanische oder elektrische Energie entnommen werden.

Es gibt auch eine Version des Adams-Motors, die Überschussenergie hauptsächlich in Form von Wärme abgibt. Nach den Erfahrungen von Adams kann das bis zu Achtfache der zugeführten Energie in Form von Wärme gewonnen werden (diese Erfindung wurde in einem mit Fotos illustrierten Beitrag von György Molnár in Band 3 der Buchreihe *Einführung in die Raumzeittechnologie* beschrieben. Er und seine Gruppe konnten den Adams-Motor in Ungarn nach etwa einem Jahr Arbeit erfolgreich nachbauen. Bei mehreren Geräten wurde ein Wirkungsgrad von über 100 Prozent gemessen). Die Erfahrungen von Adams und Molnár bestätigen die Umpolung, die Gary erwähnt hatte.

Man kann deutlich sehen, wie schwierig es ist, eine maximale Feldverzerrung zu erzeugen. Das Verhältnis der Durchmesser des Dauermagneten zu denen des Elektromagneten, der Zeitpunkt des Einschaltens und der Drehwinkel, nach dem das Ausschalten des Elektromagneten erfolgen muss, der Durchmesser und die Geometrie des Weicheisens im Elektromagneten, die Wicklungsanordnung der Spule und ihr Widerstand sowie die Spannung, die an den Elektromagneten angelegt wird – alle diese sind wichtige Parameter, die den Wirkungsgrad beeinflussen. Bei der Dimensionierung taucht auch immer wieder der *Goldene Schnitt* auf, da mit einer solchen Dimensionierung *maximale Feldverzerrung* erreicht werden kann. Ein einziger, scheinbar unbedeutender Dimensionierungsfehler reicht aus, um die Überschussenergie verschwinden zu lassen oder zumindest stark zu reduzieren. Die Optimierung der Feldverzerrung ist eine schwierige technische Aufgabe, da eine solche Aufgabe in den herkömmlichen Verfahren noch nie gelöst werden musste.

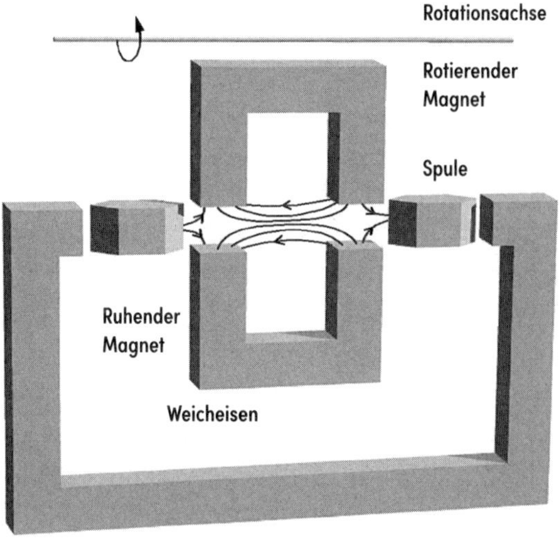

Hier ist das Magnetfeld dargestellt, wie es mit nicht eingeschalteter Spule aussieht, wenn die beiden Magneten dicht beieinanderliegen. Ein Großteil des magnetischen Flusses verläuft zwischen den Polen des Hufeisenmagneten (es ist nur der Eisenkern der Spule dargestellt).

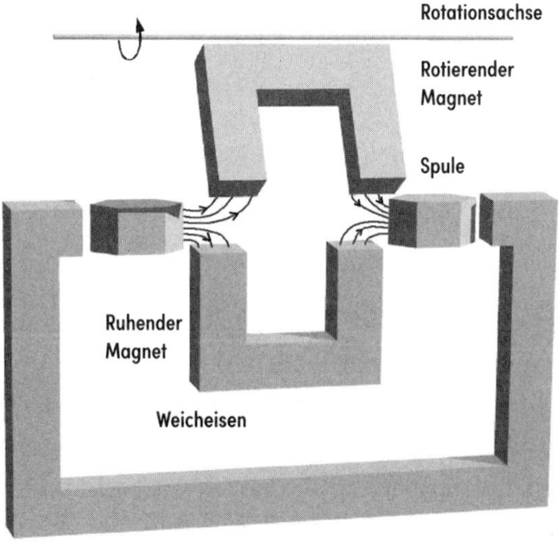

Der magnetische Fluss beim Einschalten der Spule. Der Fluss verläuft zum Großteil über die Spule und das Weicheisen und nicht zwischen den Polen des Hufeisenmagneten. Das Feld wird erheblich verzerrt. Der kleine Luftspalt ermöglicht eine größere Flussdichte.

Abb. 20: Anordnung des Bóday-Motors (hier nur mit einem Segment dargestellt)

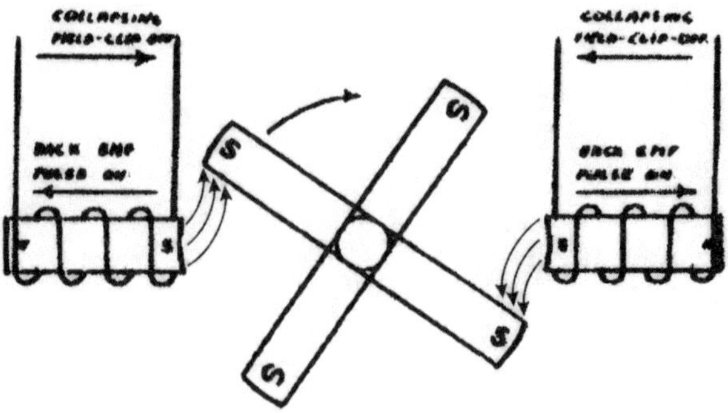

Abb. 21: Anordnung des Adams-Motors. N: Nordpol, S: Südpol.

Die Maximierung der Feldverzerrung ist das »heilige Mantra« der Raumzeittechnologie – das Ergebnis hängt in erster Linie davon ab, inwieweit diese erreicht wird. Ohne die Sammlung von Erfahrungen und konkrete Hilfe empfiehlt es sich nicht, diesen Weg zu beschreiten – das würde zu einem schnellen und sicheren Misserfolg führen. Aus diesem Grund wurde eine 30-stündige Vortragsreihe über Raumzeittechnologie auf Video aufgenommen. Diese Aufzeichnung soll den potenziellen Konstrukteuren helfen. Garys einfallsreicher Hilfseffekt und die in Molnárs Präsentation dargelegten Überlegungen zur Dimensionierung zeigen deutlich, dass die richtige Wahl scheinbar trivialer Parameter einen entscheidenden Einfluss auf das Ergebnis haben kann. Beim Bau von raumzeittechnologischen Geräten müssen viel mehr Dinge berücksichtigt werden, und es ist eine viel anspruchsvollere wissenschaftliche und technische Herangehensweise nötig, als es das Bildungssystem oder die Technik heute im Allgemeinen bieten und fordern.

Ohne die Messung und Analyse der räumlichen und zeitlichen Verzerrung des Magnetfeldes und ohne die Aufzeichnung der Eingangs- und Ausgangsleistungen ist es aussichtslos, ein solches Gerät zu bauen. Es ist das Verdienst von Gary, Adams und Molnár, dass viele dieser Aspekte öffentlich bekannt geworden sind. Die Zeichnung eines Überschussenergie produzierenden Magnetmotors reicht für einen erfolgreichen Nachbau nicht aus. Man muss wissen, dass die dynamische Feldverzerrung optimiert werden muss und welche Parameter dabei berücksichtigt werden müssen.

Die beiden Australier Ludwig Emma Brits und Victor John Christie haben den Adams-Motor im Wesentlichen nachgebaut und 1999 ein Patent dafür beantragt (eine ausführliche Beschreibung findet sich in Band 3 von *Einführung in die Raumzeittechnologie*). Die verzerrten magnetischen Flusslinien spielen auch in dem japanischen Patent, das in Band 2 von *Einführung in die Raumzeittechnologie* ausführlich beschrieben wird, eine zentrale Rolle. Es ist das Ergebnis von 30 Jahren Arbeit von Teruo Kawai. Ein anderer japanischer Erfinder, Kohei Minato, hat in etwa sechzig Ländern ein Patent für seinen Apparat mit einem asymmetrischen Rotor aus schräg angeordneten Dauermagneten erhalten (Abbildung 22). An dem Teil des Rotors, des Motors oder Generators, an dem die Pole der Magnete am äußeren Rand identisch sind (entweder Nord oder Süd), befindet sich eine Dauermagnetreihe. Beim Betrachten von Abbildung 22 sieht man sofort, wie asymmetrisch das Magnetfeld schon im statischen Zustand ist. Der Stator ist hier eine Spule, die ein- und ausgeschaltet wird, wenn die Dauermagneten die Spulen erreichen. Die Dimensionierung der Magneten ist entscheidend.

Durch Ein- und Ausschalten der Magnetspulen mit einem entsprechenden Signalverlauf kann das Magnetfeld auf eine Weise verzerrt werden, dass keine kontinuierliche räumliche oder zeitliche Symmetrie erhalten bleibt (einige Farbfotos der Minato-Maschine finden Sie am Ende von Band 3 der Buchreihe *Einführung in die Raumzeittechnologie*). Diese Vorrichtung wurde mit Elektromagneten gebaut, aber der Erfinder ist der Meinung, dass sie auch ausschließlich mit Dauermagneten funktionieren könnte. Auf dem Rotor verwendete er Seltenerdmagnete mit sehr hoher Flussdichte, während er auf dem Stator mehrere Spulen gleichzeitig einsetzte (in der Patentschrift natürlich keine Dimensionierung für diese angegeben). Unabhängige Messungen kamen zu dem Ergebnis, dass das Gerät einen Wirkungsgrad von 200 bis 300 Prozent hatte. Die Überschussenergie setzte sich aus elektrischer und mechanischer Energie zusammen. Die Erfahrung hat gezeigt, dass der Wirkungsgrad umso niedriger war, je größer der Durchmesser des Geräts war. Den maximalen Wirkungsgrad erreichte Minato bei kleinen Motoren, die einem Computerlüfter ähnelten. Beim Vergrößern des Motordurchmessers verlor das Magnetfeld immer mehr an Krümmung, wurde also immer weniger verzerrt – die Symmetriebrechung nahm ab. Je größer der Durchmesser ist, desto weniger Symmetrien werden gebrochen und desto kleiner ist die gewonnene Energiemenge.

Trotz seiner scheinbaren Einfachheit ist auch Minatos Apparat ziemlich schwierig zu bauen, da Magneten mit ungefähr gleicher Feldstärke besorgt werden müssen. Die Magnetisierung der im Handel erhältlichen Magneten ist sehr unterschiedlich, weshalb man nur nach detaillierten Feldstärkemessungen der Magneten mit dem Bau eines solchen Motors beginnen sollte. Minato arbeitet seit über 20 Jahren mit Magnetmotoren und ist von Beruf eigentlich Musiker. Dank der Einnahmen aus seiner eigenen Musikschule und der finanziellen Unterstützung durch seine Tochter, die Popmusikerin ist, konnte er experimentieren und seine Maschine in vielen Ländern patentieren lassen.

Die Grundidee von Minato ist ungewöhnlich und seltsam. Seit seiner Kindheit interessierte er sich für Astronomie und war schon immer von Fotos von Spiralgalaxien fasziniert gewesen. Seine Vorstellung war, dass, wenn sich diese Spiralgalaxien seit Milliarden von Jahren bewegen und ihre Energie möglicherweise sogar noch zunimmt, es ebenso möglich sein müsse, aus spiralförmig angeordneten Magneten Energie zu gewinnen. Auf dieser Grundlage begann er, Magnetmotoren mit einer sehr ungewöhnlichen Anordnung zu bauen. Er sagt, dass er nach vielen Jahren beharrlichen Experimentierens die seiner Meinung nach optimale Anordnung gefunden hat. Diese habe bereits messbare Überschussenergie geliefert. Erst dann habe er mit ernsthaften Entwicklungen begonnen. Es ist jedoch zweifelhaft, ob sich seine Maschine verbreiten wird, denn Minato ist eine eher schwierige Persönlichkeit; er schließt schwer Freundschaften und ist grundsätzlich misstrauisch.

Das erste Gerät, das magnetische Feldverzerrung nutzt und bereits im Handel erhältlich ist, ist das Ergebnis der jahrzehntelangen Arbeit des ungarisch-kanadischen Erfinders Dr. László Szabó. Das 20 Tonnen schwere Gerät, das durch eine Investition von 400 Millionen Dollar gebaut werden konnte, wird ausführlich (mit Bildern) in Band 3 der Buchreihe *Einführung in die Raumzeittechnologie* diskutiert. Eine einzelne Maschine hat eine Leistung von 400 Kilowatt, einen Wirkungsgrad von 150 Prozent und kostet rund 7 Millionen Dollar. Sie benötigt eine mechanische Energiezufuhr und erzeugt elektrische Energie und Wärme.

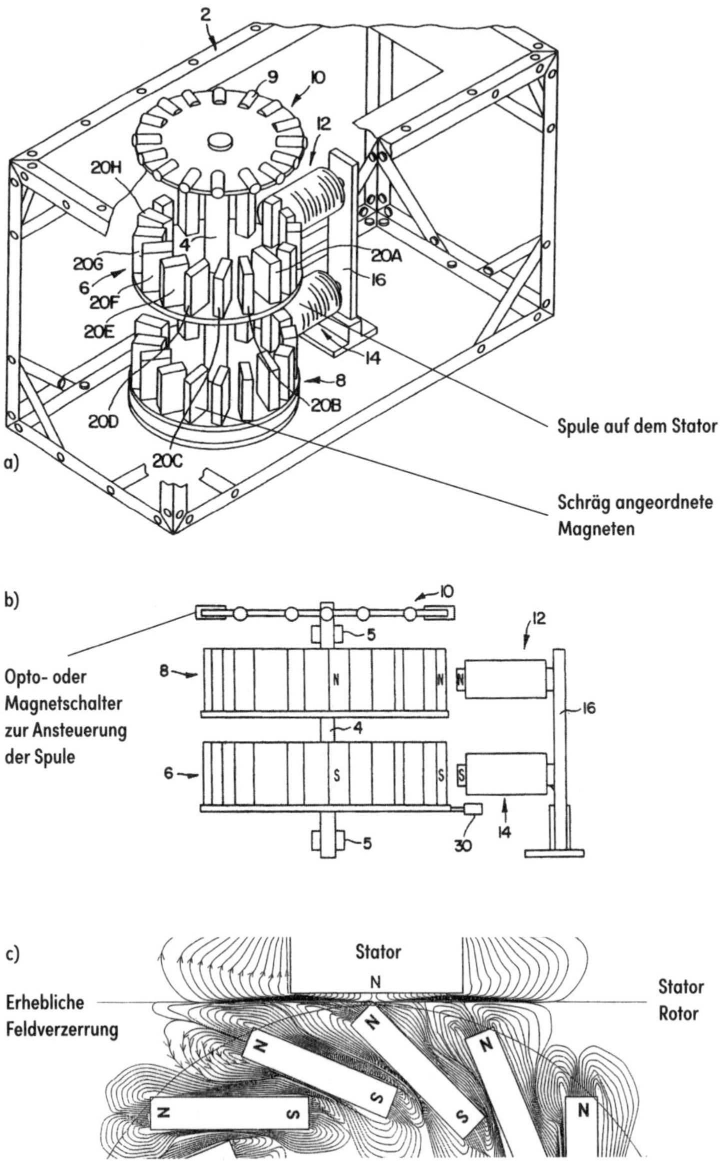

Abb. 22: Anordnung der Minato-Maschine. N: Nordpol, S: Südpol.

Die Vibrationszungenmaschine von Lester Jennings Hendershot namens *Magnetronic* (siehe Band 3 von *Einführung in die Raumzeittechnologie*) kann mehr oder weniger als Maschine mit beweglichen Teilen bezeichnet werden. Sie ist eine mögliche Umsetzung von Garys Grundidee, aber hier ist das Weicheisen dünn und vibriert; es dient auch nicht als Eisenkern einer Spule. Die Anregung zur Schwingung sowie die Energieentnahme erfolgen durch eine Spule mit Eisenkern auf der anderen Seite der vibrierenden Zunge. Hendershot hat keine Details zur Dimensionierung verraten; vielleicht verstand er sie selbst nicht richtig (weitere Umsetzungen sind in Band 3 von *Einführung in die Raumzeittechnologie* beschrieben). Mindestens fünfzig Erfinder haben diesen Effekt unabhängig voneinander entdeckt ...

Wir wollen die Beschreibung der Maschinen mit beweglichen Bauteilen mit einer Beschreibung von John Roy Robert Searls Gerät schließen, da es das seltsamste und vielleicht komplexeste ist (Abbildung 23). Der Engländer soll sein Gerät basierend auf Träumen aus seiner Kindheit gebaut haben. Das Gerät ähnelt einem Wälzlager, bei dem sich mehrere kleine Dauermagnetzylinder oder -rollen auf einem inneren Ring um einen Dauermagneten mit großem Durchmesser drehen. Die Essenz der Erfindung ist die spezielle Magnetisierungsstruktur der Rollen und des inneren Zylinders. Es existieren nämlich »magnetische Inseln«.

Durch die Drehung der äußeren Rollen um den inneren Ring können also sehr starke lokale Verzerrungen des Magnetfeldes erzielt werden. Searl arbeitete in einer Magnetfabrik, wo er nach Belieben Zugang zu speziellen Materialien und Technologien hatte. Er behauptet, mehrere selbst laufende Maschinen gebaut zu haben, die nicht nur Überschussenergie lieferten, sondern sich dabei auch abkühlten und sogar Antigravitationseffekte erzeugten. Manchmal führte dies angeblich dazu, dass seine Maschinen einfach wegflogen und spurlos verschwanden.

All dies würde das Gerät natürlich in den Bereich der Fabeln rücken, aber auch russische Forscher (Wladimir W. Roschtschin und Sergei M. Godin) konnten die Überschussenergieproduktion und den Gewichtsverlust im Jahr 2001 unabhängig von Searl reproduzieren. Leider ist die Lösung von Searl hoffnungslos kompliziert und daher für uns eher uninteressant. Wichtig ist jedoch, dass die aufgelisteten Erfindungen zwar eine große Vielfalt an konstruktiven Lösungen aufwiesen, aber alle auf einen gemeinsamen Punkt hinauslaufen: die

a) Draufsicht der Magnetisierung einer Rolle. Es ist deutlich erkennbar, dass das Magnetfeld während der Bewegung stark verzerrt wird. Dies ist die Quelle der Überschussenergie. Möglicherweise trägt auch die Vakuumenergie zur Aufrechterhaltung der Rotation bei. Dies kann dadurch geschehen, dass sich die Luft bei den Berührungspunkten stark erwärmt.

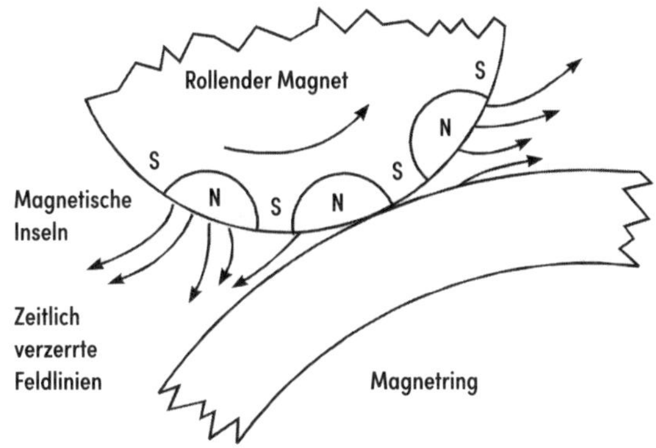

b) Draufsicht der Anordnung der Maschine. Zahlreiche Magneten rollen um die Magnetringe.

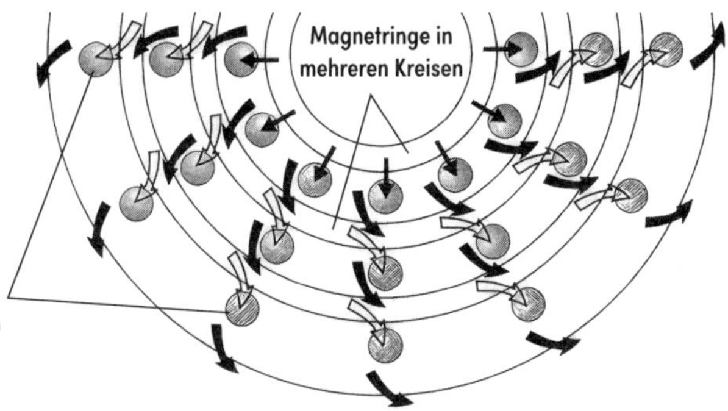

Abb. 23: Die Searl-Maschine basiert auf der Verzerrung der Felder von »magnetischen Inseln«. Eine hoffnungslos komplexe Maschine. N: Nordpol, S: Südpol.

Verzerrung des Magnetfeldes. Die Tatsache, dass Erfinder, die wenig bis gar nichts von den Arbeiten der anderen wussten, nach langem Experimentieren denselben Effekt entdeckten, zeigt, dass die Symmetriebrechung in Magnetfeldern durchaus ein praktisch nutzbarer Effekt ist.

Dass theoretische und Experimentalphysiker diese Methode nicht kennen und dass in Lehrbüchern steht, dass es keinen Beweis für eine Verletzung der Energieerhaltung gibt, bedeutet nur, dass die Forscher die Möglichkeiten der Natur nicht kennen und nicht, dass diese nicht existieren. Die Tatsache, dass in den Zeitschriften nichts von Physikern oder gar Ingenieuren über diese Maschinen geschrieben steht, zeigt nur die weitverbreitete Zensur, nicht aber, dass die totale Symmetriebrechung keine Folgen hat. Diese Aussage wird durch die Tatsache bekräftigt, dass es sowohl mit Maschinen mit beweglichen Teilen als auch mit Maschinen ohne solche möglich ist, eine vollständige Symmetriebrechung durchzuführen.

Der vielleicht einfachste Vorgang dafür ist die in Band 1 von *Einführung in die Raumzeittechnologie* beschriebene »Gürtelschnallenanordnung« (Abbildung 24), bei der ein Dauermagnet in der Mitte eines Weicheisenrahmens mit einem nur kleinen Luftspalt platziert wird (so ist die Energiespeicherkapazität des Kreises maximal). Auf beiden Seiten des Weicheisens befindet sich jeweils eine Spule mit mehreren Windungen. Durch diese wird die Überschussenergie angezapft. Der magnetische Fluss kann durch kleine Erregerspulen auf kurzen Eisenkernen gelenkt und verzerrt werden. Wenn die Spulen zeitlich asymmetrisch angeregt werden, ist es prinzipiell möglich, Überschussenergie zu gewinnen. Wie bei allen magnetischen Apparaten ist jedoch auch hier die Dimensionierung entscheidend.

Die bisherigen Erfahrungen zeigen deutlich, dass diese Geräte nur in sehr schmalen Frequenzbereichen richtig funktionieren (in einer Art Resonanzmodus). Da diese Frequenzen meist sehr hoch sind (wahrscheinlich wird dann aufgrund der Magnetostriktion ein Überschussfluss generiert), sind die Wirbelstromverluste sehr hoch. Dies kann durch die Verwendung von sehr dünn lamelliertem und isoliertem Metallglas als Eisenkern vermieden werden. Dadurch sind die Wirbelstromverluste selbst bei hohen Frequenzen relativ gering.

Eine weitere wichtige Beobachtung einer Gruppe von US-amerikanischen Erfindern, die eine solche Maschine erfolgreich gebaut haben, ist, dass die Sekundärwicklung nur in bestimmten, kurzen Zeitintervallen belastet werden sollte, da der Prozess sonst abgewürgt wird. Da hierfür eine recht komplexe Elektronik erforderlich ist, ist auch ein solches Gerät nicht einfach zu bauen und wegen der relativ hohen Kosten für metallisches Glas auch nicht billig. Abbildung 24 zeigt das Prinzip der »Gürtelschnallenanordnung«. In Band 1 von *Einführung in die Raumzeittechnologie* werden quadratische und sogar hexagonale Anordnungen gezeigt; das Grundprinzip kann in einer Vielzahl von Geometrien umgesetzt werden. Die »Gürtelschnallenanordnung«, die ich in Band 1 von *Einführung in die Raumzeittechnologie* beschrieben habe, wird in Flynns Patent verwendet, welches 2001 erteilt wurde. Er kannte den physikalischen Hintergrund des Phänomens aber wahrscheinlich nicht.

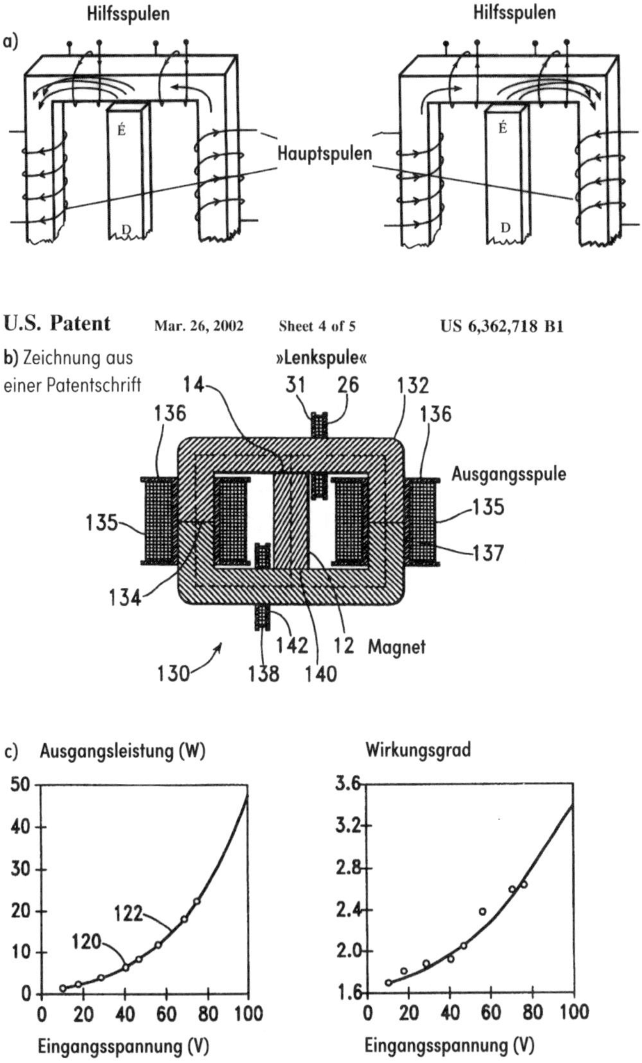

Abb. 24: Die »Gürtelschnallenanordnung«. N: Nordpol, S: Südpol.

Ebenfalls in Band 1 ist die Anordnung des Apparats von Coler zu finden. Dieses Gerät bestand aus sechs hexagonal angeordneten Dauermagneten, die Teil eines Resonanzkreises waren. Die nicht parallel zueinander angeordneten Magnetstäbe bildeten außerdem den Eisenkern jeweils einer Spule und waren selbst stromdurchflossen. Durch diese Anordnung kann sich das bereits verzerrte, asymmetrische Magnetfeld im Luftspalt zwischen den Magnetstäben zeitlich verändern, wenn der Magnetkreis aus nicht linearen Elementen aufgebaut wird. Da der Eisenkern der Spulen ein Dauermagnet ist, ist die Nichtlinearität des Schwingkreises gewährleistet. Dies wiederum schließt einen sinusförmigen Schwingungsverlauf aus, was zu einer zeitlich unsymmetrischen Erregung führt. Diese Anordnung abzustimmen, ist eine Kunst für sich; das Gerät soll hier lediglich als historisch interessante Erfindung vorgestellt werden.

Es gibt noch eine einfachere Version von Colers Gerät (eine ausführliche Beschreibung davon findet sich in Band 3 der Buchreihe *Einführung in die Raumzeittechnologie*). Obwohl die Diagramme während des Krieges verloren gingen, kann die Anordnung aus der fragmentarischen Beschreibung, die erhalten geblieben ist, rekonstruiert werden (Abbildung 25). Auch hier kann man eine starke Verzerrung und sogar Verdrehung des Magnetfeldes beobachten. Da der Schwingkreis auch hier nicht linear erregt wird, sind alle notwendigen Grundbedingungen für die Erzeugung von Überschussenergie erfüllt. Eine praktische Umsetzung dieses Geräts wird jedoch wahrscheinlich erst dann möglich sein, wenn bereits viele Erfahrungen mit der Dimensionierung von Geräten mit beweglichen Teilen, die einfacher zu sein scheinen, zur Verfügung stehen. Bislang scheint das Stimmen des Schwingkreises nahezu hoffnungslos kompliziert zu sein. Mit dem Verschwinden der Coler-Gruppe wurde die gesamte Erfahrung vernichtet; leider sind die wesentlichen Aspekte der Dimensionierung der Nachwelt nicht erhalten geblieben.

In der Arbeit von Gary, Hendershot und Coler lässt sich deutlich eine Reihe von Konstruktionslösungen erkennen. Es ist wahrscheinlich, dass die beiden letztgenannten Entwürfe auch den Hilfseffekt von Gary verwendeten, allerdings mit einer höheren Frequenz. In Garys elektromechanischer Maschine (siehe Anhang) konnten bei einer Frequenz von etwa 10 Hertz und einer Schwingungsamplitude von etwa 1 Millimeter maximal 5 Watt an Überschussenergie gewonnen werden. Bei

Hendershots Eisenplatte, die vor einem Hufeisenmagneten vibrierte, betrug die Frequenz 10–15 Kilohertz, die Amplitude 100 Mikrometer und die entnommene Energie etwa 100 Watt. Dies konnte jedoch erst nach mehrstündigem Stimmen erreicht werden. Die 6-Kilowatt-Maschine von Coler wurde dagegen mit einer Frequenz von 100 Kilohertz und einer Schwingungsamplitude von 10 Mikrometern betrieben, was beim Stimmen der Anlage extreme Schwierigkeiten verursachte. Hier vibrierte ein dicker, lamellierter Weicheisenstab, dessen Frequenz auch mit Vormagnetisierungs- und Hochfrequenzkreisen abgestimmt werden musste.

Bei diesen grundsätzlich kreativen Maschinen mit vibrierenden Teilen kann eine Leistungssteigerung fast ausschließlich durch eine Erhöhung der Frequenz erreicht werden, da die Flussdichte von Dauermagneten aufgrund der Materialstruktur begrenzt ist. Eine Erhöhung der Frequenz führt aber zu einer Verringerung der Amplitude, was das Stimmen erschwert. Schon eine lockere Schraube kann dazu führen, dass der elektrische Schwingkreis und das Weicheisen nicht mehr aufeinander abgestimmt sind. Bei hohen Frequenzen können sehr hohe

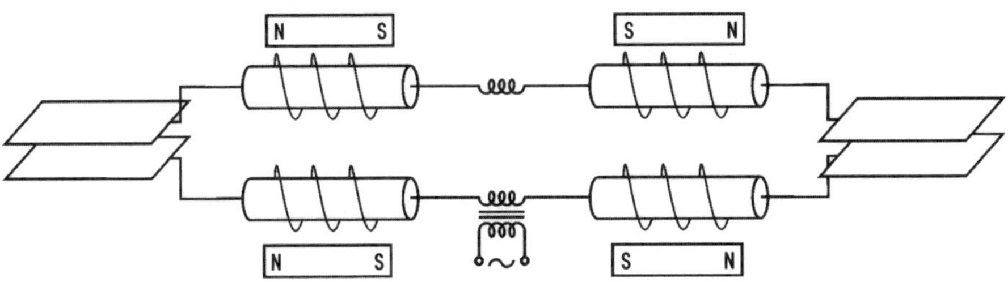

Abb. 25: Ein Teil der Coler-Maschine. N: Nordpol, S: Südpol.

mechanische Spannungen im Weicheisen entstehen, was zu starker Magnetostriktion führt und so die Dimensionierung weiter erschwert. Physikalisch betrachtet führen diese Resonanzkreise nicht lineare, parametrische, schwach gekoppelte Schwingungen aus, deren Verständnis und Dimensionierung eine große Aufgabe für sich ist. Solche Geräte können aber auch aus billigen Materialien gebaut und gut in Massenproduktion hergestellt werden. Es würde sich um typische Know-how-basierte Produkte handeln.

All dies zeigt, dass es auch bei relativ niedrigen Materialqualitäten möglich ist, industriell nutzbare Energiemengen aus magnetischen Systemen mit schwingenden Komponenten zu gewinnen. Der Ausgangspunkt könnte ein System sein, das den Gary-Hilfseffekt nutzt. Leider sind die Apparate von Hubbard, Hendershot und Coler in Vergessenheit geraten und die Erfahrungswerte, die bei der Dimensionierung helfen, wurden nicht überliefert ...

Ähnlich verhielt es sich mit dem Gerät von Floyd Sweet, das der einsame Erfinder in den 1970er- und 1980er-Jahren entwickelte (eine genauere Beschreibung findet sich in Band 3 von *Einführung in die Raumzeittechnologie*). Auch dieses Gerät kommt ohne bewegliche Teile aus. Die Grundidee besteht darin, magnetische »Inseln« in einem keramischen Dauermagneten auf besondere Weise (ähnlich wie beim Searl-Gerät) zu erzeugen. Durch zwei externe Erregerspulen werden diese magnetischen Inseln, die im Dauermagneten verzerrte Felder erzeugen, zeitlich asymmetrisch verzerrt, wodurch wiederum ein vollständiger Verlust der Symmetrie entsteht. Mit einer gut konzipierten und optimierten Spule kann die Überschussenergie abgeschöpft werden. Augenzeugen berichteten über Gewichtsverlust und eine Abkühlung des Geräts. Der Erfinder nahm das Geheimnis der Verteilung und Struktur der magnetischen Inseln, die die inhomogenen Magnetfelder erzeugten, jedoch mit ins Grab.

Nur wegen der Erwähnung des Antigravitationseffekts habe ich die Beschreibung des Geräts des Kanadiers David Hamel für den Schluss aufgehoben. Hamel behauptet – in der gewohnt bizarren Art der Erfinder –, dass er sein Gerät nicht selbst entdeckt hat, sondern dass es ihm von – wie er sagt – Außerirdischen in einem Traum gezeigt wurde. Er versuchte sich auch eine Zeit lang an dem Patentierungsvorgang, aber seine Anträge wurden immer wieder abgelehnt. Also veröffentlichte Hamel sein Gerät.

Seine Maschine bestand aus einer recht ungewöhnlichen Anordnung von Dauermagneten, die eine Taumelbewegung durchführten. Das Gerät wurde von einem unabhängigen Konstrukteur reproduziert (die Beschreibung des Geräts und eine weiterführende Internetadresse sind in Band 3 von *Einführung in die Raumzeittechnologie* zu finden). Die Fertigung der Dauermagneten, die auf drei schräg zueinander stehenden Kegeln mit »taumelnden« Achsen montiert waren, erforderte ebenfalls viel Arbeit. Nach Angaben von Augenzeugen und des unabhängigen Reproduzenten wurde das Gerät ab einer bestimmten Drehzahl selbst laufend und soll an Gewicht verloren haben. Diese ähnlichen Behauptungen voneinander unabhängig arbeitender Erfinder wie Searl oder Hamel lassen die Vermutung aufkommen, dass tatsächlich etwas an der Sache dran sein könnte (wir werden diese Annahmen in Teil V bei der Diskussion der Arbeit von Andor Dobó noch einmal theoretisch untermauern).

Als Letztes möchte ich den Hyde-Generator erwähnen, der in Band 1 von *Einführung in die Raumzeittechnologie* behandelt wird. Die Maschine, die hier nicht abgebildet ist, ist rein technisch interessant. Sie verzerrt das *elektrische* Feld sowohl axial als auch radial durch eine große Anzahl von Lamellen und kann so eine vollständige Symmetrieeliminierung des elektrischen Feldes erreichen. Diese Maschine ist jedoch viel komplizierter als magnetische Maschinen und hat mehrere Nachteile. Sehr hohe Feldstärken können mit einem elektrischen Feld in der Luft nicht erreicht werden, denn bei über 20 Kilovolt pro Zentimeter Feldstärke kommt es zu starker Ionisierung der Luft und Durchschläge verursachen große Verluste. Daher ist diese Anordnung nicht mehr als eine technische Kuriosität, obwohl der Erfinder (der übrigens spurlos verschwunden ist) laut Beschreibung einen etwa zehnfachen Energiegewinn erzielt hat.

Verstoß gegen die Impulserhaltung

Die Tatsache, dass es ein Problem mit geometrischen Symmetrien wie der räumlichen Translation (Impulserhaltung) und der zeitlichen Translation (Energieerhaltung) gibt, wird noch deutlicher, wenn auch die Impulserhaltung verletzt wird. Die Verletzung des Impulserhaltungssatzes ist kein minderes »Verbrechen« als die Verletzung des Energieerhaltungssatzes. In der Elektrodynamik ist ein solcher Fall aus dem Lehrbuch bekannt: Zwei geladene Teilchen, die sich auf einer senkrechten Bahn (in T-Form) bewegen, verletzten die Impulserhaltung (allerdings können sie auch einen Impuls haben. Eine ausführlichere Beschreibung findet sich in Band 3 von *Einführung in die Raumzeittechnologie*).

In einem US-Patent von James W. Black (die Patentbeschreibung von 1993 findet sich in Band 3 der Buchreihe *Einführung in die Raumzeittechnologie*) werden detailliert Experimente beschrieben, bei denen zahlreiche Messungen durchgeführt wurden, die zeigen, dass beispielsweise durch die Verzerrung der Felder von Magneten die Impulserhaltung verletzt werden kann.

Es ist natürlich auch möglich, den Impulserhaltungssatz durch die Verzerrung elektrischer Felder zu verletzen. Bereits in den 1950er-Jahren wurden Thomas Townsend Browns Arbeiten zur »Elektrogravitation« veröffentlicht, sie sind zwar experimentell gut belegt, blieben aber theoretisch unvollständig (US-Patent 2 949 550 und 3 022 430). Diese Arbeiten wurden von Jonathan W. Campbell fortgesetzt, der im November 2001 ein Patent (US-Patent Nr. 6 317 310 B1) für sein zweidimensionales, asymmetrisches Kapazitätstriebwerk erhielt. Das Patent ist sehr einfach und zeigt das bereits mehrfach beschriebene Prinzip der Feldverzerrung gut. In der in Abbildung 26 dargestellten einfachen Anordnung wird ein asymmetrisches elektrisches Hochspannungsfeld zwischen einem Hohlzylinder und einer kreisförmigen Platte aufgebaut. Damit wäre zwar noch keine vollständige Symmetriebrechung erreicht (weil eine Rotationssymmetrie im Feld verbleibt), aber die Natur »löst« dieses Problem selbst: Die hohe Spannung (mehr als 100 Kilovolt) verursacht eine transiente Koronaentladung, wodurch das elektrische Feld räumlich und zeitlich verzerrt wird. Eigentümer des Patents sind über die NASA die USA.

Wo immer eine winzige Entladung (je nach Polarität mit einer Frequenz von bis zu 100 Kilohertz) stattfindet, geht durch die starke Verzerrung die gesamte Symmetrie des elektrischen Feldes in Raum und Zeit verloren. Die asymmetrische Elektrodenanordnung trägt auch dazu bei, die Symmetrien des elektrischen Feldes zu brechen und Koronaentladungen zu erzeugen. Würde man anstelle der im Patent beschriebenen Hochspannungs-Gleichstromversorgung eine Hochspannungs-Hochfrequenz-Stromversorgung verwenden, würde sich der Effekt wahrscheinlich noch verstärken. Dieses Gerät funktioniert im Vakuum nicht, da es keine Entladungen gibt, die das elektrische Feld verformen könnten. Wenn man dafür eine technische Lösung finden würde, könnte das Gerät sogar im Weltall benutzt werden. Eine mögliche Lösung wäre, den Zylindermantel und

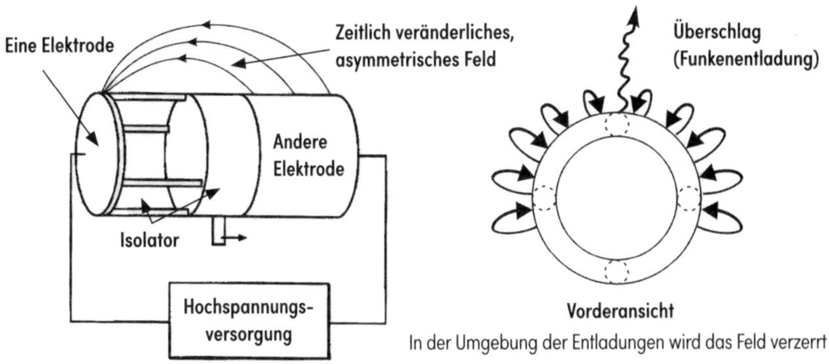

Abb. 26: Patentzeichnung eines Elektrogravitationsantriebs. Das asymmetrisch veränderliche elektrische Feld ist ein entscheidendes Detail.

die Platte in Segmente zu unterteilen und so schräge transiente Felder zu erzeugen, die zusätzlich entlang der Achse verzerrt sind.

In der Patentschrift werden mehrere asymmetrische Anordnungen beschrieben, aber es fehlen die technischen Parameter. Der Franzose Jean-Louis Naudin stellt aber mehrere Lösungen mit niedrigeren Spannungen ($\approx$ 40 kV) und einfachen asymmetrischen Anordnungen auf seiner Website vor. Die Richtung des Schubs hängt nicht von der Polarität ab, sondern von der Richtung der Asymmetrie. Diese Tatsache weist darauf hin, dass der Effekt nicht auf einen Ionenwind zurückzuführen ist.

Diese kostengünstigen Geräte veranschaulichen noch einmal die Beziehung zwischen Feldverzerrung, Symmetriebrechung und Erhaltungssätzen, die wir bereits bei Magnetfeldern kennengelernt haben. Natürlich sollte das Ausmaß der Feldverzerrung optimiert werden, um eine maximale Schubkraft zu erzielen, aber dafür muss man die Prinzipien kennen.

Wir haben nichts gelernt und auch nichts vergessen

Die vielleicht wichtigste Lektion dieses Buches findet sich in diesem Teil. Wir sehen noch einmal, wie wichtig die Kenntnis und die Anwendung der wissenschaftlichen

Methode ist. Und sie zeigt auch, dass wir aus unseren Fehlern nicht lernen und deshalb diese auch nicht vergessen konnten … Auch haben wir die Regeln, die wir durch viele Rückschläge in der Forschung gelernt haben, nicht eingehalten. Etwas zu kennen und etwas einzuhalten, sind zwei verschiedene Dinge (die Kenntnis der Lehren von Konfuzius – die wichtig und im Allgemeinen richtig sind – führt nicht automatisch zu ihrer Einhaltung, wie die korrupten und entwicklungsunfähigen Jahrhunderte in China zeigen).

In diesem Kapitel haben wir gesehen, dass zwar viele Menschen die wissenschaftlichen Methoden kennen, aber nur sehr wenige sie in der Praxis *anwenden*. Auch die Erzeugung von Überschussenergie ist nichts Mystisches; sie lässt sich mit Begriffen erklären, die bereits vor 100 Jahren bekannt waren. Es gibt sogar genügend experimentelle Beispiele ... Man muss nur die seit Langem etablierten Regeln der Forschung befolgen und die Ideen von Curie, Noether oder Wigner nutzen, um daraus eine schon für Gymnasiasten verständliche Theorie zu entwickeln.

Viele Bücher beschreiben wissenschaftliche Forschungsmethoden. Nehmen wir das Buch *The Physical Universe* von Konrad Bates Krauskopf und Arthur Beiser. In der Tat beginnen die beiden Autoren ihre Ausführungen zur wissenschaftlichen Methode mit dem wichtigsten Punkt: »Die sorgfältigsten Beobachtungen und die genauesten Berechnungen werden nur dann zu Ergebnissen führen, wenn die richtigen Fragen gestellt werden. Forscher können auf verschiedene Weisen arbeiten. Der direkte Ansatz ist recht einfach: Ein Geologe nimmt einen Gesteinsbrocken mit in sein Labor, untersucht seine Zusammensetzung und schließt daraus auf die Entstehung des Brockens. Ein anderer Ansatz ist die indirekte Methode. Niemand hat beispielsweise jemals den Mittelpunkt der Erde direkt untersucht, aber aus verschiedenen Quellen kann ein Geologe indirekt zu dem Schluss kommen, dass das Erdinnere wahrscheinlich aus geschmolzenem Eisen besteht.

Unabhängig davon, welcher Ansatz für ein bestimmtes Problem gewählt wird, muss der Forscher immer eine Reihe von Schritten vollziehen. Diese Abfolge von Schritten ist die allgemeine Art der Annäherung an die Funktionsweise des Universums und wird wissenschaftliche Methode genannt. Sie liefert niemals die endgültige Wahrheit. Ihre vier Schritte sind:

1. Formulierung des Problems
2. Beobachtung und Experiment
3. Interpretation der Daten
4. Überprüfung der Interpretation durch weitere Beobachtungen und Experimente

Die wissenschaftliche Methode ist die Möglichkeit zum Studium der Natur, der realen Welt, denn es sind die Ergebnisse von Experimenten und Beobachtungen, die Wissenschaftler nutzen, um ihre Ideen zu begründen und zu überprüfen.«

Natürlich zitiere ich diese Gedanken Beisers hier nicht grundlos. Nutzen wir diese nun, um zu analysieren, beispielsweise im Falle der Energie- und Impulserhaltung, deren große Fehler das Elend und den vorzeitigen Tod von Millionen, vielleicht sogar Milliarden von Menschen verursacht haben. Der Ablauf ist in Abbildung 27 zu sehen.
Schauen wir uns nun diese vier Schritte an.

1. »Ein Problem zu formulieren bedeutet, eine Frage zu wählen; der Forscher hat in der Regel bereits eine Vorstellung davon, was er untersuchen will. In vielen Fällen sind die Formulierung des Problems und die Interpretation der Daten miteinander verbunden. Der Forscher kann spekulieren, er kann ein Gefühl oder ein voll entwickeltes Konzept bezüglich einer Eigenschaft der Natur haben, aber ohne weitere Untersuchungen kann er nicht zu einer endgültigen Schlussfolgerung kommen.«

Was bedeuten also diese Sätze? In unserem Fall bedeuten sie, dass man sich die Frage hätte stellen müssen: Was ist Energie? Aber diese Frage wurde auch von großen Forschern wie Mayer, Faraday, Maxwell oder Einstein nicht gestellt. Noether bemerkte, dass Energie *als eine Symmetrie verstanden werden* kann, aber die wissenschaftliche Welt hat diese wichtige Erkenntnis, diese neuartige Formulierung, vollkommen vernachlässigt. Im Grunde interessierte sich niemand für das physikalische Wesen der Energie, des Impulses und des Drehimpulses, ebenso wenig wie für das Wesen anderer Grundbegriffe der Physik.

Der Begriff der Zeit war vielleicht das einzige, was das Interesse der Philosophen weckte. Nach der Entwicklung der allgemeinen Relativitätstheorie begannen sie, die Konzepte von Raum und Zeit genauer zu untersuchen. Aber was eine elektrische Ladung ist, was ein magnetisches Feld, eine Kraft, ein elektrisches Feld beziehungsweise das Medium ist, das den Raum ausfüllt oder was Energie ist, scheint die meisten Physiker nicht interessiert zu haben. *Wenn es keine Fragen gibt, gibt es auch keine Antworten*, und wenn wir auf der Ebene der oberflächlichen Verallgemeinerungen bleiben und sagen, dass Energie eine Fähigkeit zum Leisten von Arbeit ist – was nicht ihr Wesen, sondern nur ihr Anwendungsbereich ist –, werden wir auch nicht die richtigen Antworten bekommen.

Bei der Formulierung des Problems legen wir unsere ursprünglichen Annahmen fest. Hier stellen wir Annahmen infrage, die als selbstverständlich gelten oder stillschweigend akzeptiert wurden. Zum Beispiel: Was ist die räumliche und zeitliche Symmetrie eines sich bewegenden Massepunktes oder eines Feldes? Ist das Gravitationsfeld eines bewegten Massepunktes dasselbe wie das eines stationären Massepunktes? Ist das Feld einer rotierenden Ladung dasselbe wie das einer

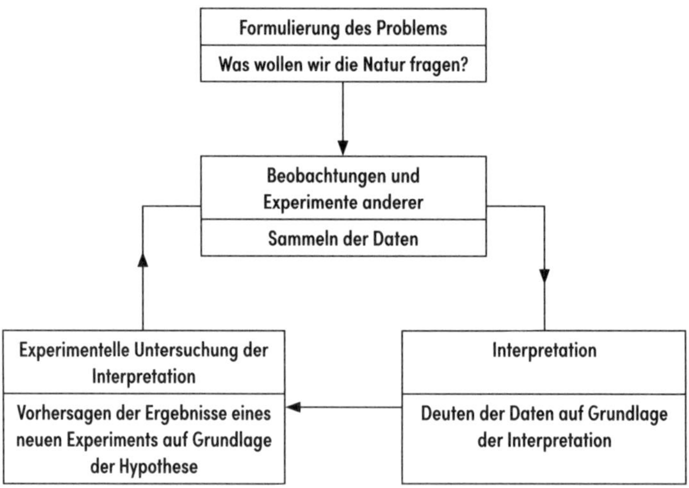

Abb. 27: Anwendungsprozess der wissenschaftlichen Methode. Eine Hypothese, die sich in Experimenten wiederholt bewährt, wird zu einem Gesetz oder einer Theorie. Die Erprobung und experimentelle Überprüfung der klassischen Physik wurde bereits Ende des 19. Jahrhunderts eingestellt.

geradlinig bewegten Ladung? Bleibt die Raumzeit um eine bewegte Ladung oder ein verzerrtes Feld euklidisch? Spielen diskrete räumliche Symmetrien für Atomkerne eine wichtige Rolle? Die Geschichte der Wissenschaft zeigt, dass das Infragestellen einer für selbstverständlich gehaltenen Annahme und ihre genaue Untersuchung zu bedeutenden Fortschritten führen kann. Die Devise lautet: ***Beweise deine Annahmen!***

2. »Beobachtungen und Experimente sollten mit großer Sorgfalt durchgeführt werden. Erscheinungen in der Natur sind die Bausteine der Wissenschaft und der ultimative Beweis ihrer Ergebnisse. Der Drang, objektive Daten zu untersuchen ist das, was die Wissenschaft von anderen Arten intellektueller Tätigkeiten unterscheidet.« Möglicherweise hat man sich nirgendwo weiter von der wissenschaftlichen Methode entfernt als an dieser Stelle. Wie wir gesehen haben, ist laut Lehr- und Fachbüchern niemand daran interessiert, die Frage der Energie- oder Impulserhaltung experimentell zu untersuchen oder sie anhand von Symmetrien zu gruppieren. Es ist erstaunlich, dass man auch nach der Durchsicht Hunderter Lehrbücher nicht nur keine experimentellen Beweise findet, sondern nicht einmal einen Hinweis darauf, wo solche Daten zu finden wären. Die experimentelle Untersuchung der Natur ist also ein viertrangiger Schritt, der vielleicht sogar übersprungen werden kann ... Als was soll man dies bezeichnen, wenn nicht als eine komplette Vernachlässigung der wissenschaftlichen Methode?

Fach- und Lehrbücher ermutigen uns lediglich – sowohl in der Mechanik als auch in der Elektrodynamik –, uns nicht auf Fakten zu verlassen, sondern auf den blinden Glauben, dass die Energie- und Impulserhaltung immer gilt. Diese Methode ist irreführend, da sie zwar wissenschaftlich zu sein scheint, in Wahrheit aber pseudowissenschaftlich ist. Diese Methode, die den *Anschein* der Wissenschaftlichkeit erweckt, findet man in der großen Mehrheit der Lehrbücher. Beobachtungen und Experimente, ob Tornados, Forellen oder magnetische Apparate Überschussenergie erzeugen, fehlen völlig und dürfen auch nicht Teil der Fach- und Lehrbücher werden. Es ist daher in keiner Weise wissenschaftlich, sich allein auf das Gesetz der Energieerhaltung zu berufen, wenn man einen Patentantrag für eine solche Maschine ablehnt.

3. »Die Interpretation kann zu der allgemeinen Regel führen, der die Daten entsprechen. In jedem Fall müssen auch neue Daten unter veränderten Bedingungen der Interpretation entsprechen.«

Das bedeutet Folgendes: Wenn wir beispielsweise die newtonschen Axiome oder die Gesetze der Elektrodynamik für wahr halten, dann müssen sie für jede Bewegung mit beliebiger Symmetrie gelten. Diese Gesetze sind nur dann allgemein, wenn sie nicht von Symmetrien abhängen. Experimente deuten jedoch nicht darauf hin. Die Interpretation ist im Wesentlichen das »Sortieren«. Die Symmetrien sagen uns, wie bestimmte Phänomene zu bewerten sind. Die Symmetrie einer Bewegung oder einer Veränderung ist die »Markierung«, die die Phänomene der Natur in Gültigkeitsbereiche einordnet.

Bei einer geradlinigen Bewegung oder einer Kreisbewegung gelten die newtonschen Axiome natürlich. Wir können also sagen, dass die Energie- und Impulserhaltung für Bewegungen mit kontinuierlichen Symmetrien gilt. In anderen, allgemeineren Fällen wird das Ergebnis der Sortierung jedoch möglicherweise die sein, dass die Energieerhaltung dort nicht gilt. Die meisten Forscher wussten fatalerweise nicht, dass die *Symmetrien das Supergesetz* oder der übergreifende Gesichtspunkt sind, von dem aus man untersuchen und Kategorien aufstellen sollte – die Sprache der Symmetrien ist die einzige Sprache der Natur, die zählt. Formal wird dies natürlich anerkannt, in der Praxis darf es aber nicht zur Geltung kommen – ähnlich, wie es mit den Lehren des Konfuzius oder des Christentums geschah.

4. »Zu überprüfen und zu interpretieren bedeutet, neue Beobachtungen zu machen und nochmalige, noch nicht da gewesene Messungen durchzuführen, anhand derer entschieden werden kann, ob die im vorherigen Punkt entstandene Interpretation die Ergebnisse richtig vorhersagt. Wenn die Ergebnisse mit den Vorhersagen übereinstimmen, ist der eingeschlagene Weg korrekt. Neue Daten können auch zu einer Verfeinerung der ursprünglichen Ideen führen. Wenn sie bestätigt werden, dann ist man auf dem richtigen Weg. Ist dies nicht der Fall, beginnt der Prozess von vorne. Dies kann sich unendlich oft wiederholen.«

Da Experimente beispielsweise zur Energie- und Impulserhaltung nicht einmal für die allgemeinsten Fälle durchgeführt wurden, liegen bisher keine Daten vor, sodass die Forscher noch nicht einmal eine Interpretation vorlegen konnten. Laut Beiser kann keine Hypothese als endgültig betrachtet werden, da jederzeit Daten auftauchen können, die diese Hypothese widerlegen. Solange also nicht bewiesen werden kann, dass eine Hypothese falsch ist, kann sie genau genommen niemals den Kreislauf des Experiments, der Interpretation und der Überprüfung verlassen und schon gar nicht zu einer »heiligen Kuh« der Physik werden.

Je mehr Wege zur Verfügung stehen, um eine Hypothese erfolgreich zu testen, desto wahrscheinlicher kann natürlich gesagt werden, dass eine bestimmte Interpretation der Natur richtig ist. Eine Hypothese, die alle theoretisch denkbaren Prüfverfahren überstanden hat, wird zu einem Gesetz. Energie- und Impulserhaltungssatz wurden, wie wir gesehen haben, nicht für den allgemeinsten Fall getestet, sodass ihre heutige Lehrbuchform keineswegs als allgemeines Gesetz bezeichnet werden kann. Ursprünglich wurde die vorläufige, unsichere Form einer wissenschaftlichen Interpretation als Hypothese bezeichnet. Wenn diese Hypothese wiederholt überprüft wurde und sich als richtig erwiesen hat, wird sie zu einem Gesetz oder einer Theorie. Ein Gesetz sagt uns, ***was*** passiert. Eine Theorie sagt uns, ***warum*** etwas passiert. Eine Theorie erklärt, warum bestimmte Ereignisse stattfinden, und wenn sie einem bestimmten Gesetz gehorchen, zeigt sie, warum und unter welchen Bedingungen dieses Gesetz gilt.

Man sieht also, dass der Energieerhaltungssatz oder die newtonschen Axiome auf dieser Grundlage bisher nur Hypothesen waren. Das liegt daran, dass sie nicht unter allen erdenklichen Umständen überprüft wurden – zum einen, weil die theoretischen Physiker kein Interesse daran zeigten und zum anderen, weil es experimentelle Schwierigkeiten gab.

Die newtonschen Axiome können als Gesetze gelten, wenn die Bewegung kontinuierliche Symmetrien enthält, und die Maxwell-Gleichungen können als Gesetze gelten, wenn es kontinuierliche Symmetrien in den Feldern gibt – *für alle anderen Fälle gelten diese Gesetzmäßigkeiten nicht.* Wir sehen also, dass die wissenschaftliche Methode in der klassischen Physik nicht konsequent angewendet wurde. Im besten Fall handelt es sich um eine Halbwahrheit, und wenn man es als Ganzes betrachtet, um eine als wissenschaftlich getarnte falsche Verallgemeinerung falscher Ergebnisse – also um Pseudowissenschaft.

Beiser widmet der Frage, warum Wissenschaft erfolgreich ist, ein eigenes Kapitel. Er stellt fest, dass es in der Wissenschaft keine endgültigen Wahrheiten gibt, dass die Wissenschaft ein lebendiger Wissensbestand ist und nicht eine Reihe »eingefrorener« Vorstellungen. Es lohnt sich, auch aus diesem Abschnitt ein paar Sätze zu zitieren: »Was bei der Untersuchung der Natur zum Erfolg der Wissenschaft geführt hat, ist die Tatsache, dass die Ergebnisse der Wissenschaft fortlaufend überprüft werden und die Überprüfung dann kontrolliert wird. Die Gesetze und Theorien der Wissenschaft stellen keine endgültigen Wahrheiten dar. Sie sind nur so lange gültig, bis das Gegenteil bewiesen wird. Wenn solche widerlegenden Beweise auftauchen, muss das Gesetz oder die Theorie geändert oder verworfen werden. Wissenschaftler sind bereit, Einzelheiten ihrer Arbeit mitzuteilen, damit andere ihre Überlegungen nachvollziehen und ihre Experimente und Beobachtungen wiederholen und überprüfen können. Nichts wird aufgrund persönlicher Autorität oder weil es Teil einer religiösen oder politischen Doktrin ist, akzeptiert. Auch der ›gesunde Menschenverstand‹ ist kein Argument. Nur konkrete Messungen und klare Argumente zählen, nicht leere Argumente, die von einem Menschen an den nächsten weitergegeben werden.«

Doch genau daran mangelt es beispielsweise bei den grundlegenden Sätzen der klassischen Physik; es gibt keine Messungen und viele der Gesetze sind dogmatisch. Wir müssen diese Gesetze heute aufgrund der »Autorität der Wissenschaft« akzeptieren und nicht aufgrund von Messungen (man hört auch oft, dass Maschinen, die Überschussenergie erzeugen, gegen den gesunden Menschenverstand verstoßen). Weiter heißt es: »Die Macht des wissenschaftlichen Ansatzes zeigt sich nicht nur am Verständnis der Natur, sondern auch an der Technik, die auf Wissenschaft basiert. Es wäre schwer, einen Bereich des Lebens zu finden, der nicht von der Wissenschaft verändert wurde. Die Kunststofffasern in der Kleidung, die wir tragen, die Medikamente, die unser Leben verlängern, die Autos und Flugzeuge, mit denen wir reisen, das Telefon, das Radio, das Fernsehen – all das ist das Ergebnis einer bestimmten Art des Denkens. Neugier und Vorstellungskraft sind Teil unseres Denkens, und das Wichtigste ist, dass nichts als selbstverständlich angesehen werden sollte; alles kann untersucht werden, denn alles kann sich ändern. In der Vergangenheit sind Wissenschaftler verbrannt worden, weil sie das, was sie sahen, auf ihre eigene Weise interpretierten. Galilei, der erste moderne Wissenschaftler, wurde unter Androhung von Folter gezwungen zu ›widerlegen‹, dass sich die Erde um die Sonne bewegt ... Außerdem ist Skepsis ein wichtiger Bestandteil der Wissenschaft. Religiöses und wissenschaftliches Denken sollten nicht vermischt werden; vor allem, wenn Emotionen im Spiel sind. Der freie Markt der Ideen ist eine der großen Errungenschaften unserer Gesellschaft, für die wir hart gearbeitet haben. Wir alle verlieren etwas, wenn wir zulassen, dass der Markt der Ideen verschwindet.«

In diesem Buch geht es um nichts anderes als um die Verzerrung, das Verbot und die Lähmung dieses besonderen Marktes der Ideen, die Notwendigkeit und die Integrität des wissenschaftlichen Denkens und darum, wie fremd den Machthabern der Wissenschaft eigentlich die wissenschaftliche Methode ist. Es geht darum, wie weit sich die Wissenschaft als Institution von der Wissenschaft als Methode entfernt hat.

Rückblick

Heute suggeriert die Informationsflut in Lehrbüchern, Zeitschriften und Medien, dass in der Wissenschaft alles in Ordnung ist, dass es unvorstellbar ist, dass es irgendeinen Fehler geben könnte, und dass, wenn zufällig doch ein klitzekleiner Fehler auftreten sollte, dieser sofort von den Institutionen der Wissenschaft korrigiert wird. Ich hoffe, das bisher Beschriebene hat deutlich gemacht, dass dieses Bild völlig verzerrt ist. Nachrichtenberichte über die Wissenschaft sind in etwa so glaubwürdig, als würde die *Prawda* über die Arbeitserfolge der Sowjetunion berichten. Die Natur- und Sozialwissenschaften sind einem totalitären, autoritären System sehr viel näher als dem, was man Demokratie nennt, wo jeder seinen Standpunkt vertreten und auf dem Markt der Ideen konkurrieren kann, und wo nur Messungen und Ergebnisse zählen.

Machen wir doch eine kleine Zeitreise und werfen einen kurzen Blick auf die Ergebnisse der klassischen griechischen Wissenschaft und auf die Perspektive der chinesischen Wissenschaft. Die klassische europäische Wissenschaft basiert auf der griechischen, die sich wiederum vor allem an den Methoden des Aristoteles (384–322 v. Chr.) orientierte. Dieser leistete nicht nur in der Mechanik, der Physik und der Biologie, sondern auch in der Geografie und der Philosophie Wichtiges. Wir wollen uns hier aber auf seine bedeutendsten Ideen zur Mechanik beschränken, deren Wirkung seit über etwa 2000 Jahren anhält. Wir schauen uns diese Geschehnisse an, um zu sehen, wie schwierig es ist, eine Teilwahrheit aus unseren Köpfen zu verbannen, wenn sich diese erst einmal festgesetzt hat.

Aristoteles, der Lehrer und Erzieher Alexanders des Großen, war der erste Philosoph oder Naturwissenschaftler, der versuchte, die Vorgänge in der Natur mithilfe relativ einfacher Erklärungen, Bedingungen und Axiome zu verstehen. Es muss betont werden, dass Aristoteles seine Ideen auf *Beobachtungen* gründete. Man kann also nicht sagen, dass er seine Hypothesen »am Schreibtisch« formuliert hätte. Ganz im Gegenteil: Es waren Vorstellungen, die sich aus seiner detaillierten Naturbeobachtung ableiteten, die die europäischen und teilweise auch die islamischen Denker über etwa 2000 Jahre *fehlleiteten*. Es lohnt sich, diesen Vorgang zu untersuchen, weil es derselbe Fehler und der daraus resultierende Prozess der Stagnation und Unterdrückung ist, den wir auch heute noch beobachten können (heute ist das Problem allerdings noch viel größer).

In der Antike und im Mittelalter gab es nur eine Handvoll Denker, und obwohl Aristoteles' Einfluss mehr als 2000 Jahre andauerte, bewegte er das Denken nur weniger Menschen, sodass sein Einfluss in Denkjahren eher gering war. Andererseits hat die Mechanik, die erst vor etwa 400 Jahren mit Galileo und Newton begann, das Denken von vielleicht Hunderttausenden von Forschern und Millionen von Ingenieuren inspiriert. Der Irrtum der heutigen Wissenschaft ist daher in Denkjahren gemessen *viel größer* und fügt der Menschheit viel mehr Schaden zu als der Irrtum der aristotelischen Physik.

Aristotelisches Denken ist das eines kontemplativen Menschen. Das macht es auch so gefährlich. Aristoteles unterschied zwischen der Bewegung von lebenden und nicht lebenden Körpern, da er glaubte, dass die Seele die Lebenden zur Bewegung befähigt. Da er sah, dass sich himmlische und irdische Körper unterschiedlich bewegen, trennte er auch diese. Er war überzeugt, dass die Bewegungen der Himmelskörper ewig und immer kreisförmig seien, während die Bewegungen der irdischen Körper sichtbar abklingen und auf gekrümmten Bahnen verlaufen, aber in jedem Fall einen Endpunkt besitzen.

Aristoteles trennte auch zwischen erzwungenen und natürlichen Bewegungen. Die natürliche Bewegung von Himmelskörpern war die Kreisbewegung, und die natürliche Bewegung von Dingen auf der Erde die Abwärtsbewegung, während die erzwungene Bewegung durch einen anderen Körper forciert wird. Zudem schuf er den Begriff der *Dynamis*, der gleichbedeutend mit dem heutigen Begriff der Kraft ist. Damals umfasste dieser Begriff die Fähigkeit oder Möglichkeit zur Änderung. Das Konzept der *Energeia* entspricht dem heutigen Konzept der kinetischen Energie. Aristoteles bezeichnete damit die Verwirklichung einer Möglichkeit und eine entstehende Veränderung. Seine Beobachtungen zeigten ihm, dass eine Bewegung eine kontinuierlich wirkende Kraft erfordert und die Geschwindigkeit des Körpers direkt proportional zur bewegenden Wirkung ist. Außerdem beobachtete er, dass die Bewegung ein Prozess ist, der Anfang und Ende hat, und kein echter Zustand des Körpers.

Daher erkannte er vier Grundtypen von Bewegungen. Diese waren die veränderliche Bewegung, die natürliche lokale Bewegung, die horizontale Bewegung und die himmlische Bewegung. Aus seinen Beobachtungen zog er den richtigen Schluss, nämlich dass sich die Objekte der Natur zum Erdmittelpunkt hinbewegen (in seinen Worten: an ihren Platz drängen), sodass sich schwere Objekte unten befinden, gefolgt von Wasser, Luft und Feuer. All dies beruhte auf Beobachtungen, genau wie die Erhaltung der Energie und des Impulses heute. Das Grundproblem war jedoch damals wie heute, dass das Spektrum der Phänomene, die betrachtet und untersucht werden konnten, eng und nicht allgemein genug war. Die Beobachtung, dass Körper Kraft brauchen, um sich zu bewegen, und dass Körper, die gestoßen werden, irgendwann herunterfallen, verstellte den Blick auf wichtige Phänomene und bremste die Entwicklung aus. Wie Galilei und Newton später erkannten, sind diese Beobachtungen nämlich falsch: Wird ein Körper keiner Kraft ausgesetzt, behält er seinen Bewegungszustand bei. Es hat etwa 2000 Jahre gedauert, bis anhand von Galileis Experimenten diese fundamentale Wahrheit verstanden wurde.

Aristoteles konnte beispielsweise die Eigenschaften des schiefen Wurfes wie zum Beispiel die Bewegung von fliegenden Steinen, Speeren und Pfeilen nicht erklären. Erst rund 2000 Jahre später gelang es Galilei, diesen Vorgang zu deuten, was aber weniger Denkjahre sind als die Zeit, die vergehen musste, bis der Unterschied zwischen der Erhaltung und Nichterhaltung der Energie erkannt wurde. Die aristotelische Physik hatte die Welt schon auf die gleiche Weise beschrieben wie die moderne klassische Physik heute: Sie ging von einigen einfachen und plausiblen Bedingungen aus und konnte eine Vielzahl von Naturphänomenen wunderbar und fast ohne innere Widersprüche erklären. Daher akzeptierte die katholische Kirche Aristoteles' Naturbeschreibung als Dogma, ebenso wie wir heute Newtons Axiome, die Energie- und Impulserhaltung oder die maxwellsche Elektrodynamik akzeptieren.

Erst 1277 wurden die aristotelischen Lehren zum ersten Mal »erfolgreich« kritisiert: Die Universität von Paris erklärte, dass seine Behauptung, es sei unmöglich, ein Vakuum zu erzeugen, falsch sei. Der Große Rat war der Meinung, dass Gott auch ein Vakuum schaffen könne, wenn er wollte. Die scholastische Epoche begann, als die *Naturbeobachtung aufgegeben* wurde und alle Prinzipien auf kirchlicher *Autorität* und leeren Spekulationen beruhten, ähnlich wie es heute in der klassischen Physik der Fall ist, wo die Lehrbücher keine experimentellen Ergebnisse, sondern *Offenbarungen* enthalten.

Erst um 1600 begann der kämpferische und selbstbewusste Galilei mit der Durchführung von Experimenten. Schon bald zeichnete sich ab, dass die aristotelische Physik unhaltbar war. Damals war es die katholische Kirche, die die Verbreitung der Lehren in Italien verhinderte. Heute sind es die Glieder der »Innovationskette«, also Universitäten, Forschungsinstitute, Herausgeber wissenschaftlicher Zeitschriften, Akademien und Patentämter sowie einige Vertreter der Großindustrie, die die Verbreitung neuer Messergebnisse unterbinden. Die Beobachtungen von Aristoteles waren (und das kann nicht oft genug betont werden) richtig. Er stellte fest, dass schwerere Gegenstände schneller fallen als leichtere, aber um dies vollständig verstehen zu können, hätte er die grundlegenden Konzepte der Hydrodynamik und der Reibung kennen müssen, die über das damalige Niveau weit hinausgingen und sogar heute noch riesige Probleme aufgeben.

Aristoteles war zweifellos von den besten Absichten geleitet. Es ist nicht seine Schuld, dass Menschen Jahrhunderte später verfolgt wurden, weil sie anderer

Meinung waren als er. Es war unglaublich schwierig, das System der Begriffe, die Aristoteles geschaffen hatte, zu verlassen, und es war ebenfalls extrem schwierig, in das Begriffssystem, das Galileo und Newton geschaffen hatten, einzutreten. Sowohl Galilei als auch Newton führten zahlreiche Experimente durch, allerdings unter sehr primitiven Bedingungen. Dennoch konnten sie wichtige Ergebnisse vorweisen. Die Tatsache, dass Newton das Konzept der Energie nicht kannte, kann man ihm nicht vorwerfen. Aber dass die heutigen Lehr- und Fachbücher das rund 100 Jahre alte Konzept der kontinuierlichen Symmetrie nicht kennen und die Vorgänge der Mechanik und Elektrodynamik nicht danach kategorisieren, ist ein Armutszeugnis.

Der Fehler von Aristoteles war, dass er die wissenschaftliche Methode nicht konsequent genug benutzte – die zeitgenössische Technik machte dies nicht möglich. Galilei und Newton haben die Beobachtung und die Hypothese neu definiert, und vor über 100 Jahren eröffnete sich die Möglichkeit, die Symmetrie zu nutzen, den nächsten Schritt zu gehen und sowohl die Mechanik als auch die Elektrodynamik zu verfeinern und erheblich zu verbessern. Einige Erfinder haben dies auch getan, und nur wegen der inneren Fehler der autoritären institutionellen Wissenschaft wurde (wie im Mittelalter) der Kreis der Beobachtungen und Hypothesen nicht durchlaufen. Die wissenschaftliche Methode wird also nicht richtig angewandt.

Der Einzige, der aus der Antike als Vorbild dienen kann, ist Archimedes (287–212 v. Chr.), der im antiken Syrakus lebte und ein Ingenieur, Mathematiker, Forscher und Erfinder war. Im Gegensatz zu Aristoteles beobachtete er nicht nur, sondern experimentierte, er stellte der Natur Fragen. So war er der Erste, der mathematische Methoden zur Lösung physikalischer Probleme einsetzte und schuf sogar den Vorläufer der Integral- und Differentialrechnung. Hätte er sein Wissen an ein breiteres Publikum *weitergeben* können, wäre die Integral- und Differentialrechnung wahrscheinlich schon vor der Zeit von Leibniz und Newton entwickelt worden.

Die vorarchimedische griechische Kultur schätzte (ebenso wie die chinesische) kontemplatives Verhalten und verachtete (ebenso wie die chinesischen Konfuzianer) körperliche Arbeit und Handwerk. Die Vorstellung von der Mechanik als einem »Reich« brauchbarer Mechanismen (Hebevorrichtungen, Riemenscheiben, Schnecken, Nocken, Zahnräder usw.) stammt aus der Zeit von Archimedes. Das griechische Wort *mechane* bedeutet etwa raffiniertes oder listiges Gerät. Diese Begriffe beschreiben das Wesen der Mechanik ganz gut, denn selbst mechanische Strukturen können dazu benutzt werden, um beispielsweise die Energieerhaltung zu überlisten (die raffinierteste mechanische Struktur aller Zeiten ist vielleicht die von Bessler, die heute zwar vergessen ist, aber es ist nicht unmöglich, sie zu reproduzieren).

Bereits bei Archimedes kristallisierte sich neben dem Ziel, die Natur zu verstehen, bereits ein anderes heraus, nämlich das, die Natur zu beherrschen. Er bietet sogar eine Art Vorschau, die eine breite Anwendung der Ergebnisse ermöglicht. Diese »Seele« oder Vision fehlt der heutigen als modern bezeichneten Naturwissenschaft. Die heutigen Lehr- und Fachbücher präsentieren sowohl im Falle der Mechanik als auch der Elektrodynamik einen ungeordneten, unlogischen, dogmatischen Ansatz, bei dem das Verständnis, die Erklärung und die experimentelle Untermauerung von Effekten weitgehend vermieden werden. Sie erwarten das unreflektierte Auswendiglernen und die Akzeptanz durch Autoritäten. Diese Tatsache zeigt einmal mehr, wie fragil der Prozess des *Wissenstransfers* ist, selbst wenn er weitläufig akzeptiert und als selbstverständlich angesehen wird.

Die Griechen hatten bereits eine Vorstellung von den Regeln und Gesetzen der Natur, auch wenn diese beispielsweise im Falle von Aristoteles grundlegend falsch waren. Sie bremsten die weitere wirtschaftliche Entwicklung der Antike eher und trugen zur Stagnation im Mittelalter bei. Wie bereits erwähnt, war es die langsame Übernahme chinesischer Erfindungen, die Europas protestantische Länder an der Atlantikküste aus ihrem Dornröschenschlaf weckte.

Im antiken China entwickelte sich keine Naturwissenschaft, obwohl seine Technologie weit fortgeschritten war. Chinesische Denker vertraten die Ansicht, dass es sinnlos sei, von allgemeinen Gesetzen zu sprechen, da wir die Dinge nur unter Berücksichtigung spezifischer Umstände verstehen könnten, und diese seien von Fall zu Fall verschieden. Das chinesische Denken, die Vorstellung von Gott, von Yin und Yang und vom Kreislauf der Energien ist für das Verständnis der Mechanik hinderlich. Dagegen passte das Konzept des Feldes, mit dem sich die Europäer schwertaten, gut zu ihrem Denken. Die chinesische Mathematik war weniger entwickelt als die europäische (griechische) Mathematik, vor allem, weil die Geometrie eigenartigerweise fehlte.

Während bei den Griechen sowohl die Arithmetik als auch die Geometrie florierten, entwickelte sich in China nur die Algebra, was nicht ausreichte, um die später so wichtige Differential- und Integralrechnung, also die Analysis, entstehen zu lassen. Auch hierfür gab es soziale Gründe. Zu der Zeit, als sich einige der grundlegenden geometrischen Konzepte in China verbreiteten, war die chinesische Gesellschaft bereits verschlossen, starr und unfähig, neue Ideen und Impulse aufzunehmen. Sie verhielt sich sogar feindselig gegenüber Neuerungen – ganz ähnlich, wie es heute die dogmatische institutionelle Naturwissenschaft gegenüber der symmetriebasierten Sichtweise tut.

Die Zeit ist stehen geblieben ... Was nun? Zurück zu den Grundlagen, klären wir die Begriffe! Wir müssen uns ein umfassendes Bild von der Realität machen und sie interpretieren – das ist die Grundlage für den Aufbau einer wissensbasierten Gesellschaft. Bedauerlicherweise wird zurzeit keine solche aufgebaut ...

Leider muss man sagen, dass die Situation der klassischen Physik heute in etwa die gleiche ist wie die Situation der chinesischen Wirtschaft oder Wissenschaft zum Ende der Ming-Zeit, am Vorabend des Zusammenbruchs, oder wie die Situation Europas während der katholischen Inquisition. Oberflächlich betrachtet schien alles in Ordnung zu sein, aber im Nachhinein betrachtet kann man die Probleme bereits unter der Oberfläche erahnen. So wie jetzt: Vielleicht ist es nicht weitläufig bekannt, aber unsere Ölreserven gehen langsam zur Neige. In einigen Jahren ist mit einem Rückgang der Ölproduktion zu rechnen, der zu einem ähnlichen Zusammenbruch führen wird wie er im Ming-Reich geschah. Daher werden wir in Teil IV kurz untersuchen, was die Technik der Menschheit heute im Bereich der Energetik zu bieten hat und welche Anzeichen auf einen bevorstehenden Zusammenbruch hindeuten. Dies soll als Leitfaden dienen – oder kommt die Warnung zu spät?

Hubbert's Peak

THE IMPENDING WORLD OIL SHORTAGE

THE BOSE-EINSTEIN ATOM NANOLASERS DRUG-RESISTANT BACTERIA

SCIENTIFIC AMERICAN

MARC'

SPECIAL REPORT:
THE END OF CHEAP OIL
It's Coming Fast.
But New Technologies Migh
Prevent an Energy Crisis

NEWS FOCUS

Many economists foresee another half-century of cheap oil, but a growing contingent of geologists warns that oil will begin to run out much sooner—perhaps in only 10 years

The Next Oil Crisis Looms Large—and Perhaps Close

commentary

Oil back on the global agenda

A permanent decline in global oil production rate is virtually certain to begin within 20 years. Serious planning is needed to deal with the economic consequences.

Craig Bond Hatfield

In 1985, global oil consumption was 59.7 million barrels per day[1]; by 1995 it was more than 69 million barrels per day[2]. This 16 per cent rise in demand was supplied almost entirely by an increase in oil production by members of the Organization of Petroleum Exporting Countries (OPEC) — mostly in the Middle East — from 16.1 to 25 million

deplete global reserves by the year 2036. The average estimate of about 550 billion barrels of producible oil yet to be discovered[7] would add another 21 years in the unlikely event that there is no growth in consumption rate.

But such calculations are unrealistic, because global oil production rate will pass its maximum and begin to decline long before resources are exhausted. For example, oil production in the United States reached its peak in 1970 and has declined since, as was clearly predicted in 1956 (ref. 8). This forecast was the first to apply to oil production a mathematical model that yield

tion rate over a year is 3 million barrels a day.) So OPEC must increase its production capacity significantly if it is to meet even conservative projections of demand by 2005. What will maximum potential production capacity be between 2010 and 2015, when OPEC will be near (just approaching or just beyond) the mid-point of its ultimate production?

The world probably will reach its maximum oil production rate in the next 15 years. Growth in global oil-consumption rate during 1996 was

TEIL IV

Das schwarze Gold

•••

Um die Bedeutung der Energie wirklich zu verstehen, müssen wir uns vorstellen, wie unser Leben ohne sie aussehen würde. Nehmen wir an, dass die Energieversorgung aus unserem Leben verschwindet. Es gibt kein Benzin, keinen Strom und keine Kohle mehr. Keine Telefone klingeln, keine Computer arbeiten, keine Krankenhäuser und keine Büros funktionieren, es findet keine Produktion mehr statt und das einzige Verkehrsmittel ist das Fahrrad. Der technische Bereich unserer Zivilisation wäre innerhalb weniger Stunden völlig lahmgelegt. Die Energieversorgung ist also eine *strategische Frage und eine Frage der nationalen Sicherheit.* Deshalb ist es für alle Menschen von wesentlichem Stellenwert, wie zuverlässig ihre Energieversorgung ist und welchen Preis die Energie hat. Die Manipulationen des Ölpreises, die das Schicksal von Staaten und das Leben von Milliarden von Menschen beeinflussen, sind das Ergebnis der Entscheidungen einiger weniger. Die wahre Macht liegt in ihren Händen, sie sind heute die wahren Herren der Erde, denn die Welt dreht sich nur ums Öl ...

Wir alle wissen, dass unsere derzeitigen Energieressourcen endlich sind. Viele glauben, dass wir uns mit dieser Frage erst in ferner Zukunft beschäftigen müssen. Wir haben zwar erneuerbare Energiequellen wie Wasserkraft und unsere Kohlereserven könnten noch lange Zeit für Heizung und Stromerzeugung genutzt werden, doch unsere Autos können nicht mit Kohle betrieben werden. Wir verfügen auch über Atomkraftwerke, doch diese können auch nur zur Erzeugung von Wärme und Strom genutzt werden. Den Großteil ihrer Energie beziehen die entwickelten Länder aus der Umwandlung von Kohlenwasserstoffen (Erdgas und Erdöl). Wie lange unsere Reserven noch reichen, ist den meisten Menschen nicht bekannt.

Nur die Raumzeittechnologie kann eine billige, umweltfreundliche, flexible und unbegrenzte Energieversorgung bieten. Wenn uns heute das Öl ausgehen würde, wäre die einzige realistische Option, ein Funktionieren der Großstädte sicherzustellen, der Bau vieler gasgekühlter sogenannter Kugelhaufenreaktoren (ein Typ von Hochtemperaturreaktoren) – dies ist die fortschrittlichste und eine wirklich sichere Bauart der Atomreaktoren – verbunden mit der Nutzung von Elektroautos und Zentralheizungen. Die kleineren Städte und Bauernhöfe müssten sich mit Solar- und Windenergie oder Holz begnügen. Diese Lösung ist aber für die Weiterentwicklung völlig ungeeignet. Welche Garantien haben wir, dass wir noch lange Zeit Zugang zu relativ günstigem Öl und Gas haben? Wenn wir das Problem genau untersuchen, können wir uns die Frage selbst beantworten: keine. Eine Entwicklung, die auf Öl basiert, ist keine nachhaltige Entwicklung.

Das Öl der Welt

Es ist wahrscheinlich, dass sich die Regierungen mit diesem Problem erst dann befassen werden, wenn die über die Energiepreise verärgerten Menschen die Fenster der Parlamente einschlagen. Es kann nicht mehr lange dauern, bis es soweit ist. Von Experten der Ölindustrie in wissenschaftlichen Zeitschriften publizierte Artikel zeigen, dass *das Ende nahe ist.*

2001 wurde ein Buch von Professor Kenneth S. Deffeyes, Geophysiker an der Universität Princeton, mit dem Titel *Hubbert's Peak: The Impending World Oil Shortage* veröffentlicht. Der Autor warnte darin eindringlich davor, dass angesichts

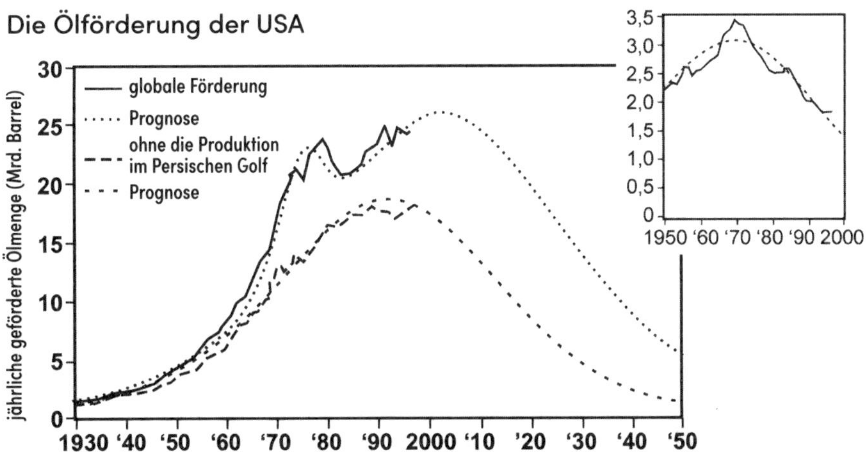

Abb. 1: Rohölförderung im Laufe der Zeit. Nach Prognosen, die in den 1990er-Jahren in den Zeitschriften *Science* und *Scientific American* veröffentlicht wurden, sollte die Erdölförderung um das Jahr 2003 ihren Höhepunkt erreichen.

der Fördermengen und Reserven der Ölquellen die weltweite Ölproduktion ihren Höhepunkt zwischen 2005 und 2009 erreichen wird.

Zur Vorhersage der Ölforderung in den USA wandte er eine ähnliche Methode an wie der für Shell arbeitende Geophysiker Marion King Hubbert in den 1950er-Jahren. Im Jahr 1956 kam Hubbert nach einer Analyse der bisherigen Daten zu dem Schluss, dass der Höhepunkt der Förderung in den USA etwa 1970 erreicht sein würde und danach immer weniger Rohöl gefördert werden würde.

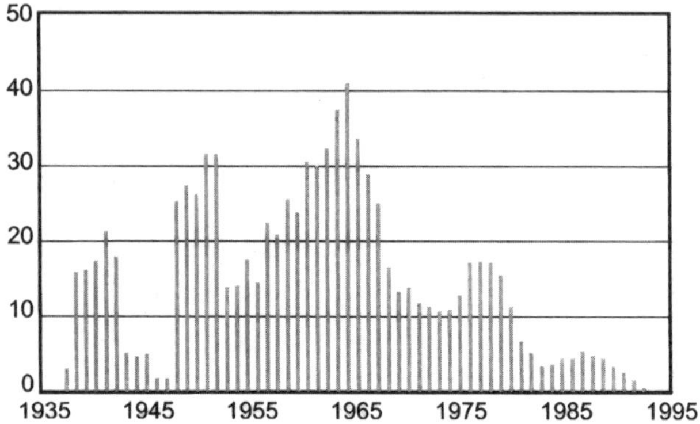

a) Anzahl der jährlich entdeckten Ölfelder, aus denen mehr als 500 Millionen Barrel Öl gefördert werden kann. Der letzte kleine Peak (um 1986) ist das Ergebnis von Unterwasserbohrungen und den neuesten Technologien. Hier wird am besten sichtbar, dass die großen Reserven bald erschöpft sein werden.

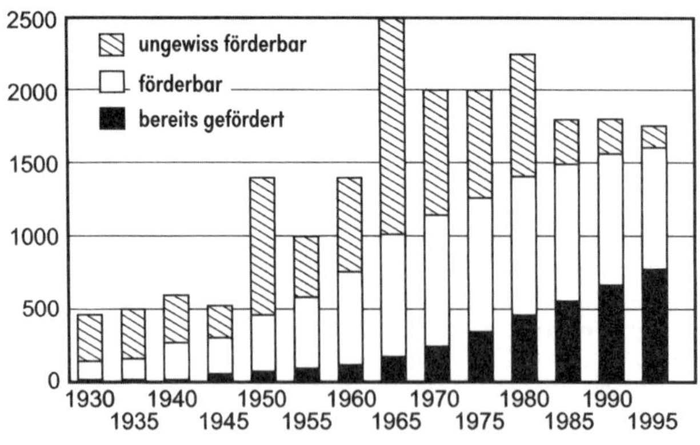

b) Bereits verbrauchte und noch zur Verfügung stehende Ölreserven bis 1995

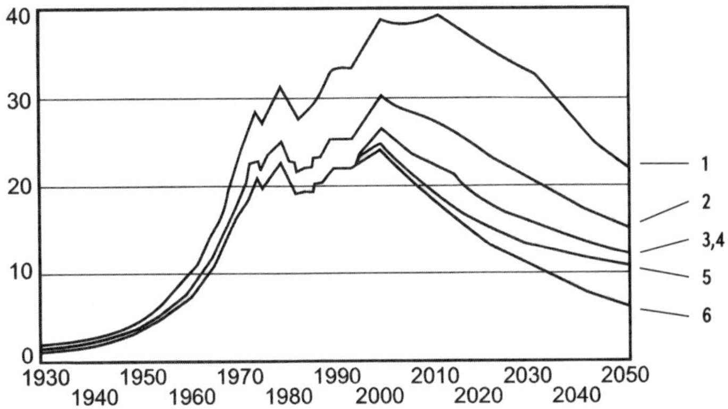

c) Geschätzte Ausbeute aller noch förderbaren Kohlenwasserstoffe in Öleinheiten
1: Gas; 2: (verflüssigbares) Methan; 3, 4, 5: unkonventionelles Öl, Schweröl sowie Sekundär- und Tertiärförderung; 6: Öl

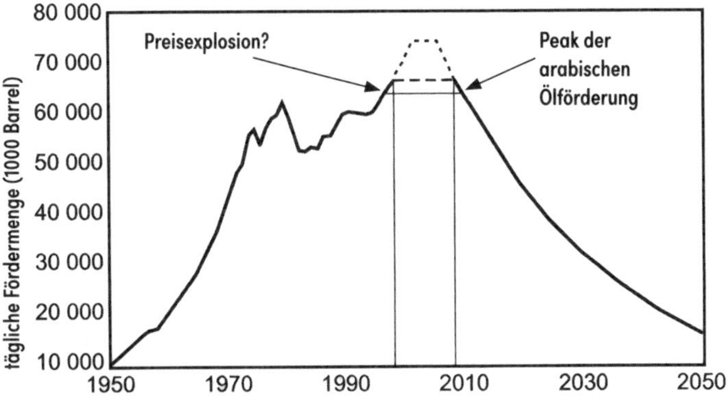

d) Prognose aus den 1980er-Jahren (Campbell). Sie unterscheidet sich kaum von den späteren, die eine Preisexplosion zwischen 2005 und 2009 vorhersagen.

Abb. 2: Aussichten der Ölförderung

1956, als die Massenproduktion von Autos mit sehr hohem Verbrauch noch in vollem Gange war, nahm niemand diese Warnung ernst. 1970 bewahrheitete sich die Vorhersage jedoch. Die Produktion hatte ihren Höhepunkt erreicht, und 1973 brach die Ölkrise aus. Obwohl alle Ölquellen mit maximaler Kapazität förderten und auch Reservequellen angezapft wurden, begann die Gesamtproduktion wegen der vielen inzwischen versiegten Quellen und der vielerorts abnehmenden Förderkapazität zu sinken. Die USA waren gezwungen, Öl zu importieren, und zwar von Tag zu Tag größere Mengen. Das beeinflusste ihre wirtschaftliche Bilanz negativ. Das Land verschuldete sich immer mehr, was wiederum zu einer Inflation führte, die in einer Wirtschaftskrise endete. Durch jahrelange harte Arbeit, die Entwicklung der Militär- und Elektronikindustrie wie die Steigerung der Produktivität konnte die Wirtschaftskrise schließlich überwunden werden.

Die Sowjetunion hatte nicht so viel Glück. Lange Zeit waren die Moskauer Tankstellen dafür bekannt, dass der Tankwart den Benzinfluss nicht stoppte, wenn er von einem Auto zum anderen ging (dies hat der Autor mehrmals selbst erleben können). Das Benzin war so billig, dass der Tankwart die Mühe nicht für lohnenswert hielt. Billiges Benzin und billige Wasserkraft trugen die angeschlagene sowjetische Wirtschaft noch einige Zeit, aber in den 1980er-Jahren überschritt die Ölförderung auch hier ihren Höhepunkt.

Die Menge des förderbaren Öls nahm von Jahr zu Jahr ab, denn die Reserven befanden sich in den schwer zugänglichen Ölquellen Sibiriens und in Tengiz – da half auch kein Parteibeschluss. Die beste Methode der Ölgewinnung ist ausgerechnet eine sowjetische Erfindung. Mit dieser kann man unterirdisch sogar gekrümmte Bohrlöcher machen. Aber auch das half der Sowjetunion jetzt nicht mehr.

Aus praktischen Gründen kann in vielen Fällen nicht mehr als die Hälfte des im Boden befindlichen Öls gefördert werden, und auch diese Fördermenge kann nur mithilfe von teuren Sekundärprozessen erreicht werden. Die Sowjetunion bat daher ihre Partner, sich beispielsweise an den Investitionen in Tengiz zu beteiligen. Das Ergebnis ist bekannt: Ungarn nahm einen Kredit über 7 Milliarden Dollar für das Kernkraftwerk Paks, für das Kraftwerk Gabčíkovo und für die Investition in Tengiz auf. 35 Milliarden Dollar Zinsen wurden bereits zurückgezahlt, aber das ursprüngliche Kapital noch immer nicht. Die sowjetische Wirtschaft litt stark unter der Ölknappheit und Osteuropa trat aus dem Staatenbund aus. Für die Unabhängigkeit musste ein schrecklich hoher Preis gezahlt werden, und wenn die Sowjetunion mehr Öl gehabt hätte, hätte die Geschichte vielleicht nicht so früh ein Ende gefunden.

Wir sollten uns nicht damit beruhigen, dass das Öl nur 5 Prozent des ungarischen Imports ausmacht. Der Preis für Energie muss immer wieder neu bezahlt werden; in Produkten und Dienstleistungen, im Verkehr, bei Lebensmitteln und sogar beim Bau von Autobahnen. Es gibt kaum ein anderes Produkt auf der Welt, das von so großer strategischer Bedeutung ist wie Energie.

Hubberts Buch hat die Fachwelt so sehr in Aufruhr versetzt, dass die Zeitschrift *Newsweek* in ihrer Sonderausgabe vom 8. April 2002 ausführlich auf das Thema einging. Sie untersuchte die Optionen, die die Menschheit hätte, wenn die Ölreserven erschöpft wären. Die Schlussfolgerung war, dass es keine wirkliche Alternative gibt. Erdgas kann zwar verflüssigt werden, doch das Verfahren ist nicht billig. Die Herstellung von alternativem Benzin würde den Preisanstieg zwar mindern, aber nicht aufhalten.

Ölschiefer könnte zur Gewinnung von verunreinigtem Schweröl verwendet werden, und es gibt auch bereits Versuchsanlagen dazu. Aber auch diese könnten nur dann »wirtschaftlich« arbeiten, wenn der Ölpreis um ein Vielfaches höher wäre als er es jetzt ist. Natürlich gibt es Wind-, Wasser- und Solarenergie schon seit einiger Zeit und es wird sie auch weiterhin geben. Man denkt auch darüber nach, riesige Solarzellen in der Sahara aufzustellen, mit dem so gewonnenen Strom Wasser zu spalten und den verflüssigten Wasserstoff oder das Wasserstoffgas per Pipeline an die Mittelmeerküste zu leiten. Dies sind aber alles Megaprojekte, die mit enormen Kosten verbunden sind. Es gibt auch die beschränkte Idee, Solarzellen auf Raumfahrzeugen auf den Mond oder in den Orbit zu schießen, damit diese dann Energie in Form von Kurzwellen- oder Mikrowellenstrahlung zur Erde abstrahlen. Dies ist eine realitätsferne Phantasterei.

Vor einigen Jahren begann in den Spalten der Technologiezeitschriften ein Hype um Brennstoffzellen, also Wasserstoffenergie. Die Idee selbst ist mehr als 130 Jahre alt und ist im Wesentlichen die Umkehrung der Wasserspaltung. Brennstoffzellen, die Wasserstoff oder Kohlenwasserstoffe verbrennen und auf diese Weise Wasser, Kohlendioxid und Strom erzeugen, gibt es seit über 20 Jahren. Dabei gibt es nur zwei Probleme: Erstens muss der Wasserstoff irgendwie erzeugt werden, was beispielsweise durch die Spaltung von Kohlenwasserstoffen bei hohen Temperaturen möglich wäre, und zweitens muss er gespeichert werden. Da dies sehr teuer ist, löst auch dies die Frage der billigen Energie nicht. Der Preis für eine Brennstoffzelle der Größe, die ein Auto antreiben kann, liegt heute bei etwa 200 000 Dollar. Durch die Massenproduktion würde diese zwar billiger werden, aber selbst wenn der Preis auf ein Zehntel dieses Betrages reduziert werden könnte, wäre das noch immer extrem teuer. Auch die »heiße« Fusion (zumindest nicht die derzeitigen Forschungsrichtungen der Plasmaphysik), für die bereits Milliarden von Dollar, Pfund, Mark, Yen und Rubel ausgegeben wurden, ist keine Lösung. Was sich nicht geändert hat, ist die Tatsache, dass die Forscher genau wie vor 30 Jahren glauben, dass sie in 30 Jahren eine Lösung finden werden (Tesla und wahrscheinlich auch Farnsworth fanden wahrscheinlich tatsächlich eine).

Alles in unserer Welt dreht sich um Öl. Militärisches und politisches Ziel ist es, Armeen zu haben, die in der Lage sind, Ölressourcen zu besitzen, zu gewinnen

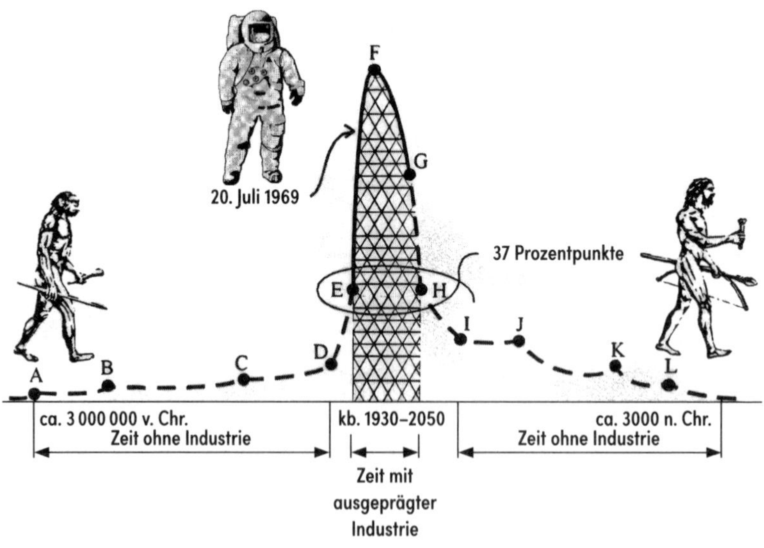

Abb. 3: Der Gratwanderungseffekt. Wenn wir nur an Öl und Kohle denken, wird die heutige technische Zivilisation aufhören zu existieren, sobald die Reserven erschöpft sind.

und zu verteidigen. Wer würde sich für Saudi-Arabien oder Mexiko interessieren, wenn sie kein Öl hätten? Wären die Beziehungen zwischen den USA und Saudi-Arabien auch freundlich, wenn es dort kein Öl gäbe?

Schauen wir uns die Länder an, die viel Öl fördern: Russland, Irak, Saudi-Arabien, Libyen, Algerien, Venezuela. Sind diese Länder Demokratien und Bastionen des freien Willens und der Marktwirtschaft, oder sind sie das Gegenteil davon? Es scheint, als *herrsche dort, wo man vom Öl lebt, aus irgendeinem Grund immer eine Diktatur.* Das kann kein Zufall sein; es scheint, als wäre dies irgendwie in jedem Tropfen Öl enthalten. Um zu verstehen, wie das sogenannte billige Öl die Entwicklung anderer Zweige der Energetik unterdrückt hat, wollen wir uns kurz mit der Welt des Öls vertraut machen.

Die Welt des Öls

Schon den alten Griechen und Römern waren Öl und Teer bekannt, aber sie wussten nicht wirklich, wie man sie nutzen konnte. Wie fast alle wichtigen Dinge begann auch die Nutzung dieser Stoffe im alten China.

Die Chinesen brauchten Salz. Salz war ein unentbehrlicher Lebensmittelzusatzstoff für die Konservierung – er war sogar wichtiger als Gold ... Salz konnte nur mit großem Aufwand und über lange Schiffswege in entlegene Provinzen transportiert werden, die Tausende von Kilometern von der Küste entfernt lagen. Deshalb setzte man alles daran, es vor Ort besorgen zu können oder zumindest so nah wie möglich. Man begann zu bohren.

Den ältesten schriftlichen Aufzeichnungen zufolge wurden bereits im ersten Jahrhundert v. Chr. systematisch Tiefbohrungen durchgeführt, die bis zu 100 Meter in den Boden eindrangen. Natürlich hätte man auch große Schächte ausheben können, wie es in Europa üblich war, aber nicht überall waren dicke Salzschichten im Boden. Tiefbohrungen sind genau der richtige Weg, um aus den dünnen, übereinanderliegenden Schichten das verwertbare Material herauszuholen. Salz kommt häufig in wässrigen Lösungen vor, und an solchen Orten wäre der traditionelle Abbau überaus gefährlich gewesen.

Die Chinesen wählten die billigste und wirtschaftlichste Methode: Sie weiteten ein Loch, das einen Durchmesser von 20 bis 30 Zentimeter hatte und Hunderte von Metern tief war aus. Tiefbohrungen sind nur scheinbar einfach. Die Chinesen perfektionierten ihre Technologie wahrscheinlich über Jahrhunderte hinweg. Sie bauten Türme aus Bambusstangen (dem wichtigsten Baumaterial der chinesischen Technik), von denen sie Bambusstangen, die sie mit kreisförmigen Stahlspitzen verstärkt hatten, immer wieder in den Boden rammten, wodurch ein immer tieferes Loch entstand.

Die Bohrstangen wurden mit zweiarmigen Hebeln angehoben und dann fallen gelassen. 4–8 Chinesen sprangen gleichzeitig auf den Hebel, der das Bohrgestänge anhob. Von morgens bis abends, Tag für Tag sprangen sie auf die Hebel, bis auch das Gestein durchdrungen war. Die Ausdauer, der Fleiß und die oft jahrelange harte Arbeit zahlten sich aus.

Der innere Teil des Lochs wurde ebenfalls mit zusammengesetzten Bambusstäben ausgekleidet. Auch der Bohrkopf war aus Bambus gefertigt. Um die Bambusrohre für die Bohrungen Hunderte von Metern herabfallen zu lassen, wären gewöhnliche Hanfseile ungeeignet gewesen. Stattdessen wurden starke Seile aus dünn geschnittenem Bambus hergestellt. Bambus hat mindestens die zehnfache Zugfestigkeit von Hanfseilen (er war fast so stark wie Stahlseile) und wurde im Gegensatz zu Hanfseilen sogar noch stärker, wenn er feucht wurde. Dieses Material machte die Tiefbohrungen möglich – in Europa war dies wegen der dortigen Seile nicht möglich.

Es war eine Reihe von kleinen und großen Erfindungen nötig, um die richtigen Bohrer entwickeln und um stecken gebliebene Bohrer wieder an die Oberfläche ziehen zu können. Die Hunderte von Metern langen Bambusbohrer mussten hochgezogen und wieder abgesenkt werden können. Eine besondere Herausforderung war die Vermeidung eines heraufgedrückten Bohrers: Wenn der Bohrkopf in eine Hochdruckgasschicht eindrang, musste sichergestellt werden, dass der Druck das Bohrgestänge nicht »ausspuckte«, gleichzeitig musste der Kopf aber auch druckdicht sein, damit das Gas nicht entweicht, sondern zum Heizen und zur Beleuchtung genutzt werden konnte.

Vor allem in der Provinz Sichuan waren Tausende von Salz- und Erdgasförderanlagen in Betrieb. Diese ähnelten den Bohrtürmen, die sich viel später in den Bergen von Texas und Saudi-Arabien verbreiteten. Die Regierung besteuerte diese Salzquellen natürlich, so wie auch heute Steuern für Öl gezahlt werden müssen. Es gibt alte Aufzeichnungen über die Schließung von Salzwerken durch die Regierung an mehreren Orten, weil diese Steuern hinterzogen hatten (in der Gemeinde Peicheng beispielsweise verschloss die Regierung 45 von 55 gebohrten Löchern wegen Steuerhinterziehung).

Die Chinesen nutzten das bei der Salzbohrung als Nebenprodukt hinausströmende Erdgas, um durch wiederholte Raffination und Destillation reines Salz zu gewinnen. Um eine gute Quelle herum wurden 600–700 gusseiserne Gasbrenner aufgebaut, auf denen die Sole in Pfannen mit einem Durchmesser von mehreren Metern gesiedet wurde. So wurde feines Speisesalz gewonnen. Die Provinz Sichuan wurde durch ihr Salz so reich, dass sie sich mehrmals von China unabhängig machte. Dieses Verfahren vergaßen die Chinesen nie, auch nicht nach den vielen großen Kollapsen, die ihr Land durchmachen musste – Salz brauchte man immer. Noch in den 1910er-Jahren fotografierten überraschte Reisende Salzwerke, die noch die ursprüngliche Technik anwandten.

Die ersten Berichte über die chinesische Salz- und Gasgewinnung erreichten Europa in den 1600er-Jahren, aber erst 1828 lieferte der französische Missionar Laurent-Joseph-Marius Imbert eine genaue Beschreibung der Technologie. Ein Jahr später diskutierten mehrere französische wissenschaftliche Gesellschaften diese Technologie, und ein französischer Ingenieur namens Jobard verwirklichte sie (ebenfalls mit dem Ziel des Salzabbaus). 1834 wurde das Verfahren bereits an mehreren Orten in Europa angewandt, aber erst 1859 wurde es in den USA auch zur Ölgewinnung eingesetzt, und zwar beim Drake Well in Cherrytree, Venango County, Pennsylvania. Die Methode wurde wahrscheinlich durch die eingeschifften Kulis (billige chinesische Arbeitskräfte) ins Land gebracht, und zwar gerade noch rechtzeitig, denn es gab kaum eine andere Möglichkeit, Öl wirtschaftlich zu fördern als diese alte chinesische Methode, die schon damals fast 2000 Jahre alt war.

Wenn … (4)

Im Frühjahr 1901, zu Beginn des neuen Jahrhunderts, wurde in Philadelphia ein glänzender Automobilsalon eröffnet. Er bot drei Typen von Autos an. Der erste Kunde war ein junger Bankangestellter mit großen Hoffnungen. Hochinteressiert betrachtete der junge Mann die drei ausgestellten Modelle. Herr Klein, der Inhaber, selbst ein junger Mann und ein großer Anhänger der pulsierenden Moderne, führte seinen ersten Kunden mit Stolz und Freude durch seinen Salon. Er spürte, dass die Welt an der Schwelle zu einem neuen Zeitalter angekommen war; noch kam sein Kunde in einer schön lackierten zweirädrigen Pferdekutsche, aber der Tag war nicht mehr fern, an dem die Stadt voll von Autos sein würde, wie sie in seinem Salon verkauft wurden.

»Bitte sehr, Sir«, – sagte er zu seinem ersten Besucher, »lassen Sie mich Ihnen alle drei Modelle vorstellen. Das erste Auto ist ein elektrisch betriebenes, unser schnellstes Modell, das ich Ihnen wärmstens empfehlen kann. Beim letzten Rennen hat eines dieser Autos in Europa die Traumgrenze von 100 Kilometer pro Stunde durchbrochen – ich glaube nicht, dass unsere beiden anderen Modelle, das Benzin- und das Dampfauto, das jemals schaffen werden.«

»Wie weit kann man denn damit fahren, wie viele Meilen kann man damit zurücklegen?«, fragte der junge Banker und kratzte sich nachdenklich am Hinterkopf.

»Laut Hersteller kann das Auto mindestens 10 Meilen fahren – das ist natürlich ein gewisser Nachteil, aber unsere Stadt ist ja nicht so groß, dass sie nicht zu ihrer eigenen Stromtankstelle zurückkehren könnten. Der Akku kann in 8 Stunden wieder aufgeladen werden und dann können Sie wieder fahren.«

»Kann ich damit mit meiner Freundin zu einem Picknick an den Delaware River fahren?«

»Sir, ich glaube nicht, dass dieses Auto das schon kann. Wie Sie sicher wissen, ist der Delaware River mindestens 50 Meilen entfernt. Schauen Sie sich bitte unsere beiden anderen Modelle an. Die werden Sie sicher dahin bringen. Hier ist beispielsweise dieses in Deutschland gebaute Benz-Benzinauto. Wenn es das ist, was Sie wünschen, lasse ich es aus Europa liefern. Vielleicht wird so etwas in ein paar Jahren auch bei uns hergestellt.«

»Und wo bekomme ich das Benzin her?«

»Wie Sie sicher wissen, kann jeder Gemischtwarenladen, der Kerosin hat, auch Benzin verkaufen.«

»Aber diese Gemischtwarenläden haben am Wochenende nicht geöffnet, sie schließen am Nachmittag und sogar über Mittag! Und Sie wissen doch, wie sehr Benzin stinkt. Und das soll ich in diesen kleinen, schmalen Behälter gießen? Meine Hände würden die ganze Zeit nach Benzin riechen – wie sollen wir da ein Picknick machen?«

»Das ist kein Problem, Sir. Jeder nimmt Seife, Wasser und Handtücher mit. Ein kurzes Händewaschen nach dem Tanken beseitigt den Geruch fast vollständig.«

Doch der junge Bankangestellte blieb skeptisch. Und als die Motorhaube geöffnet wurde, sah er viele, viele Teile. Da waren Sicherungen, Riemen, Nockentrommeln, Ventile und Zahnräder für das Getriebe.

»Sagen Sie mal, was passiert eigentlich, wenn ein Teil kaputtgeht? Haben Sie Ersatzteile auf Lager?«

»Leider muss ich alles aus Europa beziehen oder in der Umgebung herstellen lassen. Das kann einige Monate dauern, vielleicht sogar ein halbes Jahr ...«

»Warum sollte ich viel Geld ausgeben, um eine Maschine zu kaufen, die ich 6 Monate lang nicht benutzen kann, wenn ein Zahnrad oder eine Achse bricht? ... Schauen wir uns den Dampfwagen an!«

Das dampfgetriebene war das größte und prestigeträchtigste Automobil im Ausstellungsraum. Es konnte bis zu vier Personen befördern, und das Einzige, was an die noch größeren Dampfpflüge erinnerte, war der Schornstein.

»Sir, dieses Automobil wird Sie sicher nicht enttäuschen. Es hat nur zwanzig bewegliche Teile und diese sind extrem belastbar. Es ist eine bewährte Konstruktion, wir bauen schließlich seit Jahrzehnten Dampfmaschinen. Es ist leise, Sie benötigen kein kompliziertes Getriebe und Sie können so viel Dampf durch das Ventil schicken wie Sie wollen. Es ist zuverlässig, da der Kesseldruck mit

Sicherheitsventilen überwacht wird. Dieser kleine Geschwindigkeitsregler mit einem Fliehgewicht kann die Leistung stufenlos verändern. Wenn Sie dieses Automobil kaufen, Sir, müssen Sie sich nie wieder darum kümmern. Sie müssen nur den Kessel ab und zu mit Essig reinigen lassen. Wasser ist, wie Sie vielleicht wissen, jede Meile an der Pferdetränke verfügbar, sodass es kein Problem ist, den Kessel immer wieder mit Wasser zu füllen. Als Kraftstoff können Sie alles Mögliche verwenden. Wir können Ihnen Koks geben, aber Sie können auch Kohle, Holz oder Stroh von den Feldern benutzen. Die Maschine ist äußerst leise, fast geräuschlos, zuverlässig und unverwüstlich. Und Sie müssen sich keine Gedanken machen, ob der Gemischtwarenladen geöffnet hat, bei dem Sie Benzin kaufen möchten. Das einzige Problem ist, dass Sie auf das Automobil etwas warten müssen. Die Gebrüder Smith arbeiten nur auf Bestellung und die Nachfrage ist groß.«

»Ja, das gefällt mir ... Und warum erweitern Sie ihre Fabrik nicht einfach oder nehmen einen Kredit auf?«, fragte der Kunde.

»Die Gebrüder Smith trauen den Banken nicht. Sie erweitern ihre Fabrik lieber durch ihre Gewinne.«

»Also gut«, – seufzte der Beamte, »dann tragen Sie mich bitte für einen dieser Dampfwagen ein. Ich werde gleich die erste Anzahlung von 100 Dollar leisten.«

»Ich hatte gehofft, ich würde mit einem Automobil nach Hause fahren, doch es sieht so aus, als müsste ich noch ein wenig warten. Aber dieses Dampfauto ist wirklich bemerkenswert, es scheint der Weg der Zukunft zu sein. Meine Kollegen werden beeindruckt sein, wenn sie sehen, dass ich nicht mehr mit einem Pferdewagen nach Hause fahre, sondern mit einem Dampfautomobil, und vielleicht wird Miss Mary mir auch etwas mehr Aufmerksamkeit schenken ...«

Es kam anders. Wegen der Maul- und Klauenseuchen-Epidemie von 1914 wurden in den gesamten USA die Pferdetränken geschlossen. Die Epidemie wütete 6 Monate lang. Da zu dieser Zeit keine Dampfwagen benutzt werden konnten, scheiterte diese hervorragende Konstruktion; Benzinautos waren trotz ihrer Mängel die einzigen, die noch auf dem Markt waren. Es wurden immer mehr von ihnen gebaut und sogar Lastwagen und Traktoren hergestellt, welche eine schier endlose Menge an Benzin schluckten ...

GASPAR 2002

Öl als Waffe

Öl kann nicht nur als Kraftstoff eingesetzt werden: In seinem Buch *Victory* erzählt Peter Franz Schweizer anhand von Dokumenten und Hintergrundgesprächen, wie Präsident Ronald Wilson Reagan und Margaret Hilda Thatcher dazu beitrugen, dass die Sowjetunion zerfiel.

Es war bereits bekannt, dass die Erdölförderung in der Sowjetunion Anfang der 1980er-Jahre ihren Höhepunkt erreicht hatte. Die unerschlossenen Quellen befanden sich entweder in der Tundra oder in der Umgebung von Tengiz. Diese Gebiete waren aber extrem schwer zu erreichen und nur während des kurzen Sommers zugänglich. Also schmiedeten Reagan und Thatcher im Stillen einen großen Plan, an dem auch König Fahd ibn Abd al-Aziz von Saudi-Arabien beteiligt war.

König Fahd öffnete die Ölhähne, und sofort begann der Ölpreis spektakulär zu fallen. Bei sinkenden Exporten sah sich die Sowjetunion also mit dem niedrigen Ölpreis konfrontiert, was eine Halbierung ihrer Deviseneinnahmen bedeutete. Fast keine der grundlegenden Konsumgüter konnten mehr importiert werden, und die anhaltend schlechten Ernten führten dazu, dass Lebensmittel importiert werden mussten. Das »Star-Wars-Programm«, das auch in den USA nicht erfolgreich war, belastete die sowjetische Kriegsmaschinerie zusätzlich schwer.

Abb. 4: Die Öllampe von Ami Argand (1750–1803) gab dank ihres runden Dochts ein viel stärkeres Licht als die bis dahin verwendeten Teelichter und Kerzen. Dadurch war es möglich, auch abends zu lesen und zu arbeiten, was erheblich zur Entwicklung beitrug. Ursprünglich wurden die Lampen mit Walöl gespeist, aber die Nachfrage stieg so stark an, dass die Wale fast ausgerottet wurden. Damit begann die Erdölförderung in Europa und Nordamerika. Petroleum erwies sich als der beste Lampenbrennstoff. Argand erhielt 1780 ein Patent für seine Lampe, die so erfolgreich wurde, dass ein Dutzend Hersteller sie in Massenproduktion herstellten – nur den Erfinder bezahlten sie nicht. Er starb verarmt in Genf.

Innerhalb weniger Jahre zeigten der drastische Rückgang der Exporteinnahmen und der steile Anstieg der Ausgaben ihre Wirkung: Zuerst stagnierte der Lebensstandard, dann begann er zu sinken. Immer mehr Menschen hörten auf zu arbeiten. Sie hielten es für aussichtslos und sinnlos, da sie in den Geschäften ohnehin fast nichts außer Wodka kaufen konnten – und unter Gorbatschow nicht einmal mehr Wodka. Das billige Öl untergrub die wirtschaftliche Leistungsfähigkeit des Reiches, welches seine sinkende Produktivität auch nicht durch neue Technologien steigern konnte.

Das Auftauchen von billigem saudischem Öl auf dem Weltmarkt war natürlich eine zweischneidige Waffe. Für die Saudis bedeutete dies zusätzliche Einnahmen, doch die amerikanischen Unternehmen, die in der Hoffnung auf teureres Öl gegründet worden waren, gingen nach und nach in Konkurs. Der niedrige Ölpreis auf dem Weltmarkt machte die sekundäre und tertiäre Förderung (Injektion von Kohlendioxid oder heißem Wasser in die Bohrlöcher) unrentabel, sodass auch diese Unternehmen eins nach dem anderen scheiterten. Andererseits boomte die

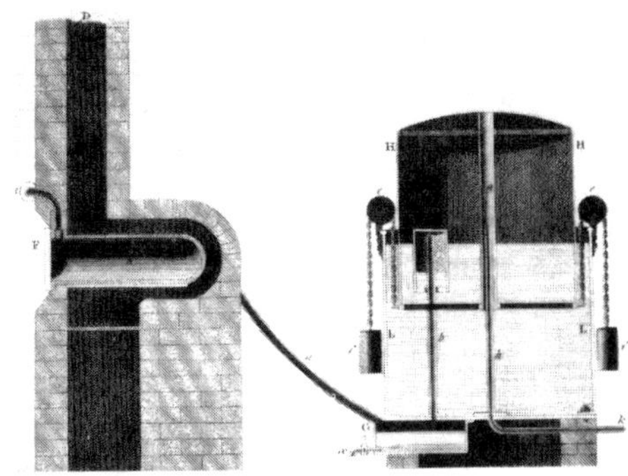

Abb. 5: William Murdochs (1754–1839) Apparat zur Herstellung von Leuchtgas. In Großstädten wurde das durch Kohlevergasung gewonnene Gas zum Heizen und Leuchten benutzt. Diese Erfindung legte den Grundstein für die Gasindustrie, indem sie das Heizen vereinfachte und automatisierbar machte. Watt und Boulton begründeten die industrielle Gaserzeugung. Koks wurde zur Stahlherstellung verwendet und der Teer, der jahrelang als stinkender und gefährlicher Abfall in die Flüsse gekippt worden war, wurde zum wichtigsten Rohstoff für die Farbindustrie. Kohlegas (auch: Stadtgas oder Leuchtgas) lieferte den Brennstoff für die ersten Verbrennungsmotoren. Das erste Gaspipelinesystem wurde ebenfalls von den Chinesen genutzt, Hunderte von Jahren vor den Europäern. Das Gas entstand als Nebenprodukt der Tiefbohrung nach Salz. Doch man nutzte das riesige Potenzial des Erdgases nicht; das stagnierende Land brauchte diese bewährte Technologie nicht mehr.

Wirtschaft dank der billigen Energie, die Inflation sank und die Zahl der Arbeitsplätze erhöhte sich.

Doch nachdem das Ziel (der Kollaps der Sowjetunion) erreicht war, musste der Ölpreis wieder angehoben werden, da das Ölgeschäft nicht mehr die üblichen Gewinne abwarf. Dazu bot ein Krieg die Gelegenheit. Diesmal war der Irak der Zielpunkt. Zunächst ließ man Saddam Hussein wissen, dass man nichts dagegen habe, wenn der Irak die kuwaitischen Ölfelder kontrollierte, doch nachdem die Iraker in Kuwait einmarschiert waren, wendete sich die diplomatische Situation … Natürlich verlor der Irak den Krieg nicht nur, sondern wurde auch mit einem Embargo belegt. Die irakischen Ölfelder waren somit vom Weltmarkt abgeschnitten und das kuwaitische Öl brannte lange Zeit, was es ebenfalls unerreichbar für den Weltmarkt machte. Infolgedessen verdreifachte sich der Preis des schwarzen Goldes bald und die US-amerikanischen Ölfirmen machten wieder Gewinne.

Wenn … (5)

Sir Winston Leonard Spencer-Churchill, Oberbefehlshaber der größten und modernsten Marine der Welt, schritt besorgt im Gebäude der Admiralität auf und ab. »Uns erreichen alarmierende Nachrichten: Die Deutschen entwickeln immer größere und bessere Kriegsschiffe. Die einzige Möglichkeit, sich durchzusetzen und die Seeherrschaft und damit die wirtschaftliche Vormachtstellung des britischen Reiches zu erhalten, ist eine Flotte, die stärker ist als die deutsche. Aber wir können es uns nicht leisten, unsere gesamte Flotte in den Kanal und die Ostsee zurückzuziehen, denn wir müssen auch unsere Interessen in Indien und im Mittelmeer schützen. Die Deutschen wollen in Afrika expandieren und haben sogar schon Handelsniederlassungen in China eingerichtet. Dieser Bedrohung kann nur durch schnell fahrende, dampfbetriebene Schlachtschiffe begegnet werden. Kohle kann aber nur in einigen wenigen geschützten Häfen aufgenommen werden und die Verladung ist sehr langsam. Noch schlimmer ist, dass es unmöglich ist, Kohle auf See, bei Wellengang umzuladen. Tagelanges Schaufeln ist unter Kriegsbedingungen ausgeschlossen. Ja, Öl wäre für alles gut. Aber es gibt keinen einzigen Tropfen Öl im gesamten britischen Reich. Alle Ölvorräte befinden sich in US-amerikanischer oder in russischer Hand, Letzteres im Kaspischen Meer, wo die Türken die Versorgung allerdings jederzeit unterbrechen könnten. Auch die kleinen rumänischen Ölfelder sind nicht zugänglich für uns. Aber mit einem Ölheizkessel wäre alles einfacher. Mit diesem würden weniger Matrosen benötigt und der Dampfdruck könnte in kürzester Zeit aufgebaut werden, sodass die Schiffe sofort mit Volldampf losfahren können. Es wäre nicht nötig, eine halbe oder sogar eine ganze Stunde zu warten, bis die Temperatur im Kessel hoch genug ist, um den nötigen Dampfdruck für hohe Geschwindigkeiten zu erzeugen. Ohne Öl ist die Überlegenheit der Flotte fraglich, denn die Deutschen haben ja auch Kohle. Seit Jahren suchen wir vergeblich nach Öl und haben in keiner unserer Kolonien auch nur einen Tropfen gefunden. Im Iran suchen wir seit 6 Jahren und haben drei Tiefbohrungen durchgeführt – alle ohne Erfolg. Es ist eine hoffnungslose Situation, ich habe gerade ein Telegramm geschickt, um die Erkundung zu stoppen, weil sie nur Geld kostet. Wir haben keine andere Wahl, als mit den Deutschen zu verhandeln und sie Kolonien in China und Afrika gründen zu lassen.«

Am 26. Mai 1908 schoss um 4:30 Uhr in der Ortschaft Masdsched Soleyman am Fuße des Zagrosgebirges nach 6 Jahren hoffnungsloser Suche eine 50 Meter hohe Ölfontäne aus einem der Bohrlöcher. George Bernard Reynolds, der Leiter der Bohrungen, hatte mehrere Telegramme aus London erhalten, in denen er aufgefordert wurde, die Bohrungen einzustellen. Er stoppte die Arbeiten nicht, hatte aber nur noch Zeit zu bohren, bis er die Anweisung aus London auch per Brief erhielt. Und diese kurze Zeit erwies sich als ausreichend. Das Öl wurde im letzten Moment aus der Erde befreit ... Und zwar im Iran, damals Teil der politischen Interessensphäre Großbritanniens.

Als Churchill die Nachricht hörte, gab er den Befehl, von nun an ausschließlich ölbetriebene Kreuzer zu bauen und den Kontakt mit diesem Deutschen namens Diesel aufzunehmen, denn mit Dieselmotoren könnten die kleineren Schiffe der britische Flotte noch wendiger werden.

Wenn die Briten mangels eigenen Öls zu einem Abkommen mit den Deutschen gezwungen worden wären, wäre der Erste Weltkrieg vielleicht nicht ausgebrochen, um das Kolonialreich neu aufzuteilen ...

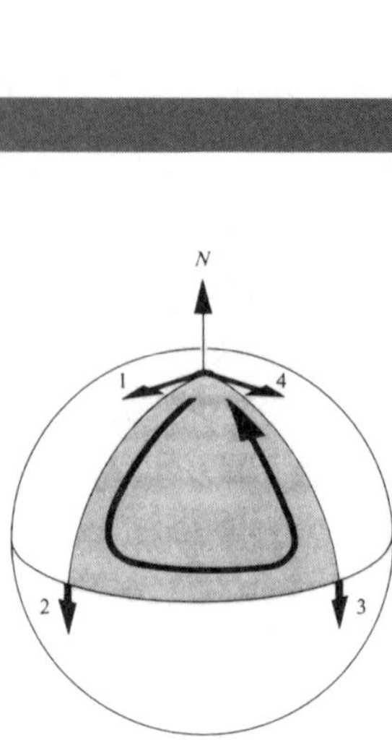
N
1
4
2
3

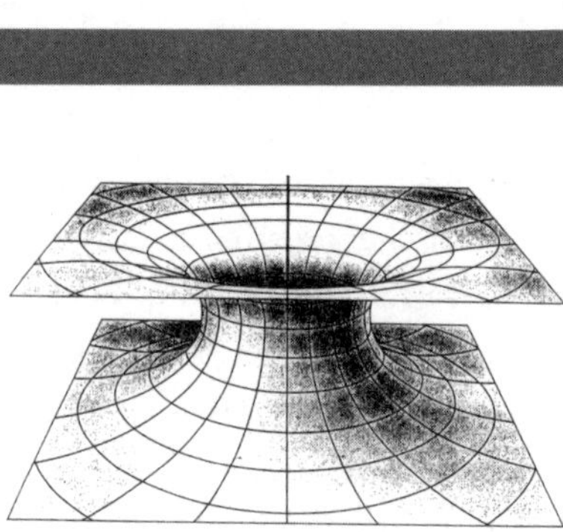

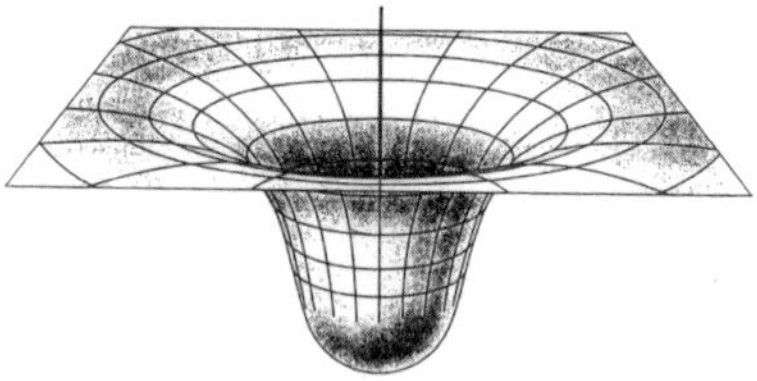

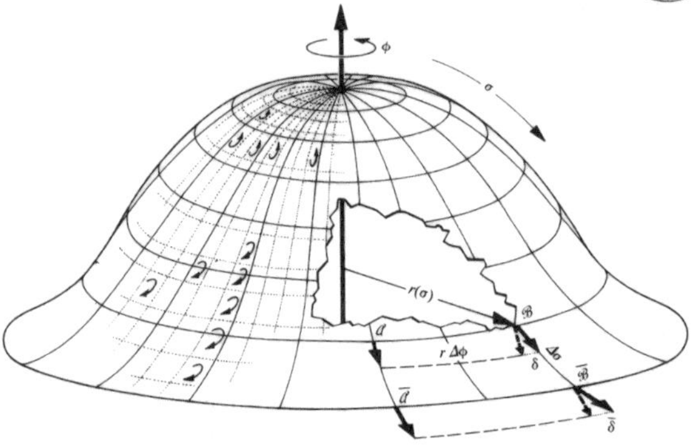
φ
σ
r(σ)
r Δφ
Δσ
δ

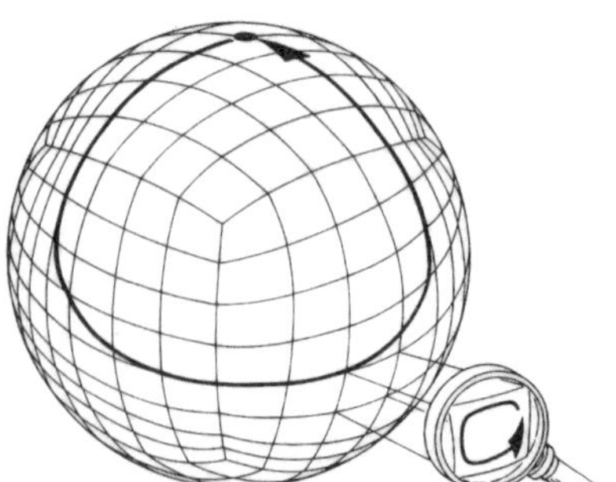

TEIL V

Hinter dem Horizont

• • •

Was gibt es noch
zu entdecken?

Obwohl die taoistischen Mönche schon vor rund 2000 Jahren mit ihren Drachen geflogen waren, verspotteten noch in der zweiten Hälfte des 19. Jahrhunderts viele die europäischen Phantasten, die sich (in Unkenntnis der chinesischen Errungenschaften) daran machten, den alten Traum vom Fliegen zu verwirklichen. Einem Misserfolg folgte der nächste – viele starben bei den Versuchen. Aber man gab nicht auf. 1865 beantragte der Franzose Charles de Louvrier ein Patent für ein Staustrahltriebwerk, welches auch erteilt wurde. Verwirklichen konnte er es allerdings nicht, weil der technische Fortschritt erst zwei Generationen später so weit war. Bis dahin blieb das Düsenflugzeug nur ein Traum ...

1899 soll Charles Holland Duell, Präsident des US Patent Office, einen Brief an Präsident McKinley (zur Erinnerung: McKinleys Tod wurde durch eine Kugel verursacht, die der Arzt, der das Röntgengerät für unbrauchbar hielt, nicht gefunden hatte), geschrieben haben, in dem er die Abschaffung des Amtes forderte, da *alles, was erfunden werden kann, bereits erfunden wurde*. Es gibt also nichts mehr, was hinter dem Horizont liegt ...

1903 stellte Albert Abraham Michelson (bekannt durch das Michelson-Morley-Experiment) fest: »Alle grundlegenden Gesetze und Sätze der Physik sind bereits entdeckt worden, und diese sind so fest, dass die Wahrscheinlichkeit, dass sie jemals ergänzt werden müssten, äußerst gering ist.« Es gibt also nichts mehr, was hinter dem Horizont liegt ...

1928, als die erste große Revolution mit der Quantenmechanik abgeschlossen war, erklärte Einsteins Kollege Max Born: »Die Wissenschaft der Physik wird in 6 Monaten abgeschlossen sein.« Es gibt nichts mehr, was hinter dem Horizont liegt ...

Leider sollte er in gewisser Weise recht behalten. Im Rahmen der institutionellen Forschung hat es seither keine grundlegende theoretische Neuerung gegeben. Die Wissenschaft als Methode ist die letzte Hoffnung der Experimentatoren. Die Wissenschaft als Institution ist das letzte hoffnungslose Experiment der Menschen.

Wie wir sehen, erhalten wir von den Mitgliedern des institutionellen Systems keine Antworten auf die Frage, welche neuen Entdeckungen noch zu erwarten sind. Wir müssen die Natur selbst fragen, doch die Frage kann nur in ihrer Sprache gestellt werden: der Sprache der Symmetrie. Es wurde vieles entdeckt, aber nur wenig hat es in die Lehrbücher, ins Denken der Forscher geschafft.

Naturwissenschaft ist die theoretische und experimentelle Untersuchung der Gesetzmäßigkeiten der Natur. Ob wir in der Lage sind, alle denkbaren Möglichkeiten zu erkennen und wieder und wieder zu prüfen? Und wird es uns gelingen, Akzeptanz für unsere Ergebnisse zu finden, auch wenn sie noch so überraschend sind? Dies sind einige der schwierigsten und grundlegendsten Fragen der Naturwissenschaft. Anhand der bisherigen Beispiele haben wir gesehen, dass oft Oberflächlichkeit, Routine oder Vorurteile falsche Annahmen verursachen und dass die so entstandenen Ergebnisse nur falsch sein können. Die Lektion, die man daraus lernen kann, ist, dass man zu Beginn jeder Aufgabe seine ***Annahmen beweisen*** muss!

Nehmen wir ein Beispiel: Wir lernen, dass ein Dauermagnet Weicheisen *immer* anzieht. Und tatsächlich: Wenn wir einen Nagel vor einen Stab- oder einen Hufeisenmagneten halten, wird dieser immer vom Magneten angezogen (unabhängig davon, wie wir den Nagel drehen). Es gibt jedoch mindestens eine Ausnahme. Wenn man ein Glasrohr mit einem Durchmesser von 2 bis 3 Millimeter auf die Symmetrieachse eines runden Ferritmagneten (wie er oft in Lautsprechern verwendet wird) legt und einen 10–12 Millimeter langen Eisennagel hineinfallen lässt, wird man feststellen, dass es einen Bereich gibt, in dem der Magnet das Weicheisen mehr *abstößt* als anzieht; das Eisen schwebt über dem Magneten. Dies ist der vielleicht einzige Fall, in dem ein Magnet Weicheisen abstößt. Dieser Effekt tritt nur in einem engen Bereich entlang der Symmetrieachse auf.

Dieses Beispiel veranschaulicht die grundlegenden Probleme der Wissenschaft: Es wird nicht jede Ecke gründlich untersucht, und wenn die Ergebnisse ungewöhnlich und unerwartet sind, lehnt die *Wissenschaft als Institution* sie lieber ab als sie aufzunehmen. Wir wissen also *nicht wirklich, was wir nicht wissen*. Die Symmetriekarte zeigt uns genau, wo wir nach neuen Phänomenen suchen sollten – wir müssen uns also nicht auf den Zufall verlassen. In der klassischen Elektrodynamik wurden neue Entdeckungen immer durch Zufall gemacht: Die Arbeiten von Volta, Ampère und Faraday oder die Entdeckung der elektrostatischen Effekte waren die Folge einer Reihe von Zufällen. Die systematische Suche, die schon bei Hertz zu beobachten war, hätte zu Maxwells Zeit beginnen können.

Teslas Longitudinalwellen berücksichtigte die Wissenschaft nicht, und zu diesem Zeitpunkt wurde die allgemeine Suche auch eingestellt. All dies kann auf das Fehlen eines einheitlichen Ansatzes zurückgeführt werden. Dieser hätte sich durch das Verständnis der Rolle von Symmetrien als Supergesetze entwickeln können. Sie zeigen die allgemeinen Gesetze der Mechanik, der Elektrodynamik und der Gravitation, die überall auftauchen. Wir haben auch im Fall der Energieerhaltung gesehen, dass die experimentelle Basis unvollständig ist, teilweise aus technischen Gründen, hauptsächlich aber aus den bereits genannten prinzipiellen Gründen. Daher kann man leider nicht behaupten, dass die klassische Physik eine grundsolide Disziplin mit einem breiten theoretischen Hintergrund und experimenteller Strenge sei. Vielmehr herrscht ein weitverbreiteter *Mangel an kritischem Denken*, was – ob es uns gefällt oder nicht – ein Angriff auf die Naturwissenschaft ist.

Wenn wir uns ansehen, wie die Wissenschaft als Institution funktioniert, stellen wir fest, dass die wissenschaftliche Öffentlichkeit von Angst durchdrungen ist. Wie bereits erwähnt, hatten die Anhänger des Pythagoras Angst zuzugeben, dass es irrationale Zahlen gibt, also Zahlen, die nicht als Quotient von zwei ganzen Zahlen erzeugt werden können. Jahrelang wagte Newton es nicht, sein Buch *Principia Mathematica* zu veröffentlichen, da er Angriffe seiner Zeitgenossen fürchtete. Darwin veröffentlichte sein Werk erst, als zu erwarten war, dass andere ihm zuvorkommen könnten. Der große deutsche Mathematiker Johann Carl Friedrich Gauß hatte ebenfalls Angst, seine Ergebnisse in der nicht euklidischen Geometrie zu veröffentlichen. Es ist ein bedeutendes Problem, wenn Angst das Leitprinzip ist, wenn die Wissenschaft als Institution nicht offen ist und unfähig, Kritik anzunehmen, denn das Ergebnis von Angst ist Stagnation.

Schauen wir uns nun die Symmetriekarte an, um zu sehen, wo es noch etwas zu entdecken gibt. Untersuchen wir doch einmal unser Wissen über Gravitation, über die Möglichkeiten, die rotierende Ladungen bieten sowie die Art und Weise, wie die Raumzeit gekrümmt oder verzerrt werden kann. Wir werden auch einen kurzen Ausflug in die Welt der Symmetrien der Atomkerne machen und uns kurz mit den Möglichkeiten der Vakuumenergiegewinnung befassen (in den Bänden 2 und 3 der Buchreihe *Einführung in die Raumzeittechnologie* finden Sie zu jedem dieser Themen ausführlichere Beschreibungen).

Wiederholen wir noch einmal, was wir mit dem Konzept der Symmetriekarte oder der Symmetrietheorie meinen: Wenn ein Effekt bekannt ist, sollte es in analogen Bereichen einen ähnlichen Effekt geben. Es ist, als würde die Natur dieselbe Geschichte erzählen, aber in verschiedenen Sprachen; oder als würde sie dasselbe Bild zeigen, aber in verschiedenen Farben.

Hier einige Beispiele für analoge Prozesse: Wärmeleitung → Flüssigkeitsströmung → elektrischer Strom → magnetische Kreise. In all diesen Fällen sind die gleichen Merkmale des Energieflusses zu erkennen. Die Reihe von Analogien zwischen Mechanik und Elektrodynamik ist gut bekannt, beispielsweise für Schwingungen und gekoppelte Bewegungen (wegen der Energieübertragung). Aber es gibt auch eine ähnliche Analogie zwischen der Corioliskraft und der magnetischen Induktion oder zwischen einer geradlinigen und einer Kreisbewegung.

Der Prozess oder die Bewegung werden komplexer. Je weniger Symmetrien eine Bewegung (genauer: die Bahn des sich bewegenden Körpers) besitzt, desto komplexer, veränderlicher ist die Bewegung (oder der Prozess). Dabei treten immer mehr Effekte auf. Dies gilt allgemein für die Mechanik und die Elektrodynamik.

Solche einfachen Prinzipien können viele Geheimnisse der Natur enthüllen. Man muss sich dafür also nicht an die Autoritäten des jeweiligen Fachbereichs wenden, sondern an die Natur … Die Symmetrietheorie gibt uns ein analytisches, einfaches und umfassendes Bild der Physik als Ganzes – und zwar ohne, dass wir auf glückliche Zufälle warten müssten. Sehen wir uns nun die stark verkürzten Beiträge aus Band 3 von *Einführung in die Raumzeittechnologie* an, denn sie zeigen uns, dass die unbekannten Prozesse, die von der Symmetriekarte vorhergesagt werden, tatsächlich existieren ...

Spezielle Gravitationsexperimente und ihre Ergebnisse

Die Lehrbücher geben keine klaren Antworten auf die Fragen, ob die Gravitationskonstante von der Geschwindigkeit der Körper oder von ihren Massen abhängt, ob die Schwerkraft abgeschirmt werden kann oder ob es eine abstoßende Gravitation gibt. Schon vor Jahren haben Experimente des Russen Jewgeni Jewgenjewitsch Podkletnow gezeigt, dass die Feldstärke des Gravitationsfeldes über einem supraleitenden Ring um 1–2 Prozent geringer ist, wenn dieser schnell rotiert und elektrischer Strom im Ring zirkuliert. Solche Problemstellungen werden derzeit in der Gravitationsforschung gar nicht untersucht. Wir wissen nicht, inwieweit die Gravitationskonstante beispielsweise von der Materialbeschaffenheit der Körper, ihrer Temperatur oder von anderen bekannten Wechselwirkungen abhängt. Die Arbeit des Physikers Dezső Sarkadi, die auf der des ungarischen Architekten Bodonyi aufbaut, könnte einen grundlegenden Wandel in der Erforschung der Gravitation herbeiführen.

Sarkadis Experimente haben gezeigt, dass das newtonsche Gravitationsgesetz $E=\frac{Gm_2m_2}{r^2}$ (welches analog zum coulombschen Gesetz ist, das die Wechselwirkung zwischen zwei Ladungen in der Elektrostatik beschreibt: $F=\frac{kq_2q_2}{r^2}$) eine ziemlich ungenaue Näherung ist, da experimentell nicht nachgewiesen werden kann, dass das Superpositionsprinzip für die statische Gravitation gilt.

In der Elektrostatik ist das coulombsche Gesetz bekannt. Wir wissen aber auch, dass die Bewegung von Ladungen neue Effekte erzeugt. Beispielsweise bildet sich um einen von konstantem Strom durchflossenen Leiter ein Magnetfeld. Wenn sich die Stromstärke zeitlich ändert, entsteht ein elektrisches Wirbelfeld. Man würde also erwarten, dass bei mit konstanter Geschwindigkeit bewegten Massen eine Art »gravomagnetisches Feld« erzeugt würde und dementsprechend nicht nur dynamische Anziehung, sondern auch dynamische Abstoßung auftreten kann. Wenn sich dazu noch die Geschwindigkeit der Massen ändert, würde man wirbelartige Gravitationsfelder erwarten – ähnlich denen in der Elektrodynamik.

Solche dynamischen Effekte konnten von der klassischen Gravitationsforschung bisher nicht gemessen werden. Bislang wurden Schwerkraftexperimente meist mit einem sehr langsamen Cavendish-Pendel (eine Art Torsionspendel) durchgeführt. Diese Anordnung zeichnet sich dadurch aus, dass das Pendel stark gedämpft ist und eine sehr lange Schwingungszeit hat (mehrere Minuten), sodass die Geschwindigkeiten vernachlässigbar klein sind.

Die Grundidee von Bodonyi war es nun, diese Experimente nicht mit dem Cavendish-Pendel, sondern mit einem physikalischen Pendel durchzuführen und so die *dynamischen Kräfte* zwischen den sich verhältnismäßig schnell bewegenden Massen zu messen. Er arbeitete mehrere Jahre lang an dieser Versuchsreihe, die dann von Sarkadi qualitativ so fortentwickelt wurde, dass sie selbst Skeptiker überzeugen würde.

Dieses physikalische Pendel kann man sich so vorstellen: Am oberen und unteren Ende einer langen Leiter wird jeweils eine schwere Masse angebracht und das Pendellager und die Keile, die das Pendel in Bewegung versetzen, werden dicht über dem Schwerpunkt des Pendels platziert. Diese Struktur hat eine horizontale Achse und schwingt viel schneller als das Cavendish-Pendel. Da seine Bewegung mit großer Genauigkeit erfasst werden kann, ist es möglich, eine Periodendauer einzustellen, für die eine vorbeigehende Person oder ein auf der Straße fahrender Lastwagen eine spürbare Gravitationswirkung auf das Pendel ausübt (seine Schwingungszeit ändert sich). Auf diese Weise können mit diesem Pendel auch statische Effekte nachgewiesen werden.

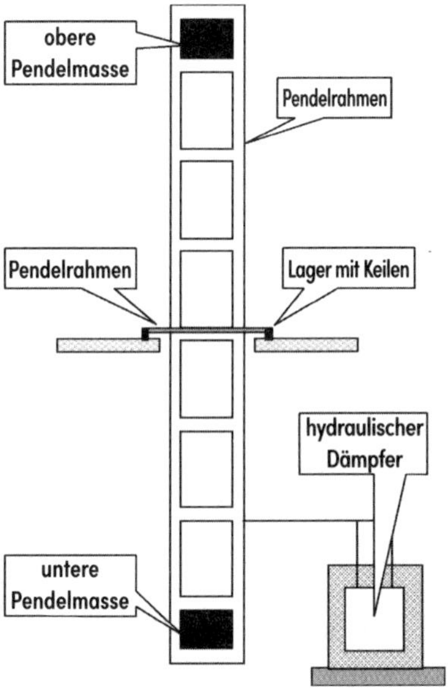

Abb. 1: Schematische Darstellung des für die Gravitationsexperimente benutzten physikalischen Pendels in der Vorderansicht

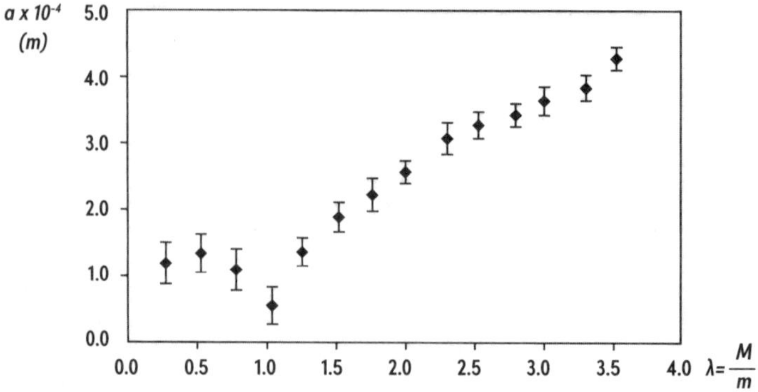

Abb. 2: Die Gravitationskraft zwischen zwei Körpern gleicher Masse ist minimal. a: messbare Verschiebung (proportional zur Gravitationskraft zwischen den Massen), m: Masse des einen Körpers, M: Masse des anderen Körpers, λ: Massenverhältnis der beiden Körper.

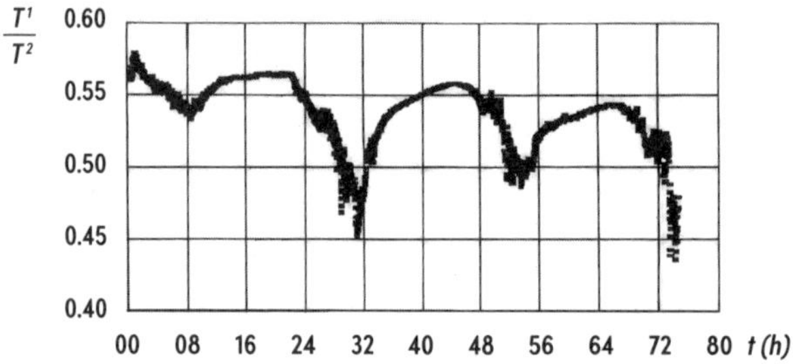

Abb. 3: Mondmessung. Das Verhältnis $\frac{T^1}{T^2}$ ist proportional zur räumlichen Verschiebung des Schwingungsmittelpunktes. t: verstrichene Zeit, T1: Zeit, in der die Fotodiode verdeckt ist, T2: Zeit, in der die Fotodiode nicht verdeckt ist.

Ein auf diese Weise gebautes Pendel ist so empfindlich, dass es beispielsweise die Bewegung einer atmosphärischen Front oder eines Wirbelsturms in einer Entfernung von 100 bis 200 Kilometern detektieren kann. Aber auch Gravitationsrauschen wie beispielsweise Auswirkungen der *Mondbewegung* können nachgewiesen werden. Dieses Pendel ermöglicht überdies den Nachweis von Gravitationsabschirmung. Es handelt sich also um ein sehr flexibles Versuchsinstrument. Das Revolutionäre besteht darin, dass dieses Pendel den Nachweis schwacher dynamischer

Gravitationswirkungen ermöglicht – die »Trägheit« des herkömmlichen Cavendish-Pendels lässt dies nicht zu, weshalb diese Naturphänomene unerkannt blieben. Diese Effekte sind zwar schwach, in astronomischen Maßstäben können sie aber erheblich und nicht vernachlässigbar sein.

Die erste interessante Überraschung bei den Gravitationsmessungen – die Bodonyi bereits bekannt war – ist, dass die *Gravitationswechselwirkung zwischen gleichen Massen minimal* ist. Das bedeutet, dass nur eine geringe oder gar keine Kraft zwischen gleich schweren Massen auftritt. Bislang hat noch niemand das Cavendish-Experiment für gleiche Massen durchgeführt. Das statische newtonsche Gravitationsexperiment hat immer die Kraft gemessen, die durch die Wechselwirkung einer möglichst großen Masse mit einer kleinen Masse entsteht. Dies ist die Situation, die man normalerweise in der Natur vorfindet. Die Erde ist eine riesige Masse im Vergleich zu der eines Menschen oder von Gegenständen auf ihr, und die Masse der Erde ist im Vergleich zur Sonne sehr klein. Es ist also verständlich, dass wir in beiden Fällen näherungsweise das newtonsche Gravitationsgesetz anwenden können. Die Situation wäre jedoch eine völlig andere, wenn ein Planet mit der gleichen Masse wie die der Erde in unsere Nähe driften würde. Dieser Effekt wurde also erstmals mit dem physikalischen Pendel nachgewiesen.

Sarkadi führte auch Gravitationsinterferenz- und Gravitationsresonanz-Experimente durch, indem er eine Masse, die identisch mit der unteren Pendelmasse war und eine andere, kleinere in der Nähe der unteren Pendelmasse, auf einer Kreisbahn bewegte. Durch die Gravitationsmodulation der Interferenzmessungen konnte die dynamische Wirkung der externen Drehmasse nachgewiesen werden. Es hat sich außerdem gezeigt, dass bei einer unteren Pendelmasse von 24 Kilogramm die 12 Kilogramm schwere Drehmasse eine stärkere Modulationswirkung ausübte als die 24 Kilogramm schwere. Dieses Ergebnis widerspricht bisherigen Beobachtungen zur klassischen Gravitation.

Die Messungen haben noch einige andere interessante Ergebnisse erbracht. Es wurde entdeckt, dass das physikalische Pendel eine *maximale Schwingungsdauer* hat, was von der klassischen Physik überhaupt nicht vorhergesagt wird. Es war auch möglich, *abstoßende Gravitation* in transienten Fällen zu messen – dies ist gemäß der Symmetriekarte analog zur Elektrodynamik. Die abstoßende

Schwerkraft ähnelt der lenzschen Regel, die beispielsweise dazu führt, dass zwischen einem in eine Spule hereinbewegten Stabmagneten und der Spule (wegen der Energieerhaltung) eine bremsende, abstoßende Kraft auftritt. Das physikalische Pendel eignet sich wegen seiner geringen Verluste für die Untersuchung schwacher dynamischer Effekte. Diese sind aber immerhin viel stärker als statische Gravitationseffekte. Daraus ergibt sich die theoretische Möglichkeit, dynamische Effekte zu nutzen, um auf irgendeine Weise gravitative Abstoßungseffekte zu erzielen, die eines Tages technisch nutzbar werden könnten.

Als Ergebnis dieser Untersuchungen wurde das newtonsche Gravitationsgesetz um einen dynamischen Term erweitert. Das vertieft unser Verständnis der Gravitation erheblich. Sarkadis experimentelle und theoretische Untersuchungen sind überzeugend und zeigen neue Analogien zur Elektrodynamik. Dadurch wird die Einheit – die Schönheit – der Natur auch in diesem Bereich noch sichtbarer.

Aber Sarkadi ging mit seinen Experimenten noch weiter. Die maximal erreichbare Schwingungszeit (etwa 2 Minuten) zeigte die Existenz eines makroskopischen Quanteneffekts (wie Supraleitung oder auch Magnetismus), denn im Bereich langer Schwingungszeiten verhält sich dieses physikalische Pendel wie ein quantisierter Oszillator. Dieses einfache und kostengünstige Pendel kann zur Untersuchung einer Reihe von spannenden physikalischen Effekten benutzt werden. Dieses Beispiel zeigt, dass ein neues technisches Werkzeug in Verbindung mit einer frischen Sichtweise zu bedeutenden neuen Erkenntnissen führen kann.

Wirbelfelder sind sowohl in der Mechanik als auch in der Elektrodynamik bekannt. Ausgehend von der Symmetriekarte müsste es auch Gravitationswirbelfelder geben. Tatsächlich stellte ein sowjetischer Forscher vor etwa 100 Jahren fest, dass kleine Massen, die an einem dünnen Torsionsfaden aufgehängt sind, rotieren. Später, in den 1950er-Jahren, wiederholten andere sowjetische Forscher an der Universität Kasan unabhängig von ihm dieses Experiment. Sie befestigten ein dünnes Plättchen an einem Spinnenfaden, weil der Spinnenfaden auf diese Weise kein Rückstellmoment hat. Der Torsionseffekt zeigte sich weiterhin und hing auch von Wetterfronten und der Position der Sterne ab. Derselbe Effekt wurde von Sándor Szabó in Izsák und Csaba Nagy in Großwardein (Oradea) und wer weiß, wem noch, nachgewiesen. Trotzdem wurde diese interessante Entdeckung von der wissenschaftlichen Gemeinschaft nicht aufgegriffen ...

Grundlagen der speziellen Relativitätstheorien

Die spezielle Relativitätstheorie, wie wir sie bisher kennen, beschreibt die physikalischen Gesetze, die gelten, wenn man von einem Inertialsystem zu einem anderen, welches sich relativ zum ersten mit einer konstanten Geschwindigkeit v bewegt, übergeht (Die Transformationsgleichungen können vom *Relativitätsprinzip* abgeleitet werden, das besagt, dass die Lichtgeschwindigkeit im Vakuum in allen Inertialsystemen gleich ist und dass es keine Möglichkeit gibt, zwischen den Inertialsystemen zu unterscheiden und diese deshalb gleichrangig sind).

Hinter dem nicht sehr aufregenden Titel (Grundlagen der speziellen Relativitätstheorien) verbirgt sich eine äußerst wichtige und grundlegende Erkenntnis. Heute wird sowohl in Einsteins spezieller Relativitätstheorie als auch in Wissenschaft und Technik *davon ausgegangen*, dass die Raumkrümmung konstant ist und die Prozesse in einer Raumzeit mit dem Krümmungsparameter $k = 1$ ablaufen. Das bedeutet, dass die spezielle Relativitätstheorie nur für einen engen Bereich aller denkbaren physikalischen Phänomene gilt, nämlich für geradlinige, gleichförmige Bewegungen mit $k = 1$. Die allgemeinsten Fälle fallen in den Bereich der allgemeinen Relativitätstheorie. In diesem Rahmen müssten also beliebige Rotationen und Beschleunigungen untersucht werden.

Die spezielle Relativitätstheorie reicht jedoch aus, um die folgenden Ideen zu verstehen. Um dieses Thema ein wenig zu vertiefen, müssen wir ein bisschen über die nicht euklidische Geometrie und ihre Rolle in der Physik wissen. Wir beginnen mit Ersterem, um den Sinn der späteren Ausführungen zu verdeutlichen und dem Leser ein besseres Verständnis für die Bedeutung dieses Kapitels und seine Auswirkungen auf unser tägliches Leben zu vermitteln. Diese

Gedanken sind für die Menschheit und für die gesamte Zivilisation auf der Erde von grundlegender Bedeutung, denn das Verständnis physikalischer Prozesse in einer gekrümmten Raumzeit, die auf einer nicht euklidischen Geometrie beruht, ist das Allgemeinste, was in der Physik denkbar ist. Es lohnt sich also, einen kleinen Abstecher in die Welt der nicht euklidischen Geometrien zu machen; verzeihen Sie mir, dass ich Sie zu einem intellektuellen Ausflug einlade, der nicht als umfassend, ja nicht einmal als oberflächlich bezeichnet werden kann – ich tue es aber mit größtem Vergnügen.

Grundlagen der Geometrien

Es gibt drei Geometrien mit konstanter Krümmung, die parabolische (euklidische), die hyperbolische (bolyaische) und die elliptische (riemannsche) Geometrie. Die hyperbolische Geometrie kann auf einer Pseudosphäre verstanden werden, die elliptische Geometrie auf einer Kugeloberfläche und die weitläufig bekannte euklidische Geometrie in einer Ebene (jede dieser Geometrien kann für höhere Dimensionen verallgemeinert werden).

In der Schule lernen wir, in einer Ebene darzustellen und zu zeichnen – wir kennen also die euklidische Geometrie. Vielleicht können wir uns gar nicht vorstellen, dass es auch etwas anderes geben kann. Tatsächlich leben wir nicht auf einer ebenen, sondern auf einer runden Fläche, da die Erde in guter Näherung kugelförmig ist. Auf einer Kugeloberfläche sind die üblichen, scheinbar selbstverständlichen Regeln der euklidischen Geometrie nicht weiter gültig (wenn der Radius der Kugel sehr groß ist, gelten sie in guter Näherung).

Wir wissen, dass die Summe der Innenwinkel eines Dreiecks, das in einer Ebene liegt, 180 Grad beträgt. In der Ebene können wir Dreiecke von zunehmender oder abnehmender Größe zeichnen, wobei die Summe der Innenwinkel konstant bleibt. Egal, wie groß oder wie klein man ein Dreieck zeichnet, diese Regel gilt immer. Betrachten wir jetzt diese Übung auf einer Kugeloberfläche. Zeichnen wir die Seiten des Dreiecks mit den kürzestmöglichen Linien zwischen den Eckpunkten des Dreiecks (diese werden Teile von Hauptkreisen der Kugel sein).

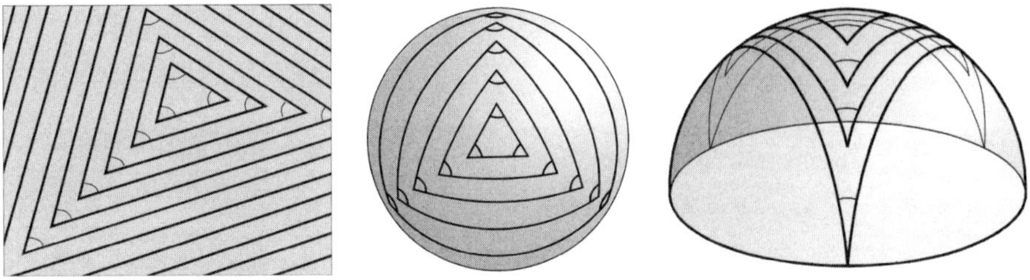

Abb. 4: Dreiecke in einer Ebene und auf einer Kugeloberfläche

Überrascht stellt man fest, dass sich mit den Seiten des Dreiecks auch die Summe der Innenwinkel ändert (Abbildung 4)!
Während kleinere Dreiecke in einer Ebene bei gleichen Winkeln größeren Dreiecken ähnlich sind, gilt dies für Dreiecke auf Kugeloberflächen nicht. Diese Dreiecke können einander nicht ähnlich sein: Ihre Innenwinkel sind verschieden und ihre Summe nimmt mit der Fläche des Dreiecks zu. Die euklidische Geometrie ist eindeutig dadurch gekennzeichnet, dass die Summe der Innenwinkel der Dreiecke immer 180 Grad beträgt. In der elliptischen Geometrie, die Kugeloberflächen beschreibt, ist die Summe der Innenwinkel eines Dreiecks *größer* als 180 Grad – in der hyperbolischen Geometrie ist diese Summe wiederum *kleiner* als 180 Grad. Eine weitere charakteristische Eigenschaft dieser beiden Geometrien liegt darin, dass es keine Dreiecke beliebiger Größe gibt. Der Flächeninhalt eines beliebigen Dreiecks, das auf einer elliptischen oder hyperbolischen Fläche gezeichnet wird, hat einen wohldefinierten Grenzwert.

Wir können diese Geometrien auch anhand des Begriffs der *parallelen Linien* charakterisieren. In der euklidischen Geometrie kann durch einen Punkt, der nicht auf einer bestimmten Geraden liegt, nur eine einzige parallele Geraden zur vorgegebenen Gerade gezeichnet werden. In der sphärischen, elliptischen Geometrie gibt es überhaupt keine parallelen Linien; hier schneiden sich zwei Hauptkreise (die Geraden in einer Ebene entsprechen) immer. In der hyperbolischen Geometrie können jedoch unendlich viele parallele Linien gezeichnet werden. Diese liegen zwischen der ersten, nicht schneidenden Parallele und der euklidischen Parallele. Die hyperbolische Fläche und der hyperbolische Raum können niemals auf die gleiche Weise »gesehen« werden wie die euklidische Ebene, eine Kugeloberfläche oder der euklidische Raum.

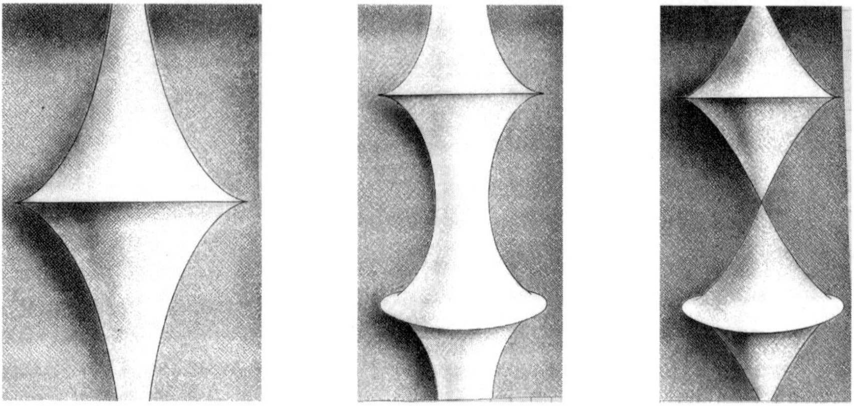

a) Parabolische Pseudosphäre – eine Fläche mit überall gleicher, negativer Krümmung. Sie ist nur bei ∞ singulär.

b) Hyperbolische Pseudosphäre – eine Fläche mit veränderlicher Krümmung. Sie ist periodisch.

c) Elliptische Pseudosphäre – sie besitzt auch im Endlichen Singularitäten.

Abb. 5: Verschiedene räumliche Flächen

Diese Geometrien werden auch als *Geometrien mit konstanter Krümmung* bezeichnet. Nur in diesen Geometrien können Formen frei verschoben oder gedreht werden, ohne dass sich die inneren Verhältnisse der Formen ändern (wenn man beispielsweise eine Form aus der Oberfläche einer Kugel ausschneidet, kann sie verschoben und verdreht werden, ohne sich von der Kugeloberfläche zu entfernen!). Die Krümmung der euklidischen Geometrie ist null. In der hyperbolischen Geometrie ist die Krümmung eine negative Konstante und in der elliptischen Geometrie eine positive. Die Sonderheit dieser beiden nicht euklidischen Geometrien besteht darin, dass sie ihren Krümmungsparameter enthalten (bei einer Kugel ist dieser durch den Radius der Kugel bestimmt). Wenn dieser Parameter gegen 0 geht, gehen beide Geometrien in die euklidische über. Da es in der nicht euklidischen Fläche keine mathematische Ähnlichkeit gibt, ersetzt man hier die üblichen Ähnlichkeitssätze der euklidischen Geometrie durch trigonometrische Beziehungen.

Der bekannte Satz des Pythagoras kann in der ebenen Geometrie als $c^2 = a^2 + b^2$ geschrieben werden. In der hyperbolischen Geometrie lautet diese Beziehung $cosh\frac{c}{k} = cosh\frac{a}{k} = cosh\frac{b}{k}$, wobei k die Konstante der hyperbolischen Geometrie (der Krümmungsparameter) ist. In der elliptischen Geometrie gilt die Beziehung $cos\frac{a}{R} = cos\frac{b}{R}$, wobei R der Radius der Kugel und der Krümmungsparameter ist. In der euklidischen Ebene ist der Umfang eines Kreises mit dem Radius *r* durch die Beziehung $2\pi r$ gegeben. Auf einer hyperbolischen Fläche lautet diese: $2\pi r\ sinh\frac{r}{k}$ und auf einer elliptischen Fläche $2\pi r\ sinh\frac{r}{R}$.

Um zumindest ein grundlegendes Verständnis der nicht euklidischen Geometrie zu erlangen, sollte man sie in der Schule lernen. Aber heute hören oft selbst Studenten an technischen Universitäten nichts darüber. Es ist fast so, als ob es die Welt außerhalb der ebenen Geometrie nicht gäbe – obwohl wir in ihr leben. Die Allgemeingültigkeit und Allmacht der euklidischen Geometrie wird im Bildungssystem *stillschweigend* akzeptiert (das Buch von István Lénárt für Gymnasiasten und das von ihm entwickelte Set von Kugelzeichnungen sind sehr wichtig. Mit diesem Bausatz kann jeder selbst ausprobieren, wie man Linien, Kreise, Dreiecke oder parallele Geraden auf einer Kugeloberfläche zeichnen kann; die Schüler können entdecken, wie die nicht euklidische Geometrie aussieht).

Sowohl die euklidische als auch die hyperbolische und elliptische Geometrie sind konsistent, äquivalent. Keine von ihnen hat innere Widersprüche und keine kann als wahrer als die andere bezeichnet werden. Zweifellos erscheint die euklidsche Geometrie einfacher und erfordert nicht die Verwendung von Kugelzirkeln und Kugellinealen, sodass sie mit einem Stück Papier, einem Zirkel und einem Lineal unterrichtet werden kann. Doch unsere physikalische Realität ist reicher als diese Geometrie.

Einsteins allgemeine Relativitätstheorie zeigt, dass Massen die Struktur der Raumzeit »verbiegen« und dass sich ein Lichtstrahl, der einen Himmelskörper passiert, scheinbar entlang einer krummen Linie ausbreitet. Wo ein höheres Gravitationspotenzial vorhanden ist, laufen physikalische Prozesse schneller ab. Der Mathematiker Dobó hat auf rein geometrischer Basis gezeigt, dass sich Licht entlang einer Geodäte (kürzeste Verbindungslinie zwischen zwei Punkten) nach den Regeln der hyperbolischen Geometrie mit dem Parameter $k = 1$ ausbreitet. Dies ist eine bedeutende Entdeckung, da es bisher niemandem gelungen ist, den Parameter *k physikalisch* zu charakterisieren. Dadurch ist *k* zu einer Naturkonstante geworden. Ein Architekt beispielsweise stößt im Alltag kaum auf nicht euklidische geometrische Probleme, da er selbst bei den größten Bauwerken nur die Erdkrümmung berechnen muss, was beim Entwurf einer Brücke höchstens zu einer Korrektur von einigen Millimetern führt. Für Langstreckenflüge hingegen ist es unerlässlich zu wissen, dass Flugzeuge entlang der Oberfläche einer kaum erkennbaren Kugel fliegen. Bei der Bestimmung der Flugbahn von Raketen und Raumfahrzeugen müssen sogar nicht nur die Krümmung, sondern auch die sphärische Trigonometrie, die Erdrotation und viele andere Effekte berücksichtigt werden. Wie wir wissen, umkreisen Raumfahrzeuge unsere Erde nach den Regeln der elliptischen (sphärischen) Geometrie.

Physik und Geometrie

Die herkömmliche Lehrbuchphysik behauptet, dass jedes Experiment mithilfe der euklidischen Geometrie gut beschrieben werden kann, sodass man sich mit nichts anderem beschäftigen muss. Aus diesem Grund wird der gekrümmte Raum in den Lehrbüchern oft wie ein Fall »ohne praktische Bedeutung« behandelt. In den Augen von Gauß, János Bolyai und Nikolai Iwanowitsch Lobatschewski war der gekrümmte Raum erst eine bloße geometrische Abstraktion und eine Verallgemeinerung der euklidischen Geometrie. In Wirklichkeit führt er aber zu einem wichtigen und tiefgreifenden physikalischen Problem. In der Mathematik sind die Axiome der Geometrie eigentlich versteckte Definitionen, wie Jules Henri Poincaré feststellte. Die Frage, ob die euklidische, die elliptische oder die hyperbolische Geometrie die wahre Geometrie sei, wird von den Mathematikern nicht gestellt; alle drei werden als gleichwertig angesehen. In der Geometrie geht es meist nur darum, welche Geometrie besser geeignet ist, eine abstrakte Form zu beschreiben.

Aber was hat die Verallgemeinerung der Geometrie mit der Physik zu tun? Bislang schien es, als gäbe es außer dem Verständnis und der »Geometrisierung«

der Schwerkraft wenig, was mit der Verallgemeinerung der Geometrie in Verbindung gebracht werden kann und im praktischen Leben rein gar nichts. Aber auch diese triviale, implizite Annahme muss revidiert werden. Denn wenn es nicht nur massive Sterne sind, die die Raumzeit, in der wir leben, verzerren, dann muss *alles anders betrachtet werden*.

In der Physik ist es nicht egal, in welcher Art von Raumzeit ein Prozess abläuft. Beispielsweise müssen wir wissen, ob die Zeit eine konstante Krümmung hat oder ob sie in irgendeiner Weise *verändert* werden kann. An dieser Stelle kommt die Entdeckung von Dobó ins Spiel. Dobó betrachtet anstelle der flachen Raumzeit eine gekrümmte Raumzeit, da ihre Struktur verändert werden kann. Manchmal wird sie durch eine *Bewegung selbst verändert* (mein Kollege Csőkör und ich sagen dazu, dass die Symmetrien der Bewegung bestimmen, wie die Raumzeit verzerrt wird).

Auch im Allgemeinen steht das Konzept der Symmetrie im Mittelpunkt unseres Denkens. Wir suchen nach reduzierter Symmetrie. Einige Symmetrien lassen sich leicht mit geometrischen Begriffen beschreiben, in anderen Fällen muss man sich der entsprechenden mathematischen Beschreibung bedienen. Eine Symmetriebrechung tritt auch auf, wenn beispielsweise ein Stabmagnet erhitzt und entmagnetisiert wird. Heute arbeiten theoretische Physiker nicht nur mit einfacher Symmetrie, sondern auch mit den Konzepten der Supersymmetrie und der Supergravitation.

Nach Einstein sind es nur massereiche Sterne, die die Struktur der Raumzeit in einem Maße verzerren, die für praktische Zwecke nicht mehr vernachlässigbar ist. Dobós Schlussfolgerung macht Folgendes jedoch plausibel: Wenn Bewegung die Struktur der Raumzeit beeinflusst, ist es denkbar, dass sich ihre Struktur selbst bei den üblichen, *»alltäglichen« Geschwindigkeiten und Beschleunigungen* in der Nähe eines bewegten Objekts oder eines verzerrten Feldes lokal verändert; die Raumzeit wird *gekrümmt*. Von da an wäre jedoch alles, wirklich alles, anders.

Am häufigsten wird dies anhand eines Membranmodells veranschaulicht: Wird eine gespannte Membran an einer Stelle eingedrückt und somit verzerrt, ändert sich die »Struktur« des lokalen Raums. Eine auf der Membran rollende Kugel wird beschleunigt und rollt entlang einer anderen Bahn, als sie es auf einer nicht verzerrten Membran tun würde (die Realität ist allerdings noch reichhaltiger als das Membranmodell; Wirbelfelder kann es beispielsweise nicht veranschaulichen). Die Entdeckung, dass wir *die Struktur der Raumzeit durch Bewegung beeinflussen können*, ist fundamental. Aber nur bei einer Untergruppe von Bewegungen, nämlich denen mit vollständigem Symmetriebruch, ist dieser Effekt auch *auffällig*; hier wird deutlich, dass die Geometrie der Raumzeit nicht unbedingt »flach« ist und dass die Raumzeit nicht immer eine vernachlässigbare Krümmung erfährt.

Während in der Mathematik lediglich die Innenwinkel eines Dreiecks addiert werden müssen, um die lokale Krümmung zu bestimmen und zu kategorisieren, kommt man in der Physik mit dieser Methode nicht weit. In der Physik ist die *Bewegung* von endlichen Kräften (Vektoren) über endliche Entfernungen typisch und wesentlich. Es muss also eine Einheitskraft betrachtet werden, die auf einer geschlossenen Bahn in einem Kraftfeld bewegt wird. Wenn man bei einer ebenen Bewegung einen Einheitsvektor immer nur parallel zu einer bestimmten Richtung bewegt und zur Ausgangsposition zurückkehrt, sind der anfängliche und der entstandene Vektor identisch.

Bei gekrümmten Flächen ist dies nicht notwendigerweise der Fall; es ist möglich, dass der Ausgangsvektor und der entstandene Vektor einen beträchtlichen Winkel einschließen (der Vektor hat sich also während der Bewegung verdreht). Aus diesem Grund ist die Definition der Parallelität in gekrümmten Räumen wichtig. Der erste Fall spielt sich in euklidischer Geometrie ab und entspricht einem konservativen Kraftfeld. Der zweite entspricht dem nicht konservativen, symmetriefreien Feld, das durch die Vektorbewegung auf einer gekrümmten Fläche veranschaulicht werden kann. Wenn wir einen Vektor in der gekrümmten Raumzeit bewegen, stellen wir fest, dass eine Kraft unseren ursprünglichen Vektor »weggedrückt« hat, so als ob eine induzierte »Kraft« auf ihn eingewirkt hätte. Tatsächlich haben wir es mit *Raumzeitkrümmung* zu tun. Welche Geometrie in unserer physikalischen Welt tatsächlich vorherrscht, kann mit rein mathematischen Methoden nicht entschieden werden. Dies ist Aufgabe der Physik.

Bisher war die allgemeine Auffassung, dass die euklidische Geometrie die bequemste und realitätsnahste Geometrie im technischen Alltag sei. Dobó hingegen argumentiert, dass die Eigenschaften der Bewegung, die wir mithilfe von Symmetrien beschreiben, die *Struktur der Raumzeit beeinflussen*, und zwar selbst bei technisch leicht erreichbaren Parametern. Es ist daher nicht ausgeschlossen, dass wir Bewegungen oder Feldverzerrungen finden, bei denen die Raumzeit stark *gekrümmt* wird, was zu bizarren, außergewöhnlichen Effekten führen kann. Wir haben solche Effekte bereits bei den in Teil III beschriebenen Erfindungen kennengelernt; wir haben gesehen, dass die Energie- und die Impulserhaltung bei Tornados, Forellen, Magnetfeldern und dem Doppelpendel nicht mehr gültig sind. Dies ist auf die Verzerrung der Raumzeit zurückzuführen, die wiederum auf die Bewegung und die Veränderung der allgemeinen Bedingungen zurückzuführen ist. Diese allgemeinen Bewegungen beinhalten natürlich auch Beschleunigungen, Rotationen und Feldverzerrungen, sodass sie durch eine Verallgemeinerung der gegenwärtigen allgemeinen Relativitätstheorie beschrieben werden könnten. Dazu muss aber zuerst die *spezielle Relativitätstheorie verallgemeinert* werden – und das hat Dobó auch getan.

Seit Einstein wissen wir, dass Geschwindigkeiten eigentlich nicht nach dem allgemein bekannten Parallelogrammgesetz addiert werden müssen, sondern nach einer komplizierteren Regel. Dobó hat – ebenfalls geometrisch – gezeigt, dass das einsteinsche Additionstheorem für Geschwindigkeiten vom Krümmungsparameter abhängt. Man könnte sagen, dass Dobó alle Formeln von Einstein verallgemeinert hat (sogar seine berühmteste, die die Beziehung zwischen Energie und Masse ausdrückt), indem er den Krümmungsparameter einführte. Er zeigte die Existenz einer neuen, speziellen Relativitätstheorie, die sich durch eine elliptische Geometrie auszeichnet. Über ihre Anwendung ist noch wenig bekannt. Es ist jedoch bereits ersichtlich, dass sie in gewissem Sinne eine Erweiterung der bisher bekannten speziellen Relativitätstheorie ist. Man könnte sagen, dass auch diese das Ergebnis einer Symmetriebrechung ist.

Während wir uns in der Schule meist mit einfachen komplexen Zahlen zufriedengeben, verwendet die abstrakte Algebra erweiterte, verallgemeinerte Versionen davon. Dobó nutzte die Superhyperkomplexen Zahlen (wie er sie nennt), um Vorgänge in der gekrümmten Raumzeit beschreiben zu können. Wir werden hier natürlich nicht im Detail darauf eingehen; der interessierte Leser findet Dobós

Aufsatz zu diesem Thema in voller Länge in Band 3 der Buchreihe *Einführung in die Raumzeittechnologie*. Er zeigt, dass die Geometrie, die zur Beschreibung des Minkowski-Raums angewendet wird, sich von der Geometrie unterscheidet, die wir zur Beschreibung der erweiterten gekrümmten Raumzeit von Dobó benutzen. Es reicht also nicht aus, Raum- und Zeitpunkte für einen physikalischen Prozess anzugeben – auch die *Krümmung des Raumes* muss bekannt sein. Aus den Untersuchungen von Dobó wird ersichtlich, dass Einsteins spezielle Relativitätstheorie nur ein sehr spezieller Fall der Relativitätstheorien mit konstanter gaußscher Krümmung ist.

Dobós Untersuchung folgt dem üblichen Weg wissenschaftlicher Entdeckungen: Ausgehend von Spezialfällen *verallgemeinert* er die bisherigen Erfahrungen immer weiter (dies ist die sogenannte Induktion, die vom Individuellen auf das Allgemeine schließt). Die Relativitätstheorie reicht bis Galilei zurück und sie ist auch die Relativitätstheorie, die wir meist verwenden. In Einsteins spezieller Relativitätstheorie weichen die Effekte mit zunehmender Geschwindigkeit immer mehr von denen des Galileischen Relativitätsprinzips ab. Auch gibt es in der speziellen Relativitätstheorie eine obere Geschwindigkeitsgrenze: die Lichtgeschwindigkeit. Dobó hat jedoch gezeigt, dass je nach den geometrischen Umständen auch Geschwindigkeiten über der Lichtgeschwindigkeit auftreten können. Je nach Krümmung kann die Lichtgeschwindigkeit überschritten werden, sodass es keine theoretische Grenze für Geschwindigkeiten gibt.

Wenn wir einen technischen Weg finden, die Raumzeit erheblich zu krümmen, können wir die Lichtgeschwindigkeit und damit die Geschwindigkeit der Zeit beeinflussen. Ein konkreter Nutzen von diesem Wissen könnte darin bestehen, dass es eines Tages eine überlichtschnelle Raumfahrt ermöglicht. (In Band 3 von *Einführung in die Raumzeittechnologie* beschreibt Dobó mehrere Möglichkeiten, die Lichtgeschwindigkeit zu überschreiten. Ein Gedankenexperiment erklärt, wie eine Rakete die Lichtgeschwindigkeit überschreiten kann.) In der erweiterten Geometrie transformieren natürlich auch Impuls und Kraft anders als in der einsteinschen speziellen Relativitätstheorie. So wird auch die Kraft von der Geometrie abhängig, sodass die *Begriffe Leistung, Arbeit und*

Energie ebenfalls eng mit der Raumkrümmung verbunden werden, die wiederum von den Parametern der Bewegung beeinflusst wird.

Dobó weist darauf hin, dass die klassische newtonsche Mechanik nur in ihrer zugehörigen Geometrie gilt. Dies ist aber nicht die einzig mögliche Geometrie (so wie auch Einsteins Geometrie mit dem Krümmungsparameter $k = 1$ nur eine mögliche ist), was uns erlaubt, die *möglichen Formen physikalischer Prozesse in einem unglaublichen Ausmaß zu erweitern*, insbesondere, wenn wir die Struktur der Raumzeit verändern können. Dies wiederum kann durch eine Änderung der Bewegung erreicht werden, wie Dobó gezeigt hat.

Wie bereits erwähnt, kam Wigner zu der wichtigen Schlussfolgerung, dass Symmetrien eine Art Supergesetze sind, die zeigen, welches Naturgesetz unter gegebenen Umständen gilt. Dobó hat gezeigt, dass Bewegungen – und wie wir glauben auch ihre Symmetrien – die Struktur der Raumzeit verändern. So enthält also der untere Teil der Symmetriekarte (wo die Bewegungen und Felder keine kontinuierliche Symmetrie mehr besitzen) die nicht euklidischen Geometrien, in denen dynamische Prozesse auf elliptischen riemannschen Flächen mit positiver Krümmung oder auf hyperbolischen Bolyai-Lobatschewskischen Flächen mit negativer Krümmung stattfinden können. Der obere und der untere Teil der Symmetriekarte können also durch eine krümmungsfreie Kurve (eine Kurve mit »parabolischen Punkten«, wie Dobó sie nennt) in zwei Teile geteilt werden. Es gibt noch darüber hinausgehende Prozesse, die Verallgemeinerungen dessen sind, was bisher beschrieben wurde.

Dank Dobós Entdeckung können nun die *klassische und die moderne Physik vereinheitlicht werden*, und die Reihe der raumzeittechnologischen Methoden und Prozesse, die Überschussenergie liefern, werden nicht länger ein »hässliches Entlein« sein, da sie eng mit den Prozessen verwandt sind, die bisher nur in der euklidischen Raumzeit bekannt waren; sie sind eine Verallgemeinerung und Erweiterung dieser Prozesse. Um ein Ereignis zu beschreiben, werden also ab jetzt fünf Informationen benötigt. Zusätzlich zu den drei Ortskoordinaten und dem Zeitpunkt muss auch die Raumkrümmung angegeben werden, da sie die Geometrie, in der das Ereignis stattfindet, bestimmt.

In einer gekrümmten Raumzeit kann eine Reihe von Prozessen stattfinden, die die heutigen Professoren sicherlich als Phantasien bezeichnen würden. Wenn die »Membran« der Raumzeit gekrümmt ist und sich bewegt, können wir von ihr »abspringen«. In der Science-Fiction-Literatur wird dies gelegentlich als Raumsprung (Teleportation) bezeichnet. Objekte können dann von der »Oberfläche« der Raumzeit »abprallen« und an einem anderen Ort »landen«. Der Beobachter an einem festen Ort nimmt dann nur noch wahr, dass ein Gegenstand plötzlich verschwunden oder aufgetaucht ist (möglicherweise sogar in einem geschlossenen Raum).

Der Schlüssel zu alledem ist, dass es möglich ist, die Raumzeit zu verzerren. Dobó ist der Meinung, dass dies durch Bewegung erreicht werden kann. Diese Möglichkeit steht nicht nur makroskopischen Körpern offen; auch die Bewegung beziehungsweise Verzerrung von Elementarteilchen oder Feldern kann diesen Effekt hervorrufen. Wo sollte man nach solchen Effekten suchen? Wenn beispielsweise ein Blitz in eine Stromleitung einschlägt, ändern Elektronen in hoher Stromdichte plötzlich ihre Bewegungsrichtung. An der Einschlagstelle kann dann ein Kugelblitz entstehen. Laut Lehrbuchphysik dürfte nicht nur der Kugelblitz nicht existieren. Auch die Schäden, die er oft verursacht, dürften nicht passieren. (Das Außergewöhnliche bei einem Kugelblitz ist vermutlich gerade, dass er sich in einem elliptischen Raum bewegt. Dies legt seine räumlich geschlossene Form nahe.) Es ist also alles, wirklich alles anders …

Ich möchte hier nur eine Sache erwähnen: Mir sind ein halbes Dutzend Beobachtungen von großen Steinen, einigen Kilogramm Sand, Glasgeschirr oder einem Eimer Wasser bekannt, die plötzlich aus Kugelblitzen auftauchten. Diese Beobachtungen »passen« aber nicht in unsere »ebene« Sicht der Raumzeit. Wir können also zwei Dinge tun: Entweder wir sagen, dass es so etwas nicht gibt (was einfacher ist) – oder wir akzeptieren, dass *die Struktur der Raumzeit verändert werden kann*. Hier soll erwähnt werden, dass Dobó auch den Begriff der *relativistischen Kraft* einführt und darauf aufbauend zu einer Formel gelangt, die *relativistische Antigravitation* zur Folge hat (bei dieser ändert sich die Richtung der Kraft an einer Grenze. So kann eine anziehende Kraft beispielsweise zu einer abstoßenden werden). Er zeigt, dass die Gravitationskraft im hyperbolischen Raum kleiner ist als im euklidischen; im elliptischen Raum ist die Gravitationskraft wiederum größer als im euklidischen Raum. All dies ist ein ermutigendes Zeichen für die Technologie der Zukunft. Zuerst aber müssen wir diese Sichtweise verinnerlichen. Erst dann können wir damit beginnen, diese Prinzipien auch anzuwenden.

Die variable Krümmung der Raumzeit erzeugt auch scheinbare Gravitationseffekte. Stellen wir uns als Analogie dazu zwei Kugeln vor, die parallel zueinander auf einer Ebene rollen. Es wirken keine Kräfte zwischen ihnen. Wenn die Ebene jedoch zu einer kleinen Vertiefung oder einem kleinen Hügel verzerrt wird, bewegen sich die Kugeln aufeinander zu oder voneinander weg, als ob eine Kraft zwischen ihnen wirken würde. Diese Krümmung des Raumes lässt sich am einfachsten durch die Verzerrung von Magnetfeldern erreichen. Wenn also die Energie- und Impulserhaltung aufgrund der Feldverzerrung nicht erfüllt sind, kann die Raumkrümmung auch einen Antigravitationseffekt, Teleportation oder andere Hyperraumeffekte zur Folge haben. Diese Möglichkeiten sind in Dobós Modell in der Sprache der Mathematik beschrieben; es geht »nur« noch darum, technische Lösungen zu finden, um die Möglichkeiten zu verwirklichen.

Ein Studium der Arbeiten von Dobó im Internet (*https://doboandor.wordpress.com*) vermittelt eine Vorstellung davon, wie sehr er dazu beigetragen hat, die Ideen von Bolyai fruchtbarer und wirksamer und Einsteins spezielle Relativitätstheorie allgemeiner, umfassender und in ihrer Struktur genauer zu machen. Außerdem kann man verstehen, wie er die Erfahrungen der Experimentalphysik in ein neues Licht rückt, anstehende Probleme löst sowie die bestehende Raumzeit durch eine gekrümmte ersetzt. Und man erkennt auch, welche Konsequenzen sich daraus für die Physik ergeben. Außerdem erfährt man, *welcher Weg von der verallgemeinerten speziellen Relativitätstheorie zur allgemeinen Relativitätstheorie führt* und wie und mit welchen Mitteln der Krümmungsparameter in Einsteins berühmten Feldgleichungen dargestellt werden kann. Diejenigen, die mit der Mathematik weniger vertraut sind, werden vermutlich Dobós populärwissenschaftliches Buch zu diesem Thema, an dem er derzeit arbeitet, nützlich finden.

Heute haben wir noch kaum eine Vorstellung davon, wie sehr die Nutzung und Ausnutzung der gekrümmten Raumzeit unseren Alltag erleichtern und wie technische Geräte, die auf diesen Prinzipien beruhen, uns bei der Fortbewegung helfen könnten. Wie auch immer die Entwicklung in der Zukunft verlaufen wird – sicher ist, dass gerade eine neue Physik geboren wird. Was bisher nur *vorstellbar* war, wird nun *machbar*. Von Dingen, die wir in der realen Welt für unmöglich gehalten haben, kann sich herausstellen, dass sie sehr wohl passieren können. Viele neue Probleme entstehen vielleicht gerade wegen der *Symmetriebrechung* und die Erklärung für die Veränderungen kann selbst über Science-Fiction hinausgehen.

Auf solche Ereignisse sollten wir vorbereitet sein, denn sonst werden wir wegen unserer dogmatischen Sichtweise möglicherweise nicht in der Lage sein, neue und erstaunliche Ergebnisse zu akzeptieren. Zum jetzigen Zeitpunkt sind wir dazu leider gar nicht in der Lage! Es sind diejenigen »Wissenschaftler«, die zur wissenschaftlichen Elite erklärt worden sind, die an der Spitze dieser Entwicklung stehen – Menschen, die sich schon die Welt der gekrümmten Raumzeit kaum vorstellen können. Die junge, heranwachsende Generation erwartet schöne, aber schwierige Aufgaben, denn sie ist es, die auf die neuen Herausforderungen reagieren muss. Mit den hier dargelegten neuen theoretischen Ergebnissen könnte Ungarn auch bei der Anwendung eine führende Position einnehmen. Dies würde jedoch nicht nur eine Änderung unserer Sichtweise, sondern auch eine Änderung des Systems zur Finanzierung von Wissenschaft und Forschung erfordern.

Wenn … (6)

Im Sommer 1998 standen drei junge Männer in dem Raum eines Mietshauses in Totiserkolonie (Tatabánya) vor einem Gerät. Sein Erfinder behauptete, dass das Gerät Gegenstände verschwinden lassen könne. István Szilaj, ein Techniker der Technischen Universität Budapest, und Lajos Tóth beobachteten das Experiment aufmerksam. Der Erfinder, ein unverheirateter junger Mann Anfang 30, der allein lebte, erklärte gerade aufgeregt die Einzelheiten. Dann begann das Experiment. Zuerst legte der Mann Metallmünzen in die Mitte des Tisches. Als er das

Gerät einschaltete, verschwanden die Münzen auf einmal. Am Gerät selbst war nicht viel zu sehen. Es bestand aus sechs Spulen, aber ob sie einen Eisenkern hatten, welche Art von Wicklung oder welche Windungszahl sie hatten, konnte man nicht erkennen, weil sie mit einer Tischdecke bedeckt waren. Von einem Computer aus wurden die Spulen mit einer sehr hohen Frequenz nacheinander in Serie geschaltet. Dies führte zweifelsohne zu extrem verzerrten Feldern, die sich sehr schnell ändern konnten.

Dann begann das große Experiment: Während die kleineren Gegenstände in rascher Folge verschwanden und gelegentlich an anderen Stellen des Zimmers wieder auftauchten, war jetzt eine leere Flasche dran. Zuerst begann die Flasche zu vibrieren, dann verschwand der Boden und schließlich die ganze Flasche. Bald darauf fiel sie klirrend im Garten zu Boden. Danach nahm man eine volle Bierflasche, mit der es sich ähnlich verhielt: Sie zerbrach mit lautem Klirren im Hof.

Die beiden Männer kehrten noch einmal zu dem Erfinder zurück und wiederholten das Experiment. Sie kamen sogar ein drittes Mal, doch bis dahin war der Konstrukteur des Geräts mitsamt seiner Erfindung bereits umgezogen und spurlos verschwunden.

Diese Geschichte wurde mir ein Jahr nach diesen Ereignissen von einem der Zeugen des Experiments erzählt. Unmittelbar nach der Demonstration machten sie sich auf den Weg, um mir ihre Erfahrungen mitzuteilen, wurden aber – angeblich – von der Polizei am Rande des Dorfes daran gehindert, zu mir zu kommen. Ich verstehe bis heute nicht, warum sie nicht versucht haben, mich telefonisch oder auf anderem Wege zu erreichen. Somit ist dieser Fall also nichts weiter als eine interessante Geschichte …

Tanz der Staubkörner

Die Symmetriekarte weist darauf hin, dass die Elektrodynamik Rotation überhaupt nicht berücksichtigt. In der Mechanik unterscheidet sich die Rotation zwar von der geradlinigen Bewegung, ist aber analog zu ihr. Bei einem rotierenden Körper ist die Winkelgeschwindigkeit analog zur Geschwindigkeit einer geradlinigen

Bewegung und das Trägheitsmoment analog zur Masse. Die Winkelbeschleunigung kann auf eine ähnliche Weise interpretiert werden wie die Beschleunigung bei einer geradlinigen Bewegung. Genauso verhält es sich für alle höheren zeitlichen Ableitungen. Eine allgemeine Bewegung ist eine Kombination aus geradlinigen Bewegungen und Kreisbewegungen; jede allgemeine Bewegung kann als Summe von diesen beiden Bewegungen verstanden werden.

Tesla entwickelte eine sehr spezielle, ausgeklügelte Methode, wie man mit Solitonen longitudinale elektrische Wellen erzeugen kann. Sowjetische Forscher fanden einen Weg, Torsionswellen zu erzeugen, veröffentlichten ihn aber leider nicht im Detail. Wir können also davon ausgehen, dass die Rotation aus Symmetriegründen irgendwie, irgendwo auch in der Elektrodynamik auftauchen muss. Betrachtet man die Maxwell-Gleichungen, stellt man fest, dass die Elektrodynamik nur ruhende und sich fortbewegende Ladungen beschreibt. Eine ruhende Ladung ist durch ihre Gesamtladung charakterisiert, während eine sich fortbewegende Ladung durch die Geschwindigkeit der Ladung pro Flächeneinheit (also die Stromdichte) gekennzeichnet ist. In diesen Gleichungen kommen zwar Ladungsdichte und (über die Stromdichte) Geschwindigkeit vor, nicht aber die Winkelgeschwindigkeit. Laut Lehrbuchphysik ist diese auch nicht wichtig – in der Mechanik zwar schon, aber sicher nicht in der Elektrodynamik. Wir gehen heute *stillschweigend* davon aus, dass die Rotation in der *Elektrodynamik keine Rolle spielt.*

Handelt es sich hierbei um ein Prinzip, oder stoßen wir einfach an die Grenzen unserer derzeitigen technischen Möglichkeiten? Letzteres scheint der Fall zu sein. Unsere elektrodynamischen Experimente werden meist in metallischen Leitern, manchmal in Elektrolyten, ionisierten Plasmen oder im Vakuum durchgeführt. Der typische Fall ist aber natürlich die Stromleitung in Metallen. Hierbei fließen die Elektronen jedoch äußerst langsam (typisch: einige cm/h). Da die elektrischen Ladungen (Elektronen) in einer Spule mit einem Durchmesser von etwa 5 Zentimetern diese in etwa einer Stunde umrunden, ist dabei ihre Winkelgeschwindigkeit vernachlässigbar klein. Dies könnten wir ändern, wenn wir Ladungen auf eine Isolatorscheibe aufbringen und die Scheibe dann in Rotation versetzen würden. Allerdings kann nur eine geringe Anzahl von Ladungen auf die Oberfläche einer solchen Scheibe aufgebracht werden.

Gehen wir also folgenden Kompromiss ein: Bringen wir Ladungen auf die Oberfläche mikroskopisch kleiner *Staubpartikel* auf und lassen wir sie rotieren. In diesem Fall erhält man eine unglaublich hohe Winkelgeschwindigkeit im Vergleich zur Spule. Auch die Ladungsdichte wird äußerst hoch sein, da die Oberflächenladung pro winzigem Staubpartikel viel höher sein kann, als wenn man versucht, die abstoßenden Ladungen auf eine Scheibe aufzubringen. Wenn diese kleinen, rotierenden Ladungen fortbewegt und in Rotation versetzt werden, erhalten wir die Quelle eines neuen Feldes. Nennen wir dieses Feld *Spinfeld*, also etwa »Rotationsfeld« (Achtung: Hier geht es nicht um den eigenartigen Spin des Elektrons, wie wir ihn in der Physik bereits kennen, sondern um seine Rotation).

Mithilfe solch rotierender Staubkörner entdeckte der österreichische Physiker Felix Ehrenhaft (ebenfalls durch Zufall) Phänomene, die rotierende Ladungen verursachen. In einfacheren Fällen konnte er lediglich eine Drehung um eine einzige Achse erreichen. Wenn man in der klassischen Mechanik einen Körper (wie beispielsweise einen Kreisel) um zwei Achsen dreht, ergeben sich (wegen der Symmetriebrechung) ganz neue Effekte, die bei einer Rotation um nur eine Achse völlig unbekannt sind. Bei den Staubteilchen kann man sich eines »Tricks« bedienen: Das Experiment kann mit winzigen magnetischen Dipolen durchgeführt werden. Jedes Staubpartikel, welches ein magnetischer Dipol ist, kann als ein ampèrescher Elementarstrom betrachtet werden.

Wenn wir also ein winziges Staubkörnchen mit einem winzigen magnetischen Moment, welches sich somit wie eine Kompassnadel verhält, zusätzlich mit einer Ladung versehen, kann das System durch *zwei* rotierende Ladungen mit verschiedenen Drehachsen charakterisiert werden. Die Bewegung ist jedoch noch immer nicht allgemein genug. Um diese Ladung in der Praxis um *alle drei* Achsen rotieren zu lassen, muss sie noch durch ein äußeres Kraftfeld bewegt werden – sonst bleibt es bei der Rotation mit konstanter Winkelgeschwindigkeit um zwei Achsen.

Es gibt eine einfache technische Lösung für eine ganz allgemeine Bewegung. Diese winzigen magnetischen Staubkörner müssen jetzt nur mit elektromagnetischer Strahlung (wie beispielsweise Licht) eingestrahlt werden. Wenn die Staubkörner klein genug sind, werden sie von den elektrischen und magnetischen Feldern

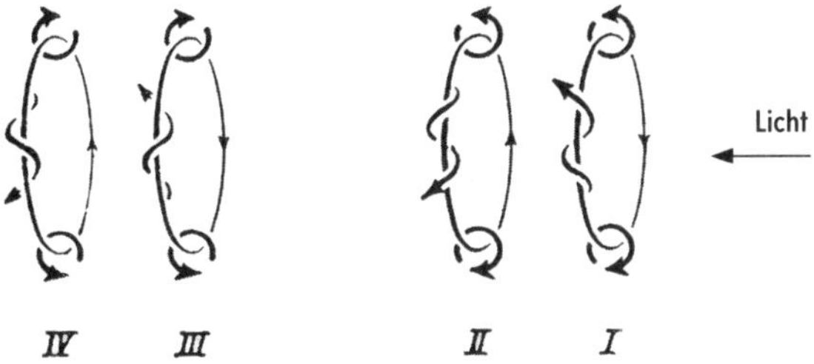

a) Eines der Experimente Ehrenhafts mit lichtbestrahlten Teilchen. In einem zusammenlaufenden Lichtbündel ist die Drehrichtung der Kreis- und der Schraubenbahn entgegengesetzt.
I: Die Kreisbahn ist rechtsläufig, die Schraubenbahn linksläufig, II: Die Kreisbahn ist linksläufig, die Schraubenbahn rechtsläufig, III: Sowohl die Kreisbahn als auch die Schraubenbahn sind rechtsläufig, IV: Sowohl die Kreisbahn als auch die Schraubenbahn sind linksläufig

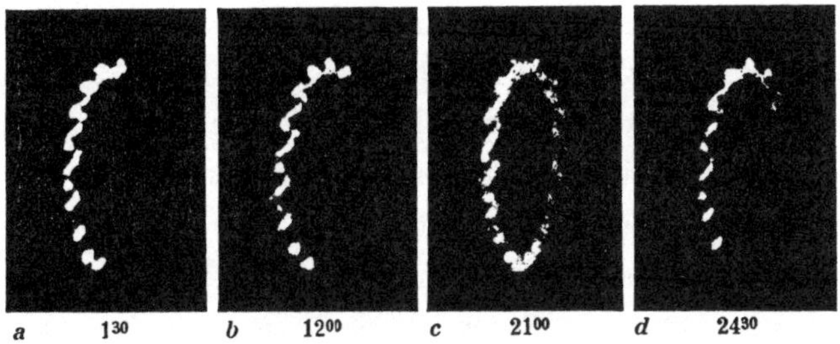

b) In diesem Experiment bewegte sich ein Teilchen auf einer Spiralbahn im Kreis, also entlang einer Torusoberfläche – und zwar fast einen ganzen Tag lang.

Abb. 6: Fotos von Ehrenhafts Experimenten

des Lichts bewegt, »hin- und hergezerrt« und man erhält eine *ganz allgemeine Drehbewegung*. Ein auf diese Weise erzeugtes Teilchen verhält sich wie ein magnetischer Monopol. Es weist also eine völlig neue physikalische Eigenschaft auf. Dies ist die grundlegende Entdeckung von Ehrenhaft.

Dieser Effekt wurde in den 1980er-Jahren von dem sowjetischen Forscher Viktor Fjodorowitsch Michajlow mit Laserlicht unter moderneren Bedingungen nachgestellt. Er konnte die Beobachtungen von Ehrenhaft und seinen Kollegen tatsächlich bestätigen. Es stellte sich also heraus, dass der magnetische Monopol kein Elementarteilchen ist (wie viele Leute denken), sondern eine geometrische, topologische Raumladung. Diese Raumladung besteht nur so lange, wie das geladene magnetische Staubteilchen (auf dessen Oberfläche Elektronen kreisen) mit Licht bestrahlt wird.

Ehrenhaft beobachtete, dass sich diese Teilchen auf einer sehr komplexen einfachen oder doppelten Spiralbahn im Licht bewegten. Dies zeigt, dass sie mehreren Lorentzkraft-artigen Wirkungen senkrecht zueinander ausgesetzt waren. Der Grund dafür ist möglicherweise, dass es nicht nur ein Spinfeld gibt, das aus einer einachsigen Rotation resultiert, sondern auch »Torsionsfelder« aus weiteren Drehachsen.

Eine Analogie zur Rotation in der klassischen Mechanik findet sich auch hier: In der klassischen Mechanik entsprechen die Corioliskraft-ähnlichen Scheinkräfte beispielsweise in der Elektrodynamik der Induktion und den Lorentzkräften senkrecht zur Ebene der Bahnkurve und des Magnetfeldes. Es ist ein tragischer Fehler, dass die Beobachtungen von Ehrenhaft und die präzisen Messungen von Michajlow von den Experimental- und den theoretischen Physikern nicht berücksichtigt werden und der Ansatz für magnetische Monopole völlig von den theoretischen Ansichten von Dirac, der sich auf diesem Gebiet weigerte, die Realität der Natur zu berücksichtigen, beherrscht wird.

Einige von Ehrenhafts Artikeln und Beobachtungen sind in Kapitel 4 von Band 2 der Buchreihe *Einführung in die Raumzeittechnologie* zu finden. Dort wird aufgezeigt, dass die Maxwell-Gleichungen auf den Fall der Rotation erweitert werden können, wobei die ursprüngliche Struktur der Gleichungen erhalten bleibt. In der erweiterten Elektrodynamik enthalten für den Fall einer Rotation um nur eine Achse die ersten drei Gleichungen die »statischen« Quellterme, während die anderen drei Gleichungen die Wirbel- und die zeitabhängigen Terme enthalten. Wenn wir die technischen Bedingungen für die Rotation nicht schaffen, also nur mit stationären oder geradlinig bewegten Ladungen arbeiten, verlassen wir die Welt der üblichen vier Maxwell-Gleichungen nicht. Wenn sich jedoch Ladungen mit hohen Winkelgeschwindigkeiten in einem Vakuum, einem Plasma oder auf rotierenden Staubteilchen bewegen, müssen die Maxwell-Gleichungen erweitert werden. So erhält man die erweiterten elektrodynamischen Gleichungen, die in Vektornotation relativ einfach zu handhaben sind.

Die Experimente von Ehrenhaft führten zu ungewöhnlichen Ergebnissen. Er wies magnetische Monopole nicht nur nach, sondern entdeckte auch, dass solch ein mit Licht bestrahltes Teilchen während seiner Bewegung viel mehr Energie abgibt als man erwarten würde. Obwohl dieser Effekt keine technische Bedeutung hat, beweist er einmal mehr, dass die Welt der Physik viel reicher ist, als es unsere Bücher vermuten lassen. Durch die Verringerung der Symmetrie entstehen neue Arten von Kräften, Feldern und Bewegungsformen. Energie, Impuls und Drehimpuls bleiben nicht unbedingt erhalten. Spiralbewegungen um mehrere Achsen sind ein Beweis dafür.

Einige haben versucht, dieses Phänomen als einen thermischen Effekt zu interpretieren. Das ist aber keine ausreichende Erklärung, denn Teilchen aus verschiedenen Elementen verhalten sich im Licht unterschiedlich: Einige bewegen sich zur Lichtquelle hin, andere entfernen sich von ihr. Daher können Richtung und Qualität der Bewegung nicht auf einen Wärmeabsorptionseffekt zurückgeführt werden, insbesondere dann nicht, wenn sich das Teilchen mit relativ hoher Geschwindigkeit entlang einer mehrachsigen Spirale bewegt. Dieser Effekt ist ein unerforschtes Gebiet der Elektrodynamik, obwohl es in der Natur spiralförmige Moleküle (beispielsweise die DNA) gibt und diese verallgemeinerten elektrodynamischen Prozesse möglicherweise auch in der Biologie von grundlegender Bedeutung sind.

Anhand der Gleichungen der erweiterten Elektrodynamik lässt sich erkennen, dass bei transienten elektrischen Prozessen solche Ladungen, die zunächst ruhten oder sich geradlinig bewegten, plötzlich zu rotieren beginnen können. Das ergibt sich nicht aus den üblichen vier Maxwell-Gleichungen. Dieser Effekt wird auch durch die Beobachtungen von Dr. Paulo Norberto Correa bei transienten Gasentladungen bestätigt: Bei schnellen Bogenentladungen beginnen die Ladungen in der Nähe der Kathode mit hoher Geschwindigkeit zu rotieren, weshalb sich die Form der Bogenentladung an dieser Stelle ändert; sie wird wegen der Rotation in der Nähe der Kathode kugelförmig. Bei der mikroskopischen Untersuchung der geschmolzenen Metalloberfläche war die durch die Rotation entstandene Wirbelform gut zu sehen. Wenn die Bogenentladung zeitlich unveränderlich ist, erhält man eine völlig andere Form an der Kathode.

Mit unserer heutigen, relativ einfachen Technologie können wir kaum die Rotation von Ladungen hervorrufen, weshalb diese Effekte meist nicht auftreten.

Es ist jedoch nicht ausgeschlossen, dass mit der Entwicklung der Nanotechnologie diese elektrodynamischen Effekte besser untersucht werden können, als es mit rotierenden Staubteilchen möglich ist. Wenn wir die Mechanik und die Elektrodynamik, die bisher isoliert behandelt wurden, miteinander verbinden, erhalten wir ein weiteres, äußerst reiches Gebiet der klassischen Physik. Die Magnetohydrodynamik (die Untersuchung der Strömung von leitenden, sich bewegenden Flüssigkeiten und Gasen) bietet bereits heute eine verblüffende Fülle von Phänomenen. Diese findet man beispielsweise in der Kosmologie, aber man versucht sie auch bei modernen heißen Fusionsprozessen einzusetzen – mit bisher wenig Erfolg. Die allgemeine Dynamik mit magnetischen Monopolen und sich kreisförmig bewegenden elektrischen Ladungen ist zwar ein unerforschtes, *nicht aber unerforschbares* Gebiet.

Die Form des Atomkerns

Trotzt des enormen personellen und materiellen Aufwandes stagniert die theoretische Kernphysik, was darauf zurückzuführen ist, dass die Möglichkeiten der Symmetrietheorie kaum bis gar nicht berücksichtigt werden. Wir wissen sehr gut, wie wichtig die Rolle der Symmetrie in der Atomphysik bei den Elektronenhüllen ist (Wigner hatte einen großen Anteil an dieser Entdeckung). Wir wissen außerdem, dass die Kenntnis der Symmetrien grundlegend für die Physik der Elementarteilchen ist. Heute ist man der Ansicht, dass Symmetrie nur in der Welt der Atomkerne keine wichtige Rolle spielt. Dieses Missverständnis hat dazu geführt, dass theoretische und experimentelle Kernphysiker in Modellen denken, die zwar einfach erscheinen, in der Praxis aber kaum anwendbar sind, sodass sich dieses Gebiet kaum weiterentwickelt. Üblicherweise ist dies der Moment, in dem die Rolle der »Außenstehenden« wichtig wird, da eine neue Perspektive benötigt wird, um die Zusammenhänge zu erkennen. Dies ist es, was László Sindely und sein Sohn Dániel getan haben. Sie fanden heraus, dass sich die Eigenschaften von Atomkernen am besten durch die Betrachtung von Symmetrien erklären lassen. Die Geometrie und Symmetrie von Kugeln ist der beste

Weg, um verschiedene Atomkerne, Isotope und die Voraussetzungen ihrer Stabilität zu beschreiben.

Nach unserem derzeitigen Lehrbuchwissen ist die Synthese von Elementen in der Praxis bis auf wenige Ausnahmen nicht möglich. Plutonium kann beispielsweise in Brutreaktoren durch Neutronenbestrahlung aus Urankernen hergestellt werden, aber wenn wir die seltene Erde Erbium bräuchten, die für Lichtwellenleiter sehr wichtig ist, würden wir von theoretischen und experimentellen Kernphysikern nur zu hören bekommen, dass die Massenproduktion der Actinoide oder Lanthanoide (seltene Erden) ein Hirngespinst sei. Aber auch Niob, Samarium, Cer, Terbium, Dysprosium oder Holmium könnten wichtige Elemente und Industrierohstoffe sein. Es würde uns auch weiterhelfen, wenn beispielsweise Palladium tonnenweise produziert werden könnte, denn dieses Metall ist auch ein sehr nützlicher industrieller Werkstoff, aber noch teurer als Platin. Wenn es gelingen würde, diese Elemente billig zu erzeugen, könnte eine ganze Reihe neuer Werkzeuge und Geräte auf den Markt gebracht werden und es könnten neue Berufe entstehen. Dazu müsste man aber genau wissen, wie die Atomkerne aufgebaut sind.

Die offizielle Wissenschaft bringt uns nicht näher an die Lösung. In der Kernphysik werden verschiedene Modelle verwendet, darunter das *Tröpfchenmodell*, das eine einfache Mischung aus Protonen und Neutronen vorgibt, oder das regelmäßigere *Schalenmodell*, das ähnlich ist wie das Schalenmodell der Elektronenhülle. Keines dieser Modelle ist jedoch wirklich geeignet, die Eigenschaften von Atomkernen zu beschreiben. Das gesamte Gebiet ist durch eine große Anzahl empirischer Formeln gekennzeichnet, die jedoch immer mit Vorsicht zu genießen sind, da sie möglicherweise nur Unwissenheit verschleiern. Der russische Kernphysiker Konstantin Nikiforowitsch Mukhin führte zwei Beispiele an, um die Gefahren vieler Parameter zu veranschaulichen. Das erste Beispiel entstand in Zusammenhang mit der Widerlegung einer Theorie zur Erklärung der Hyperfeinstruktur des optischen Spektrums der Elektronenhülle. In sieben Fällen stimmten die Berechnungen dieser Theorie mit den beobachteten experimentellen Werten überein, weshalb der Autor dem Modell vertraute. Sein Widersacher bildete aus den Buchstaben des Autorennamens eine Zahlengruppe, mit der er mit derselben Genauigkeit zu denselben Ergebnissen kam. Ein amerikanischer Physiker beschrieb die Wirkung von Parametern so: Geben Sie mir drei Parameter und ich kann Ihnen einen Elefanten zeichnen. Mit vier Parametern können Sie sogar seinen Rüssel bewegen. Und ein Elefant mit fünf Parametern wird selbst in der Lage sein, neue Theorien zu entwickeln.

In der Naturwissenschaft wird der allgemeine Grundsatz, dass die Theorie, die weniger Bedingungen (Parameter) erfordert, die bessere ist, als »Ockhams Rasiermesser« (auch: Prinzip der Parsimonie oder Sparsamkeitsprinzip) bezeichnet. Eine wirklich gute Theorie schafft Ordnung in einem Meer von scheinbar widersprüchlichen Daten. Die Theorie der Sindelys über die symmetrische Kernstruktur beschreibt das Verhalten und die Eigenschaften von stabilen und instabilen Kernen gut und liefert plausible Erklärungen. Leider lässt sie sich weder durch direkte Beobachtung noch mit den besten Mikroskopen bestätigen beziehungsweise widerlegen; es gibt nur indirekte Beweise für diese Theorie. Von diesen liegen jedoch einige vor und die sind sehr überzeugend. Ihr Aufsatz in Band 3 von *Einführung in die Raumzeittechnologie* ist lesenswert, sehr spannend und leicht nachvollziehbar. Ich kann ihn nur empfehlen. Er liefert auch einfache Antworten auf Fragen, wie beispielsweise warum gerade die Nickelisotope mit den Massenzahlen 58, 60, 61, 62 und 64 stabil sind, die Isotope mit den Massenzahlen 59 oder 63 sowie die Massenzahlen unter 58 oder über 64 aber nicht. Diese Frage liegt abseits der derzeitigen Argumentationen der theoretischen Kernphysik.

Die Kernphysik geht davon aus, dass Neutronen als »Bindemittel« zwischen sich abstoßenden Protonen fungieren und im Kern zufällig (chaotisch) angeordnet sind. Mit der Anzahl der Protonen steigt auch die Anzahl der Neutronen und es wurde vorgeschlagen, die Anzahl der Protonen und Neutronen als statistische Beziehung zu behandeln. Obwohl seit Jahrzehnten Tausende von theoretischen und experimentellen Kernphysikern die Struktur, die Eigenschaften und die Stabilität der Atomkerne untersuchen, konnte bis heute keine akzeptable Antwort auf die Frage der Stabilität gefunden werden. Das liegt wahrscheinlich daran, dass das ursprüngliche Paradigma, nach dem der Atomkern ein ungeordnetes Bündel von Protonen und Neutronen ist, falsch ist.

Das Sindely-Modell bringt Ordnung in das scheinbare Chaos der Verhältnisse von Protonen- und Neutronenzahlen. In diesem Modell ist der Atomkern ein geschlossenes System mit Symmetrien. Die Isotopenkarte, die in ihrem Aufsatz gezeigt wird, macht deutlich, dass es ein gewisses System bei der Stabilität der Isotopen gibt. Das Argument der Autoren ist, dass das Verhältnis der verschiedenen (stabilen) Isotope bei Erzen und Mineralien aus allen Teilen der Welt immer genau gleich ist, weshalb diese Verhältnisse Konsequenzen einer *inneren Ordnung* sein müssten und nicht nur eines statistischen Prozesses. Die Beobachtung zeigt, dass freie Neutronen nicht über längere Zeit stabil existieren können – sie zerfallen in Protonen und Elektronen. Neutronen können also nur in einem eingeschlossenen Zustand im Atomkern über lange Zeit existieren.

Die heutige Physik vermittelt uns, dass sich Protonen und Neutronen sowohl an der Oberfläche als auch im Inneren eines Atomkerns aufhalten können. Das regelmäßige geometrische Sindely-Modell geht davon aus, dass sich an der Oberfläche immer Protonen und im Mittelpunkt immer Neutronen befinden. Man muss sich den Atomkern also als eine geschlossene, regelmäßige Struktur aus Kugeln mit gleichem Radius vorstellen. Wenn eine gewisse Anzahl von Protonen und Neutronen unter Einhaltung der beschriebenen Regeln nicht in eine Struktur mit abgeschlossenen Schalen gebracht werden kann, muss es sich bei dem Isotop mit der gegebenen Anzahl von Protonen und Neutronen um ein instabiles radioaktives Isotop mit niedriger Lebensdauer handeln. Die Kerne können also durch feste Kugeln mit identischem Radius modelliert werden. Es muss allerdings noch die »rüttelnde«, »zerbrechende« Wirkung der Vakuumfluktuationen berücksichtigt werden.

Die auf diese Weise konstruierten Kernmodelle können alle Eigenschaften von Atomkernen beschreiben – ganz ohne intrinsische Widersprüche oder Ausnahmen. Wenn wir ein Modell eines Atomkerns aus festen Kugeln konstruieren, ist das Verhältnis der Kugelanzahl auf der Oberfläche und der Anzahl der restlichen Kugeln gleich dem Verhältnis der Anzahl der Protonen und der Anzahl der Neutronen in dem entsprechenden Atomkern. Mit anderen Worten: Die Oberfläche des Atomkerns enthält immer Protonen, während das Innere aus Neutronen besteht. Die nächste Aufgabe ist also, die Neutronenstruktur unter der Protonenhülle zu bestimmen.

Der innere Neutronenkern kann aus mehreren Hüllen aufgebaut sein. Je höher die Massenzahl des Elements ist, desto komplexere, aber dennoch geordnete, geschlossene innere Neutronenschalen werden gebildet. In diesem Modell können einige Bedingungen für die Stabilität der Atomkerne angegeben werden. Zum einen müssen die räumliche Symmetrie der Neutronenanordnung, die Berührung der Neutronen im inneren Kern und die Geschlossenheit der äußeren Schale des Neutronenkerns gegeben sein. Zum anderen müssen die Neutronen im Inneren des Kerns entweder paarweise verteilt sein, das einzelne Neutron in der Mitte des Kerns oder die Gruppe von drei oder fünf Neutronen geometrisch perfekt umschlossen sein.

Dieses Modell bietet im Wesentlichen ein Periodensystem der Atomkerne, das nicht weniger wertvoll ist als das Periodensystem der Elemente von Dmitri Iwanowitsch Mendelejew. Das System, das auf Regelmäßigkeiten und geometrischen Symmetrien beruht, kann ohne weitere Einschränkungen axiomatisch aufgebaut werden. Anhand dieses Modells lässt sich beispielsweise erklären, warum das Element Technetium instabil ist: Aus der gegebenen Anzahl von Neutronen und Protonen lässt sich ganz einfach keine stabile, symmetrische Kernstruktur aufbauen. Das Modell lässt uns auch verstehen, warum die Anzahl der Isotopen der Elemente mit gerader Ordnungszahl meist 4 oder 6 beträgt und warum fast alle Elemente mit gerader Ordnungszahl ein oder zwei stabile Isotopen mit ungeraden Massenzahlen (und damit auch ungeraden Neutronenzahlen) haben. Die Elemente mit ungeraden Ordnungszahlen unterscheiden sich von denen mit gerader Ordnungszahl gerade aus geometrischen Gründen (Symmetrie) so erheblich. Bei Elementen mit ungeraden Ordnungszahlen ist immer ein Neutronenüberschuss vorhanden, die Neutronenzahl ist immer gerade und es gibt nur ein oder zwei stabile Isotope pro Element, deren relative Häufigkeit viel geringer ist als die der Isotopen der Elemente mit geraden Ordnungszahlen.

Das Modell zeigt zudem, warum Elemente mit einer höheren Ordnungszahl als Uran prinzipiell nicht stabil sein können, warum es die von den Physikern erhofften stabilen Inseln also *nicht geben kann*. Die Methode kann auch zur Bestimmung der Massenzahlen von relativ stabilen Isotopen in der Gruppe der Elemente oberhalb des Urans verwendet werden. Das auf Symmetrie basierende

a) Äußere Schale b) Mittlere Schale c) Innerer Block

Abb. 7: Schalen des Neutronmodells des ^{238}U-Isotops

a) Äußere Schale b) 3×3×3-er kubische Anordnung (innerer Block)

Abb. 8: Neutronmodell des ^{235}U-Isotops

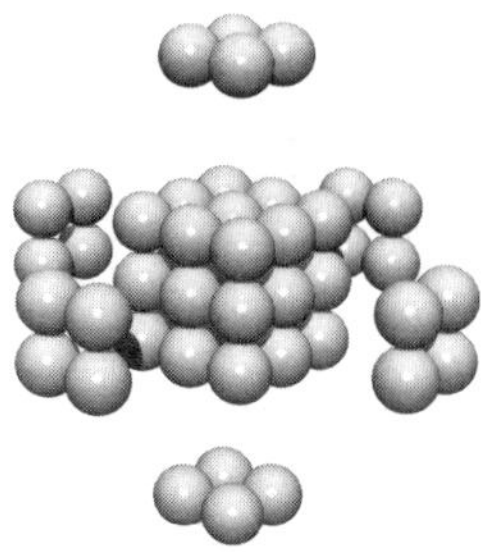

Abb. 9: Struktur des inneren Kerns des ^{235}U-Isotops

Modell erklärt auch den Ablauf der positiven und negativen Betazerfälle und nennt die Ursachen des Alphazerfalls.

Das Modell zeigt darüber hinaus auf klare Weise, warum beispielsweise bei der Uranspaltung nicht zwei annähernd gleich große Kerne entstehen. Experimentelle Beobachtungen zeigen, dass das Uranisotop mit der Massenzahl 235 (235U) in den meisten Fällen nach der Spaltung in einen Kern mit einer Massenzahl von 140 und einen Kern mit einer Massenzahl von etwa 90 zerfällt. Wenn wir aus Kugeln ein Modell von Uran aufbauen, sehen wir, dass es nicht möglich ist, den Kern exakt symmetrisch zu spalten, sondern dass nur ein Stück des Kerns herausgerissen und daraus ein symmetrischer Kern aufgebaut werden kann.

Anzumerken wäre noch, dass sich die Autoren vor dieser Entdeckung überhaupt nicht mit den Ursachen der Kernspaltung befasst, sondern die Symmetrien der aus 51 Kugeln bestehenden Strukturen untersucht haben. Erst später erfuhren sie, dass die Zahl 51, die die Kugelzahl ihrer untersuchten Struktur mit ungewöhnlicher Geometrie war, genau dem Neutronenüberschuss von 235U, dem berühmt-berüchtigten spaltbaren Isotop des Urans, entspricht. Von dort aus war es nur noch ein »kleiner Schritt« zu erkennen, dass das Plutoniumisotop mit der Massenzahl 239 (239Pu) deshalb gut spaltbar ist, weil es ebenfalls 51 Neutronen mehr hat als Protonen (wie auch 235U). Wie sich bei detaillierten geometrischen Untersuchungen herausstellte, ist das einzigartige Merkmal dieser regelmäßigen Struktur, dass jede Spaltungsebene des Blocks (der Struktur) zu einer Aufspaltung in etwa ein Drittel und zwei Drittel große Teile führt. Das Modell erklärt auch, warum Elemente mit bestimmten Ordnungszahlen (sogenannten Magischen Zahlen) sehr stabil sind, während die Atomkerne in anderen Fällen relativ instabil sind.

Das Sindely-Modell ist ein schönes Beispiel dafür, wie eine relativ einfache Entdeckung, eine elegante Lösung, genutzt werden kann, um *nur mithilfe des Symmetrieansatzes* logische und verständliche Antworten auf Fragen zu liefern, die bis dahin nicht beantwortet werden konnten. Weitere Überlegungen in diesem Sinne könnten auch Erklärungen für das Verhalten von Edelgasen und ferromagnetischen Materialien liefern, das beobachtet wurde. Für diejenigen, die schöne und klare Ideen lieben, wird der Aufsatz über das Sindely-Modell ein spannendes intellektuelles Abenteuer sein.

Doch kehren wir nun zu dem zu Beginn dieses Themas angesprochenen Gedanken zurück: Wie könnte man Elemente durch Kernverschmelzung (Fusion) oder Kernspaltung (Fission) herstellen? Technisch gesehen ist in Kernreaktoren nicht alles möglich, und heiße Fusion kann heute überhaupt nicht über einen längeren Zeitraum betrieben werden. Das in Teil I erwähnte Farnsworth-Gerät könnte jedoch wahrscheinlich zur Herstellung von Materialien verwendet werden. Elemente mit höherer Massenzahl wie beispielsweise Uran könnten »zerkleinert« werden, um fehlende Materialien wie Palladium oder Dysprosium herzustellen. In der Fusionskammer könnten schnelle Neutronen (die je nach Ionisierungsgrad des

Materials unterschiedlich schnell werden können), die ein Nebenprodukt des Fusionsprozesses sind, verwendet werden, um Uran, Blei oder ähnliche Materialien zu »zerkleinern«. Dadurch können die gewünschten Elemente mit niedrigerer Ordnungszahl entstehen.

Das Farnsworth-Gerät ist ein sehr starker Beschleuniger und eine potenzielle Neutronenquelle, die viele Variationsmöglichkeiten bietet, sodass es (wenn auch nicht in reiner Form, sondern zusammen mit anderen Elementen) wahrscheinlich Isotope des gesuchten Stoffes herstellen könnte. Es gibt sogar noch mehr Möglichkeiten. Dies sehen wir in der Biologie, denn die Lebewesen sind zu noch einfacheren Prozessen der Elementumwandlung fähig (darüber habe ich bereits in *Verbotene Erfindungen* berichtet).

Die Energie des Vakuums anzapfen

Mit der Anwendung des Prinzips von Symmetrie und Asymmetrie ergibt sich eine weitere, relativ einfache Methode der Energieerzeugung und -umwandlung, die in dem Aufsatz von János Szamosközi in Band 3 der Buchreihe *Einführung in die Raumzeittechnologie* näher beschrieben wird. Szamosközi bemerkte, dass sich ein Kondensator, der aus zwei Elektroden verschiedenen Materials besteht und über ein Dielektrikum aus einem mäßig gut leitenden Halbleiter verfügt, auf 1–2 Volt auflädt. Wenn er entladen wird, lädt sich der Kondensator wieder auf und kann erneut entladen werden; der Vorgang lässt sich unbegrenzt oft wiederholen. Das Phänomen bleibt auch dann bestehen, wenn das Gerät in einem faradayschen Käfig platziert wird – es wird also nicht durch allgegenwärtiges elektromagnetisches Grundrauschen oder Elektrosmog verursacht.

Sehr dünne, defektfreie, gleichmäßig dicke Halbleiterschichten sind nicht leicht herzustellen, aber viele haushaltsübliche Farben oder Klebstoffe können als Basismaterial verwendet werden. Auch die Verpackungen von einigen Salonzuckern (ungarische Weihnachtsbonbons, Anm. des Verlags) sind beispielsweise Folien mit mäßiger Leitfähigkeit, auf deren Seiten zwei verschiedene Metalle aufgedampft werden. Die heutzutage verfügbaren industriellen Techniken zum Aufdampfen von dünnen Metallschichten würden eine ziemlich einfache Serienproduktion von Geräten ermöglichen, die Gleichstrom bei niedrigen Spannungen liefern. Mit diesem Gerät gebaute Maschinen wären allerdings keine Perpetua mobilia erster Art (die Energieerhaltung wird nicht verletzt), denn das Gerät zapft die Vakuumenergie an, welche die elektrische Ladungstrennung bewirkt. Zwischen den beiden verschiedenen Metallen entsteht eine Art Kontaktpotenzial, das eine relativ hohe elektrische Feldstärke in der Halbleiterschicht bewirkt. Diese führt dazu, dass sich die Ladungen im Halbleiter trennen. Man könnte sagen, die Schwingungen der Vakuumenergie verschieben die Ladungen bevorzugt zu einer der Elektroden. Dieser Prozess der Ladungstrennung verursacht auch einen elektrischen Strom.

Dieser Effekt ist in der Praxis seit Langem bekannt: Man weiß, dass Hochspannungskondensatoren nicht mit freien Elektroden gelagert, sondern wegen der Gefahr der spontanen Aufladung kurzgeschlossen aufbewahrt werden sollten. Wenn man einen nicht ordnungsgemäß gelagerten Kondensator nach vielen Monaten Lagerung berührt, kann man einen schweren Stromschlag erleiden.

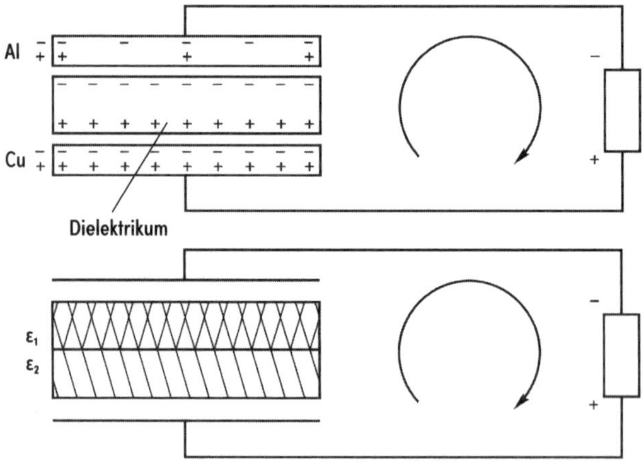

Abb. 10: Asymmetrische Kondensatoren. Oben: Kondensator mit Elektroden aus verschiedenen Metallen (hier: obere Elektrode aus Aluminium, untere aus Kupfer) und einem Dielektrikum. Unten: Kondensator mit Elektroden aus demselben Metall, jedoch mit einem aus zwei verschiedenen Materialien (mit Dielektrizitätskonstanten ε_1 und ε_2) zusammengesetzten Dielektrikum.

Dieser Effekt kann darauf zurückzuführen sein, dass es bei der Herstellung nie möglich ist, zwei Elektroden von vollkommen identischer Materialqualität herzustellen und dass das Dielektrikum zwischen den beiden Elektroden nie perfekt isoliert ist, sodass es zu einem niedrigen Leckstrom kommen kann. Diese beiden Effekte können bewirken, dass sich ein Kondensator langsam von allein auflädt.

Natürlich ist der Effekt bei der Versuchsanordnung von Szamosközi viel ausgeprägter, da er hier erwünscht ist. Hier ist es die Verringerung der Symmetrie aufgrund des Kontaktpotenzials, die es ermöglicht, die Vakuumenergie zu extrahieren; dies ist im Wesentlichen eine kontinuierliche Version des Casimir-Effekts. Das auch leicht zu Hause nachbaubare Gerät ist natürlich nur für Demonstrationszwecke geeignet, aber nach einer Weiterentwicklung könnte die Massenproduktion einer solchen Stromquelle auf mittlerem technologischem Niveau wirtschaftlich rentabel werden.

Diese wenigen Möglichkeiten, die wir hier kurz angesprochen haben, sind vielleicht die wichtigsten, aber bei Weitem nicht alle, die der Symmetrieansatz bietet.

Haben wir aus unseren Fehlern gelernt?

Die Symmetriekarte zeigt die enormen technischen und wirtschaftlichen Möglichkeiten, die uns die Natur bietet, aber sie verdeutlicht auch, wie früh die Wissenschaft und damit die Technologie »eingefroren« sind. Von dem »offiziellen« Fortschritt sollten wir also nicht viel Gutes erwarten.

Wenn wir einen nachhaltigen, zukunftsorientierten Fortschritt wünschen, müssen wir unser Schicksal selbst in die Hand nehmen. Bei der Luftfahrt, dem Auto, der Funktechnik oder der Dampfturbine war dies nicht anders. Die Universitäten, riesigen Forschungsinstitute und Akademien der institutionellen Innovation sind nicht in der Lage, diesen Fortschritt zu leisten. Der Schlüssel zum Fortschritt liegt somit wieder einmal in den Händen der »Außenstehenden«.

Seit Beginn der Aufzeichnungen hat die Menschheit jetzt das Stadium mit dem langsamsten Fortschritt erreicht. Diese Aussage scheint unserer Alltagserfahrung zu widersprechen und bedarf daher einer Erklärung. Woran sollte Fortschritt also gemessen werden? Wir neigen dazu, die für eine Entwicklung benötigte Zeit zu betrachten; unser Leben ist heute bequemer als früher. Dieses Denken führt aber in die Irre, denn es berücksichtigt nicht, ob wir nicht zu dem gleichen geistigen und materiellen Preis einen größeren Fortschritt und ein besseres Leben hätten erreichen können. Es ist daher sinnvoller, das Verhältnis des Fortschritts und der dafür benötigten Ressourcen zu betrachten.

Im alten Ägypten, wo einige Priester neben ihrem Priesteramt Forschung betrieben, vergingen Hunderte von Jahren. Die Zahl der für die Forschung aufgewendeten Menschenjahre blieb jedoch weiterhin vernachlässigbar klein. Im alten Rom gab es überhaupt keine Forscher, und in den alten griechischen Stadtstaaten machten sich höchstens ein paar Dutzend Leute über solche Dinge Gedanken. Die Gesamtzahl der Arbeitsjahre, die in der Antike für Forschung aufgewendet wurde, beträgt wahrscheinlich nicht mehr als ein paar Tausend. Im Mittelalter schrieben nur einige wenige Mönche die Werke antiker Denker ab; organisierte Forschung gab es auch damals nicht.

Die institutionelle Forschung in Europa begann etwa zur Zeit Galileis. Damals konnten ein paar Dutzend, höchstens fünfzig Menschen, ihr ganzes Leben der Forschung widmen. Die kumulierten Ergebnisse dieser Forschung sind beeindruckend. Allerdings verlief auch diese Entwicklung mit Unterbrechungen. Die britische Royal Society war manchmal 10–20 Jahre lang nur formal tätig, ohne wirkliche naturwissenschaftliche Forschung durchzuführen. Anfang des 19. Jahrhunderts festigte sich der institutionelle Rahmen der Wissenschaft mit zunächst einigen Dutzend, dann einigen Hundert und schließlich um die Jahrhundertwende einigen Tausend Vollzeitforschern. Heute sind es Hunderttausende.

Allerdings war ein Großteil der für Forschung und Entwicklung ausgegebenen Gelder für die militärtechnologische Entwicklung bestimmt. Vor 20–30 Jahren waren Ergebnisse aus diesem Bereich auch noch manchmal von zivilem Nutzen, aber heutzutage ist dies immer seltener der Fall. (Aus der Bombenforschung entstand die Technologie der Kernenergie, aber seit über 20 Jahren wurde kein neues Kernkraftwerk mehr in der Umgebung gebaut. Die Ölinteressen sind so stark, dass sie sogar den Bau von Kernkraftwerken verhindern können.) Der Fortschritt sollte daher nicht an der benötigten Zeit gemessen werden, sondern an der benötigten Anzahl von Forschungsjahren und den finanziellen Aufwendungen. *Die Ergebnisse sind tragisch.*

Heute wird in einem einzigen Jahr mehr Geld für Forschung ausgegeben als in der Zeit bis 1914 zusammen – die »Ergebnisse« sprechen leider für sich. Die für unser tägliches Leben wichtigen, praktischen Ergebnisse wurden fast alle im späten 19. Jahrhundert erzielt und zwar meist von Amateurforschern.

Bei der Demonstration der Möglichkeiten, die die Symmetriekarte bietet, wurde auch deutlich, dass keine der Ideen Investitionen in Milliardenhöhe erfordert, sondern lediglich kreatives Denken. Im Verhältnis gibt es heute nicht mehr kreative Denker als früher, aber die Chancen, dass solche Gedanken auch umgesetzt werden, stehen zurzeit sehr viel schlechter.

Und was zeigen uns die wirtschaftlichen Ergebnisse? Jahr für Jahr lesen wir über das Wachstum des BIP (Bruttoinlandsprodukt). Aber was ist der Preis für dieses Wachstum? Schauen wir einmal nicht nur auf die Einnahmen, sondern auch auf die Ausgaben. Wenn Wälder zerstört werden, fruchtbarer Boden verloren geht und sich das Wetter ändert, müssen wir auch die Kosten für die Wiederherstellung des ursprünglichen Zustands berechnen. Wälder müssen aufgeforstet, die Bodenfruchtbarkeit wiederhergestellt, das Wasser gereinigt und Tierarten vor der Ausrottung geschützt werden. Wenn wir diese Berechnungen durchführen, könnte sich herausstellen, dass es heute gar kein Wachstum gibt – vielleicht entsteht mehr Verlust als Gewinn. Mit der heutigen Technik zehren wir an der Zukunft unserer Nachkommen. Und dazu haben wir kein Recht.

Einst gab es fruchtbaren Boden in Nordafrika, in Mesopotamien, in den Wüsten des Indus-Tals und sogar in der Sahara. Wälder gehören in Indien, in Südostasien und bald auch in Südamerika und Afrika der Vergangenheit an, wenn wir so weitermachen. Die Armut vernichtet alles. Mit Maschinen und Methoden, die Überschussenergie liefern, könnte die Zerstörung gestoppt werden. Warum geschieht dies also nicht?

Auch die bewährten guten wissenschaftlichen Standards werden heute nicht in den Naturwissenschaften angewandt. Dies kann nicht nur auf Ignoranz zurückgeführt werden. Es ist das Ergebnis systematischer Unterdrückung. Die heutige

Zeit ist der Zeit des Niedergangs der Ming-Kultur, als der Zusammenbruch des Reiches unmittelbar bevorstand, beängstigend ähnlich. Wir leben heute im »Ölimperium«; alles dreht sich um das schwarze Gold. Die weltweit verkaufte Energiemenge beläuft sich *jährlich auf etwa 3 Billionen Dollar*, und wir können davon ausgehen, dass auch einige Herausgeber großer wissenschaftlicher Zeitschriften etwas von diesem Kuchen abbekommen. Dies reicht aus, um den Fortschritt der Wissenschaft aufzuhalten. Das US-amerikanische Unternehmen Enron hat führende Politiker und Wirtschaftsprüfungsunternehmen reichlich bezahlt und hat damit die grundlegenden Institutionen der freien Marktwirtschaft untergraben. Warum sollte nicht auch Geld für ein paar Herausgeber von Fachzeitschriften übrig sein? Man muss nur etwas in den Zeitschriften als pseudowissenschaftlich deklarieren und schon wird sich niemand damit beschäftigen.

An Visionen für die Zukunft mangelt es natürlich nicht. Der Kühlschrank meldet über das Internet, was gerade aufgebraucht worden ist, und die Milch, die Butter oder etwas anderes kommt per Rohrpost. Heute macht nur noch die Kommunikationsbranche gewisse Fortschritte, aber auch hier ist eine starke Gegenrevolution zu beobachten. Auch in Ungarn gab es in den letzten 10 Jahren eine echte Gegenrevolution im Kommunikationsbereich; die Preise sind gestiegen. ***Fortschritt ist, wenn Produkte und Dienstleistungen immer billiger werden, wenn die Armut spektakulär zurückgeht, wenn jeder Zugang zu sauberem Trinkwasser, angemessenem Wohnraum und guter Bildung hat***. Die Realität ist jedoch, dass die Kluft zwischen reichen und armen Ländern sowie reichen und armen Menschen eines Landes immer weiterwächst.

Etwa 200 Familien kontrollieren die Hälfte des Vermögens der Menschheit, und sie haben nicht vor, ihre Monopole aufzugeben, damit andere Zugang zu Lebensraum und Möglichkeiten bekommen – womöglich durch das Aufkommen neuer Methoden und Techniken. Es ist bekannt, dass die Größe des ungestörten Lebensraums auf der Erde abnimmt. Nicht nur große Wälder werden durch Bodenversauerung zerstört. Dies passiert auch nicht ausschließlich in tropischen Landschaften, sondern auch in der gemäßigten Klimazone. Die Zunahme von Kohlendioxid und anderen Treibhausgasen wie Methan macht unser Klima zunehmend instabil. Dies äußert sich in extremen Temperatur- und Niederschlagsschwankungen im

Frühjahr und Herbst. Eine 3–4 Tage andauernde Hitzewelle führt oft dazu, dass die Obstbäume ihre Knospen öffnen, nur damit ihre Blüten kurz darauf erfrieren, wenn die Temperaturen einen Augenblick später plötzlich wieder stark sinken.

Die Erwärmung führt zu einer raschen Schneeschmelze in den Bergen, wodurch die Flüsse über ihre Ufer treten und infolge der Abholzung (und der fehlenden Wiederaufforstung) Überschwemmungen verursachen. Auch das Meer, ein weiterer großer Schatz der Menschheit, wird in tragischem Ausmaß zerstört. Die Erwärmung der Meere macht weite Gebiete unbewohnbar und wegen der Überfischung verschwinden Tausende von Arten.

Die heutige Technik und Technologie, kombiniert mit der derzeitigen Denkweise, lassen nicht auf eine bessere oder gar nachhaltige Zukunft hoffen. Wir stehen vor dem gleichen Problem wie die späte Ming-Dynastie in China. Die Wissenschaft wird heute ähnlich wie China von den Mandarinen beherrscht. Ebenso wenig kann sich etwas weiterentwickeln. Im 19. Jahrhundert erschienen das Telefon, das Radio, der Wechselstrom und Elektromotoren sowie die von ihnen angetriebenen Werkzeugmaschinen, das Auto, das Flugzeug, die Fotografie, der Film und das Kino. Auch in der Physik dauerte dieser Boom bis in die 1920er-Jahre an. Dann verlangsamte sich der Fortschritt und kam schließlich zum Stillstand (obwohl es vieles gibt, was billig erforscht und erkundet werden könnte). Wie sollten wir unsere Zukunft kennen, wenn wir unsere wissenschaftliche Vergangenheit nicht kennen? Die Pforten der Wissenschaft wurden überall geschlossen. Und wo Tore verschlossen sind, müssen die Mauern eingerissen werden, wenn man vorankommen will.

Die vielleicht nützlichste Erfindung der Menschheit ist die Schrift. Und das Hinterlistigste, was es gibt, ist das Schreiben zu verbieten oder zu verhindern, dass wichtige Ideen öffentlich werden. In der Physik mangelt es an soliden Grundlagen, doch man braucht ein solides Fundament, auf das man bauen kann. Dieses Fundament könnte der Symmetrieansatz sein, der in der Theorie zwar nirgendwo verboten ist, *in der Praxis aber schon* – und das reicht.

Die Entdeckung von Dobó, dass sich also die Struktur der Raumzeit und daraus resultierend beispielsweise auch die Geschwindigkeit, die Kraft und die Energie ändern können, bedeutet, dass die Grenzen, in denen die Menschen der

»offiziellen« Wissenschaft bisher gedacht haben, nicht mehr existieren. Das stärkste Argument gegen UFOs war bislang, dass die Lichtgeschwindigkeit nicht überschritten werden kann und dass zum Erreichen des nächstgelegenen Sterns in einigen Jahren mit einem Raumschiff so viel Treibstoff nötig wäre wie die Masse der gesamten Erde. Wenn aber die Energieerhaltung nicht immer gilt, es keine Begrenzung durch die Lichtgeschwindigkeit gibt und sogar der Hyperraum existiert, dann verschwinden all diese Einschränkungen. Und wenn dann noch longitudinale und torsionale elektromagnetische Felder für Kommunikationszwecke erforscht werden könnten, würden wir wahrscheinlich noch schnellere, weniger gedämpfte, sich besser ausbreitende Signale nutzen können, was wiederum unser Verständnis der Welt und unsere Möglichkeiten grundlegend verändern könnte.

Der Untergang des Feudalismus und des Sozialismus war wirtschaftlich bedingt. Wir sollten nicht glauben, dass der Kapitalismus in seiner jetzigen Form die endgültige und unveränderliche Gesellschaftsform sei. *Das heutige System ist nämlich keine Demokratie und keine Marktwirtschaft.* Derzeit steuern die Entscheidungen einiger weniger das Leben der Mehrheit, und die Mehrheit kann weder über ihr eigenes Schicksal mitbestimmen noch kann sie auch nur die grundlegendsten Fragen stellen. Wir müssen uns der Tatsache stellen, dass *in der Physik die wichtigen Dinge nur noch in verbotenen Bereichen zu finden sind.* Fortschritt ist nur möglich, wenn man die Blamage auf sich nimmt und menschliche und berufliche Fehler eingesteht.

Abgesehen von der Physik gibt es noch andere stagnierende Bereiche in der Naturwissenschaft. So wurde das menschliche Genom zwar sequenziert, doch das menschliche Gehirn und das Bewusstsein verstehen wir immer noch nicht. Ohne die erweiterte Elektrodynamik wird man hier wahrscheinlich nicht viel weiterkommen. Das Modell, dass der Mensch nichts weiter sei als ein Sack voller Chemikalien, führt uns nicht zum Ziel. Wenn die Psychologie (*psyche*: altgriechisch für Seele, Gemüt) die Existenz des Gegenstands ihrer Forschung, also der Seele, leugnet, wird sie auch keine Fortschritte machen können.

Es ist interessant, aber nicht unverständlich, dass man sich die Funktionsweise des menschlichen Gehirns immer nur auf dem aktuellen technischen Niveau vorstellte. Im 17. Jahrhundert verstand man das Gehirn als ein kompliziertes

Uhrwerk, und als sich Telefonzentralen etablierten, wurde es mit diesen verglichen. Heute ist der PC an der Reihe. Diese falschen Modelle engen die Möglichkeiten des Fortschritts ein. Ein Grund dafür, dass die klassische Physik auf eine solide wissenschaftliche Grundlage gestellt werden muss – und das könnte durch die Anerkennung der Rolle der Symmetrien erreicht werden –, ist also, dass dadurch andere Bereiche von ihren Fesseln befreit werden könnten. Die Medien erzählen uns, dass wir Fortschritte machen, die Zukunft rosig ist und die Möglichkeiten endlos sind. Wir ernähren uns von solchen Siegesreden. Diese »Siegesdiät« wurde vor dem Zusammenbruch der deutschen Front im Jahr 1918 erfunden. Man berichtete nur über Siege, es gab nur gute Nachrichten. Aber auch scheinbar kleine, unbedeutende Fehler können zu großen Katastrophen führen.

Große Vulkanausbrüche sind in der Geschichte der Menschheit selten. Wenn beispielsweise ein Vulkan ausbricht und etwa zehnmal so viel Asche in die Stratosphäre steigt wie zuvor, führt dies zu einer starken lokalen Abkühlung. Das letzte Mal in der Geschichte der Menschheit ereignete sich eine solch große Katastrophe im 6. Jahrhundert, also vor etwa 1500 Jahren, was historisch gesehen keine lange Zeit ist. Selbst die Sommertage waren 5 Jahre lang so grau, dass kaum Lebensmittel angebaut werden konnten. Wenn sich eine solche Naturkatastrophe während der erwarteten Ölkrise ereignen würde, wenn das Öl also teuer ist, könnten die ohnehin knappen Lebensmittel kaum transportiert werden und es könnte zu einer Hungersnot kommen.

Nach dem Ersten Weltkrieg wurde nahezu kaum klassische Bildhauerei, Malerei oder Musik praktiziert, und auch die klassische Physik wurde kaum mehr beachtet. So blieb sie unvollendet. Ich weiß nicht, ob es möglich wäre, Werke wie beispielsweise Beethovens Sinfonien zu komponieren oder die Gemälde von Rembrandt oder El Greco zu übertreffen. Aber die Erforschung der klassischen Physik muss noch beendet werden. Die Symmetriekarte zeigt, dass bis jetzt lediglich 5–10 Prozent aller Phänomene aufgedeckt wurden.

Es ist ein grundlegendes Problem, dass die politische Führung die wirtschaftliche und sicherheitspolitische Bedeutung dieses Themas nicht erkannt hat. Unsummen werden für den Erwerb und den Schutz von Ölvorkommen ausgegeben, obwohl ein Bruchteil dieses Geldes für die Entwicklung neuer und besserer Energiequellen ausreichen würde. Es ist nicht klar, warum die Politiker die wichtige Lektion der Geschichte, nämlich dass Produktivitätssteigerungen der Schlüssel zu dauerhaftem Wohlstand sind, nicht lernen. Auch erkennen sie nicht, dass wir, um dies zu erreichen, *der Technologie und damit der Naturwissenschaft die Möglichkeit zur Entwicklung geben müssen.*

Wenn eine gute Idee aufkommt, wird sie zu einer Bewegung, zu einer Organisation und diese unterdrückt früher oder später immer die ursprüngliche Idee. Man denke nur an das Christentum, den Islam, die Arbeiterbewegung oder auch an den Kapitalismus, der mit der Überwindung des starren Landbesitzes begann, indem man den Menschen erlaubte, Handel zu treiben, zu streben, zu denken und Vermögen aufzubauen. Und alles wandelte sich in das Gegenteil. Es ist ein Teufelskreis.

Besonders tragisch ist dies in den Naturwissenschaften. Die Physik ist nun zum ersten Mal in ihrer 300-jährigen Geschichte tot. Sie starb nicht an der Erschöpfung ihrer Möglichkeiten, sondern an Gewalt und an Verboten. Sie hat zwar noch lebendige Gebiete, der Zutritt zu diesen ist aber verboten. Die historische Erfahrung zeigt deutlich, dass wissenschaftlicher und technologischer Fortschritt keine Option und kein adliges Herrenvergnügen sind, auf die man ungestraft verzichten kann. Wenn wir darauf verzichten, also die Möglichkeiten verdrängen, werden wir in jedem Fall bestraft. Dieses Buch ist der Bericht des Gerichtsmediziners über die Physik und die Technologie. Die Situation, die daraus entstanden ist, ist in erster Linie auf die Unfähigkeit und Unmenschlichkeit der führenden wissenschaftlichen Personen zurückzuführen. In ihren Köpfen vermischen sich nämlich die Begriffe »Fortschritt« und »Vorankommen«.

Auch die Römer, die Azteken, die Chinesen, die Inkas und die afrikanischen Stämme kamen voran, aber sie bewegten sich in die falsche Richtung; sie kamen voran, entwickelten sich aber nicht. Die derzeitige Richtung des Vorankommens beschert nur wenigen Menschen einen friedlichen, sorgenfreien Wohlstand. Die Mehrheit der Menschen kann eine stabile, akzeptable Lebensqualität nur um den Preis von viel Arbeit und Leid erreichen, obwohl schon allein die Kenntnis der »klassischen Physik« akzeptable Lebensbedingungen für alle schaffen könnte.

Die Ursache sozialer Missstände liegt in der Wirtschaft, die Ursache wirtschaftlicher Missstände liegt in der Technik und die Ursache ihrer Missstände liegt in der Wissenschaft. Deshalb muss auch die Lösung von dort kommen. Der Wohlstand muss nicht durch eine zurückhaltende Entwicklung beseitigt werden, sondern er muss auf einer anderen Basis geschaffen werden. Wir haben gesehen, dass China durch die Macht des Wissens emporgehoben und durch die Unwissenheit der Mächtigen zu Fall gebracht wurde. Lassen wir nicht zu, dass sich dies wiederholt.

Es liegt noch vieles hinter dem Horizont verborgen …

Ende?

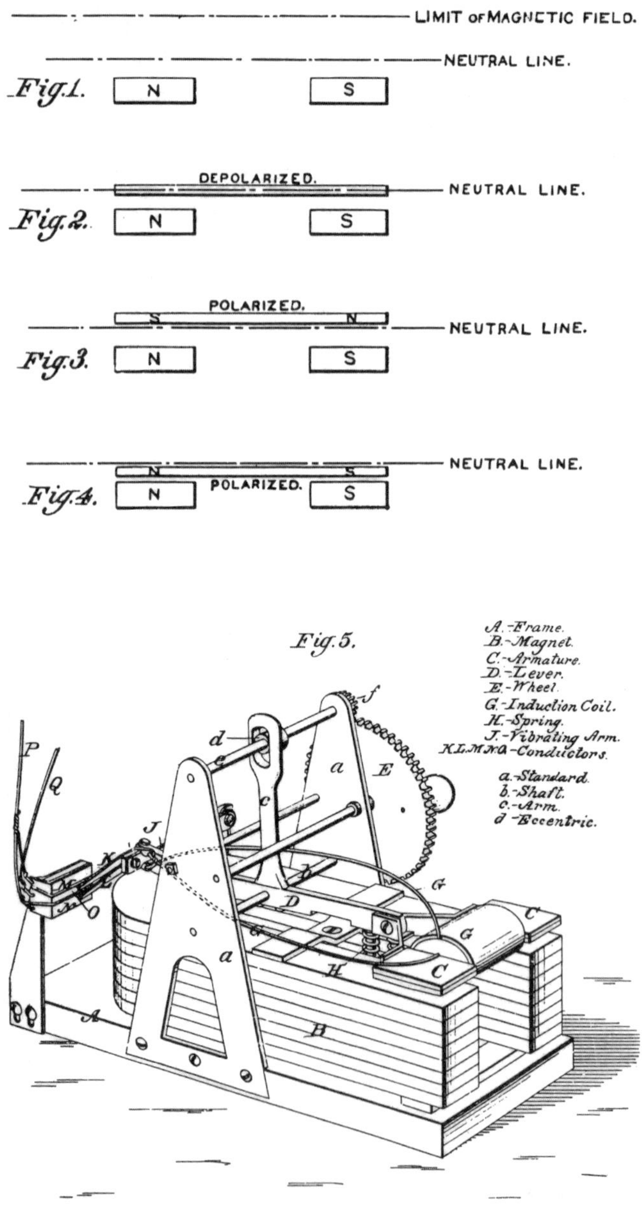
LIMIT OF MAGNETIC FIELD.
NEUTRAL LINE.
Fig.1.
N
S
DEPOLARIZED.
NEUTRAL LINE.
Fig.2.
N
S
POLARIZED.
S
N
NEUTRAL LINE.
Fig.3.
N
S
NEUTRAL LINE.
N
S
Fig.4.
POLARIZED.
N
S
Fig.5.
A.-Frame.
B.-Magnet.
C.-Armature.
D.-Lever.
E.-Wheel.
G.-Induction Coil.
H.-Spring.
J.-Vibrating Arm.
K.L.M.N.O.-Conductors.
a.-Standard.
b.-Shaft.
c.-Arm.
d-Eccentric.

Anhang

Anhang 1: Wesley Garys Patent

Titel: Magnetoelektrische Maschine (Magneto-electric Machine)
Kanadische Patentnummer: 10.239
Anmeldetag: 13. März 1879

»Die Erfindung besteht aus einer Weicheisenarmatur oder einem Weicheisenkern, der in Verbindung mit einer Induktionsspule im gleichen Magnetfeld verwendet, polarisiert und depolarisiert wird. Seine Polarität wird geändert, ohne ihn aus dem Magnetfeld zu entfernen. Es wurden schon mehrere Maschinen zur Stromerzeugung mit einer Weicheisenarmatur entwickelt, auf der sich Spulen in Magnetfeldern von Dauermagneten befinden. Bei diesen Maschinen wird die Magnetarmatur so bewegt, dass sie ihre Polarität schnell und wiederholt ändert oder verliert.

Um diesen Polwechsel in der Armatur zu bewirken, ohne den Magneten zu berühren, war es bislang immer notwendig gewesen, die Armatur in das Magnetfeld hineinzuschieben und aus ihm herauszuziehen, also vom Feld des einen Pols in das Feld des anderen Pols zu bewegen. Dazu musste die Armatur über eine lange Strecke bewegt werden, was die Häufigkeit des Polwechsels begrenzte und die volle Ausnutzung der magnetischen Influenz erschwerte.

Das Besondere an meiner Erfindung ist, dass ich die Armatur im Magnetfeld betreibe und die Armatur durch eine leichte Bewegung umpole, und zwar mit ähnlichen oder besseren Ergebnissen als bereits bekannte Maschinen vorweisen konnten.

Meine Erfindung beruht auf der bisher unbekannten Tatsache, dass es im Magnetfeld (Anziehungsfeld) einen Bereich in einem gewissen Abstand vom Magneten gibt, den ich die Neutralitätslinie nenne, wo das Weicheisen nicht polarisiert ist (es erscheint also kein Nord- und Südpol an den Enden des Weicheisens). Die Position der Neutralitätslinie ist von Magnet zu Magnet unterschiedlich; für stärkere Magneten liegt die Linie näher am Magneten und für größere Armaturen weiter entfernt. Die Lage der Linie lässt sich leicht bestimmen, indem man eine Spule und ein Galvanometer verwendet und einen Magneten näher an das Eisen heranbringt oder ihn von ihm entfernt. Eine andere Methode besteht darin, einen kleinen Eisenstift am Ende der Armatur zu befestigen und den Punkt zu suchen, an dem der Stift waagerecht steht und schließlich abfällt – an dem Punkt hat die Anziehung aufgehört.

Ich habe entdeckt, dass Eisen, wenn man es auf dieser Neutralitätslinie platziert, selbst dann unpolarisiert bleibt, wenn es unter starker Anziehung des Hufeisenmagneten steht. Sobald man es aber in irgendeine Richtung weg von dieser Linie bewegt, wird es sofort polarisiert. Außerdem habe ich festgestellt, dass die Polarität des Eisens auf den gegenüberliegenden Seiten der Neutralitätslinie unterschiedlich ist und sich diese ändert, wenn man das Eisen über die Neutralitätslinie bewegt. Bringt man also Eisen in die Nähe eines Magneten und polarisiert es, indem man es nach außen bewegt und die Influenz nutzt, verliert es seine Polarisation, sobald es die Neutralitätslinie erreicht. Wenn es sich anschließend von der Linie entfernt, wird es in die entgegengesetzte Richtung polarisiert. Indem wir die Armatur so konstruieren, dass sie von der Neutralitätslinie aus nach innen oder außen schwingt oder mit einem Kommutator arbeitet, während sie sich über die Neutralitätslinie bewegt, ermöglichen wir die erforderliche Umpolung der Armatur. Hierzu reichen kleine Bewegungen, was bei anderen Geräten nicht der Fall ist.

Die Details der nach meiner Methode gebauten Maschinen können auf viele verschiedene Arten umgesetzt werden. Die besten Ergebnisse erzielt man, wenn man einen Hufeisenmagneten (gerne auch einen mehrlagigen) verwendet und die Armatur über den beiden Polen auf der einen Seite zwischen Magnet und Neutralitätslinie bewegt.

Die Abbildungen 1–4 zeigen die Beziehung zwischen der Neutralitätslinie, dem Magneten und den Magnetfeldern sowie die Depolarisierung und die Umpolung der Armatur. Abbildung 5 zeigt meine elektromagnetische Maschine.

Beschreibung der Bilder: *A* steht für den Sockel oder das Gestell, aus dem die Halterungen a herausragen, die den Dauermagneten halten, der das benötigte Feld erzeugt. *B* ist der übliche mehrschichtige Dauermagnet. *C* bezeichnet eine flache, waagerecht angeordnete Weicheisenarmatur, die sich über den beiden Polen des Magneten befindet und am oszillierenden Arm mit *D* befestigt ist, der

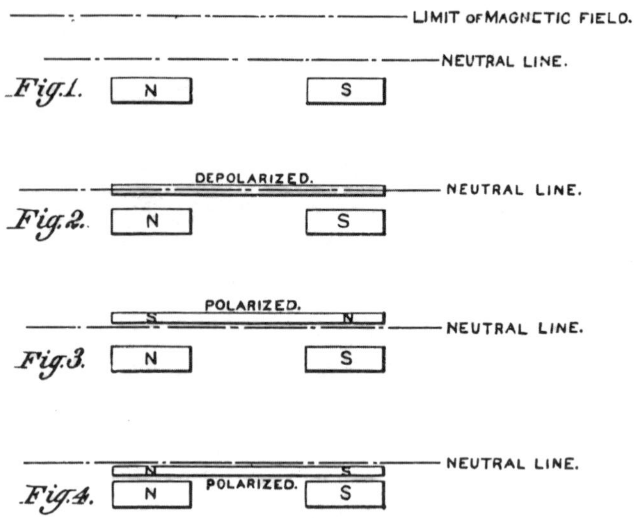
LIMIT OF MAGNETIC FIELD.
NEUTRAL LINE.
Fig.1.
N
S
DEPOLARIZED.
NEUTRAL LINE.
Fig.2.
N
S
POLARIZED.
S
N
NEUTRAL LINE.
Fig.3.
N
S
NEUTRAL LINE.
N
S
Fig.4.
N
POLARIZED.
S

Fig.5.

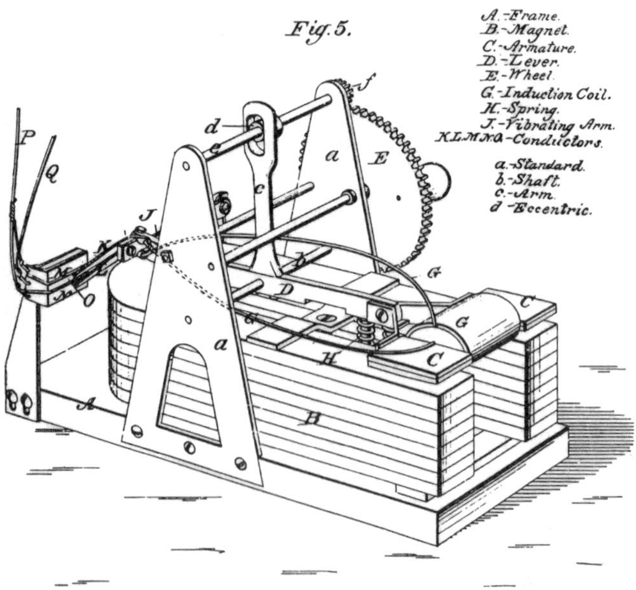
A.-Frame.
B.-Magnet.
C.-Armature.
D.-Lever.
E.-Wheel.
G.-Induction Coil.
H.-Spring.
J.-Vibrating Arm.
KLMNO-Conductors.
a.-Standard.
b.-Shaft.
c.-Arm.
d -Eccentric.

von der waagerechten Achse *b* durchdrungen wird und auf dem Gestell *a* ruht. Dieser Arm ist mit einem anderen, mit *c* gekennzeichneten Arm verbunden, der vertikal ausgerichtet und dessen oberes Ende eingeritzt ist. Dieser kann durch den mit *d* gekennzeichneten Exzenter in Schwingung versetzt werden. Der Exzenter befindet sich auf der Achse *e*, die im Zahnrad *f* endet und von dem mit *E* bezeichneten Zahnrad mit hoher Geschwindigkeit angetrieben wird. Das Zahnrad *E* wird verwendet, um den Hebel in Schwingung zu versetzen und die Armatur mit hoher Geschwindigkeit über dem Magneten zu bewegen. Um die abgerundete Armatur herum befindet sich eine Spule *G*.

Um die Weicheisenarmatur gegen die Anziehungskraft des Magneten in Balance bringen zu können und die Notwendigkeit eines Antriebs zu vermeiden, platziere ich zwei oder mehr zylindrische Federn (mit *H* bezeichnet) in unterschiedlichen Höhen unter dem unteren Teil des Schwingarms. Sie üben eine zunehmende Kraft aus, wenn sich die Armatur dem Magneten nähert und einer immer stärkeren Anziehung ausgesetzt ist. Bei dieser Anordnung ist für den Betrieb der Armatur nur so viel Energie erforderlich, wie für die Überwindung der Trägheit und der Reibung der beweglichen Teile nötig ist.

Bei der Einstellung der Schwingungen der Maschine ist es ratsam, die Armatur von der Neutralitätslinie zum Magneten hin zu schwingen (Abbildung 2 und 4). Die Armatur wird polarisiert, wenn sie die Linie verlässt, und depolarisiert, wenn sie die Linie erreicht. Da sich die Armatur nur geringfügig bewegt (in einigen Fällen nur ein Fünfzigstel eines Inch [etwa ein halber Millimeter]) und gegen die Anziehungskraft des Magneten ausbalanciert ist, kann die Maschine mit geringem Energieaufwand bei hohen Geschwindigkeiten betrieben werden. Da die Armatur in der Nähe des Magneten bewegt wird, wo die Anziehungs- und Influenzwirkung sehr stark sind, kann in den Drähten Strom mit hoher Stromstärke induziert werden.

Wenn es aus irgendeinem Grund erforderlich sein sollte, kann die Armatur auch außerhalb der Neutralitätslinie in Schwingung versetzt werden, ohne das Magnetfeld zu verlassen. Man kann die Armatur aber auch parallel zur Neutralitätslinie schwingen lassen, ohne das Magnetfeld zu verlassen. In diesem Fall erhalten wir zwei Gleichstromimpulse bei der Auswärtsbewegung und zwei bei der Einwärtsbewegung. Um einen (pulsierenden) Gleichstrom zu erzeugen, ist jeder Kommutator oder Stromwandler geeignet. Es gibt mehrere Möglichkeiten, einen Kommutator zu verwenden. Eine davon ist in Abbildung 5 dargestellt: An der Rückseite des mit *J* gekennzeichneten Schwingarms befinden sich mit *K* und *L* bezeichnete leitende Finger, an deren Enden die Enden der Spule angeschlossen sind. Die Finger *K* und *L* berühren drei miteinander verbundene Metallplatten, die mit *M*, *N* und *O* bezeichnet sind; die ersten beiden sind außerdem an den mit *P*, der dritte an den mit *Q* bezeichneten Leiter angeschlossen. Das Ganze ist so angeordnet, dass sich die Stromrichtung ändert, wenn sich die Richtung der Spannung in der Spule umkehrt, sodass die Stromrichtung in den Leitern *P* und *Q* gleich bleibt.

Die Maschine muss immer so konstruiert werden, dass die Depolarisierung der Armatur entlang der Neutralitätslinie ausgenutzt werden kann und die Armatur immer im Magnetfeld bleibt, also dort bewegt wird. Wie in den Abbildungen 1–4 zu sehen ist, befindet sich die schwingende Armatur vor den beiden Polen des Magneten, sodass der Fluss beider Pole und die gesamte Armatur genutzt werden können. Auf diese Weise kann die gesamte Energie des Magneten eingesetzt werden. Die besten Ergebnisse kann man mit zwei zusammengenieteten Eisenplatten erzielen (siehe Skizze).

Die Form, der Aufbau und die Anordnung der Teile der Maschine können verschieden sein, wenn sich die Armatur im Magnetfeld bewegt und wenn Strom aus der Depolarisierung der Armatur gewonnen wird. Im Zusammenhang mit meiner beschriebenen Erfindung habe ich die folgenden Patentansprüche:

1. Ich induziere einen elektrischen Strom durch die oben beschriebene Methode, bei der ich eine Eisenarmatur in einer Spule in Richtung der Neutralitätslinie (also nach innen von der Neutralitätslinie) im Feld eines Dauermagneten schwingen lasse.

2. Die magnetoelektrische Maschine besteht aus einem Magneten, einer Induktionsspule und einer Weicheisenarmatur, die sich im Feld des Magneten bewegt. Die Armatur bewegt sich in Richtung der magnetischen Neutralitätslinie und von ihr weg.

3. In einer elektromagnetischen Maschine werden ein Dauermagnet, eine Induktionsspule und eine Armatur zusammen mit einem beweglichen Mechanismus verwendet, um die Armatur vom Magneten weg- und zu ihm hinzubewegen und so schwingen zu lassen – über die Neutralitätslinie oder weg von ihr, ohne das Magnetfeld zu verlassen.

4. Die magnetoelektrische Maschine besteht aus einem Magneten, einer Induktionsspule und einem Stück Weicheisen. Dieses wird so in Schwingung versetzt, dass es sich nur von der Neutralitätslinie zum Magneten und wieder zurückbewegt.«

(Es gibt noch vier weitere Ansprüche, die aber nicht viel Neues beinhalten.)

Einige Kommentare

Die obige Patentschrift ist meines Wissens die erste in der Geschichte der Technik, die für ein Gerät, das Überschussenergie erzeugt, erteilt worden und erhalten geblieben ist. Obwohl das Patent handschriftlich verfasst wurde, gibt es höchstens zwei undeutliche, schwer lesbare Wörter, deren korrekte Übersetzung ich nicht garantieren kann. Ich bin aber der Meinung, dass sie den Inhalt nicht entscheidend ändern. Dieses Gerät scheint so einfach zu sein, dass jeder, der ein wenig handwerkliches Geschick hat und bereit ist, 150–200 Euro dafür auszugeben, es bauen kann. Hufeisenmagnete sind in verschiedenen Geschäften erhältlich, aber ein Magnetkreis als Ersatz für einen Dauermagneten kann wahrscheinlich auch mit in den Lautsprechern verbauten ringförmigen Dauermagneten oder anderen Magneten gebaut werden.

Es sei darauf hingewiesen, dass die Dauermagnete, die Ende des 19. Jahrhunderts hergestellt wurden, sehr schwach waren und im Vergleich zu den heutigen Magneten eine geringe Koerzitivfeldstärke aufwiesen. Sie wurden aus niedrig legierten, gewalzten Platten hergestellt, sodass sie relativ wenige Kristalldefekte und daher eine geringe Koerzitivfeldstärke und Remanenzflussdichte aufwiesen. Bevor man sich an diese Aufgabe macht, lohnt es sich, einige auch in ungarischer Sprache erschienene Bücher über Dauermagnetkreise zu lesen (die Liste dieser Bücher findet sich in Band 3 von *Einführung in die Raumzeittechnologie* im Zusammenhang mit der Beschreibung des Gary-Apparats). Man sollte sich jedoch darüber im Klaren sein, dass Magnetkreise mit beweglichen Teilen kaum in der Literatur behandelt werden und insbesondere auf die »Neutralitätslinie« nicht weiter eingegangen wird.

Es würde sich lohnen, diesen Bereich zu erkunden und dann so mit der Messung fortzufahren, wie Gary vorgeschlagen hat: Man wickle eine sehr dünne Spule um die Weicheisenarmatur und beobachte den zeitlichen Verlauf der Induktion. Anschließend führe man dieses Experiment so durch, dass man das Eisenstück mithilfe eines Exzenters zeitlich unverändert zuerst über, dann durch und schließlich unter der Neutralitätslinie eine Zeit lang sinusförmig auf- und abbewegt. Wenn man diese Versuchsreihe durchführt und den zeitlichen Verlauf des erzeugten Stroms untersucht, stellt man fest, dass dieser von einer Sinusschwingung abweicht. Dies ist wahrscheinlich auf den Induktionsstoß zurückzuführen.

Die Überschussenergie selbst ist auf den Feldverzerrungseffekt, die Symmetriebrechung zurückzuführen, die in Teil III ausführlich besprochen wurde und hier nicht weiter behandelt werden soll. Damit diese Verzerrung möglichst groß ist, ist es äußerst nützlich, die Neutralitätslinie zu überqueren, um Polarisation und Depolarisation hervorzurufen. Dieser Effekt wurde von dem scharfsinnigen Gary genutzt und ist in der Tat ein äußerst wichtiger Hilfseffekt, um unter relativ einfachen Bedingungen Überschussenergie zu erzeugen. Die Feldverzerrung kann bei allen Berichten aus Band 3 von *Einführung in die Raumzeittechnologie* beobachtet werden, aber kein anderer Erfinder hat je eine so einfache Beschreibung gegeben, noch hat irgendjemand sonst einen so cleveren Hilfseffekt gefunden. Ich hielt es nicht nur wegen der historischen Reihenfolge, sondern auch wegen der Einfachheit der Beschreibung für wichtig, Garys vergessene Arbeit hier zu veröffentlichen.

Dieser Effekt ist im Wesentlichen die Grundlage des Hendershot-Generators, bei dem eine Zunge aus Weicheisen über einem Hufeisenmagneten schwingt. Um diese vibrierende Zunge ist keine Spule gewickelt, doch die vibrierende Zunge bewegt sich in der Nähe einer Spule und verändert so zeitlich deren magnetischen Fluss. Gary hatte also tatsächlich die Grundidee einer Reihe von Induktionsmaschinen mit beweglichen Teilen. Natürlich ist das Grundprinzip nicht nur auf Geräte mit beweglichen Teilen anwendbar. Feldverzerrung kann auch ohne bewegliche Teile erreicht werden. Das erste Beispiel dafür findet sich in Band 1 von *Einführung in die Raumzeittechnologie* (Gürtelschnallenanordnung).

Bei all diesen Strukturen stellt die Dimensionierung eine schwere Aufgabe dar. Leider kann ich dazu keine konkreten Ratschläge geben, doch der Weg des langwierigen Experimentierens steht jedem offen. Wie genau die Weicheisenplatten und Magneten beschaffen sein sollten und wie viele Windungen die Spule haben sollte, muss der Konstrukteur selbst herausfinden. Ich bin jedoch der Meinung, dass von allen elektromagnetischen Geräten der Adams-Motor und der Gary-Apparat diejenigen sind, mit denen man am schnellsten und einfachsten zum Ziel gelangen kann. Trotz seiner Einfachheit hat der Gary-Apparat allerdings einen großen Nachteil: Es ist sehr schwierig, die mechanische Eingangsleistung genau zu messen, da die Reibungsverluste sowohl beim Zahnrad als auch beim Exzenter relativ hoch sind. Wir können uns also nur auf eine Schätzung verlassen, um die Eingangsleistung zu bestimmen, und die elektrische Ausgangsenergie wird auch kein glatter Gleichstrom sein, selbst wenn wir den einfallsreichen Gleichrichter verwenden, den Gary vorgeschlagen hat.

Wenn Sie ein Gary-Gerät bauen wollen, sollten Sie sich auf jeden Fall für die im Patent beschriebene Version entscheiden, denn die anderen Geräte mit Rückkopplung sind etwas schwieriger zu bauen. Es lohnt sich erst, sich damit zu befassen, wenn man ein gutes Verständnis für dieses Gerät entwickelt hat und alle Details des Effekts kennt. Heute gibt es viel bessere ferromagnetische Materialien als zu Garys Zeit. Es ist nicht ausgeschlossen, dass der Effekt nach einigem Herumprobieren auch mit Seltenerddauermagneten und Weicheisen aus metallischem Glas erzeugt werden kann – das wäre vorteilhaft, weil hier die größte Wirkung zu erhoffen ist. Für Versuchszwecke und zum Verständnis des Phänomens genügen jedoch auch ferromagnetische Materialien minderer Qualität, da in den 1870er- und 1880er-Jahren auch keine besseren Materialien zur Verfügung standen.

Es ist wahrscheinlich, dass wir den Effekt verstärken können, indem wir die Form des Exzenters ändern – wir können die zeitliche Asymmetrie des Prozesses noch viel mehr verzerren, was für die Stärke des Effekts wichtig ist. Ich wünsche viel Glück und Geduld für die Experimente und würde mich freuen, wenn meine Leser ihre Ergebnisse an meine Postadresse zur Veröffentlichung im kommenden Band 4 der Buchreihe *Einführung in die Raumzeittechnologie* schicken würden.

Anhang 2

Es sind nicht nur solche Erfindungen, die vernichtet wurden (manchmal sogar samt ihrer Erfinder), die wir nicht benutzen, sondern auch solche, die mehr oder weniger öffentlich zugänglich sind. Hierzu gehören Teslas Gerät zur Erzeugung von Longitudinalwellen und Farnsworths elektrische Fusionsreaktoren, Garys magnetische Maschinen usw. Wir müssen die Experimente also nicht bei null beginnen; wir haben viele Ansatzpunkte, und wenn wir diesen Weg nicht einschlagen, lässt sich das auf Unterdrückung und intellektuelle Faulheit zurückführen.

Es gibt keine Tür in der ungarischen Bürokratie, an die ich nicht schon geklopft hätte, um Hilfe bei dieser Arbeit zu bekommen. Natürlich wurde ich meistens zurückgewiesen. Die Gründe dafür waren immer dieselben: kein Geld, diese Maschinen gibt es nicht und kann es nicht geben. Das ist der Standpunkt der »offiziellen« ungarischen wissenschaftlichen Gemeinschaft. Ich möchte dem Leser ein typisches Beispiel für einen Brief zeigen, den Organisatoren meiner Vorträge als Antwort auf die Einladung zu einem meiner Vorträge über die Erschöpfung der Erdölreserven erhielten. Der Titel des Vortrags lautete »Die 24. Stunde«. Ich habe dabei versucht klarzumachen, dass die endlichen Ölreserven eine ernsthafte und reale Bedrohung für unsere technische Zivilisation darstellen. Ich glaube nicht, dass unten stehender Brief, der also ein Antwortschreiben ist, eines besonderen Kommentars bedarf – außer vielleicht der Feststellung, dass ich alles mit meinem eigenen Geld finanziere und in meiner Freizeit arbeite und nicht vom Geld der Steuerzahler bezahlt werde wie der Professor der Eötvös-Loránd-Universität. Der einzige Zweck der Veröffentlichung dieses Schreibens besteht darin, den steuerzahlenden Leser darauf aufmerksam zu machen, wofür seine Steuergelder ausgegeben werden, oder besser gesagt: wofür sie nicht ausgegeben werden dürfen.

UNIV. BUDAPESTINENSIS DE EÖTVÖS NOM. • FACULTAS SCI. NAT. • 16 35

Eötvös Loránd Tudományegyetem
Természettudományi Kar
Magkémiai Tanszék
1518 Budapest 112. Pf. 32.
tanszékvezető: dr. Homonnay Zoltán egyetemi docens
E-mail: homonnay@para.chem.elte.hu
Fax: 209-06-02 Telefon: 209-0555/1564

Sehr geehrte Frau Vizepräsidentin,

ich habe Ihre Einladung zum Vortrag von Dr. György Egely am 12. Dezember 2001 erhalten, wofür ich Ihnen als Privatperson herzlich danke.

Ich möchte jedoch die Gelegenheit nutzen, um Sie auf etwas aufmerksam zu machen, über das Sie vermutlich nicht ausreichend informiert sind. Ich bin ein wenig mit den Tätigkeiten und den Ansichten von Herrn Egely vertraut (sicherlich ausreichend, um sie beurteilen zu können), und ich stufe sie als Pseudowissenschaft ein. Wegen meines Berufs versuche ich, über echte Wissenschaft zu informieren und aufzuklären und deshalb regt es mich auf, wenn bestimmte Leute Ansichten vertreten, die für diejenigen, die sich mit dem Thema auskennen, trivialerweise falsch sind. Unter diesen Menschen gibt es naive Besessene und raffiniert kalkulierende Betrüger. Ich weiß nicht, in welche Kategorie Herr Egely fällt und ich will ihn auch nicht beleidigen, aber seine Tätigkeiten sind dazu geeignet, naturwissenschaftlich weniger gebildete Menschen zu täuschen und so die Autorität der wirklichen Wissenschaft zu untergraben (ihre Wahrheit beruht natürlich nicht auf Autorität, aber die abstraktesten Dinge sind nur für einige wenige verständlich und die große Masse kann zwangsläufig nur an die Schlussfolgerungen beispielsweise von Einstein »glauben«).

Das Bedauerlichste an der derzeitigen Situation ist, dass Sie mir Ihre Einladung auf offiziellem Briefpapier mit Stempel geschickt haben. Ich muss mich entschieden dagegen aussprechen, dass gewählte politische Führer öffentliche Gelder verwenden, um Ansichten zu propagieren, die im Widerspruch zu den in öffentlichen Schulen gelehrten wissenschaftlichen Erkenntnissen stehen.

Ich möchte nur noch auf einen ganz einfachen Punkt hinweisen, der schon im Titel die Darstellung von Herrn Egely entlarvt. Der Begriff »verbotene Erfindung« ist nämlich ein nicht interpretierbarer Begriff. Vor allem in der heutigen marktwirtschaftlichen Welt gibt es, wenn eine »Erfindung« wirklich funktioniert und rentabel ist, keine politische Macht, die einen cleveren Unternehmer daran hindern könnte, die Erfindung zu Geld zu machen. Meiner Meinung nach dient das Wort »verboten« einfach nur als Deckmantel für Quacksalberei. Bitte hören Sie sich den Vortrag von Herrn Egely unter Berücksichtigung dieser Tatsachen an.

Budapest, 7. Dezember 2001

Mit freundlichen Grüßen
Zoltán Homonnay
Lehrstuhlleiter, Dozent

Allgemein kann ich sagen, dass es bei diesem Thema eine sehr starke Zensur gibt. Als ich beispielsweise den im Brief erwähnten Vortrag über die Erschöpfung der Erdölreserven hielt, wurde ich von einem Reporter des Kossuth Rádió für das Morgenmagazin *Reggeli Krónika* (auf Deutsch: Chronik am Morgen) interviewt, in dem ich die Situation kurz schilderte. Dieser Beitrag durfte nicht gesendet werden. Begründung: *nur so*. Die gleiche Erfahrung habe ich beispielsweise mit der Sendung *Vasárnapi újság* (auf Deutsch: Sonntagszeitung) gemacht, wo Gábor Báthory einen Bericht verfasst hatte, den die Redaktion für gut hielt, der aber trotzdem nicht gesendet werden durfte. Ähnlich verhält es sich mit meinen Artikeln. Ich habe eine ganze Reihe von Artikeln geschrieben, aber nur die Zeitung *Demokrata* (auf Deutsch: Der Demokrat) hat einige von ihnen veröffentlicht. In einigen Fällen habe ich versucht, unter einem Pseudonym zu schreiben, aber die Artikel wurden trotzdem nicht veröffentlicht. Nicht mein Name ist also das Problem, sondern das Thema selbst. Am Ende dieser Liste werde ich einen Zeitungsartikel zeigen, der den Anforderungen nicht entsprach. Ich habe ihn für *Magyar Nemzet* (auf Deutsch: Ungarische Nation) geschrieben, und der Redakteur der Wochenendkolumne, Béla Fehér, fand ihn auch gut, aber trotz seiner Bemühungen wurde die Veröffentlichung von seinen Vorgesetzten nicht genehmigt. Ich überlasse es dem Leser zu entscheiden, warum diese Schriften nicht gedruckt werden durften.

Im Jahr 1854 unternahm George Bissell, Professor für Latein, Griechisch, Hebräisch und Sanskrit etwas, das sich seither auf unser aller Leben auswirkt. Er begründete die moderne Erdölindustrie. 1853 sah er auf einer Reise durch seine Heimat Pennsylvania, wie Öl mit großen Lappen von Wasseroberflächen um Quellen herum gesammelt und vor allem für medizinische Zwecke verwendet wurde. Bei einem Besuch seiner Mutter in New Hampshire machte er auch einen Abstecher in seine alte Schule, das Dartmouth College, wo er eine Flasche pennsylvanisches Öl entdeckte, das verbrannt wurde, um Säle zu beleuchten. Damals erkannte er, dass das Öl nicht nur als Medizin, sondern auch als Heizmittel verwendet werden konnte.

Er wandte sich sofort an seinen Freund Professor Silliman, einen angesehenen Chemieprofessor der Universität Yale. Nur mit Mühe konnte er die 500 Dollar aufbringen, die er für die chemische Untersuchung des Öls benötigte, und ein Jahr später lag ein Forschungsbericht auf seinem Schreibtisch, in dem die Eigenschaften des Gesteinsöls gepriesen wurden. Gesteinsöl konnte die Bedrohung der zivilisierten Welt lindern. Die Wale waren bereits am Aussterben. Damals verwendete man ihr Öl zur Beleuchtung. Es wurde immer teurer, da die Walfänger immer weiter fahren mussten, um diese armen pfanzenfressenden Riesen zu erlegen.

Sillimans Forschungsbericht vom 16. April 1855 bot jedoch eine ausreichende Grundlage, um Investoren zu finden und mit der industriellen Förderung und Verarbeitung von Öl, der Destillation, zu beginnen. Warum war es aber gerade ein klassischer Philologe, der die moderne Ölindustrie begründete? Offensichtlich, weil die großen Akteure der Kohleindustrie damals und für viele weitere Generationen mit der Situation zufrieden waren und dachten, dass alles in Ordnung sei. Im Durchschnitt erlebte die Menschheit jedoch alle 50–100 Jahre eine Energiekrise. Die erste begann, als die vermeintlich unerschöpflichen Holzvorräte in Europa geschrumpft waren. Damals rettete die Kohle beispielsweise die Stahl- und Dampfindustrie.

Diese zufällige Entdeckung eines ehemaligen klassischen Philologen schuf die heute mächtigste Industrie der Welt, die zusammen mit der dazugehörigen Automobilindustrie vielleicht größer ist als alle anderen Industrien zusammen.

Doch wieder ziehen dunkle Wolken auf. Es sind nicht die Wale, die knapp werden – es ist das Öl selbst. Als die US-amerikanische Ölindustrie in der Mitte des letzten Jahrhunderts entstand, gab es bereits eine Erdölindustrie in Österreich-Ungarn und es gab auch eine Petroleumlampe, die kaum Ruß produzierte und gut leuchtete. Von hier aus, von der Monarchie aus, begann das Petroleum, das später von den Amerikanern übernommen und perfektioniert wurde, die Welt zu erobern. Erdöl als Energiequelle war natürlich nicht ganz neu, denn es war bereits seit mehreren Tausend Jahren als Derivat von Erdöl bekannt. Aber auch die Monarchie hätte der Begründer der Ölindustrie sein können, da Öl und Bitumen auch aus den Bergwerken in Siebenbürgen und der benachbarten Walachei gewonnen wurden. Es war auch bekannt, dass aus Quellen im Nahen Osten und am Kaspischen Meer fortwährend Öl hervorsprudelte. Und doch brauchte es für die Entdeckung einen amerikanischen Philologen.

Die Geschichte scheint sich zu wiederholen. Jetzt, wo das Öl knapp wird, wäre es wichtig, Maschinen zu haben, die Kohle und Öl ersetzen können. Maschinen, die Energie liefern können, ohne Treibstoff zu benötigen. Ein Hirngespinst? Das Gleiche sagte man denjenigen, die der Meinung waren, dass nach Öl gebohrt und nicht gegraben werden sollte. Man hielt die Idee für völligen Unsinn, und nur wenige hielten an ihr fest.

Auch treibstofflose Maschinen scheinen eine verrückte Idee zu sein. Man ist verleitet, zu sagen, dass prinzipiell unmöglich ist, solche Maschinen zu bauen.

Im Mai dieses Jahres nahm ich an einer Vorführung einer solchen Maschine in Budapest teil. Dr. László Szabó, ein ungarisch-kanadischer Ingenieur und Wirtschaftswissenschaftler, stellte seine Erfindung vor. Die Maschine – ein elektrischer Generator – hat einen Wirkungsgrad von etwa 150 Prozent. Sie liefert also das Anderthalbfache der Energie, die für ihren Betrieb nötig ist, wobei die Hälfte der erzeugten Energie Wärme und die andere Hälfte elektrische Energie ist. Wenn ich an meine Physikstunden zurückdenke, erscheint mir dieses Ergebnis unglaubwürdig, da das Gesetz der Energieerhaltung den Bau solcher Maschinen nicht zulässt. Herr Szabó ließ jedoch jeden in seine Fabrik eintreten, seine Maschinen durften fotografiert werden und die Experten konnten alle Arten von Kontrollmessungen durchführen. Die Messungen der unbestreitbar unabhängigen Experten bestätigten den Wirkungsgrad von 150 Prozent.

Die Erfindung von László Szabó hat eine etwa 20-jährige Geschichte. Damals, zum Höhepunkt der Ölkrise, wurde er zum ersten Mal nach Kanada eingeladen und bekam die Gelegenheit zu untersuchen, welche Möglichkeiten es für eine neue Maschine zur Energieerzeugung gibt. Die Serie erfolgloser Versuche wurde durch die Präsenz eines kleinen, aber bereits messbaren Energieüberschusses unterbrochen. Das war die erste Maschine, die ein paar Prozent Überschussenergie erzeugte. Diesem Ereignis folgten mehr als ein Jahrzehnt Arbeit mit viel Geld und vielen Experimenten, die zu dieser Demonstration im Sommer führte. Die erste kommerzielle Maschine ist nun gebaut worden. Die Präsentation war eigentlich auch durch den Verkauf veranlasst: Die Dokumente wurden feierlich unterzeichnet und die Maschine im Rahmen einer Zeremonie übergeben. Bei dem Käufer handelt es sich um ein kanadisches Unternehmen, dessen Vertreter nach einer Reihe gründlicher

Inspektionen und Messungen durch Experten beschlossen, den Kaufpreis von 7 Millionen Dollar zu bezahlen.

Wie es das Schicksal so wollte, konnte ich einige Tage nach der Budapester Vorführung an einer internationalen Vorführung eines ähnlichen Motors in Singapur teilnehmen, die von einem japanischen Erfinder, Kohei Minato, der seine Motoren und Generatoren vorstellte, gehalten wurde. Im Gegensatz zu Szabós Erfindung handelt es sich hierbei um winzige Geräte, die in eine Hosentasche passen und einen Wirkungsgrad zwischen 200 und 500 Prozent haben. Diese Geräte erzeugen keine Wärme, und ein Vielfaches der zugeführten mechanischen Energie wird als elektrische Energie abgegeben, wenn sie als Generator verwendet werden. Das Energieverhältnis ist ähnlich, wenn sie als Motor verwendet werden.

Kohei Minato hat sich schon immer für Magnete interessiert und schon als Kind mit Magneten gespielt. So bemerkte er beim Spielen, dass er unterschiedliche Kräfte spürte, wenn er die Magnete schnell gegeneinander bewegte und sie in einem bestimmten Winkel hielt. Ausgehend von dieser Idee und Intuition arbeitete er etwa 20 Jahre lang an seinen Maschinen und hat inzwischen in etwa sechzig Ländern Patente für seine Maschinen erhalten.

Vor 150 Jahren waren die Menschen besorgt über die steigenden Kosten für Walöl und suchten nach einer Lösung. Diese lag schon seit Hunderten von Jahren auf der Hand, denn viele Menschen wussten, dass Gesteinsöl und Bitumen entzündet und verbrannt werden können. Und doch bedurfte es eines Außenseiters, eines Sanskrit- und Lateingelehrten, George Bissell, um die Ölindustrie auf den Weg zu bringen. Er war es, der diese Möglichkeit erkannte und er hatte auch die Idee, die alten chinesischen Salzabbaumethoden mit Bohrungen anstelle der im Kohlebergbau bekannten Methoden mit Schächten, Schaufeln und Spitzhacken anzuwenden. Bissell betrat die Bühne der Geschichte zum richtigen Zeitpunkt und legte den Grundstein für die Ölindustrie. Heute wird der Reichtum der Länder der Welt dadurch bestimmt, wie viel von den Ölreserven sie besitzen. Ob sich das bald ändert?

Geehrter Leser!

Im Rahmen meiner Arbeit werde ich oft von Forschern kontaktiert, die mir ihre eigenen Ergebnisse vorstellen. Zusammen mit einigen der talentiertesten von ihnen haben wir einen Band mit Aufsätzen veröffentlicht. Dies ist Band 3 der Buchreihe *Einführung in die Raumzeittechnologie*. In diesem Werk wurden wichtige ungarische intellektuelle Leistungen der letzten Jahrzehnte veröffentlicht, die außerhalb der offiziellen akademischen Forschungseinrichtungen und -themen erbracht wurden. Bei jeder dieser Arbeiten handelt es sich um Forschungen aus eigenen Mitteln. Sie übertreffen die durchschnittlichen akademischen Leistungen insofern, als dass sie jeweils einen wichtigen Meilenstein in ihrem eigenen Bereich darstellen; aus diesen Entdeckungen könnten neue Industriezweige entstehen.

Außerdem wurde eine zehnteilige, 30-stündige Vortragsreihe aufgezeichnet, in der Forscher der Raumzeittechnologie, darunter viele Autoren aus dem dritten Band von *Einführung in die Raumzeittechnologie* ihre Geräte vorstellen und über ihre Erfahrungen mit der Raumzeittechnologie berichten. Ich empfehle die Videokassettenreihe allen Interessenten und vor allem denjenigen, die raumzeittechnologische Geräte bauen möchten. Die Videokasettenreihe liegt inzwischen in digitaler Form vor, allerdings nur in ungarischer Sprache. In naher Zukunft ist geplant, eine englische und/oder deutsche Version herauszubringen.

Kassette 1:

Dr. György Egely (Forschungsingenieur): Einführung – die Rolle der Symmetrie und der Erhaltung in der Physik

György Molnár (Betriebsingenieur): Betriebs- und Bauerfahrungen mit dem Adams-Motor

Kassette 2:

Dr. György Egely: Methoden der Symmetrieeliminierung in elektrischen Feldern, in der Mechanik und bei Gasentladungen. Was haben die Maschinen, die Überschussenergie produzieren, gemeinsam?

András Eperjessy (Elektroingenieur): Maschinen zur Erzeugung von Überschussenergie ohne bewegliche Teile (Coler, Bóday, Hendershot, Gürtelschnallenanordnung)

Kassette 3:

Dr. György Egely: Methoden der Symmetrieelimination II

Geoffrey Spence (Elektro- und Betriebsingenieur): Erzeugung von Überschussenergie mit einem Elektronenwirbel

V. Gontar (Techniker): Konstruktion von Geräten des Schauberger-Typs

Csaba Csőkör (Maschinenbauingenieur): Die Rolle der Symmetrie in der Mechanik, Energiegewinnung mit mechanischen Mitteln

Kassette 4:

Dr. György Egely: Die Erfindungen von Tesla

János Szamosközi (Techniker): Vakuum (oder Äther) in der Physik. Wie kann man es anzapfen?

Kassette 5:

Dezső Sarkadi (Physiker): Gravitation und ihre Modifikation. Antigravitationsexperimente

Dr. György Egely: Zusammenfassung

Kassette 6:

Andor Dobó (Mathematiker): Eigenschaften und Modifikation der Raumzeitstruktur sowie Wirkung von Bewegungen auf sie

Csaba Csőkör: Was bedeutet die Modifikation der Raumzeitstruktur in der Praxis?

Kassette 7:

István Csonka (Elektroingenieur): Gasentladungsapparate (Correa, Tschernetski)

Ferenc Keresztúri (Techniker): Konstruktion von Vorrichtungen zur Wasserspaltung

Kassette 8:

Dr. György Egely: Das Prinzip der Maschine zur Erzeugung von Überschussenergie nach János Vajda

László Sindely (Maschinenbauingenieur): Die Symmetrie der Struktur des Atomkerns. Wie ist Materie aufgebaut?

Kassette 9:

László Sindely, Andor Dobó: Die erweiterten Möglichkeiten der Raumzeittechnologie. Technische Möglichkeiten zur Materieumwandlung, Teleportation und Zeitreise

Ferenc Gál (Maschinenbau- und Chemieingenieur): Erfahrungen mit dem Bau von einpoligen Generatoren

Kassette 10:

Dr. László Szabó (Maschinenbauingenieur und Wirtschaftswissenschaftler): Die Funktionsweise und Entstehungsgeschichte des C-720-Generators (magnetischen Motors des Typs C-720)

György Molnár: Weitere Erkenntnisse zur Konstruktion des Adams-Motors

János Szamosközi: Anzapfen der Vakuumenergie mit Vakuumzellen. Thermodynamische Anomalien in Flüssigkeiten und Dämpfen

Das Buch und die Vortragsreihe entstanden, um den intelligenten, kreativen und handlungsbereiten Menschen, die es in Ungarn schon immer gab, genügend Informationen für diese Arbeit zu liefern. In Band 3 und in der Vortragsreihe findet hoffentlich jeder ein Verfahren oder ein Gerät, mit dem er je nach seinen Möglichkeiten und technischen Kenntnissen experimentieren kann, denn manche Menschen sind eher in der Mechanik und andere eher in der Elektrotechnik zu Hause.

Ich empfehle nach wie vor, nicht einzeln, sondern in Gruppen zu arbeiten und sich gegenseitig zu helfen, denn so ist ein Erfolg wahrscheinlicher und nur so besteht eine ausreichend große Chance, dass die auf diese Weise gewonnenen Erkenntnisse und Erfahrungen nicht verloren gehen. Zu diesem Zweck wird seit dem Ende dieses Kurses regelmäßig in einer Gruppe gearbeitet, die wir Tesla-Gruppe getauft haben. Wir treffen uns monatlich einmal und diskutieren über unsere Erfahrungen mit Magnetmotoren und dem Bau des Tesla-Impulsgenerators. Voraussetzung für die Teilnahme ist, dass Band 3 der Buchreihe *Einführung in die Raumzeittechnologie* gelesen und die Videoreihe angesehen wurde, da die darin enthaltenen Informationen für ein umfassendes Verständnis des Themas unerlässlich sind.

Ich hoffe, dass sich möglichst viele Menschen unserer Gruppe anschließen werden, und freue mich über Bewerbungen von Entwicklern, die die Bereitschaft und natürlich auch die Zeit haben, bei uns mitzumachen. Je nach Möglichkeit bitte ich Sie darum, uns finanziell bei unserer Forschung und unserem Kampf zu unterstützen.

Mit freundlichen Grüßen
György Egely

Weitere Informationen:

https://www.egely.hu/
egely@egely.hu;
Tel./Fax: +36 23 450 787;
Budakeszi, Ungarn
Budakeszi, 1. September 2002

Empfohlene Literatur

Teil 1

Akimow, A. E., Moskowski, A. V.: »Quantum Nonlocality and Torsion Fields«, Preprint Nr. 19A, Forschungsinstitut für nicht konventionelle Technologien, Moskau, 1993.

Buderi, R.: »The Invention that Changed the World«, Little Brown & Co., 1997.

Drazin, P. G., Johnson, R. S.: »Solitons«, Cambridge University Press, 1983.

Gaponow-Gretschow, A. V., Rabinowitsch, M. I.: »Nonlinearities in Action«, Springer Verlag, 1992.

Jungnickel, C., McCormmach, R. K.: »Intellectual Mastery of Nature«, University of Chicago Press, Vol. II.

Laidler, K. J.: »To Light Such a Candle«, Oxford University Press, 1998.

Lipson, H. S.: »The Great Experiments in Physics«, Oliver & Boyd, Edinburgh, 1968.

Nahin, P. J.: »Oliver Heaviside«, *Scientific American*, Juni 1990.

Nettel, S.: »Wave Physics«, Springer Verlag, 1992.

Remoissenet, M.: »Waves Called Solitons«, Springer Verlag, 1994.

Schipow, G. I., Akimow, A. E., Moskowski, A. V.: »Physical Vacuum and Quantum Reality«, Preprint Nr. 20A, Forschungsinstitut für nicht konventionelle Technologien, Moskau, 1992.

Seifer, M. J.: »Wizard«, Birch Lane Press, 1996.

Stoker, J. J.: »Nonlinear Vibrations in Mechanical and Electrical Systems«, John Wiley, 1950.

Tesla, N.: »Apparatus for Producing Electric Currents of High Frequency and Potential (US-Patent 568. 176A).), 1896.

Tesla, N.: »On Light and Other High Frequency Phenomena«, Philadelphia, Februar 1893. Nikola Tesla Museum, Belgrad, 1956.

Vassilatos, G.: »Lost Science«, Borderland Science Publications, 1997.

Teil 2

Arthur, W. B.: »Positive Feedbacks in the Economy«, *Scientific American*, Februar 1990, S. 80–85.

Brook, T. J.: »The Confusions of Pleasure«, University of California Press, 1998.

Chang, J.: »A tao tanítása a szerelemről és szexről«, Arany Lapok Kiadó, 1990. (dt.: »Das Tao der Liebe«, Rowohlt Verlag, 2009.)

Durant, W. J., Durant, A.: »The Lessons of History«, Simon & Schuster, New York, 1968.

Durant, W. J.: »Our Oriental Heritage«, Simon & Schuster, 1954.

Gernet, J.: »Le Monde chinois«, Armand Colin, Paris, 1999.

Gernet, J.: »Kína hétköznapjai a mongol hódítás előestéjén«, Gondolat Kiadó, Budapest, 1980, S. 1250–1276 (engl: »Daily Life in China on the Eve of the Mongol Invasion«, Stanford University Press, 1962).

P. James, P., Thorpe, N.: »Ancient Inventions«, Ballantine Books, New York, 1994.

Needham, N. J. T. M.: »Science and Civilisation in China«, Cambridge University Press, Vol. 1–12.

Needham, N. J. T. M.: »The Grand Titration«, Allen & Ouwin Ltd., 1969.

P. Polonyi, P.: »Kína története. Maecenas Könyvkiadó«, Budapest, 1994.

Simkin, C. G. F.: »The Traditional Trade of Asia«, Oxford University Press, London, 1968.

Sunzi: »The Art of War«, New York, 1906 (dt: »Die Kunst des Krieges«, zum Beispiel: Droemer Knaur, 2020).
Temple, R. K. G.: »The Genius of China«, Prion Books Ltd., 1998.
Tokaji, Zs: »A régi Kína fegyverei«, Zrínyi Kiadó, Budapest, 1997.
Toynbee, A. J.: »Surviving the Future«, Oxford University Press, 1971.
Verhoeven, J. D.: »The Mystery of Damascus Blades«, *Scientific American*, Januar 2001, S. 62–67.
Waley-Cohen, J.: »The Sextants of Beijing«, W. W. Norton & Company, New York, 1999.
A tudás társadalma I-II. Stratégiakutató Intézet. Ipargazdasági Kutató-Tanácsadó Kft. Redakteure der Reihe: Csaba Varga, Zoltán Csörgő, Budapest, 2001.

Teil 3

Rothman, M. A.: »Discovering the Natural Laws«, Dover, New York, 1989.

Teil 4

Campbell, C. J.: »The Coming Oil Crisis«, Multi-Science Publishing Co. Ltd. – Petroconsultants, Brentwood, England, 1997.
Campbel, C. J., Laherrère, J. H.: »The end of Cheap Oil«, *Scientific American*, März 1998, S. 278.
Deffeyes, K. S.: »Hubbert's Peak«, Princeton University Press, Princeton, 2001.
Hatfield, C. B.: »Oil Back on the Global Agenda«, *Nature*, Mai 1997, Vol. 387, S. 121.
Hubbert, M. K.: »The World's Evolving Energy System«, *American Journal of Physics*, November 1981, Vol. 49, Nr. 11, S. 1007–1029.
Kerr, R. A.: »The Next Oil Crisis Looms Large and Perhaps Close«, August 1998, *Science*, Vol. 281, S. 1128–1131.